21世纪高等教育计算机规划教材

数据库原理与应用（Oracle版）

Principle and Application of Database (Oracle)

马忠贵 宁淑荣 曾广平 姚琳 编著

人民邮电出版社

北京

图书在版编目（CIP）数据

数据库原理与应用 : Oracle版 / 马忠贵等编著. --
北京 : 人民邮电出版社, 2013.9
21世纪高等教育计算机规划教材
ISBN 978-7-115-32019-3

Ⅰ. ①数… Ⅱ. ①马… Ⅲ. ①关系数据库系统－高等学校－教材 Ⅳ. ①TP311.138

中国版本图书馆CIP数据核字(2013)第140488号

内 容 提 要

本书系统地讲述了数据库系统的基本概念、基本原理和基本设计方法，并基于目前最流行的大型关系数据库之一——Oracle 11g，循序渐进地介绍了数据库的管理、实现及应用。本书注重理论与实践相结合，以一个读者耳熟能详的教学管理系统为例贯穿全书，力求对数据库理论和应用进行精炼，保留实用的部分，使其更加通俗易懂。使用目前流行的高级程序设计语言 C#，介绍了基于 Oracle 11g 的管理信息系统的开发流程，旨在培养读者的综合实践与创新能力，加强读者对数据库基本原理和概念的理解，进而帮助读者更加具体地理解数据库管理信息系统的开发流程。各章都安排有大量的例题和习题，便于读者理解和自测。

本书可作为高等学校计算机专业及其他专业的教学用书，也可供从事相关专业的工程技术人员和科研人员参考。

◆ 编　　著　马忠贵　宁淑荣　曾广平　姚　琳
　责任编辑　武恩玉
　责任印制　彭志环　杨林杰

◆ 人民邮电出版社出版发行　　北京市崇文区夕照寺街 14 号
　邮编　100061　　电子邮件　315@ptpress.com.cn
　网址　http://www.ptpress.com.cn
　北京天宇星印刷厂印刷

◆ 开本：787×1092　1/16
　印张：18.5　　2013 年 9 月第 1 版
　字数：486 千字　　2013 年 9 月北京第 1 次印刷

定价：42.00 元

读者服务热线：(010)67170985　印装质量热线：(010)67129223
反盗版热线：(010)67171154

前言

数据库技术已成为计算机科学的一个重要分支，是数据管理的最新技术，是计算机科学技术中发展最快的领域之一。许多信息管理系统都是以数据库为基础建立的，数据库已成为计算机信息管理系统的核心技术和重要基础，成为人们存储数据、管理信息、共享资源的最先进、最常用的技术之一。数据库技术已经在科学、技术、经济、文化和军事等领域发挥着重要的作用。对于一个国家来说，数据库的建设规模、数据库信息量的大小和使用频度已成为衡量该国信息化程度的重要标志之一。

本书用通俗的语言将抽象的数据库理论具体化，结合目前流行的大型关系数据库 Oracle 11g 讲述了数据库的基本原理与应用。目前，Oracle 11g 拥有较大的市场占有率和众多的高端用户，是大型数据库应用系统的首选后台数据库系统。同时，Oracle 11g 逐渐取代上一版本，成为主流的 Oracle 产品，这也是本书选择 Oracle 11g 作为平台的原因。

本书介绍了数据库的基本原理和主要技术，全书共分 12 章。

第 1 章为绪论，从数据管理技术的产生和发展引出数据库的概念，围绕数据库系统的组成介绍了有关名词术语；然后介绍了数据模型的基本概念、表示方法以及数据模型的三要素（数据结构、数据操作、数据完整性约束）；最后介绍了数据库系统的三级模式结构和二级映像功能。第 2 章主要介绍目前最重要的一种数据模型——关系模型。关系数据库系统是目前使用最广泛的数据库系统之一，是采用关系数据模型作为数据组织方式的数据库。内容包括关系模型的基本概念与术语、关系的运算（基于代数定义的关系代数、基于逻辑定义的关系演算）、关系表达式的等价变化、关系的查询优化等。第 3 章对 Oracle 11g 数据库系统进行概述，以使读者对该系统有整体的认识和了解。内容包括 Oracle 的发展历程，Oracle 11g 数据库安装、配置以及自带工具 SQL*Plus 的使用，最后介绍使用 DBCA 创建 Oracle 数据库的过程。第 4 章介绍了关系数据库标准语言 SQL，内容包括 SQL 语言的发展过程、基本特点、DDL、DQL、DML、DCL、视图。第 5 章介绍了关系数据库规范化理论。首先说明关系规范化的提出，接着引入函数依赖和范式等基本概念，然后介绍关系模式等价性判定和模式分解的方法，最后介绍了关系模式的规范化及其规范化的步骤。第 6 章介绍了 PL/SQL 编程基础。PL/SQL 是 Oracle 推出的过程化的 SQL 编程语言，使用 PL/SQL 可以为 SQL 语言引入结构化的程序处理能力，例如可以在 PL/SQL 中定义常量、变量、游标、存储过程等，可以使用条件、循环等流程控制语句。PL/SQL 的这种特性使得开发人员可以在数据库中添加业务逻辑，并且由于业务逻辑与数据均位于数据库服务器端，因此比客户端编写的业务逻辑能提供更好的性能。内容包括 PL/SQL 程序结构，PL/SQL 控制结构，以及游标、存储过程、函数、触发器、程序包等的使用方法。第 7 章主要介绍了数据库设计的任务和特点、设计方法及设计步骤。以概念结构设计和逻辑结构设计为重点，介绍了每一个阶段的方法、技术以及注意事项。第 8 章介绍了 C#与 Oracle 11g 编程实例。

使用目前流行的高级程序设计语言C#,介绍了基于Oracle 11g的管理信息系统的开发流程和步骤，旨在培养读者的综合实践与创新能力，加强读者对数据库基本原理和概念的理解，进而帮助读者更加具体地理解数据库管理信息系统的开发流程。在掌握前8章基础知识的情况下，下面的章节将具体介绍Oracle 11g数据库系统的具体实现和管理。第9章介绍了Oracle 11g的体系结构。内容包括Oracle实例与数据库、Oracle数据库的逻辑存储结构和物理存储结构、Oracle实例的内存结构和进程结构、数据字典等。第10章介绍了在Oracle中实现安全性管理的用户、权限和角色三大要素。在用户管理部分，介绍了用户和模式之间的关系，说明了如何使用SQL语句创建、修改、删除和查询用户以及用户配置文件管理。在权限管理部分，讨论了权限的分类及如何使用SQL语句为用户或角色分配与撤销权限，如何通过数据字典视图查看权限信息。角色管理部分介绍了Oracle角色的组成关系以及创建、分配、管理和查看角色的方法。第11章介绍了数据库的安全和维护。内容包括数据库的安全性、数据完整性、并发控制和恢复技术4个方面的内容，并以Oracle 11g为例进行了具体说明。第12章介绍了Oracle模式对象的管理。内容包括索引、视图、簇、序列、同义词等模式对象的管理。

本书采用数据库基本理论与实际应用相结合的编写原则，在注重理论性、系统性、科学性的同时，兼顾培养读者的自主创新学习能力，旨在帮助读者掌握数据库的基本原理和技术，掌握关系型数据库管理系统Oracle 11g的使用和操作方法，掌握数据库设计方法和步骤，最终使读者具备设计数据库模式以及开发数据库应用系统的基本能力。

本书在编写过程中，参考了大量数据库相关的技术资料，在此向资料的作者表示感谢。书中的全部PL/SQL语句和C#程序都上机调试通过。由于编者水平和时间有限，书中不妥之处在所难免，恳请专家同行和广大读者批评指正。

本书的编写得到了“十二五”期间高等学校本科教学质量与教学改革工程建设项目和北京科技大学教材建设经费资助，特此致谢。同时感谢人民邮电出版社的支持与帮助。

马忠贵

2013年3月于北京

目 录

第1章 数据库技术基础

在信息技术飞速发展的今天，数据库技术作为数据管理的核心技术，在社会的各个领域发挥着强大的作用。由甲骨文（Oracle）公司发布的Oracle产品是一个典型的关系型数据库管理系统，其以强大的功能得到广大用户的认可。本章围绕数据库的基本概念、数据库系统的组成及其三级模式结构，对关系数据库的基本概念和原理进行介绍，使读者对数据库有一个宏观的理解，并为Oracle 11g的学习奠定一个良好的基础。

【本章要点】

- 数据库的基本概念
- 数据管理技术的发展
- 数据库系统的组成
- 概念模型（E-R图）
- 数据模型（逻辑模型、物理模型）
- 关系模型的数据结构和完整性约束
- 数据库系统的三级模式结构
- 数据库系统的二级映像

1.1 数据、信息与数据处理

1. 数据

数据（Data）是数据库中存储的基本对象。在大多数人头脑中，对数据的第一个反应就是数字。其实数据不只是简单的数字，文字、图形、图像、声音、视频、学生的档案记录（41151001，王强，男，1991-6-1，山西，计算机1101班）、货物的运输情况等，这些都是数据。

数据是描述事物的符号记录，是信息的符号表示或载体。数据=量化特征描述+非量化特征描述。例如，天气预报中，温度的高低可以量化表示，而“刮风”或“下雨”等特征则需要用文字或图形符号进行描述，它们都是数据，只不过数据类型不同而已。

2. 信息

信息（Information）是数据的内涵，是数据的语义解释。它是对现实世界中各种事物的存在方式、运动状态或事物间联系形式的综合反映。信息可以被感知、存储、加工、传递和再生。

3. 数据处理

数据处理是将数据转换成信息的过程，包括对数据收集、存储、分类、加工、检索、维护等一系列活动，其目的是从大量的原始数据中抽取和推导出有价值的信息。数据、信息及数据处理之间的关系如图1-1所示。

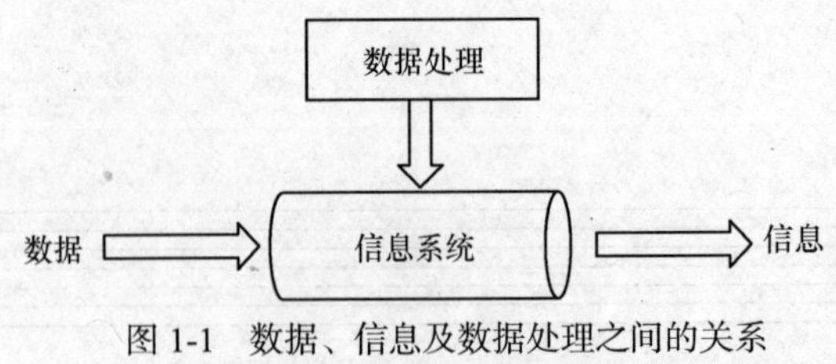

图 1-1　数据、信息及数据处理之间的关系

1.2　数据管理技术的发展

自计算机产生以来，人类社会进入了信息时代，对数据处理速度及规模的需求远远超出了过去人工或机械方式的能力范围，计算机以其快速准确的计算能力和海量的数据存储能力在数据处理领域得到了广泛的应用。随着数据处理的工作量呈几何方式的不断增加，数据管理技术应运而生，其演变过程随着计算机硬件或软件的发展速度以及计算机应用领域的不断拓宽而不断变化。数据管理就是对数据进行分类、组织、编码、存储、检索、传播和利用的一系列活动的总和，是数据处理的核心。总体而言，数据管理的发展经历了人工管理、文件系统、数据库管理、高级数据库管理 4 个阶段。在计算机软件、硬件的发展和应用需求的推动下，每一阶段的发展都以数据存储冗余不断减小、数据独立性不断增强、数据操作更加方便和简单为标志。

1.2.1　人工管理阶段

在计算机出现之前，人们运用常规的手段记录、存储和加工数据。即利用纸张来记录，利用计算工具（算盘、计算器）来进行计算，并主要使用人的大脑来管理和使用这些数据。20 世纪 50 年代中期以前，计算机主要用于科学计算。在硬件方面，外部存储器只有磁带、卡片和纸带等设备，并没有磁盘等直接存取数据的存储设备；在软件方面，既没有操作系统，也没有管理数据的软件。这种情况下的数据管理方式称为人工管理阶段，其特点如下。

（1）数据不单独保存。因为该阶段计算机主要用于科学计算，对于数据保存的需求尚不迫切，且数据与程序是一个整体，数据只为本程序所使用。故所有程序的数据均不单独保存。

（2）应用程序管理数据。数据需要由应用程序自己管理，没有相应的软件系统负责数据的管理工作。因此，每个应用程序不仅要规定数据的逻辑结构，而且要设计物理结构，包括存储结构、存取方法、输入方式等，因此程序员负担很重。

（3）数据不共享。数据是面向程序的，一组数据只能对应一个程序。多个应用程序涉及某些相同的数据时，也必须各自定义，因此程序之间有大量的冗余数据。

（4）数据不具有独立性。程序依赖于数据，如果数据的类型、格式或输入输出方式等逻辑结构或物理结构发生变化，必须对应用程序做相应的修改，这就进一步加重了程序员的负担。数据脱离了程序就无任何存在的价值，数据无独立性。

在人工管理阶段，程序与数据之间的关系如图 1-2 所示。

1.2.2　文件系统阶段

从 20 世纪 50 年代后期到 60 年代中期，计算机不仅用于科学计算，还大量应用于信息管理。大量的数据存储、检索和维护成为紧迫的需求。在硬件方面，有了磁盘、磁鼓等直接存储设备；在软件方面，出现了高级程序语言和操作系统，且操作系统中有了专门管理数据的软件，一般称为文件系统；在处理方式方面，不仅有批处理，还有联机实时处理。

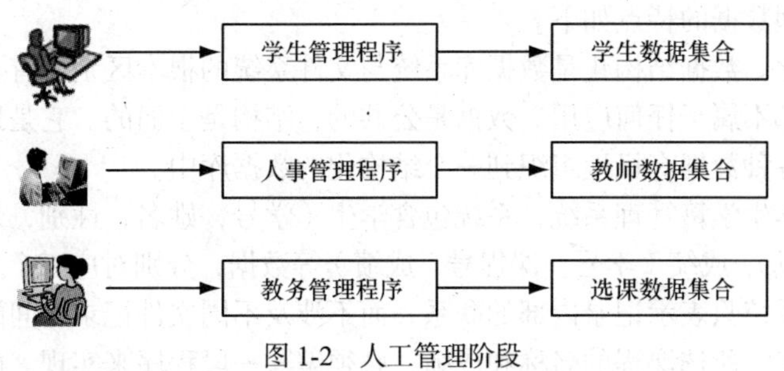

图 1-2 人工管理阶段

用文件系统管理数据的特点如下。

（1）数据可以以文件形式长期保存在外存储设备上。由于计算机大量用于数据处理，数据需要长期保存在外存储设备上，以便用户可随时对文件进行查询、修改、增加和删除等处理。

（2）文件系统可对数据的存取进行管理。有专门的软件即文件系统进行数据管理，文件系统把数据组织成相互独立的数据文件，利用“按文件名访问，按记录进行存取”的管理技术，对文件进行修改、增加和删除等操作。

（3）数据共享性差，冗余度大。由于数据的基本存取单位是记录，因此，程序员之间很难明白彼此的数据文件中数据的逻辑结构。理论上，一个用户可通过文件管理系统访问很多数据文件，然而实际上，一个数据文件只能对应于同一程序员的一个或几个程序，不能共享，即文件仍然是面向应用的。当不同的应用程序具有部分相同的数据时，也必须建立各自的文件，而不能共享相同的数据，因此数据的冗余度大，浪费存储空间。由于相同数据的重复存储、各自管理，在进行更新操作时，容易造成数据的不一致性。

（4）数据独立性差。文件系统中的文件是为某一特定应用服务的，文件的逻辑结构对该应用程序来说是优化的，若要对现有的数据增加一些新的应用会很困难，系统不容易扩充。数据和程序相互依赖，一旦改变数据的逻辑结构，必须修改相应的应用程序。而应用程序发生变化，也需修改数据结构。因此，数据和程序之间仍缺乏独立性。

在文件系统阶段，程序与数据之间的关系如图 1-3 所示。

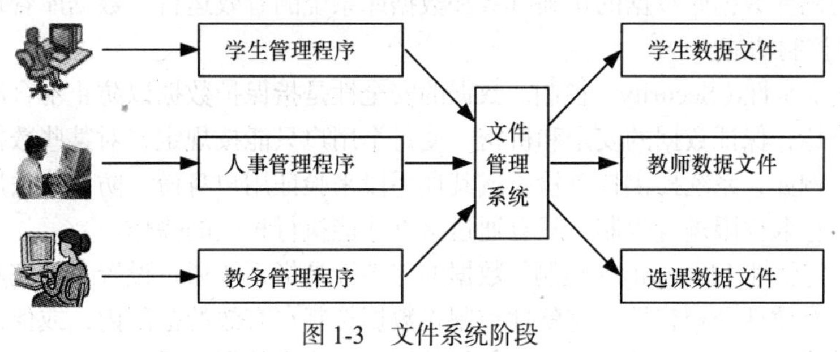

图 1-3 文件系统阶段

1.2.3 数据库系统阶段

20 世纪 60 年代后期，计算机硬件、软件有了进一步的发展。计算机应用于管理的规模更加庞大，数据量急剧增加；硬件方面出现了大容量磁盘，使计算机联机存取大量数据成为可能；硬件价格下降，而软件价格上升，使开发和维护系统软件的成本增加。文件系统的数据管理方法已无法适应开发应用系统的需要。为解决多用户、多个应用程序共享数据的需求，出现了统一管理数据的专门软件系统，即数据库系统。用数据库系统来管理数据比文件系统具有明显的优点，从文件系统到数据库系统，标志着数据管理技术的飞跃。

数据库系统管理数据的特点如下。

（1）数据结构化。数据结构化是数据库系统与文件系统的根本区别。有了数据库系统后，数据库中的任何数据都不属于任何应用。数据是公共的，结构是全面的。它是按照某种数据模型，将某一业务范围的各种数据有机地组织到一个结构化的数据库中。

例如，要建立学生学籍管理系统，系统包含学生（学号，姓名，性别，系）、课程（课程号，课程名，学分，教师）、成绩（学号，课程号，成绩）等数据，分别对应三个文件。若采用文件处理方式，因为文件系统只表示记录内部的联系，而不涉及不同文件记录之间的联系，要想查找某个学生的学号、姓名、所选课程的名称和成绩，必须编写一段程序来实现。而采用数据库方式，数据库系统不仅描述数据本身，还描述数据之间的联系，上述信息可以非常容易地联机查找到。

（2）数据共享性高、冗余少，易扩充。数据库系统从全局角度看待和描述数据，数据不再面向某个应用程序而是面向整个系统，因此数据可以被多个用户、多个应用共享使用。这样便减少了不必要的数据冗余，节约存储空间，同时也避免了数据之间的不相容性与不一致性。由于数据面向整个系统，是有结构的数据，不仅可被多个应用共享使用，而且容易增加新的应用，这就使得数据库系统弹性大，易于扩充，可以适应各种用户的要求。

（3）数据独立性高。数据的独立性是指数据的逻辑独立性和数据的物理独立性。

数据的逻辑独立性是指用户的应用程序与数据库的逻辑结构是相互独立的，即当数据的总体逻辑结构改变时，数据的局部逻辑结构不变，由于应用程序是依据数据的局部逻辑结构编写的，所以应用程序不必修改，从而保证了数据与程序间的逻辑独立性。例如，在原有的记录类型之间增加新的联系，或在某些记录类型中增加新的数据项，均可确保数据的逻辑独立性。

数据的物理独立性是指用户的应用程序与存储在磁盘上的数据库中数据是相互独立的，即当数据的存储结构改变时，数据的逻辑结构不变，从而应用程序也不必改变。例如，改变存储设备和增加新的存储设备，或改变数据的存储组织方式，均可确保数据的物理独立性。

数据独立性由数据库管理系统的二级映像功能来保证，详见“1.4　数据模型”一节。

（4）数据由数据库管理系统统一管理和控制。数据库为多个用户和应用程序所共享，对数据的存取往往是并发的，即多个用户可以同时存取数据库中的数据，甚至可以同时存取数据库中的同一个数据，为确保数据库数据的正确有效和数据库系统的有效运行，数据库管理系统提供下述4 个方面的数据控制功能。

（1）数据的安全性（Security）控制。数据的安全性是指保护数据以防止不合法使用数据造成数据的泄露和破坏，保证数据的安全和机密。使每个用户只能按规定，对某些数据以某些方式进行使用和处理。例如，系统提供口令检查或其他手段来验证用户身份，防止非法用户使用系统；也可以对数据的存取权限进行限制，只有通过检查才能执行相应的操作。

（2）数据的完整性（Integrity）控制。数据的完整性是指系统通过设置一些完整性规则以确保数据的正确性、有效性和相容性。完整性控制将数据控制在有效的范围内，或保证数据之间满足一定的关系。正确性是指数据的合法性，如年龄属于数值型数据，只能含 0，1，…，9，不能含字母或特殊符号；有效性是指数据是否在其定义的有效范围，如月份只能用 1～12 之间的正整数表示；相容性是指表示同一事实的两个数据应相同，否则就不相容，如一个人不能有两个性别。

（3）数据的并发（Concurrency）控制。多用户同时存取或修改数据库时，可能会发生相互干扰而提供给用户不正确的数据，并使数据库的完整性受到破坏，因此必须对多用户的并发操作加以控制和协调。

（4）数据恢复（Recovery）。计算机系统出现各种故障是很正常的，数据库中的数据被破坏或丢失也是可能的。当数据库被破坏或数据不可靠时，系统有能力将数据库从错误状态恢复到最近某一时刻的正确状态。

在数据库系统阶段，程序与数据之间的关系如图 1-4 所示。

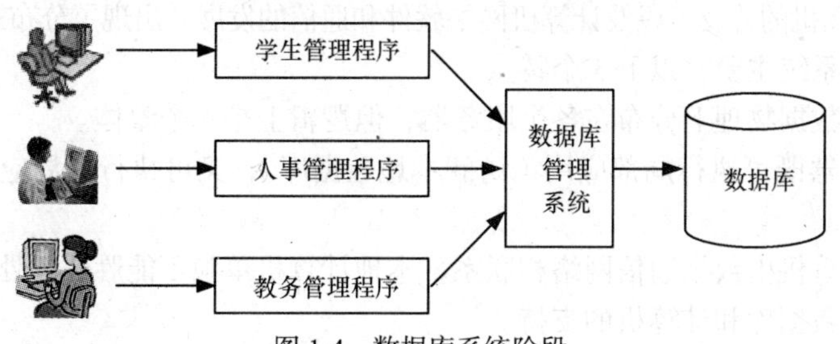

图 1-4　数据库系统阶段

从文件系统管理发展到数据库系统管理是信息处理领域的一个重大变化。在文件系统阶段，人们关注的是系统功能的设计，因此程序设计处于主导地位，数据服从于程序设计；而在数据库系统阶段，数据的结构设计成为信息系统首先关心的问题。

上述 3 个阶段的比较结果见表 1-1。

表 1-1　数据管理 3 个阶段的比较

		人工管理阶段	文件系统阶段	数据库系统阶段
背景	应用背景	科学计算	科学计算、管理	大规模管理
	硬件背景	无直接存取设备	磁盘、磁鼓	大容量磁盘
	软件背景	没有操作系统	有文件系统	有数据库管理系统
	处理方式	批处理	联机实时处理、批处理	联机实时处理、分布处理、批处理
特点	数据库的管理者	用户(程序员)	文件系统	数据库管理系统
	数据的共享程度	某一应用程序	某一应用	现实世界
	数据面向的对象	无共享，冗余度极大	共享性差，冗余度大	共享性高，冗余度小
	数据的独立性	不独立，完全依赖于程序	独立性差	具有高度的物理独立性和一定的逻辑独立性
	数据的结构化	无结构	记录内有结构、整体无结构	整体结构化，用数据模型描述
	数据控制能力	应用程序自己控制	应用程序自己控制	由数据库管理系统提供数据安全性、完整性、并发控制和恢复能力

1.2.4　高级数据库系统阶段

经历了以上 3 个阶段的发展后，数据库技术已经比较成熟，但随着计算机软硬件的发展，数据库技术仍需不断向前发展。

20 世纪 70 年代，层次、网状和关系三大数据库系统奠定了数据库技术的概念、原理和方法。随着计算机应用的进一步发展和网络的出现，有人提出数据管理的高级数据库阶段，这一阶段的主要标志是 20 世纪 80 年代的分布式数据库系统、20 世纪 90 年代的对象数据库系统和 21 世纪初的网络数据库系统的出现。

1．分布式数据库系统

在这一阶段以前的数据库系统是集中式的。在文件系统阶段，数据分散在各个文件中，文件之间缺乏联系。集中式数据库把数据库集中存放在一个数据库中进行管理，减少了数据冗余，避免了数据的不一致性，而且数据联系比文件系统强得多。但集中式系统也有弱点：一是随着数据量增加，系统非常庞大，操作复杂，开销大；二是数据集中存储，大量的通信都要通过主机，造成拥挤现象。随着小型和微型计算机的普及，以及计算机网络软件和通信的发展，出现了分布式数据库系统。

分布式数据库系统主要有以下 3 个特点。

（1）数据库的数据物理上分布在各个服务器，但逻辑上是一个整体。

（2）各个服务器既可执行局部应用（访问本地数据库），又可执行全局应用（访问异地数据库）。

（3）各地的计算机由数据通信网络相联系。本地计算机单独不能胜任的处理任务，可以通过通信网络取得其他数据库和计算机的支持。

分布式数据库系统兼顾了集中管理和分布处理两个方面，因而有良好的性能。

2. 对象数据库系统

在数据处理领域，关系数据库的使用已相当普遍、相当出色。但是现实世界存在着许多具有更复杂数据结构的实际应用领域，已有的层次、网状和关系 3 种数据模型对这些应用领域都显得力不从心。例如多媒体数据、多维表格数据、CAD（Computer Aided Design）数据等应用问题，需要更高级的数据库技术来表达，以便于管理、构造与维护大容量的持久数据，并使它们能与大型复杂程序紧密结合。对象数据库正是适应这种形势发展起来的，它是面向对象的程序设计技术与数据库技术相结合的产物。

对象数据库系统主要有以下两个特点。

（1）对象数据库模型能完整地描述现实世界的数据结构，能表达数据间嵌套、递归的联系。

（2）具有面向对象技术的封装性（把数据与操作定义在一起）和继承性（继承数据结构和操作）的特点，提高了软件的可重用性。

3. 网络数据库系统

随着 C/S（Client/Server，客户/服务器）结构的出现，人们可以更有效地使用计算机资源。但在网络环境中，如果要隐藏各种复杂性，就要使用中间件。中间件是网络环境中保证不同的操作系统、通信协议和数据库管理系统之间进行对话、互操作的软件系统。其中涉及数据访问的中间件，就是 20 世纪 90 年代提出的 ODBC（Open Database Connectivity）技术和 JDBC（Java Database Connectivity）技术。

现在，计算机网络已成为信息社会中十分重要的一类基础设施。随着广域网的发展，信息高速公路已发展成为采用通信手段将地理位置分散的、具有自主功能的若干台计算机和数据库系统有机地连接起来，组成因特网，用于实现通信交往、资源共享或协调工作等目标。这个目标在 20 世纪末已经实现，正在对社会的发展起着极大的推进作用。

1.3 数据库系统的组成

数据库系统（Database System，DBS）是指在计算机系统中引入数据库后的系统，是可运行、可维护的软件系统，一般由数据库、数据库管理系统（及其开发工具）、应用系统、数据库管理员和用户构成，如图 1-5 所示。

1. 数据库

顾名思义，数据库（Database，简称 DB）是存放数据的仓库。只不过这个仓库是在计算机存储设备上，是按一定的格式存放数据。通常这些数据是面向一个组织、企业或部门的。例如学生信息管理系统中，学生的基本信息、课程信息、成绩信息等都是来自学生信息管理数据库的。数据是自然界事物特征的符号描述，而且能够被计算机处理。数据存储的目的是为了从大量的数据中发现有价值的数据，这些有价值的数据就是信息。

严格地讲，数据库是长期储存在计算机内的、有组织的、可共享的数据集合。数据库的基本特征如下：数据库中的数据按一定的数据模型组织、描述和存储，具有较小的冗余度、较高的数据独立性和易扩展性，并为各种用户共享，数据库本身不是独立存在的，它是组成数据库系统的一部分。在实际应用中，人们面对的是数据库系统。

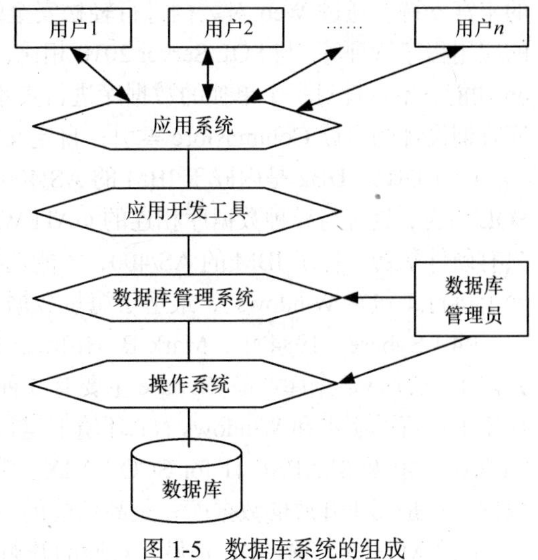

图 1-5　数据库系统的组成

2. 数据库管理系统

数据库管理系统（Database Management System，DBMS）是管理数据库的系统软件，是位于用户与操作系统之间的一层数据管理软件，它是数据库系统的核心组成部分，用户在数据库系统中的一切操作，包括数据定义、查询、更新等各种控制，都是通过 DBMS 进行的。它的任务是如何科学地组织和存储数据以及如何高效地获取和维护数据。

数据库管理系统的主要功能如下。

（1）数据定义。DBMS 提供数据定义语言 DDL（Data Define Language），用户通过它可以方便地对数据库中的数据对象进行定义。例如，为保证数据库安全而定义的用户口令和存取权限，为保证正确语义而定义的完整性规则。

（2）数据操作。DBMS 提供数据操纵语言 DML（Data Manipulation Language）实现对数据库的基本操作，包括查询、插入、修改、删除等。SQL（Structured Query Language）语言就是 DML 的一种。

（3）数据库运行管理。数据库在建立、运行和维护时由 DBMS 统一管理、统一控制。DBMS 通过对数据的安全性控制、数据的完整性控制、多用户环境下的并发控制以及数据库的恢复，来确保数据正确有效和数据库系统的正常运行。

（4）数据库的建立和维护功能。包括数据库初始数据的输入、数据库的转储、恢复功能及性能监视和分析功能，这些功能通常是由一些实用程序完成的。

（5）数据通信。DBMS 提供与其他软件系统进行通信的功能。实现用户程序与 DBMS 之间的通信，通常与操作系统协调完成。

目前，商品化的 DBMS 以关系型数据库为主导产品，技术比较成熟。常用的包括 Oracle、SQL Server、DB2、Sybase、MySQL 等。本书只讨论 Oracle 11g。

（1）Oracle。Oracle（甲骨文）公司成立于 1977 年，最初是一家专门开发数据库的公司。1984 年，其首先将关系数据库转到了桌面计算机上；然后，Oracle 5 率先推出了分布式数据库、客户/服务器（C/S）结构等崭新的概念。Oracle 6 首创行锁定模式以及对称多处理计算机的支持。Oracle 8 主要增加了对象技术，成为关系-对象数据库系统，Oracle 9i 实现了互联，Oracle 10g 提出了网格的概念，Oracle 11g 是其稳定版本。目前，Oracle 产品覆盖了大、中、小型机等几十种机型，可在 VMS、DOS、UNIX、Windows 等多种操作系统下工作。Oracle 数据库成为世界上使用最广泛的关系数据系统之一。Oracle 数据库产品具有兼容性、可移植性、高生产率、开放性等优良特性。

（2）SQL Server。SQL Server 是由微软开发的 DBMS，是 Web 上最流行的用于存储数据的数据库之一，它已广泛用于电子商务、银行、保险、电力等与数据库有关的行业。

目前最新版本是 SQL Server 2012，它只能在 Windows 上运行，操作系统的系统稳定性对数据库十分重要。SQL Server 2012 提供了众多的 Web 和电子商务功能，如对 XML 和 Internet 标准的丰富支持，通过 Web 对数据进行轻松安全的访问，具有强大的、灵活的、基于 Web 的和安全的应用程序管理等。与 SQL Server 2010 相比，提供了多种新功能，例如，对大数据的支持；Always on 功能，不仅针对一个单独的数据库进行灾难恢复，可以针对一组数据库作灾难恢复；为数据仓库查询设计的只读 Columnstore 索引；自定义服务器权限；增强的审计功能；BI 语义模型等。

（3）DB2。DB2 是内嵌于 IBM 的 AS/400 系统上的 DBMS，直接由硬件支持。它支持标准的 SQL 语言，具有与异种数据库相连的 GATEWAY。因此，它具有速度快、可靠性好的优点。但是，只有硬件平台选择了 IBM 的 AS/400，才能选择使用 DB2 数据库管理系统。DB2 能在所有主流平台上运行（包括 Windows），最适于海量数据。

（4）Sybase。1984 年，Mark B. Hiffman 和 Robert Epstern 创建了 Sybase 公司，并在 1987 年推出了 Sybase 数据库产品。Sybase 主要有 3 种版本：UNIX 操作系统下运行的版本、Novell Netware 环境下运行的版本和 Windows NT 环境下运行的版本。对 UNIX 操作系统，目前应用最广泛的是 SYBASE 10 及 SYABSE 11 for SCO UNIX。Sybase 数据库是基于客户/服务器（C/S）体系结构的数据库；是真正开放的数据库；是高性能的数据库。

（5）MySQL。MySQL 是最受欢迎的开源 SQL 数据库管理系统之一，它由 MySQL AB 开发、发布和支持。MySQL AB 是一家使用了一种成功的商业模式来结合开源价值和方法论的第二代开源公司。MySQL 是一个完全免费的数据库系统，具备了标准数据库的功能，这一策略也是 MySQL 发展较快的主要原因。MySQL 数据库使用简单、操作方便，性能也较高。

3. 硬件系统

由于数据库系统的数据量很大，加上 DBMS 丰富的功能使得自身的规模也很大，因此整个数据库系统对硬件资源提出了较高的要求，例如，有足够的内存用于存放操作系统、DBMS 的核心模块、数据缓冲区和应用程序；有足够大的磁盘存放数据库数据；有足够数量的存储介质用于数据备份。

4. 软件

数据库系统的软件主要包括 DBMS、支持 DBMS 运行的操作系统、具有数据访问接口的高级语言（如 JAVA 语言）及其编程环境（如 J2EE），以便于开发应用程序。DBMS 中的许多底层操作是靠操作系统完成的，因此 DBMS 要和操作系统协同工作来完成相关任务。

5. 人员

这里的人员主要是指开发、设计、管理和使用数据库的人员，包括数据库管理员、系统分析人员、数据库设计人员、应用程序开发人员和最终用户。

（1）数据库管理员（Database Administrator，DBA）。在数据库规划阶段要参与选择和评价与数据库有关的计算机硬件和软件，与数据库用户共同确定数据库系统的目标和数据库应用需求，确定数据库的开发计划；在数据库设计阶段负责制定数据库标准，研制共用数据字典，并负责设计各级数据库模式，还要负责数据库安全及可靠性方面的设计；在数据库运行阶段，要负责对用户进行数据库方面的培训；负责数据库的转储和恢复；负责维护数据库中的数据；负责对用户进行数据库的授权；负责监视数据库的性能并调整、改善数据库的性能；对数据库系统的某些变化做出响应，优化数据库系统性能，提高系统效率。

（2）系统分析员。主要负责应用系统的需求分析和规范说明。该类人员要和最终用户以及数据库管理员配合，以确定系统的软、硬件配置，并参与数据库应用系统的概要设计。

（3）数据库设计人员。参与需求调查和系统分析，负责设计数据库结构和数据字典。

（4）应用程序员。负责设计和编写访问数据库的应用系统的程序模块，并对程序进行调试和安装。

（5）最终用户。是数据库应用程序的使用者，他们通过应用程序提供的操作界面访问数据库。

数据库在软件体系结构中的地位如图 1-6 所示。在主流的软件应用中，一个应用通常由 3 层结构组成：展示层、中间层、数据库层。展示层负责数据的展示；中间层负责商业逻辑的处理；数据库层用于存放数据。

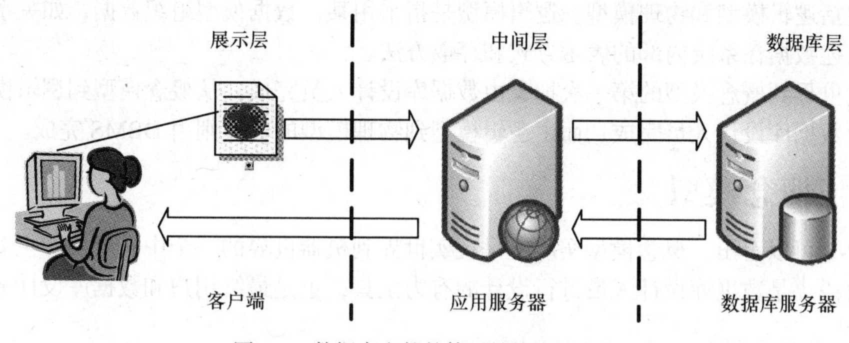

图 1-6　数据库在软件体系结构中的地位

1.4　数据模型

模型是现实世界特征的模拟与抽象。数据库中的数据是有结构的，这种结构反映了事物之间的相互联系。在数据库中，用数据模型来抽象表示和处理现实世界的数据和信息。

数据库是一组相关数据的集合，其存储的数据来源于现实世界，将现实世界中的数据转换为计算机能够识别、处理的数据需要一系列的数据处理过程。在数据处理过程中，数据描述将涉及 3 个不同的领域：现实世界、信息世界和机器世界，数据处理过程就是逐渐抽象的过程，如图 1-7 所示。

计算机系统不能直接处理现实世界的事物，只有将其数据化后，才能由计算机系统来处理。为了把现实世界的具体事物及事物之间的联系转换成计算机能够处理的数据，必须用某种模型来抽象和描述这些数据。

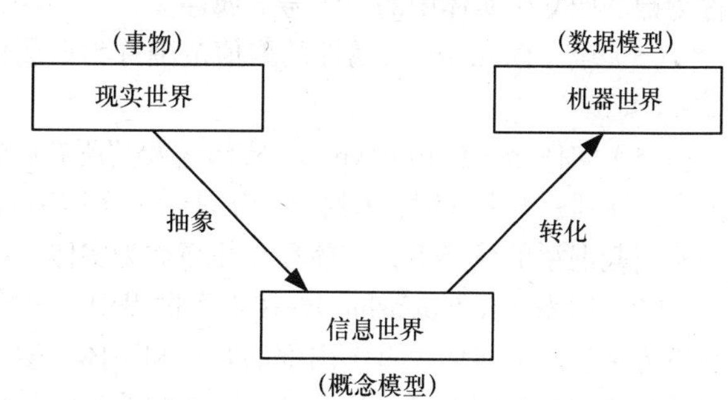

图 1-7　现实世界到机器世界的抽象过程

模型是对事物、对象、过程等客观系统中感兴趣的内容的模拟和抽象表达，是理解系统的思维工具。不同的模型实际上是提供模型化数据和信息的不同工具。根据模型应用目的的不同，可将模型分为两类，它们分别属于两个不同的层次，如图 1-7 所示。

第一类模型是概念模型，对应于信息世界，也称为信息模型，它是一种独立于计算机系统的数据模型，完全不涉及信息在计算机中的表示，只是用来描述某个特定组织所关心的信息结构。概念模型是按用户的观点对数据和信息建模，强调其语义表达能力，概念应该简单、清晰、易于用户理解，它是对现实世界的第一层抽象，是用户和数据库设计人员之间进行交流的工具。这一类模型中最著名的是“实体联系模型（Entity-Relationship Model，E-R 模型）”。

第二类模型是数据模型，是专门用来抽象表示和处理现实世界中的数据和信息的工具。由于计算机不可能直接处理现实世界中的具体事物，因此人们必须事先把具体事物转换成计算机能够处理的数据，即首先要数字化，要把现实世界中的人、事、物和概念用数据模型这个工具来抽象表示和加工处理。数据模型主要包括网状模型、层次模型、关系模型等，它是按计算机系统的观点对数据建模，是直接面向数据库的逻辑结构，对应于机器世界，是对现实世界的第二层抽象。数据模型是数据库系统的核心和基础，各种机器上实现的 DBMS 软件都是基于某种数据模型的。数据模型包括逻辑模型和物理模型。逻辑模型是指采用某一数据模型组织数据，如关系模型。物理模型是描述数据在系统内部的表示方式和存取方法。

从现实世界到概念模型的第一次抽象由数据库设计人员完成，从概念模型到逻辑模型的第二次抽象也由数据库设计人员完成，而由逻辑模型到物理模型的转换则由 DBMS 完成。

1.4.1 概念模型

由图 1-7 可以看出，概念模型实质上是现实世界到机器世界的一个中间层次。主要用于数据库的设计阶段，是数据库设计人员进行设计的有力工具，也是最终用户和数据库设计人员进行交流的语言。

1. 概念模型的基本概念

概念模型涉及的概念主要有以下几个方面。

（1）实体（Entity）。现实世界中客观存在并可相互区分的事物称为实体。实体可以是一个具体的人或物，如王伟、照相机等；也可以是抽象的事件或概念，如购买一本图书等。

（2）属性（Attribute）。实体所具有的某一特性称为属性。一个实体可以由若干个属性来描述。如学生实体由学号、姓名、性别、出生日期、所属系等属性组成，则（10501001，张强，男，1992-5-1，通信工程系）这组属性值就构成了一个具体的学生实体。属性有属性名和属性值之分，如“姓名”是属性名，“张强”是姓名属性的一个属性值。

（3）实体集（Entity Set）。所有属性名完全相同的同类实体的集合称为实体集。如全体学生就是一个实体集，同一实体集中没有完全相同的两个实体。

（4）码（Key）。能唯一标识一个实体的属性或属性集称为码，有时也称为实体标识符，或简称为键。如学生实体中的“学号”属性。

（5）域（Domain）。属性的取值范围称为该属性的域（值域），如学生“性别”的属性域为（男，女）。

（6）实体型（Entity Type）。实体名及其所有属性名的集合称为实体型。例如，学生（学号，姓名，性别，出生日期，所属系）就是学生实体集的实体型。实体型抽象地刻画了所有同集实体，在不引起混淆的情况下，实体型往往简称为实体。

（7）联系（Relationship）。在现实世界中，事物内部及事物之间是有联系的，这些联系在信息世界中反映为实体（型）内部的联系和实体（型）之间的联系。实体内部的联系通常是指组成实体的各属性之间的联系，实体之间的联系通常是指不同实体集之间的联系。这里主要讨论实体集之间的联系。

两个实体集之间的联系可归纳为以下 3 类。

（1）一对一联系（1 : 1）。如果对于实体集 E1 中的每个实体，实体集 E2 至多有一个（也可没有）实体与之联系，反之亦然，那么实体集 E1 和 E2 的联系称为“一对一联系”，记为“1 : 1”，如学校与校长间的联系，1 个学校只能有 1 个校长，如图 1-8（a）所示。

（2）一对多联系（1 : *n*）。如果实体集 E1 中每个实体可以与实体集 E2 中任意个（零个或多个）实体间有联系，而 E2 中每个实体至多和 E1 中一个实体有联系，那么称 E1 对 E2 的联系是“一对多联系”，记为“1 : *n*”，如学校与学生间的联系，1 个学校有若干学生，而每个学生只包含在 1 个学校，如图 1-8（b）所示。

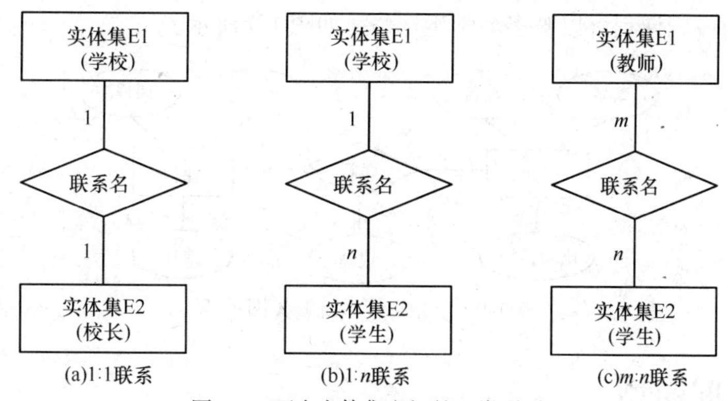

(a)1:1联系 (b)1:n联系 (c)m:n联系

图 1-8 两个实体集之间的 3 类联系

（3）多对多联系（m:n）。如果实体集 E1 中每个实体可以与实体集 E2 中任意个（零个或多个）实体有联系，反之亦然，那么称 E1 和 E2 的联系是"多对多联系"，记为"m:n"，如教师与学生间的联系，1 个教师可以教授多个学生，而 1 个学生又可以受教于多个教师，如图 1-8（c）所示。

两个实体集之间的联系究竟是属于哪一类，不仅与实体集有关，还与联系的内容有关。如主教练集与队员集之间，若对于指导关系来说，具有一对多的联系；而对于朋友关系来说，就应是多对多的联系。

与现实世界不同，信息世界中实体集之间往往只有一种联系。此时，在谈论两个实体集之间的联系性质时，就可略去联系名，直接说两个实体集之间具有一对一，一对多或多对多的联系。

2. 概念模型的表示方法

概念模型是对信息世界建模，因此概念模型应能方便、准确地描述信息世界中的常用概念。概念模型的表示方法很多，其中被广泛采用的是 E-R 模型，它是由 Peter Chen 于 1976 年提出，也称为 E-R 图。E-R 图是用来描述实体集、属性和联系的图形。

（1）E-R 图的要素。E-R 图的主要元素是实体集、属性、联系集，其表示方法如下。

① 实体集用矩形框表示，矩形框内注明实体名。

② 属性用椭圆形框表示，框内写上属性名，并用直线与其实体集相连，加下画线的属性为码。

③ 联系用菱形框表示，并用直线将其与相关的实体连接起来，并在连线上标明联系的类型，即 1∶1、1∶n、m∶n。联系也会有属性，用于描述联系的特征。

（2）建立 E-R 图的步骤。

① 确定实体和实体的属性。

② 确定实体和实体之间的联系及联系的类型。

③ 给实体和联系加上属性。

划分实体及其属性有两个原则可参考。

① 属性不再具有需要描述的性质，即属性在含义上是不可分的数据项。

② 属性不能再与其他实体集具有联系，即 E-R 图指定的联系只能是实体集间的联系。

划分实体和联系有 1 个原则可参考：当描述发生在实体集之间的行为时，最好用联系集。如读者和图书之间的借、还书行为，顾客和商品之间的购买行为，均应作为联系集。

划分联系的属性的原则如下。

① 发生联系的实体的标识属性应作为联系的缺省属性。

② 和联系中的所有实体都有关的属性。如学生和课程的选课联系中的成绩属性。学生选课系统中，学生是一个实体集，可以有学号、姓名、出生日期等属性；课程也是一个实体集，可以有课程号、课程名、学分属性，选修看做一个多对多的联系，具有成绩属性，表示一个学生可以选

修多门课程，同时一门课程可以被多名学生选修。如图 1-9 所示。

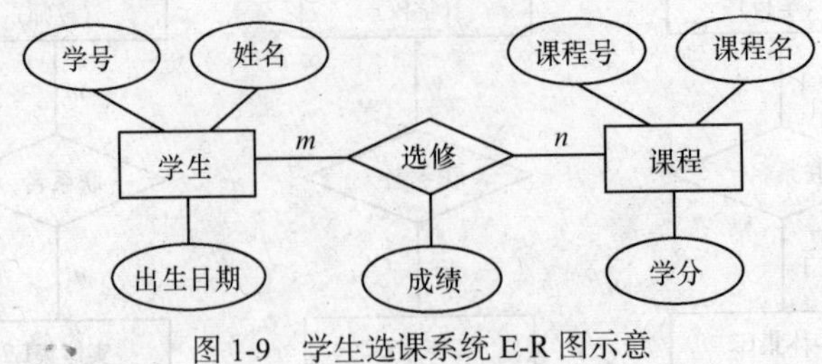

图 1-9　学生选课系统 E-R 图示意

1.4.2　数据模型

概念模型只是将现实世界的客观对象抽象为某种信息结构，这种信息结构并不依赖于具体的计算机系统，而对应于数据世界的模型则由数据模型描述。数据模型是表示实体类型和实体间联系的模型，是机器世界对现实世界中的数据和信息的抽象表示和处理。

1. 数据模型的组成要素

数据模型是数据库系统的核心和基础，任何 DBMS 都支持一种数据模型。数据模型是严格定义的一组概念的集合，它描述了系统的静态特性、动态特性和完整性约束条件。因此，数据模型通常由数据结构、数据操作和数据完整性约束 3 部分组成。

（1）数据结构。任何一种数据模型都规定了一种数据结构，即信息世界中的实体和实体之间联系的表示方法。数据结构描述了系统的静态特性，是数据模型本质的内容。

数据结构是所研究的对象类型的集合。这些对象是数据库的组成成分，包括两类，一类是与数据类型、内容、性质有关的对象，如网状模型中的数据项、记录，关系模型中的域、属性、关系等；另一类是与数据之间联系有关的对象，如网状模型中的系型（Set Type）。

数据结构是刻画一个数据模型性质最重要的方面。因此在数据库系统中，通常按照其数据结构的类型来命名数据模型。如层次结构、网状结构和关系结构的数据模型分别命名为层次模型、网状模型和关系模型。

（2）数据操作。数据操作是对数据库中各种对象（型）的实例（值）允许执行的操作的集合，包括操作及有关的操作规则。数据操作描述了系统的动态特性。对数据库的操作主要有数据更新（包括插入、修改、删除）和数据检索（查询）两大类，这是任何数据模型都必须规定的操作，包括操作符、含义、规则等。

（3）数据完整性约束。数据完整性约束是一组完整性规则的集合。完整性规则是给定的数据模型中数据及其联系所具有的制约和依存规则，用以限定符合数据模型的数据库状态以及状态的变化，以保证数据的正确、相容和有效。

2. 最常用的数据模型

目前，数据库领域中最常用的数据模型有 3 种，它们是层次模型（Hierarchical Model）、网状模型（Network Model）、关系模型（Relational Model）。其中，前两类模型称为非关系模型。非关系模型的数据库系统在 20 世纪 70～80 年代初非常流行，在数据库系统产品中占据了主导地位，在数据库系统的初期起了重要的作用。在关系模型得到发展后，非关系模型逐渐被取代。关系模型是目前使用最广泛的数据模型，占据数据库的主导地位。下面分别进行介绍。

3. 层次模型

层次模型是数据库系统中最早出现的数据模型，典型的层次模型系统是美国 IBM 公司于 1968 年推出的 IMS（Information Management System）数据库管理系统，这个系统于 20 世纪 70 年代在商业上得到广泛应用。

在现实世界中，有许多事物是按层次组织的，如一个系有若干个专业和教研室，一个专业有若干个班级，一个班级有若干个学生，一个教研室有若干个教师。其数据模型如图 1-10 所示。

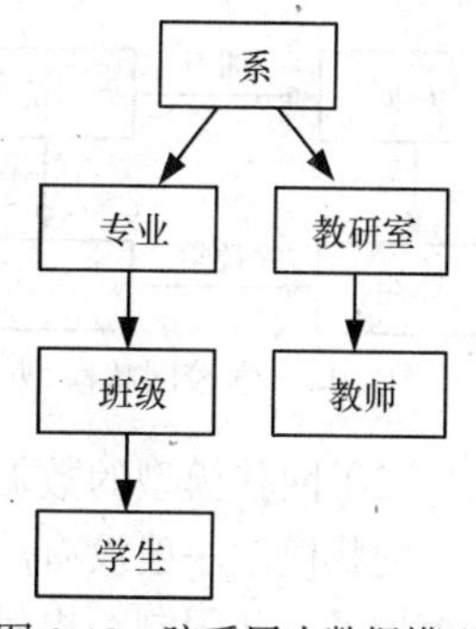

图 1-10　院系层次数据模型

层次模型用一棵“有向树”的数据结构来表示各类实体以及实体间的联系。在树中，每个节点表示一个记录类型，节点间的连线（或边）表示记录类型间的关系，每个记录类型可包含若干个字段，记录类型描述的是实体，字段描述实体的属性，各个记录类型及其字段都必须命名。

（1）层次模型的数据结构。树的节点是记录类型，有且仅有一个节点无父节点，这样的节点称为根节点，每个非根节点有且只有一个父节点。在层次模型中，一个节点可以有几个子节点（这时称这几个子节点为兄弟节点，如图 1-10 所示的专业和教研室），也可以没有子节点（该节点称为叶节点，如图 1-10 所示的中学生和教师）。

（2）层次模型的数据操作与数据完整性约束。层次模型的数据操作的最大特点是必须从根节点入手，按层次顺序访问。层次模型的数据操作主要有查询、插入、删除和修改，进行插入、删除和修改操作时要满足层次模型的完整性约束条件。

进行插入操作时，如果没有相应的父节点值就不能插入子节点值。如在图 1-10 所示的层次数据库中，若新调入一名教师，但尚未分配到某个教研室，这时就不能将该教师插入到数据库中。进行删除操作时，如果删除父节点值，则相应的子节点值也被同时删除。修改操作时，应修改所有相应的记录，以保证数据的一致性。

（3）层次模型的优缺点。层次模型的优点如下。①层次数据模型本身比较简单，只需很少几条命令就能操作数据库，比较容易使用。②结构清晰，节点间联系简单，只要知道每个节点的父节点，就可知道整个模型结构，现实世界中许多实体间的联系本来就呈现出一种很自然的层次关系。③它提供了良好的数据完整性支持。④对于实体间联系是固定的，且预先定义好的应用系统，采用层次模型实现，其性能优于关系模型，不低于网状模型。

层次模型的缺点如下。①层次模型不能直接表示两个以上的实体型间的复杂的联系和实体型间的多对多联系，只能通过引入冗余数据或创建虚拟节点的方法来解决，易产生不一致性。②对数据的插入和删除的操作限制太多。③查询子节点必须通过父节点。④由于结构严密，层次命令趋于程序化。

4. 网状模型

现实世界中事物之间的联系更多的是非层次关系的，用层次模型表示这种关系很不直观，而网状模型则克服了这一弊病，可以清晰地表示这种非层次关系。

网状模型取消了层次模型的两个限制，在层次模型中，若一个节点可以有一个以上的父节点，就得到网状模型。用有向图结构表示实体类型及实体间联系的数据模型称为网状模型。1969 年，CODASYL 组织提出的 DBTG 报告中的数据模型即是网状模型的主要代表。

（1）网状模型的数据结构。

网状模型的特点：有一个以上的节点没有父节点；至少有一个节点可以有多于一个父节点。

即允许两个或两个以上的节点没有父节点，允许某个节点有多个父节点，此时有向树变成了有向图，该有向图描述了网状模型。

网状模型是一种比层次模型更具普遍性的结构，它去掉了层次模型的两个限制，允许多个节点没有父节点，允许节点有多个父节点，此外它还允许两个节点之间有多种联系（称为复合联系）。因此，网状模型可以更直接地去描述现实世界。而层次模型实际上是网状模型的一个特例。

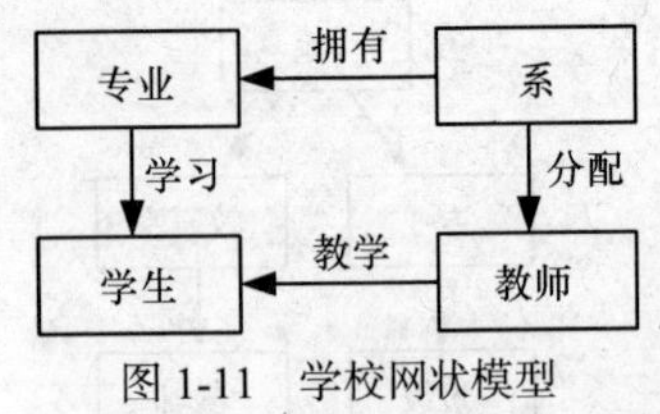

图 1-11 学校网状模型

网状模型中每个节点表示一个记录型（实体），每个记录型可包含若干个字段（实体的属性），节点间的连线表示记录类型（实体）间的父子关系，箭头表示从箭尾的记录类型到箭头的记录类型间联系是 $1:n$ 联系。如学生和教师间的关系。一个学生可以有多个老师任教，一个老师可以教授多个学生，如图 1-11 所示。

（2）网状模型的数据操作与完整性约束。

网状模型一般没有层次模型那样严格的完整性约束条件，但具体的网状数据库系统对数据操作都加了一些限制，提供了一定的完整性约束。

网状模型的数据操作主要包括查询、插入、删除和修改数据。

插入数据时，允许插入尚未确定双亲节点值的子女节点值，如可增加一名尚未分配到某个系的新教师，也可增加一些刚来报到，还未分配专业的学生。

删除数据时，允许只删除父节点值，如可删除一个系，而该系所有教师的信息仍保留在数据库中。

修改数据时，可直接表示非树形结构，而无需像层次模型那样增加冗余节点，因此，修改操作时只需更新指定记录即可。

它不像层次数据库那样有严格的完整性约束条件，只提供一定的完整性约束，主要有以下几点。

① 支持记录码的概念，码是唯一标识记录的数据项的集合。如学生记录中学号是码，因此数据库中不允许学生记录中学号出现重复值。

② 保证一个联系中父记录和子记录之间是一对多的联系。

③ 可以支持父记录和子记录之间某些约束条件。如有些子记录要求父记录存在才能插入，父记录删除时也一起删除。

（3）网状模型的优缺点。

网状模型的优点如下。① 能更加直接地描述客观世界，可表示实体间的多种复杂联系，如一个节点可以有多个父节点。② 具有良好的性能，存储效率较高。

网状模型的缺点如下。① 结构复杂，而且随着应用环境的扩大，数据库的结构变得越来越复杂，不利于最终用户掌握。② 其 DDL、DML 语言极其复杂，用户不容易使用。③ 数据独立性差，由于实体间的联系本质上是通过存取路径表示的，因此应用程序在访问数据时要指定存取路径。

5. 关系模型

关系模型是目前最常用的一种数据模型，它把概念模型中实体以及实体之间的各种联系均用关系来表示。关系数据库系统采用关系模型作为数据的组织方式。

1970 年，美国 IBM 公司的研究员 E. F. Codd 首次提出了数据系统的关系数据模型，标志着数据库系统新时代的来临，开创了数据库关系方法和关系数据理论的研究，为数据库技术奠定了理论基础。1980 年后，各种关系数据库管理系统的产品迅速出现，如 Oracle、DB2、Sybase、Informix 等，关系数据库系统统治了数据库市场，数据库的应用领域迅速扩大。

与层次模型和网状模型相比，关系模型的概念简单、清晰，并且具有严格的数据基础，形成了关系数据理论，操作也直观、容易，因此易学易用。无论是数据库的设计和建立，还是数据库的使用和维护，都比非关系模型时代简便得多。

（1）数据结构。

在关系模型中，数据的逻辑结构是关系。关系可形象地用二维表表示，它由行和列组成。表 1-2 所示的是一张学生信息表，现以该关系为例，介绍关系模型中的一些术语。

① 关系（Relation）。每一个关系用一张二维表来表示，常称为表，如表 1-2 所示的学生表。通常将一个没有重复行、重复列的二维表看成一个关系，每个关系（表）都有一个关系名。

② 元组（Tuple）。二维表的每一行在关系中称为元组，也称为记录，如表 1-2 中有 3 个元组。一个元组即为一个实体的所有属性值的总称。一个关系中不能有两个完全相同的元组。

表 1-2　　学生关系

学　号	姓　名	性　别	出生日期	所在系
10501001	张伟	男	1992-2-18	通信工程系
10501002	许娜	女	1993-1-4	电子系
10501112	王成	男	1991-5-24	计算机系

③ 属性（Attribute）。表中的每一列即为一个属性，也称为字段。每个属性都有一个显示在每一列首行的属性名，在一个关系表当中不能有两个同名属性。如表 1-2 有 5 列，对应 5 个属性（学号，姓名，性别，出生日期，所在系）。关系的属性对应概念模型中实体型以及联系的属性。

④ 域（Domain）。一个属性的取值范围就是该属性的域。如学生的性别属性域为（男，女）。

⑤ 分量（Component）。一个元组在一个属性域上的取值称为该元组在此属性上的分量。如姓名属性在第一条元组上的分量为“张伟”。

⑥ 关系模式（Relation Schema）。一个关系的关系名及其全部属性名的集合简称为该关系的关系模式。一般表示为关系名（属性 1，属性 2，…，属性 *n*）。如上面的关系可描述为学生（学号，姓名，性别，出生日期，所在系）。关系模式是型，描述了一个关系的结构；关系则是值，是元组的集合，是某一时刻关系模式的状态或内容。因此，关系模式是稳定的、静态的，而关系则是随时间变化的、动态的。但在不引起混淆的场合，两者都称为关系。

⑦ 候选码或候选键（Candidate Key）。如果在一个关系中，存在一个或一组属性的值能唯一地标识该关系的一个元组，则这个属性或属性组称为该关系的候选码或候选键，一个关系可能存在多个候选码。

⑧ 主码或主键（Primary Key）。为关系组织物理文件存储时，通常选用一个候选码作为插入、删除、检索元组的操作变量。这个被选用的候选码称为主码，有时也称为主键，用来唯一标识该关系的元组。如表 1-2 中的学号，可以唯一确定一个学生，也就成为本关系的主键。

⑨ 主属性（Primary Attribute）和非主属性（Nonprimary Attribute）。关系中包含在任何一个候选码中的属性称为主属性，不包含在任何一个候选码中的属性称为非主属性。

⑩ 外码或外键（Foreign Key）。如果关系 R1 的某一（些）属性 A 不是 R1 的候选码，但是在另一关系 R2 中属性 A 是候选码，则称 A 是关系 R1 的外码，有时也称外键。在关系数据库中，用外键表示两个表间的联系。

表 1-3 是一个课程关系表，其中课程编号和课程名属性可以唯一标识该课程关系，因此可称为该关系的候选码。若指定课程编号为课程关系的主键，那么课程编号就可以被看成是表 1-4 成绩关系表的外键。这样，通过“课程编号”就将两个独立的关系表联系在一起了。

表 1-3　　课程关系

课程编号	课程名	学　分	学　时
050218	数据库技术及应用	2	32
050106	通信原理	4	64
050220	计算机网络	2	32

表 1-4　成绩关系

学　号	课程编号	平时成绩	试卷成绩	总评成绩
10501001	050218	85	90	88.5
10501001	050106	80	85	83.5
10501002	050220	75	82	79.9
10501112	050218	88	90	89.4

⑪ 参照关系（Referencing Relation）和被参照关系（Referenced Relation）。参照关系也称从关系，被参照关系也称主关系，它们是指以外键相关联的两个关系。外键所在的关系称为参照关系，相对应的另一个关系即外键取值所参照的那个关系称为被参照关系。这种联系通常是 1:n 的联系。例如，对表 1-3 所示的课程关系和表 1-4 所示的成绩关系来说，课程关系是被参照关系，而成绩关系是参照关系。

关系是关系模型中最基本的数据结构。关系既用来表示实体，如上面的学生关系，也用来表示实体间的联系，如学生与课程之间的联系可以描述为选修（学号，课程号，成绩）。

关系模型要求关系必须是规范化的，即要求关系必须满足一定的规范条件，这些规范条件是：关系中的每一列都必须是不可分的基本数据项，即不允许表中还有表；在一个关系中，属性间的顺序、元组间的顺序是无关紧要的。

（2）数据操作。

关系数据模型的操作主要包括查询、插入、删除和修改数据。它的特点如下。

① 操作对象和操作结果都是关系，即关系模型中的操作是集合操作。它是若干元组的集合，而不像非关系模型中那样是单记录的操作方式。

② 关系模型中，存取路径对用户是隐藏的。用户只要指出“干什么”，不必详细说明“怎么干”，从而方便了用户，提高了数据的独立性。

（3）完整性约束。

完整性约束是一组完整的数据约束规则，它规定了数据模型中的数据必须符合的约束条件，对数据进行任何操作时都必须保证符合该约束。关系模型中共有 4 类完整性约束：实体完整性、参照完整性、域完整性和用户定义完整性。其中实体完整性和参照完整性是关系模型必须满足的完整性约束条件，任何关系系统都应该能自动维护。

① 实体完整性（Entity Integrity）。若属性 A 是关系 R 的主属性，则属性 A 不能取空值且取值唯一。就是一个关系模型中的所有元组都是唯一的，没有两个完全相同的元组，也就是一个二维表中没有两个完全相同行，也称为行完整性。

关系数据模型是将概念模型中的实体以及实体之间的联系都用关系这一数据模型来表示。一个基本关系通常只对应一个实体集。由于在实体集合当中的每一个实体都是可以相互区分的，即它们通过实体码唯一标识。因此，关系模型当中能唯一标识一个元组的候选码就对应了实体集的实体码。这样，候选码之中的属性即主属性不能取空值。如果主属性取空值，就说明存在某个不可标识的元组，即存在不可区分的实体，这与现实世界的应用环境相矛盾。在实际的数据存储中，我们是用主键来唯一标识每一个元组，因此在具体的 RDBMS 中，实体完整性应变为：在任一关系中，主键不能取空值。例如，在表 1-3 所示的课程关系中，“课程编号”属性不能取空值。

② 参照完整性（Referential Integrity）。现实世界中的事物和概念往往是存在某种联系的，关系数据模型就是通过关系来描述实体和实体之间的联系。这自然就决定了关系和关系之间也不会是孤立的，它们是按照某种规律进行联系的。参照完整性约束就是不同关系之间或同一关系的不同元组必须满足的约束。它要求关系的外键和被引用关系的主键之间遵循参照完整性约束。如设关系 R1 有一外键 FK，它引用关系 R2 的主键 PK，则 R1 中任一元组在外键 FK 上的分量必须满足以下两种

情况：等于 R2 中某一元组在主键 PK 上的分量；取空值（FK 中的每一个属性的分量都是空值）。在表 1-4 所示的学生成绩关系中，“学号”只能取学生关系表中实际存在的一个学号；“课程编号”也只能取课程关系表中实际存在的一个课程编号。在这个例子当中“学号”和“课程编号”都不能取空值，因为它们既分别是外键又是该关系的主键，所以必须要满足该关系的实体完整性约束。

③ 域完整性（Domain Integrity）。关系数据模型规定元组在属性上的分量必须来自于属性的域，这是由域完整性约束规定的。域完整性约束对关系 R 中属性（列）数据进行规范，并限制属性的数据类型、格式、取值范围、是否允许空值等。

④ 用户定义完整性（User Defined Integrity）。以上三类完整性约束都是最基本的，因为关系数据模型普遍遵循。此外，不同的关系数据库系统根据其应用环境的不同，往往还需要一些特殊的约束条件。用户定义的完整性约束就是对某一具体关系数据库的约束条件，它反映了某一具体应用所涉及的数据必须满足的语义要求。例如，年龄不能大于工龄，夫妻的性别不能相同，成绩只能在 0～100 之间等。这些约束条件需要用户自己来定义，故称为用户定义完整性约束。

1.5　数据库系统的结构

可以从多种不同的角度考查数据库系统的结构。

从数据库管理系统的角度看，数据库系统通常采用三级模式结构，这是数据库系统内部的体系结构。从数据库最终用户的角度看，数据库系统的结构分为单用户结构、客户/服务器（C/S）结构、浏览器 / 应用服务器 / 数据库服务器（B/S）多层结构，这是数据库系统外部的体系结构，本书不作介绍。

虽然实际的数据库系统软件的产品种类很多，它们支持不同的数据模型，使用不同的数据库语言，建立在不同的操作系统之上，但为了有效地组织、管理数据，提高数据库的逻辑独立性和物理独立性，人们为数据库设计了一个严谨的体系结构，即采用三级模式结构。

1.5.1　数据库系统模式的概念

在数据模型中有“型”（Type）和“值”（Value）的概念。型是对某一类数据的结构和属性的说明，值是型的一个具体赋值。例如，学生记录定义为（学号，姓名，性别，出生日期，所属系），称为记录型，而（10501001，张伟，男，1992-2-18，通信工程系）则是该记录型的一个记录值。

模式（Schema）是数据库中全体数据的逻辑结构和特征的描述。它仅仅涉及型的描述，不涉及具体的值。某数据模式下的一组具体的数据值称为模式的一个实例（Instance）。同一个模式可以有很多实例。因此，模式是相对稳定的，反映的是数据的结构及其联系，而实例是不断变化的，反映的是数据库某一时刻的状态。

1.5.2　数据库系统的三级模式结构

通常 DBMS 把数据库从逻辑上分为三级，即外模式、模式和内模式，它们分别反映了看待数据库的三个角度。三级模式结构如图 1-12 所示。

为了支持三级模式，DBMS 必须提供在这三级模式之间的两级映像，即外模式/模式映像与模式/内模式映像。

1. 模式

模式也称概念模式或逻辑模式，是数据库中全体数据的逻辑结构和特征的描述，是所有用户的概念视图。视图可理解为一组记录的值，用户或程序员看到和使用的数据库的内容。

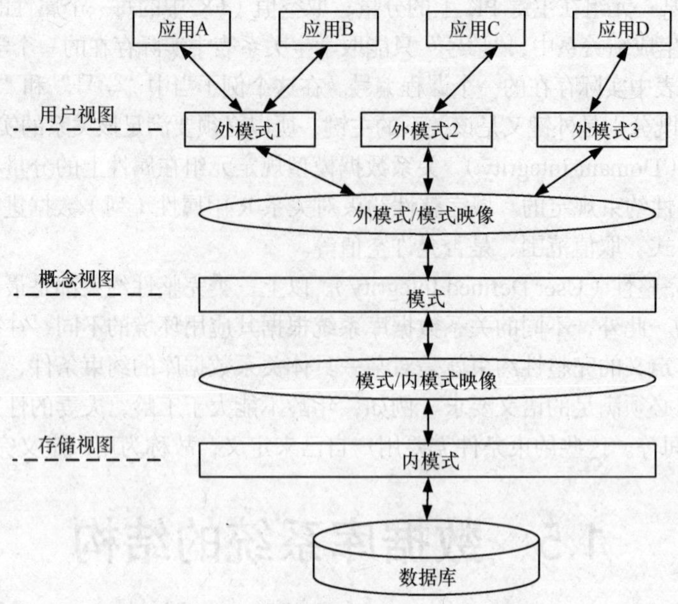

图 1-12 数据库系统的三级模式结构

模式处于三级结构的中间层，它是整个数据库实际存储的抽象表示，也是对现实世界的一个抽象，是现实世界某应用环境（企业或单位）的所有信息内容集合的表示，也是所有个别用户视图综合起来的结果，所以又称为用户公共数据视图。

一个数据库只有一个模式。数据库模式以某一种数据模型为基础，综合考虑了所有用户的需求，并将这些需求有机地结合成一个逻辑整体。定义模式时不仅要定义数据的逻辑结构（如数据记录由哪些项组成，数据项的名字、类型、取值范围等），而且要定义与数据有关的安全性、完整性要求，定义数据之间的联系。

2. 外模式

外模式又称子模式或用户模式或用户视图，是三级结构的最外层，也是最靠近用户的一层，反映数据库用户看待数据库的方式，是模式的某一部分的抽象表示。它是数据库用户看见和使用的局部数据的逻辑结构和特征的描述，是数据库用户的数据视图，是与某一应用有关的数据的逻辑表示。它由多种外记录值构成，这些记录值是概念视图的某一部分的抽象表示。即个别用户看到和使用的数据库内容。

外模式通常是模式的子集。一个数据库可以有多个外模式。由于它是各个用户的数据视图，如果不同的用户在应用需求、看待数据的方式、对数据保密的要求等方面存在差异，则其外模式描述就是不同的。每个用户只能调用他的外模式所涉及的数据，其余的数据他是无法访问的。

3. 内模式

内模式又称为存储模式或物理模式，是三级结构中的最内层，也是靠近物理存储的一层，即与实际存储数据方式有关的一层，由多个存储记录组成，但并非物理层，不必关心具体的存储位置。一个数据库只有一个内模式。它是数据物理结构和存储方式的描述，是数据在数据库内部的表示方式。如记录的存储方式是顺序存储还是散列（Hash）方法存储；数据是否压缩存储，是否加密等。

在数据库系统中，外模式可有多个，而概念模式、内模式只能各有一个。内模式是整个数据库实际存储的表示，而概念模式是整个数据库实际存储的抽象表示，外模式是概念模式的某一部分的抽象表示。

1.5.3 数据库系统的二级映像

数据库系统的三级模式是对数据的三个抽象级别，它使用户能抽象地处理数据，而不必关心数据在计算机内部的存储方式，把数据的具体组织交给 DBMS 管理。为了能够在内部实现这三个抽象层次的联系和转换，DBMS 在三级模式之间提供了二级映像（外模式/模式映像和模式/内模式映像）功能。这两层映像，使数据库系统中的数据具有较高的逻辑独立性和物理独立性。

1. 外模式/模式映像

外模式描述的是数据的局部逻辑结构，而模式描述的是数据的全局逻辑结构。数据库中的同一模式可以有任意多个外模式，对于每一个外模式，都存在一个外模式/模式映像。

它确定了数据的局部逻辑结构与全局逻辑结构之间的对应关系。例如，在原有的记录类型之间增加新的联系，或在某些记录类型中增加新的数据项时，使数据的总体逻辑结构改变，外模式/模式映像也发生相应的变化。

这一映像功能保证了数据的局部逻辑结构不变，由于应用程序是依据数据的局部逻辑结构编写的，所以应用程序无需修改，从而保证了数据与程序间的逻辑独立性。

2. 模式/内模式映像

数据库中的模式和内模式都只有一个，所以模式/内模式映像是唯一的。它确定了数据的全局逻辑结构与存储结构之间的对应关系。例如，存储结构变化时，模式/内模式映像也应有相应的变化，使其概念模式仍保持不变，即把存储结构的变化的影响限制在概念模式之下，这使数据的存储结构和存储方法较高地独立于应用程序，通过映像功能保证数据存储结构的变化不影响数据的全局逻辑结构的改变，从而不必修改应用程序，即确保了数据的物理独立性。

综上所述，数据库系统的三级模式和二级映像使得数据库系统具有较高的数据独立性。将外模式和模式分开，保证了数据的逻辑独立性；将模式和内模式分开，保证了数据的物理独立性。在不同的外模式下可有多个用户共享系统中数据，减少了数据冗余。按照外模式编写应用程序或输入命令，而不需了解数据库内部的存储结构，方便用户使用系统，简化了用户接口。

本章知识点小结

本章概述了数据库的基本概念，并通过对数据管理技术发展的 4 个阶段（人工管理阶段、文件系统阶段、数据库系统阶段、高级数据库系统阶段）的介绍，阐述了数据库技术产生和发展的背景，突出说明了数据库系统的优点以及研究的必要性。其次，介绍了数据库系统的组成。数据库系统是指在计算机系统中引入数据库后的系统，是可运行、可维护的软件系统，一般由数据库、数据库管理系统（及其开发工具）、应用系统、数据库管理员和用户构成。使读者了解数据库系统实质是一个人机系统，人的作用特别是数据库管理员的作用非常重要。

数据模型是数据库系统的核心和基础。本章介绍了数据模型的基本概念，讲述了数据描述在 3 个不同的领域（现实世界、信息世界和机器世界）中使用不同的概念。介绍了组成数据模型的 3 个要素（数据结构、数据操作、数据完整性约束）和概念模型。概念模型用于信息世界的建模，E-R 图是这类模型的典型代表，E-R 图简单、清晰，应用十分广泛。数据模型的发展经历了非关系化模型（层次模型、网状模型）、关系模型，正在走向面向对象模型。

关系模型中共有 4 类完整性约束：实体完整性、参照完整性、域完整性和用户定义完整性。其中实体完整性和参照完整性是关系模型必须满足的完整性约束条件，任何关系系统都应该能自动维护。

数据库系统中，数据具有三级模式结构的特点，由外模式、模式、内模式以及外模式/模式映像、模式/内模式映像组成。三级模式结构使数据库中的数据具有较高的逻辑独立性和物理独立性。一个数据库系统中，只有一个模式，一个内模式，但有多个外模式。因此，模式/内模式映像是唯一的，而每一个外模式都有自己的外模式/模式映像。

习　题

1. 试述数据、信息、数据库、数据库管理系统、数据库系统的概念。
2. 简述数据管理技术的 4 个发展阶段及其特点。
3. 简述数据库系统的特点。
4. 试述数据库系统的组成。
5. 数据库管理系统的主要功能有哪些？
6. 什么是 DBA？DBA 应具有什么素质？DBA 的职责是什么？
7. 试述数据模型的概念、数据模型的作用和数据模型的三个要素。
8. 试述概念模型的作用。
9. 定义并解释概念模型中以下概念：实体、实体型、实体集、属性、码、E-R 图。
10. 举例并绘制 E-R 图说明实体之间的一对一、一对多、多对多各种不同的联系。
11. 学校中有若干学院，每个学院有若干系，每个系有若干教师和学生，其中有的教授和副教授每人各带若干研究生；每个班有若干学生，每个学生选修若干课程，每门课可由若干学生选修。请用 E-R 图绘制该学校的概念模型。
12. 试述关系模型的概念：关系、属性、域、元组、主键、外键、分量、关系模式，并解释与概念模型中的相应概念的对应关系。
13. 试述关系模型的完整性规则。在参照完整性中，为什么外键属性的值也可以为空？什么情况下才可以为空？
14. 试述层次模型的概念，并举例说明。
15. 试述网状模型的概念，并举例说明。
16. 试述数据库系统三级模式结构，这种结构的优点是什么？
17. 什么是数据独立性？在数据库中有哪两级独立性？
18. 数据库系统一般由数据库、________、应用系统、________和用户构成。
19. 关系模型中，一个码是（　）。

A. 可以由多个任意属性组成　　B. 至多由一个属性组成

C. 由一个或多个属性组成，其值能够唯一标识关系中一个元组　　D. 以上都不是

20. 一个关系只有一个（　）。

A. 候选码　　B. 外键　　C. 超码　　D. 主键

21. 在关系 R（R#，RN，S#）和 S（S#，SN，SD）中，R 的主键是 R#，S 的主键是 S#，则 S#在 R 中称为（　）。

A. 候选码　　B. 主键　　C. 外键　　D. 超码

22. 外模式/模式映象保证了数据库中数据的________独立性，模式/内模式映像保证了数据库中数据的________独立性。
23. 两个实体型之间的联系可以分成三类，即一对一联系、________和________。
24. 数据管理发展的 4 个阶段是________、________、________和________。

第 2 章 关系数据库的理论基础

关系数据库是采用关系数据模型作为数据组织方式的数据库，是目前使用范围最广的数据库之一。1970 年，美国 IBM 公司的 E. F. Codd 发表的著名论文“A Relational Model of Data for Large Shared Data Banks”中首先提出了关系数据模型。之后他又发表了多篇文章，奠定了关系数据库的理论基础。标志着数据库系统新时代的来临。20 世纪 80 年代以来，计算机厂商推出的数据库管理系统几乎都支持关系模型，非关系系统的产品也都加上了关系接口。关系数据库系统几乎成了当今数据库的代名词。关系数据库采用数学方法来处理数据库中的数据，是建立在严密的数学基础之上的一种数据组织与存储方式，易于管理和实现。

关系模型由数据结构、数据操作以及数据完整性约束三要素组成。第 1 章已对关系模型的数据结构和数据完整性约束做了介绍，本章主要讨论数据操作，即关系运算。关系运算分为 2 种方法：一种方法基于代数的定义，称为关系代数；另一种方法基于逻辑的定义，称为关系演算。下面分别进行介绍。

【本章要点】

- 关系模型的形式化定义
- 关系模式与关系数据库
- 关系代数的传统集合运算：并、交、差、笛卡儿积
- 专门的关系运算：投影、选择、连接和除
- 元组关系演算的定义及表达式的含义
- 域关系演算的定义及表达式的含义
- 关系运算的等价性
- 关系代数表达式的等价变换规则
- 查询优化的策略及其简单应用
- 关系代数表达式的优化算法（语法树）

2.1 关系的数据结构

在关系模型中，数据是以二维表的形式存在的，这个二维表被称为关系。实体以及实体之间的联系均由单一的结构类型即关系来表示。关系模型是建立在集合代数理论的基础之上，为此，本书使用集合代数给出“关系”的形式化定义。

2.1.1 关系的定义

第 1 章已经介绍了关系模型的一些基本术语，本节主要从数学的角度来描述关系模型的相关

术语。为了从集合论的角度给出关系的定义，我们先引入域和笛卡儿积的概念。

1. 域

定义 2.1 域（Domain）是具有相同数据类型的一组值的集合，又称为值域，一般用 D 表示。域中所包含的值的个数称为域的基数，一般用 m 表示。在关系中，使用域表示属性的取值范围。

例如，整数、实数、{男，女}等都称为域。

D_1={宋江，林冲，武松}，D_1 的基数 $m_1=3$。

D_2={男，女}，D_2 的基数 $m_2=2$。

D_3={47，28，30，55}，D_3 的基数 $m_3=4$。

其中，D_1，D_2，D_3 为域名，分别表示教师关系中姓名、性别、年龄的集合。域名无排列次序，如 D_2={男，女}={女，男}。

2. 笛卡儿积

定义 2.2 给定一组域 D_1，D_2，…，D_n（这些域中可以包含相同的元素，即可以完全不同，也可以部分或全部相同），则在 D_1，D_2，…，D_n 上的笛卡儿积（Cartesian Product）为

$$D=D_1\times D_2\times\cdots\times D_n=\{(d_1，d_2，\cdots，d_n)|d_i\in D_i，i=1，2，\cdots，n\}$$

其中，D 中的每一个元素$(d_1，d_2，\cdots，d_n)$叫做一个 n 元组，简称元组。元组中的每一个值 d_i 叫做一个分量，来自相应的域$(d_i\in D_i)$。一个元组是组成该元组的各分量的有序集合。

若 D_i $(i=1，2，\cdots，n)$为有限集，其基数为 m_i $(i=1，2，\cdots，n)$，则 $D_1\times D_2\times\cdots\times D_n$ 的基数为 n 个域的基数的乘积，计作：

$$M=\prod_{i=1}^{n}m_i$$

笛卡儿积可表示为一个二维表。表中的每行对应一个元组，表中的每列对应一个域。

【例 2.1】 上述表示教师关系中姓名 D_1={宋江，林冲，武松}、性别 D_2={男，女}两个域的笛卡儿积为 $D_1\times D_2$={(宋江，男)}，(宋江，女)，(林冲，男)，(林冲，女)，(武松，男)，(武松，女)}

其中，宋江、林冲、武松、男、女都是分量，(宋江，男)，(林冲，男)等都是元组，其基数 $M=m_1\times m_2=3\times2=6$，元组的个数为 6。

笛卡儿积也可用二维表的形式表示。例如，上述的 6 个元组可表示成表 2-1 所示内容。

表 2-1　　D_1 和 D_2 的笛卡儿积

姓　名	性　别	姓　名	性　别
宋江	男	林冲	女
宋江	女	武松	男
林冲	男	武松	女

由上例可以看出，笛卡儿积实际上是一个二维表，表的框架由域构成，表的任意一行就是一个元组，表中的每一列来自同一域，如第一个分量来自 D_1，第二个分量来自 D_2。

3. 关系

定义 2.3 笛卡儿积 $D_1\times D_2\times\cdots\times D_n$ 的任一子集称为定义在域 D_1，D_2，…，D_n 上的一个 n 元关系，简称关系，表示为 $R(D_1，D_2，\cdots，D_n)$。

每个关系都有一个关系名，这里 R 为关系名，n 称为关系的目或度（Degree）。必须指出的是，构成笛卡儿积的集合是有序的，形成的元组分量是有序的，因此其子集也是有序的。

从上面的定义可以看出，关系是笛卡儿积的子集，因此可以用二维表来表示。二维表的名称就是关系的名称，二维表的每一列都是一个属性。n 元关系就会有 n 个属性。一个关系中每一个

属性都有一个名称，且各个属性的属性名都不同，对应参与笛卡儿积运算的每个集合的名称。一个属性的取值范围 $D_i(i=1, 2, \cdots, n)$称为该属性的域，对应参与笛卡儿积运算的每个集合的值域，所以不同的属性可以有相同的域。二维表的每一行值对应于一个元组。

在数学中，笛卡儿积形成的二维表的各列是有序的，而在关系数据模型中对属性、元组的次序交换都是无关紧要的。当然，关系的属性、元组按一定的次序存储在数据库中。但这仅仅是物理存储的顺序，而在逻辑上，属性、元组在关系数据模型中都不作规定。

在关系数据模型中，关系可以有三种类型：基本表（或基表）、查询表和视图表。基本表是实际存在的表，它是实际存储数据的逻辑表示。查询表是查询结果对应的表。视图表是由基本表或其他视图表导出的表，是虚表，只有定义，实际不物理存储数据。

2.1.2　关系的性质

关系是一种规范化的二维表，具有如下性质。

（1）列的同质性，即每一列中的分量是同一类型的数据。

（2）属性名的唯一性，即二维表中的属性名各不相同。

（3）元组的唯一性，即二维表中的任意两个元组不能完全相同。

（4）属性次序的无关性，即二维表中的属性与次序无关，可任意互换位置。

（5）元组次序的无关性，即二维表中元组的次序可以任意交换。

（6）元组分量的原子性，即表中元组分量都必须是不可分割的数据项，不允许表中有表。

（7）元组个数有限性，即表中的元组个数是有限的。

2.1.3　关系模式与关系数据库

关系模式是对关系数据库结构的描述，或者说是对关系数据库框架的描述，也就是前面所讲过的关系头，可以看作是关系的型。与关系模式对应的数据库中的当前值就是关系数据库的内容，称为关系数据库的实例，可以看作是关系的值。

1. 关系模式

在前面关系模式的自然语言定义中已经介绍过，一个关系的关系模式是该关系的关系名及其全部的属性名的集合，一般表示为“关系名（属姓名 1，属性名 2，…，属性名 n）”。关系模式和关系是型与值的联系。关系模式指出了一个关系的结构描述；而关系则是由满足关系模式结构的元组构成的集合。关系模式是稳定的、静态的，而关系则是随时间变化的、动态的。通常在不引起混淆的情况下，两者都可称为关系。

定义 2.4　关系的描述称为关系模式。它可以形式化地表示为

$$R(U, D, DOM, F)$$

其中，R 为关系模式名，U 为组成该关系的属性名的集合，D 为属性组 U 中属性所来自的域的集合，DOM 为属性向域映像的集合，F 为该关系中各属性间数据的依赖关系集合。

关系模式通常简记为 $R(U)$ 或 $R(A_1, A_2, \cdots, A_n)$

其中，R 为关系名，$A_i(i=1, 2, \cdots, n)$ 为属性名。域名构成的集合及属性向域映像的集合一般为关系模式定义中的属性的类型和长度。

2. 关系数据库

关系数据库是“一组随时间变化，具有各种度的规范化关系的集合”。因为关系是由关系头和关系体组成的，所以关系数据库也可以看作是一组关系头和关系体的集合。由此可见，关系数据库也有型和值的概念，其型就是关系数据库模式，相对固定；其值就是关系数据库内容，代表现实世界中的实体，而实体是随着时间不断变化的，所以其值在不同的时刻会有所变化。

目前，关系数据库所使用的语言一般都具有定义、查询、更新和控制一体化的特点，而查询是最主要的部分，查询的条件需要使用关系运算表达式来表示。因此，关系运算是设计关系数据语言的基础。根据表达查询的方法不同，关系运算可分为关系代数和关系演算两大类，下面分别介绍。

2.2 关系代数

关系代数是关系数据模型的理论基础，是一种抽象的查询语言，这意味着无法在一台实际的计算机上执行用关系代数形式化的查询，但关系代数中给出的功能在任何实际语言中应该都能实现。而关系代数可以用最简单的形式来表达所有关系数据库查询语言必须完成的运算的集合，它们能用作评估实际系统查询语言能力的标准或基础。

关系代数运算是通过对关系的运算来表达查询。关系代数以 1 个或 2 个关系为输入（操作对象），产生一个新的关系作为其操作的结果，即它的运算对象是关系，运算结果也是关系。关系代数的运算可分为 4 类：传统的集合运算、专门的关系运算、比较运算和逻辑运算，如表 2-2 所示。

关系代数的运算按运算符的不同可分为传统的集合运算和专门的关系运算 2 类。

传统的集合运算是二目运算，包括并、差、交和笛卡儿积 4 种运算。这类运算将关系看作是元组的集合，其运算是从“行”的方向来进行的。

专门针对数据库环境设计的关系运算，包括投影、选择、连接和除。这些运算不但涉及行，而且涉及列。比较运算符和逻辑运算符是用来辅助专门的关系运算符进行操作的。

下面将分别对这 2 类运算加以介绍。

2.2.1 传统的集合运算

传统的集合运算是二目运算，设关系 R 和 S 是同一关系模式下的关系，即具有相同的目 n（即 2 个关系都有 n 个属性），且相应的属性取自同一个域，则可以定义并、交、差、笛卡儿积 4 种运算如下。各运算符的含义及功能等见表 2-2。

1．并（Union）

关系 R 和 S 的并是由属于 R 或属于 S 的元组组成的集合。记作

$$R \cup S = \{ t | t \in R \vee t \in S \}$$

其中，“∪”为并运算符，t 为元组变量，“∨”为逻辑或运算符。如果 R 和 S 有重复的元组，则只保留一个，其结果仍为 n 目关系。

表 2-2　　关系代数运算符

运算符分类	运算符	含义	表示方法	功　能
传统的集合运算	∪	并	$R \cup S$	产生一个新关系，它是由属于 R 或属于 S 的元组组成的集合
	−	差	$R-S$	产生一个新关系，它是由属于 R 但不属于 S 的元组组成的集合
	∩	交	$R \cap S$	产生一个新关系，它是由既属于 R 又属于 S 的元组组成的集合
	×	笛卡儿积	$R \times S$	产生一个新关系，它是关系 R 中的每个元组与关系 S 中的每个元组并联组成的一个新的元组

续表

运算符分类	运算符	含义	表示方法	功　能
专门的关系运算	σ	选择	$\sigma_F(R)$	产生一个新关系，其中只包含 R 中满足指定谓词的元组
	π	投影	$\pi_{i1,i2,\cdots,im}(R)$	产生一个新关系，该关系由指定的 R 的属性组成的一个 R 的垂直子集组成，并且删除了重复的元组
	▷◁	连接	$R \underset{A\theta B}{\bowtie} S$	产生一个新关系，该关系包含了 R 和 S 的笛卡儿积中所有满足 θ 运算的元组
	÷	除	$R \div S$	产生一个属性集合 C 上的关系，该关系的元组与 S 中的每个元组组合都能在 R 中找到匹配的元组，这里 C 是属于 R 但不属于 S 的属性集合
比较运算	>	大于	$X_1>Y_1$	若 X_1 大于 Y_1，则返回 true，否则返回 false
	≥	大于等于	$X_1\geqslant Y_1$	若 X_1 大于等于 Y_1，则返回 true，否则返回 false
	<	小于	$X_1<Y_1$	若 X_1 小于 Y_1，则返回 true，否则返回 false
	≤	小于等于	$X_1\leqslant Y_1$	若 X_1 小于等于 Y_1，则返回 true，否则返回 false
	=	等于	$X_1=Y_1$	若 X_1 等于 Y_1，则返回 true，否则返回 false
	≠	不等于	$X_1\neq Y_1$	若 X_1 不等于 Y_1，则返回 true，否则返回 false
逻辑运算	¬	非	$\neg X_1$	若 X_1 为 true，则返回 false
	∧	与	$X_1 \wedge Y_1$	若 X_1 和 Y_1 均为 true，则返回 true，否则返回 false
	∨	或	$X_1 \vee Y_1$	若 X_1 和 Y_1 至少有一个为 true，则返回 true；X_1 和 Y_1 均为 false 时，返回 false

关系的并运算对应关系的插入或添加记录的操作，是关系代数的基本操作。

【例 2.2】 关系 R 和 S 见表 2-3、表 2-4，则 R 和 S 的并运算 $R\cup S$ 见表 2-5。

表 2-3　关系 R

A	B	C
a_1	b_1	c_1
a_1	b_2	c_2
a_3	b_3	c_3

表 2-4　关系 S

A	B	C
a_1	b_2	c_2
a_3	b_3	c_3
a_4	b_4	c_4

表 2-5　关系 $R\cup S$

A	B	C
a_1	b_1	c_1
a_1	b_2	c_2
a_3	b_3	c_3
a_4	b_4	c_4

2. 差（Difference）

R 和 S 的差是由属于 R 但不属于 S 的元组组成的集合。记作

$$R-S=\{t \mid t\in R\wedge t\notin S\}$$

其中，“–”为差运算符，t 为元组变量，“∧”为逻辑与运算符。关系的差运算对应关系的删除记录的操作，是关系代数的基本操作。

【例 2.3】关系 R 和 S 见表 2-3、表 2-4，则 R 和 S 的差运算 R–S 见表 2-6。

表 2-6　　关系 R-S

A	B	C
a_1	b_1	c_1

3. 交（Intersection）

R 和 S 的交是由既属于 R 又属于 S 的元组组成的集合。记作

$$R\bigcap S=\{t \mid t\in R\wedge t\in S\}$$

其中，“∩”为交运算符，t 为元组变量，“∧”为逻辑与运算符。

交和差运算之间存在如下关系：$R∩S=R-(R-S)=S-(S-R)$

【例 2.4】关系 R 和 S 见表 2-3、表 2-4，则 R 和 S 的交运算 $R∩S$ 见表 2-7。

表 2-7　　关系 $R∩S$

A	B	C
a_1	b_2	c_2
a_3	b_3	c_3

4. 笛卡儿积（Product）

设关系 R 有 m 个属性、i 个元组；关系 S 有 n 个属性、j 个元组，则关系 R 和 S 的笛卡儿积是一个有$(m+n)$个属性的元组集合。每个元组的前 m 个分量来自关系 R 的一个元组，后 n 个分量来自 S 的一个元组，且元组的数目为 $i×j$ 个。记作

$$R\times S=\{t \mid t=<t^m,t^n>\wedge t^m\in R\wedge t^n\in S\}$$

其中，“×”为笛卡儿运算符，$<t^m, t^n>$表示笛卡儿运算所得到的新关系的元组中由两部分组成的有序结构，t^m 由含有关系 R 的属性的元组构成、t^n 由含有关系 S 的属性的元组构成，它们共同组成一个新的元组。

这里有几点说明如下。

（1）虽然在表示上我们把关系 R 的属性放在前面，把关系 S 的属性放在后面，连接成一个有序结构的元组，但在实际的关系操作中，属性间的前后交换次序是无关的。

（2）做笛卡儿积运算时，可从 R 的第一个元组开始，依次与 S 的每一个元组组合，然后，对 R 的下一个元组进行同样的操作，直至 R 的最后一个元组也进行完相同的操作为止，即可得到 $R×S$ 的全部元组。

（3）笛卡儿积运算得出的新关系将数据库的多个孤立的关系表联系在一起，这样就使关系数据库中独立的关系有了沟通的桥梁。

【例 2.5】关系 R 和 S 见表 2-3、表 2-4，则 R 和 S 的笛卡儿积运算 $R×S$ 见表 2-8。

表 2-8 关系 $R×S$

R.A	R.B	R.C	S.A	S.B	S.C
a_1	b_1	c_1	a_1	b_2	c_2
a_1	b_1	c_1	a_3	b_3	c_3
a_1	b_1	c_1	a_4	b_4	c_4
a_1	b_2	c_2	a_1	b_2	c_2
a_1	b_2	c_2	a_3	b_3	c_3
a_1	b_2	c_2	a_4	b_4	c_4
a_3	b_3	c_3	a_1	b_2	c_2
a_3	b_3	c_3	a_3	b_3	c_3
a_3	b_3	c_3	a_4	b_4	c_4

笛卡儿积运算在理论上要求参加运算的关系没有同名属性。通常我们在结果关系的属性名前加上<关系名>.来区分，这样即使当 R 和 S 中有相同的属性名时，也能保证结果关系具有唯一的属性名。

2.2.2 专门的关系运算

传统的集合运算只是从行的角度进行，而要灵活地实现关系数据库多种查询操作，必须引入专门的关系运算。专门的关系运算包括选择、投影、连接和除等，其中前两个是单目运算，后两个为二目运算。

1. 选择（Selection）

选择运算是根据一定的条件 F 在给定的关系 R 中选取若干个元组，组成一个新关系，记作

$$\sigma_F(R)=\{t \mid t\in R \wedge F(t)=true\}$$

其中，σ 为选择运算符，F 表示选择条件，它是由运算对象（属性名、常数、简单函数）、算术比较运算符（>，≥，<，≤，=，≠）和逻辑运算符（∨，∧，¬）连接起来的逻辑表达式，取值为“true”或“false”，其基本形式为

$$X_1\theta Y_1[\phi X_2\theta Y_2]\cdots$$

θ 表示比较运算符，它可以是>、≥、<、≤、=和≠。X_1，Y_1 等是属性名或简单函数。属性名也可以用它在关系中从左到右的序号来代替。ϕ 表示逻辑运算符，它可以是∧、∨、¬。[ ]表示可选选项，…表示上述格式可以重复下去。

选择运算是单目运算符，即运算的对象仅有一个关系。选择运算不会改变参与运算关系的关系模式，它只是根据给定的条件从所给的关系中找出符合条件的元组。实际上，选择是从行的角度进行的水平运算，是一种将大关系分割为较小关系的工具。

【例 2.6】关系 R 见表 2-3，从关系 R 中挑选满足 A=a_1 条件的元组，关系代数式为 $\sigma_{A='a_1'}(R)$，其结果见表 2-9。

表 2-9 选择关系

A	B	C
a_1	b_1	c_1
a_1	b_2	c_2

设有一个关于学生成绩管理的数据库，包括学生关系 S（见表 2-10）、课程关系 C（见表 2-11）和成绩关系 SC（见表 2-12）。下面的许多关系运算都是针对这 3 个关系进行。

表 2-10 学生关系 S

StuNo	StuName	Sex	Age	Dept
10501001	张伟	男	19	通信工程系
10501002	许娜	女	18	电子系
10501112	王成	男	20	计算机系

表 2-11 课程关系 C

CNo	CName	Credit	ClassHour
050218	数据库技术及应用	2	32
050106	通信原理	4	64
050220	计算机网络	2	32

表 2-12 成绩关系 SC

StuNo	CNo	Score
10501001	050218	85
10501001	050106	80
10501002	050220	75
10501112	050218	88

【例 2.7】 关系 S 见表 2-10，查询全体男同学的信息。

$$\sigma_{Sex='男'}(S) \text{ 或 } \sigma_{3='男'}(S)$$

其中，下角标“3”为 Sex 的属性序号，结果见表 2-13。

表 2-13 男学生关系 S

StuNo	StuName	Sex	Age	Dept
10501001	张伟	男	19	通信工程系
10501112	王成	男	20	计算机系

【例 2.8】 关系 S 见表 2-10，查询年龄小于 20 岁的学生的信息。

$\sigma_{Age<20}(S)$，结果如表 2-14 所列。

表 2-14 年龄小于 20 岁的学生关系 S

StuNo	StuName	Sex	Age	Dept
10501001	张伟	男	19	通信工程系
10501002	许娜	女	18	电子系

2. 投影（Projection）

投影运算也是单目运算，是从一个关系中选取某些属性（列），并对这些属性重新排列，最后从得出的结果中删除重复的行，从而得到一个新的关系。即对关系从列的角度进行的垂直分解运算，从左到右按照指定的若干属性及顺序取出相应列，删去重复元组。

设 R 是 n 元关系，R 在其分量 A_{i1}，A_{i2}，…，A_{im}（$m \leqslant n$；$i1$，$i2$，…，im 为 1 到 m 之间的整数，可不连续）上的投影操作定义为

$$\pi_{i1,i2,\cdots,im} = \{t \mid t = < t_{i1}, t_{i2}, \cdots t_{im} > \wedge < t_1, \cdots, t_{i1}, t_{i2}, \cdots t_{im}, \cdots t_n > \in R\}$$

即取出所有元组在特定分量 A_{i1}，A_{i2}，…，A_{im} 上的值。

选择运算是从关系的水平方向上进行运算，而投影运算则是从关系的垂直方向上进行运算。

【例 2.9】 关系 R 见表 2-3，计算 $\pi_{A,C}(R)$的结果见表 2-15。

表 2-15　　投影关系 $\pi_{A,}$（R）

A	C
a_1	c_1
a_1	c_2
a_3	c_3

【例 2.10】 关系 S 见表 2-10，查询年龄小于 20 岁的学生的姓名和所在系。

$\pi_{\text{StuName,Dept}}$（$\sigma_{\text{Age<20}}$（$S$）），结果见表 2-16。

表 2-16　　投影关系 $\pi_{\text{StuName,Dept}}$（$\sigma_{\text{Age<20}}$（$S$））

StuName	Dept
张伟	通信工程系
许娜	电子系

3. 连接（Join）

连接运算是二目运算，是从两个关系的笛卡儿积中选取属性间满足一定条件的元组，组成新的关系，连接又称 θ 连接。记作

$$R \underset{A\theta B}{\bowtie} S = \{t \mid t = < t_r, t_s > \wedge t_r \in R \wedge t_s \in S \wedge t_r[A] \theta t_s[B]\} = \sigma_{A\theta B}(R \times S)$$

其中，A 和 B 分别是 R 和 S 上个数相等且可比的属性组（名称可不相同）。$A\theta B$ 作为比较公式 F，F 的一般形式为 $F_1 \wedge F_2 \wedge \cdots \wedge F_n$，每个 F_i 是形为 $t_r[A_i]\theta t_s[B_j]$的公式。对于连接条件的重要限制是条件表达式中所包含的对应属性必须来自同一个属性域，否则是非法的。

若 R 有 m 个元组，此运算就是用 R 的第 p 个元组的 A 属性集的各个值与 S 的 B 属性集从头至尾依次作 θ 比较。每当满足这一比较运算时，就把 S 中该属性值的元组接在 R 的第 p 个元组的右边，构成新关系的一个元组。反之，当不满足这一比较运算时就继续作 S 关系 B 属性集的下一次比较。这样，当 p 从 1 遍历到 m 时，就得到了新关系的全部元组。新关系的属性集取名方法同乘积运算一样。

【例 2.11】 关系 R 和 S 分别见表 2-3、表 2-4，则 R 和 S 的连接运算 $R \underset{B=B}{\bowtie} S$ 的结果见表 2-17。

表 2-17　　连接关系

R.A	*R.B*	*R.C*	*S.A*	*S.B*	*S.C*
a_1	b_2	c_2	a_1	b_2	c_2
a_3	b_3	c_3	a_3	b_3	c_3

连接运算中有两种最为重要也是最为常用的连接：等值连接和自然连接。

（1）等值连接。当一个连接表达式中所有运算符 **θ** 取“=”时的连接就是等值连接，是从两个关系的广义笛卡儿积中选取 *A*，*B* 属性集间相等的元组。记作

$$R \underset{A=B}{\bowtie} S = \{t \mid t = \langle t_r, t_s \rangle \wedge t_r \in R \wedge t_s \in S \wedge t_r[A]\theta t_s[B]\} = \sigma_{A=B}(R \times S)$$

若 *A* 和 *B* 的属性个数为 *n*，*A* 和 *B* 中属性相同的个数为 *k*（*n*≥*k*≥0），则等值连接结果将出现 *k* 个完全相同的列，即数据冗余，这是它的不足。

（2）自然连接。等值连接可能出现数据冗余，而自然连接将去掉重复的列。

自然连接是一种特殊的等值连接，它是两个关系的相同属性上作等值连接，因此，它要求两个关系中进行比较的分量必须是相同的属性组，并且将去掉结果中重复的属性列。

如果 *R* 和 *S* 有相同的属性组 *B*，*Att*（*R*）和 *Att*（*S*）分别表示 *R* 和 *S* 的属性集，则自然连接记作

$$R \bowtie S = \{\pi_{Att(R)\cup(Att(S)-\{B\})}(\sigma_{t[B]=t[B]}(R \times S))\}$$

其中，*t* 表示 $\{t \mid t \in R \times S\}$。

自然连接与等值连接的区别如下。

① 等值连接相等的属性可以是相同属性，也可以是不同属性；自然连接相等的属性必须是相同的属性。

② 自然连接必须去掉重复的属性，特指相等比较的属性，而等值连接无此要求。

③ 自然连接一般用于有公共属性的情况。如果两个关系没有公共属性，那么它们的自然连接就退化为广义笛卡儿积。如果是两个关系模式完全相同的关系进行自然连接运算，则变为交运算。

【例 2.12】 关系 *R* 和 *S* 分别见表 2-3、表 2-4，则 *R* 和 *S* 的自然连接运算 $R \bowtie S$ 的结果见表 2-18。

表 2-18　　自然连接关系

A	B	C
a_1	b_2	c_2
a_3	b_3	c_3

【例 2.13】 关系 *S*、关系 *C* 和关系 *SC* 分别见表 2-10、表 2-11、表 2-12，查询选修了“计算机网络”课程的学生的学号及姓名。

$\pi_{\text{StuNo,StuName}}(\sigma_{\text{CName='计算机网络'}}(S \bowtie SC \bowtie C))$，结果见表 2-19。

表 2-19　　复合关系

StuNo	StuName
10501002	许娜

4. 除（Division）

除运算是二目运算，给定关系 *R*（*X*，*Y*）和 *S*（*Y*，*Z*），其中 *X*，*Y*，*Z* 为属性或属性集。*R* 中的 *Y* 和 *S* 中的 *Y* 可以有不同的属性名，但必须出自相同的域集。*R* ÷ *S* 是满足下列条件的最大关系：其中每个元组 *t* 与 *S* 中的各个元组 *s* 组成的新元组<*t*，*s*>必在 *R* 中。定义形式为

$$R \div S = \pi_X(R) - \pi_X((\pi_X(R) \times S) - R) = \{t \mid t \in \pi_X(R), 且\forall s \in S, \langle t, s \rangle \in R\}$$

关系的除操作需要说明的情况如下。

（1）*R* ÷ *S* 的新关系属性是由属于 *R* 但不属于 *S* 的所有属性构成的。

（2）$R \div S$ 的任一元组都是 R 中某元组的一部分。但必须符合下列要求，即任取属于 $R \div S$ 的一个元组 t，则 t 与 S 的任一元组相连后，结果都为 R 中的一个元组。

（3）$R(X,Y) \div S(Y,Z) \equiv R(X,Y) \div \pi_Y(S)$

（4）$R \div S$ 的计算过程为

$$H = \pi_X(R) \text{；} \quad W = (H \times S) - R \text{；} \quad K = \pi_X(W) \text{；} \quad R \div S = H - K$$

【例 2.14】 关系 R 和 S 分别见表 2-20（a）、表 2-20（b），计算 $R \div S$ 的结果见表 2-20（c）。

表 2-20　　　　除关系

A	B	C
a	3	e
a	2	d
g	2	d
g	3	e
c	6	f

（a）关系 R

B	C
2	d
3	e

（b）关系 S

A
a
g

（c）$R \div S$

2.3　关系演算

上一节介绍的关系代数是通过“规定对关系的运算”进行查询的，即要求用户说明运算的顺序，通知系统每一步应该“怎样做”，属于过程化的语言。而本节将要介绍的关系演算是通过“规定查询的结果应满足什么条件”来表达查询要求的，只提出要达到的要求，说明系统要“做什么”，而将怎样做的问题交给系统去解决。所以关系演算是非过程化的语言，使用起来更加方便、灵活。

关系演算是一个查询系统，以数理逻辑中的谓词演算为基础，通过谓词形式来表现查询表达式。在一阶谓词逻辑中，谓词是一个带参数的真值函数。如果把参数值带入，这个函数就会变成一个表达式，称为命题，它是非真即假的。假设 P 是一个谓词，那么所有使 P 为真的 x 的集合就可以表示为 $\{x|P(x)\}$。可以用逻辑运算符 ∧（与）、∨（或）、¬（非）连接谓词形成复合谓词。

根据谓词变元的不同，可将关系演算分为元组关系演算（以元组变量作为谓词变元）和域关系演算（以域变量作为谓词变元）。

2.3.1 元组关系演算

元组关系演算是以元组变量作为谓词变元的基本对象，目标是找出所有使谓词为真的元组。元组变量是定义于某个命题关系上的变量，即该变量的取值范围仅限于这个关系中的元组。

在元组关系演算中，称$\{t|\Phi(t)\}$为元组演算表达式。其中 t 为元组变量，$\Phi(t)$为元组关系演算公式。元组关系演算公式由原子公式和运算符组成。

原子公式有以下 3 类。

（1）$R(t)$。R 为关系名，t 为元组变量。$R(t)$表示 t 是 R 中的一个元组。于是关系可表示为$\{t|R(t)\}$。

（2）$t[i]\theta u[j]$。t 和 u 都是元组变量，θ 为算术比较运算符。公式表示元组 t 的第 i 个分量和元组 u 的第 j 个分量满足比较关系 θ。例如，$t[2] > u[3]$表示元组 t 的第 2 个分量必须大于元组 u 的第 3 个分量。

（3）$t[i]\theta c$ 或 $c\theta t[i]$，其中 c 为常数。表示元组 t 的第 i 个分量与 c 之间满足 θ 关系。例如，$t[1]=5$ 表示 t 的第 1 个分量等于 5。

元组关系演算公式中的运算符包括算术比较运算符（>、≥、<、≤、=、≠）、全称量词（∀）和存在量词（∃）、逻辑运算符（∧、∨、┐）3 类运算符。各种运算符的优先级如下，比较运算符的优先级最高；其次是存在量词、全称量词、┐、∧、∨。加括号时，括号中运算符优先，同一括号内的运算符优先级遵循上边的原则。

如果元组变量前有全称量词（∀）或存在量词（∃）时，则称这样的变量为约束变量，否则称为自由变量。

元组关系演算公式 $\Phi(t)$可以递归定义如下。

（1）每个原子公式是公式。

（2）若 Φ_1 和 Φ_2 是公式，则 $\Phi_1 \wedge \Phi_2$、$\Phi_1 \vee \Phi_2$、$\neg \Phi_1$ 也为公式。若 Φ_1 和 Φ_2 同时为真，则 $\Phi_1 \wedge \Phi_2$ 才为真，否则为假；若 Φ_1 和 Φ_2 中有一个或同时为真，则 $\Phi_1 \vee \Phi_2$ 为真，当且仅当 Φ_1 和 Φ_2 同时为假时，$\Phi_1 \vee \Phi_2$ 才为假；若 Φ_1 为真，则$\neg \Phi_1$ 为假。

（3）Φ若是公式，则$\exists t(\Phi)$也是公式。$\exists t(\Phi)$表示若至少有一个 t 使 Φ为真，则$\exists t(\Phi)$为真，否则$\exists t(\Phi)$为假。

（4）Φ若是公式，则$\forall t(\Phi)$也是公式。$\forall t(\Phi)$表示若对所有的 t 都使 Φ为真，则$\forall t(\Phi)$为真，否则$\forall t(\Phi)$为假。

（5）在需要时，可对公式使用括号。括号的优先级最高。

关系代数中的 6 种基本运算都可以用元组关系演算表达式来表示。进而，任何一个关系代数运算表达式都可用元组关系演算表达式表示。其表示方法如下。

（1）并。$R \cup S=\{t \mid R(t) \vee S(t)\}$

（2）交。$R \cap S=\{t \mid R(t) \wedge S(t)\}$

（3）差。$R-S=\{t \mid R(t) \wedge \neg S(t)\}$

（4）投影。

$$\pi_{i1,i2,\cdots,im}(R)=\{t.i1,t.i2,\cdots,t.im \mid (\exists u)(R(u) \wedge t[1]=u[i1] \wedge t[2]=u[i2] \wedge \cdots t[m]=u[im]\}$$

（5）选择。$\sigma_F(R)=\{t|R(t) \wedge F'\}$，其中 F' 是 F 用 $t[i]$代替运算对象 i 得到的等价表示形式。

（6）连接。

$$R \bowtie S=\{t \mid (\exists u)(\exists v)(R(u) \wedge S(v) \wedge t[1]=u[1] \wedge t[2]=u[2] \wedge \cdots t[n]=u[n] \wedge t[n+1]=v[1] \wedge t[n+2]=v[2] \wedge \cdots t[n+m]=v[m] \wedge F')\}$$

元组关系演算语言的典型代表是 E.F.Codd 提出的 ALPHA 语言，这种语言虽然没有实际实现，但关系数据库管理系统 INGRES 所用的 QUEL 语言是参照 ALPHA 语言研制的，与 ALPHA 非常相似。这里主要介绍 ALPHA 语言和 QUEL 语言。

1. 元组关系演算语言 ALPHA

ALPHA 语言是以谓词公式来定义查询要求。在谓词公式中存在元组变量，它的变化范围为某一个命名的关系。

ALPHA 语言的基本格式是

```
操作符　工作空间名（表达式）[:操作条件]
```

操作符有 GET、PUT、HOLD、UPDATE、DELETE、DROP 六种。

工作空间是指内存空间，可以用一个字母表示，通常用 W 表示，也可以用别的字母表示。工作空间是用户与系统的通信区。

表达式用于指定操作（如查询、更新等）对象，它可以是关系名或属性名，一条语句可以同时对多个关系或多个属性进行操作。

操作条件是用谓词公式表示的逻辑表达式，只有满足此条件的元组才能进行操作，这是一个可选项，缺省时表示无条件执行操作符规定的操作。除此之外，还可以在基本格式上加上排序要求、定额（规定检索的元组个数）要求等。

下面以表 2-10、表 2-11 和表 2-12 所示的 3 个关系为例，说明 ALPHA 语言的使用。

（1）数据查询。数据查询操作用 GET 语句实现。

① 简单查询（即不带条件的查询）。

```
格式：GET 工作空间名(表达式)
```

【例 2.15】 查询全体学生的数据。

```
GET W (S)
```

GET 语句的作用是把数据库中的数据读入内存空间 W，目标表为学生关系 *S*，代表查询出来的结果，即所有的学生。冒号后面的操作条件缺省，表示无条件查询。

【例 2.16】 查询所有被选修课程的课程号码。

```
GET W(SC.CNo)
```

目标表为成绩关系 *SC* 中的属性 CNo，代表所有被选修的课程号码，查询结果自动消去重复行。

② 条件查询。

```
格式：GET 工作空间名(表达式) [:操作条件]
```

由冒号后面的逻辑表达式给出查询条件，在表达式中可以使用比较运算符、逻辑运算符和表示执行次序的括号“( )”。

【例 2.17】 查询计算机系中年龄小于 20 岁的学生的姓名和年龄。

```
GET W(S.StuName, S.Age): S.Dept='计算机系' ∧ S.Age <20
```

目标表为学生关系 *S* 中的两个属性 StuName 和 Age 组成的属性列表。

③ 带排序的查询。

```
格式：GET 工作空间名(表达式 1) [:操作条件] DOWN/UP 排序表达式 2
```

DOWN 表示降序排序，UP 表示升序排序。

【例 2.18】 查询计算机系学生的姓名和年龄，并按年龄降序排序。

```
GET W(S.StuName, S.Age): S.Dept='计算机系' DOWN S.Age
```

④ 定额查询。

```
格式：GET 工作空间名(定额) (表达式 1)[:操作条件] [DOWN/UP 排序表达式 2]
```

所谓的定额查询就是在查询中规定了查询出元组的个数，也就是通过在工作空间名后面的括号中加上定额数量，限定查询出元组的个数。

【例 2.19】 查询 1 名男学生的学号和姓名。

```
GET W(1) (S.StuNo, S.StuName): S.Sex='男'
```

这里（1）表示查询结果中男学生的个数，取出学生关系中第一个男学生的学号和姓名。

排序和定额查询可以一起使用。

【例 2.20】 查询计算机系年龄最小的 3 个学生的学号及其年龄，结果按年龄升序排序。

```
GET W(3) (S.StuNo, S.Age):S.Dept='计算机系' UP S.Age
```

此语句的执行过程为先查询所有学生的学号和年龄，再按照年龄由小到大排序，然后找出年龄最小的前 3 位男学生。

⑤ 带元组变量的查询。所谓的元组关系演算就是以元组变量作为谓词变元的基本对象，在关系演算的查询操作时，可以在相应的关系上定义元组变量。元组变量代表关系中的元组，其取值是在所定义的关系范围内变化，所以也称作范围变量（Range Variable），一个关系可以设多个元组变量。

元组变量主要用途包括简化关系名，即设一个较短名字的元组变量来代替较长的关系名，使操作更加方便；操作条件中使用量词时必须用元组变量。

```
格式：RANGE 关系名 变量名
```

【例 2.21】 查询学号为“10501001”的学生所选课程号和成绩。

```
RANGE SC X
GET W(X.CNo, X.Grade): X.StuNo='10501001'
```

使用 RANGE 来说明元组变量，*X* 为关系 *SC* 上的元组变量，本例中主要用于简化关系名。

⑥带存在量词或全称量词的查询。操作条件中使用量词时必须用元组变量。

【例 2.22】 查询成绩为 90 分以上的学生姓名与课程名。

```
RANGE SC SCX
GET W(S.StuName, C.CName):
 ∃SCX (SCX.Score≥90 ∧ SCX.StuNo=S.BStuNo∧ C.CNo=SCX.CWo)
```

【例 2.23】 查询选修了全部课程的学生的姓名。

```
RANGE C CX
      SC SCX
GET WB(S.StuName): ∀CX ∃SCX (SCX.StuNo=S.StuNo ∧ CX.CNo=SCX.CNo)
```

⑦ 聚集函数查询。用户在使用查询语言时，经常要作一些简单的运算。例如，要统计某个关系中符合某一条件的元组数，或某些元组在某个属性上分量的和、平均值等。在关系数据库语言中提供了有关这类运算的标准函数，增强了基本检索能力。常用的聚集函数见表 2-21。

表 2-21 常用的聚集函数

函数名称	功　能
AVG	按列计算平均值
TOTAL	按列计算值的总和
MAX	求一列中的最大值
MIN	求一列中的最小值
COUNT	按列表计算元组个数

【例 2.24】 求学号为“10501001”的学生的平均分。

```
GET WB(AVG(SC.Score)): S.StuNo='10501001'
```

【例 2.25】 求学校共有多少个系。

```
GET WB(COUNT(S.Dept))
```

COUNT 函数自动消去重复行，可计算字段“Dept”不同值的数目。

（2）数据更新。更新操作包括修改、插入和删除。

① 修改。修改操作使用 UPDATE 语句实现，具体操作分为以下 3 步。

- 读数据。使用 HOLD 语句将要修改的元组从数据库中读到工作空间中。

```
HOLD 工作空间名(表达式 1) [:操作条件]
```

这里 HOLD 语句是带上并发控制的 GET 语句。

- 修改。利用宿主语言修改工作空间中元组的属性。
- 送回。使用 UPDATE 语句将修改后的元组送回数据库中。

```
UPDATE 工作空间名
```

【例 2.26】 把学号为“10501002”的学生从电子系转到计算机系。

```
HOLD W(S.StuNo, S.Dept): S.StuNo='10501002'
MOVE '计算机系' TO W.Dept
UPDATE W
```

在 ALPHA 语言中，不允许修改关系的主键，例如不能使用 UPDATE 语句修改学生关系 *S* 中的学号。

如果要修改主键，应该先使用删除操作删除该元组，再插入一条具有新主键值的元组。

② 插入。插入操作使用 PUT 语句实现，具体操作分为以下两步。

- 建立新元组。利用宿主语言在工作空间中建立新元组。
- 写数据。使用 PUT 语句将元组写入指定的关系中。

```
PUT 工作空间名(关系名)
```

【例 2.27】 在 *SC* 表中插入一条成绩记录（10501002，050106，85）。

```
MOVE  '10501002' TO W.StuNo
MOVE  '050106' TO W.CNo
MOVE  '85' TO W.Score
PUT W(SC)
```

PUT 语句的作用是把工作空间 W 中的数据写到数据库中，此例即把已经在工作空间建立的一条成绩记录写入成绩关系 *SC* 中。

PUT 语句只能对一个关系进行操作，在插入操作时，拒绝接受主键相同的元组。

③ 删除。ALPHA 语言中的删除操作不但可以删除关系中的一些元组，还可以删除一个关系。删除操作使用 DELETE 语句实现，具体操作分为以下两步。

- 读数据。使用 HOLD 语句将要删除的元组从数据库中读到工作空间中。
- 删除。使用 DELETE 语句删除该元组。

```
DELETE 工作空间名
```

【例 2.28】 删除学号为“10501002”的学生的信息。

```
HOLD W(S): S.StuNo='10501002'
DELETE W
```

2. QUEL 语言

INGRES 是加利福尼亚大学研制的关系数据库管理系统，QUEL 语言是 INGRES 系统的查询语言，它以 ALPHA 语言为基础，具有较为完善的数据定义、数据查询、数据更新、数据控制等功能。QUEL 语言既可以作为独立的语言进行交互式操作，也可以作为子语言嵌入主语言中去。

（1）数据定义。QUEL 语言可以使用 CREATE 语句定义一个新关系，CREATE 语句的一般格式为

```
CREATE  <关系名> (<属性名=数据类型及长度>[,<属性名=数据类型及长度>…])
```

【例 2.29】 定义学生关系 *S*。

```
CREATE SB(StuNo=C8, StuName=C20, Age=I3, Sex=C2, Dept=C20)
```

关系定义后可以由定义者撤消，撤消关系使用语句 DESTROY。

例如，撤消学生关系 *S* 可以写成 `DESTROY S`。

（2）数据查询。查询语句的一般格式为

```
RANGE OF t1 IS R1
RANGE OF t2 IS R2
……
RANGE OF tk IS Rk
RETRIEVE（目标表）
WHERE  <查询条件>
```

其中 t_1，t_2，…，t_k 分别是定义在关系 R_1，R_2，…，R_k 上的元组变量。

目标表为查询的目标属性。

查询条件是一个逻辑表达式，在表达式中可以使用比较运算符、逻辑运算符和表示执行次序的括号。

【例 2.30】 查询计算机系成绩高于 80 分的学生的姓名和成绩。

```
RANGE OF SX IS S
RETRIEVE (SX.StuName, SX.Score)
WHERE SX.Dept='计算机系' ∧ SX.Score>80
```

（3）数据更新。

① 修改。修改操作使用 REPLACE 语句实现。

【例 2.31】 把学号为“10501002”的学生从电子系转到计算机系。

```
RANGE OF SX IS S
REPLACE（SX.Dept = '计算机系'）WHERE SX.StuNo='10501002'
```

② 插入。插入操作使用 APPEND 语句实现。

【例 2.32】 在 *SC* 表中插入一条成绩记录（10501002，050106，85）。

```
APPEND TO SC(StuNo ='10501002', CNo='050106', Score=85)
```

③ 删除。删除操作使用 DELETE 语句实现。

【例 2.33】 删除学号为“10501002”的学生的信息。

```
RANGE OF SX IS S
DELETE SX WHERE SX.StuNo='10501002'
```

2.3.2 域关系演算

域关系演算是关系演算的另一种形式，是以域变量作为谓词变元的基本对象。

域关系演算的表达式为

$\{t_1, t_2, \cdots, t_k | (t_1, t_2, \cdots, t_k)\}$

其中，t_1，t_2，…，t_k 为域变量，是由原子公式和运算符组成。域关系演算表达式是使得为真的那些 t_1，t_2，…，t_k 所组成的元组的集合。

$(t_1, t_2, \cdots, t_k)$的 3 类原子公式如下。

（1）$R(t_1, t_2, \cdots, t_k)$。其中，R 为 k 元关系，t_i 为域变量或常数。$R(t_1, t_2, \cdots, t_k)$是由分量 t_1，t_2，…，t_k 组成的，属于 R 的元组。

（2）$t_i\theta u_j$。t_i 为元组 t 的第 i 个分量，u_j 是元组 u 的第 j 个分量。$t_i\theta u_j$ 表示域变量 t_i 与 u_j 应满足 θ 关系。

（3）$t_i\theta c$ 或 $c\theta t_i$。它表示域变量 ti 与常数 c 之间满足 θ 关系。

域关系演算语言的典型代表是 1975 年由 IBM 公司约克城高级研究实验室的 M. M. Zloof 提出的 QBE（Query By Example）语言，称为示例查询语言，该语言于 1978 年在 IBM370 上实现。

QBE 是一种很有特色的屏幕编辑语言，其特点如下。

（1）以表格形式进行操作

每一个操作都由一个或几个表格组成，每一个表格都显示在终端的屏幕上，用户通过终端屏幕编辑程序以填写表格的方式构造查询要求，查询结果也以表格的形式显示出来，所以它具有直观和可交互的特点。

（2）通过例子进行查询

通过使用一些实例，使该语言更易于为用户接受和掌握。

（3）查询顺序自由

当有多个查询条件时，不要求使用者按照固定的思路和方式进行查询，使用更加方便。

使用 QBE 语言的步骤如下。

（1）用户根据要求向系统申请一张或几张表格，显示在终端上。

（2）用户在空白表格的左上角的一栏内输入关系名。

（3）系统根据用户输入的关系名，将在第一行从左至右自动填写各个属性名。

（4）用户在关系名或属性名下方的一格内填写相应的操作命令，操作命令包括 P.（打印或显示）、U.（修改）、I.（插入）、D.（删除）。如果要打印或显示整个元组，应将“P.”填在关系名的下方，如果只需打印或显示某一属性，应将“P.”填在相应属性名的下方。

QBE 操作框架见表 2-22。

表 2-22　　QBE 操作框架

关系名	属性 1	属性 2	…	属性 n
操作命令	属性值、查询条件或操作命令	属性值、查询条件或操作命令	…	属性值、查询条件或操作命令

下面以表 2-10、表 2-11 和表 2-12 所示的 3 个关系为例，说明 QBE 语言的使用。

1. 数据查询

（1）简单查询。

【例 2.34】 显示全部学生的信息。

方法一：将 P.填在关系名的下方。

S	StuNo	StuName	Sex	Age	Dept
P.					

注意

只有目标属性包括所有的属性时，将 P.填在关系名的下方。

方法二：将“P.”填在各个属性名的下方。

S	StuNo	StuName	Sex	Age	Dept
P.	P.10501002	P.许娜	P.女	P.18	P.电子系

这种语言之所以称为示例查询，就是在操作中采取“示例”的方法，凡用作示例的元素，其下方均加下划线。如上例中的“许娜”“女”等均为示例元素，即域变量。示例元素是所给域中可能的一个值，而不必是查询结果中的元素。比如用作示例的学生姓名，可以不是学生表中的学生，只要给出任意一个学生名即可。

（2）条件查询。

【例 2.35】查询所有女学生的姓名。

S	StuNo	StuName	Sex	Age	Dept
		P.许娜	女		

目标属性只有姓名，所以将 P.填在姓名的下方。

查询条件中可以使用比较运算符>、⩾、<、⩽、=和≠，其中“=”可以省略。本例的查询条件是 Sex='女'，“=”被省略。

【例 2.36】查询年龄大于 18 岁的女学生的姓名。

本例的查询条件是 Age>18 和 Sex='女'两个条件的“与”。在 QBE 中，表示两个条件的“与”有两种方法。

方法一：把两个条件写在同一行上。

S	StuNo	StuName	Sex	Age	Dept
		P.许娜	女	>18	

方法二：把两个条件写在不同行上，但必须使用相同的示例元素。

S	StuNo	StuName	Sex	Age	Dept
		P.许娜	女		
		P.许娜		>18	

【例 2.37】查询既选修了“050218”号课程又选修了“050106”号课程的学生的学号。

本例的查询条件是 CNo='050218'和 CNo='050106'两个条件的“与”，但两个条件涉及同一属性 CNo，则必须把两个条件写在不同行上，且使用相同的示例元素。

【例 2.38】查询年龄大于 18 岁或者女学生的姓名。

本例的查询条件是 Age>18 和 Sex='女'两个条件的“或”。在 QBE 中，表示两个条件的“或”，要把两个条件写在不同行上，且必须使用不同的示例元素。

S	StuNo	StuName	Sex	Age	Dept
		P.许娜	女		
		P.张伟		>18	

【例 2.39】查询选修了“050218”号课程的学生的姓名。

本查询涉及 S 和 SC 两个关系，这两个关系具有公共的属性 StuNo，StuNo 作为连接属性，把具有相同的 StuNo 值的两个关系连接起来，StuNo 在两个表中的值要相同。

S	StuNo	StuName	Sex	Age	Dept
	10501002	P.许娜			

SC	StuNo	CNo	Score
	10501002	050218	

【例 2.40】查询未选修“050218”号课程的学生的姓名。

查询条件中的“未选修”需使用逻辑非来表示。QBE 中的逻辑非运算符为“¬”，填写在关系名下方。

S	StuNo	StuName	Sex	Age	Dept
	10501002	P.许娜			

SC	StuNo	CNo	Score
¬	10501002	050218	

如果学号为“10501002”的学生选修了“050218”号课程的情况为假，则符合查询的条件，显示“10501002”学生的姓名，然后再查询其他同学。

（3）排序查询。

【例 2.41】 查询全体女学生的姓名，要求查询结果按年龄升序排列，年龄相同者按学号降序排列。

S	StuNo	StuName	Sex	Age	Dept
	DO(2)	P.许娜	女	AO(1)	

对查询结果按照某个属性值升序排列时，则在相应的属性下方填入“AO”，降序排列时，填入“DO”。如果按照多个属性值同时排序，则用“AO(*i*)”或“DO(*i*)”表示。其中 *i* 为排序的优先级，*i* 值越小，优先级越高。

（4）库函数查询。与 ALPHA 语言类似，QBE 语言也提供了一些有关运算的标准函数，以方便用户。

QBE 常用的库函数及其功能见表 2-23。

表 2-23　　QBE 常用的库函数及其功能

函数名称	功　能
AVG	按列计算平均值
SUM	按列计算值的总和
MAX	求一列中的最大值
MIN	求一列中的最小值
CNT	按列值计算元组个数

【例 2.42】求学号为“10501002”的学生的平均分。

SC	StuNo	CNo	Score
	10501002		P.AVG.ALL

2. 数据更新

（1）修改。修改的命令为 U.。

【例 2.43】 把许娜同学转到计算机系。

S	StuNo	StuName	Sex	Age	Dept
U.	10501002				计算机系

主键“10501002”标明要修改的元组。“U.”标明所在的行是修改后的新值。由于主键是不能修改的，所以系统不会混淆要修改的属性。

（2）插入。插入的命令为 I.。

【例 2.44】在 *SC* 表中插入一条成绩记录（10501002，050106，85）。

SC	StuNo	CNo	Score
I.	10501002	050106	85

新插入的元组必须具有主键值，其他属性值可以为空，如本例中的 Score 可以为空。

（3）删除。删除的命令为 D.。

【例 2.45】删除学号为“10501002”的学生选修的“050106”号课程的信息。

SC	StuNo	CNo	Score
D.	10501002	050106	

2.3.3 关系代数、元组关系演算、域关系演算的等价性

前面通过举例已经讨论，关系代数运算可用元组关系演算实现，元组关系演算可用域关系演算实现，反过来也成立。

如果两个表达式所表达的关系相同，则称这两个表达式为等价表达式。我们使用下述过程证明关系代数、元组关系演算、域关系演算的等价性。

（1）首先证明每个关系代数表达式都有一个等价的元组关系演算表达式与之对应。

（2）然后证明每个元组关系演算表达式都有一个等价的域关系演算表达式与之对应。

（3）最后证明每个域关系演算表达式都有一个等价的关系代数表达式与之对应。

这种等价关系有详细的数学证明过程，限于篇幅，不再赘述。

2.4 查询优化

数据查询是数据库系统最主要的应用功能，使用频率很高。查询速度的快慢直接影响系统效率。关系模型虽然有坚实的理论基础，成为主流数据模型，但其主要的缺点就是查询效率低。若不能解决这个问题则关系模型很难得到推广。查询效率低并非关系模型特有的问题，而是普遍存在于非过程化语言系统。对过程化语言，用户不但要指出“做什么”，还应指出“怎么做”，即向系统指出达到目标的途径。

该途径是用户根据实时系统反馈的情况来随机决定的，具有最优性，一般其效率可以达到较高的水平。而对非过程化语言，用户只需指出“做什么”，而“怎么做”是由系统固有模式来决定

的。因此，在方便用户使用的同时，却加重了系统负担，同时查询模式不一定是最优的，这种方式数据独立性最高。可见，系统效率和数据独立性、用户使用的方便性和系统实现的便利性都是互相矛盾的。为了解决这些矛盾，必须使系统能自动进行查询优化，使关系数据库系统在查询的性能上达到甚至超过非关系系统。

查询优化的优点不仅在于用户不必考虑如何最好地表达查询以获得较好的效率，而且在于系统可以比用户程序的优化做得更好，因为优化器可以从数据字典中得到许多有用信息，如当前的数据情况，而用户程序得不到；优化器可以对各种策略进行比较，而用户程序做不到。关系数据库系统的优化器不仅能进行查询优化，而且可以比用户自己在程序中优化做得更好。

2.4.1　查询优化实例

上一节论述了关系代数和关系演算具有等价性，意味着同一个问题有不同的解决途径，这些方法结果相同，但执行效率却有较大差别。下面通过一个实例，说明为什么要进行查询优化。

【例 2.46】 利用前面所提到的学生成绩管理的数据库（表 2-10、表 2-11、表 2-12 只是部分数据），查询选修了“050218”号课程的学生的姓名。假定学生成绩管理的数据库中有 1000 条学生记录，10000 个学生选课记录，其中选修了“050218”号课程的选课记录为 50 个。

根据要求，系统可以采用多种等价的关系代数表达式来完成这一查询。

$$Q1=\pi_{\text{StuName}}(\sigma_{S.\text{StuNo}=SC.\text{StuNo}\wedge SC.\text{CNo}='050218'}(S\times SC))$$

$$Q2=\pi_{\text{StuName}}(\sigma_{SC.\text{CNo}='050218'}(S \bowtie SC))$$

$$Q3=\pi_{\text{StuName}}(S \bowtie \sigma_{SC.\text{CNo}='050218'}(S))$$

接下来我们分析这 3 种关系代数表达式，就可以看到由于查询执行的策略不同，查询时间相差很大。

1. 第一种情况 *Q1*

（1）计算广义笛卡儿积。把 *S* 和 *SC* 的每个元组连接起来。一般的做法是在内存中尽可能多地装入某一个表（如 *S* 关系）的若干块元组，留出一块存放另一个表（如 *SC* 关系）的元组。然后把 *SC* 关系中的每一个元组连接，连接后的元组装满一块后就写到中间文件上，再一次读入若干块 *S* 关系元组，读入 *SC* 关系元组，重复上述处理过程，直到把 *S* 关系处理完。

设一个块能装 10 个 *S* 元组或 100 个 *SC* 元组，在内存中存放 5 块 *S* 元组和 1 块 *SC* 元组，则读取总块数为

$$1000/10+(1000/(10\times5))\times(10000/100)=100+20\times100=2100$$

其中读 *S* 关系 100 块，读 *SC* 关系 20 遍，每遍 100 块。若每秒读写 20 块，则总计要花 105s。

连接后的元组数为 $10^3\times10^4=10^7$。设每块能装 10 个元组，每秒读写 20 块，则写出这些块要用 $10^7/(10\times20)=5\times10^4$s。

（2）作选择操作。依次读入连接后的元组，按照选择条件选取满足要求的记录。假设满足条件的元组仅 50 个，均可放在内存，内存处理时间忽略，这一步读取中间文件花费的时间为 5×10^4s。

（3）作投影。把第 2 步的结果在 StuName 上作投影输出，得到最终结果。因此第一种情况下执行查询的总时间=$105+2\times5\times10^4\approx10^5$s。这里，所有内存处理时间均忽略不计。

2. 第二种情况 *Q2*

（1）计算自然连接。为了执行自然连接，读取 *S* 关系和 *SC* 关系的策略不变，总的读取块数仍为 2100 块花费 10^5s。但自然连接的结果比第一种情况大大减少，为 10^4 个。因此写出这些元组时间为 $10^4/10/20=50$s，仅为第一种情况的千分之一。

（2）读取中间文件快，执行选择运算，花费时间也为 50s。

（3）把第 2 步结果投影输出。

第二种情况下执行查询的总时间≈105+50+50≈205s。

3. 第三种情况 $Q3$

（1）先对 SC 关系作选择运算，只需读一遍 SC 表，存取 100 块花费时间为 5s，因为满足条件的元组仅 50 个，不必使用中间文件。

（2）读取 S 关系，把读入的 S 元组和内存中的 SC 元组作连接，也只需读一遍 S 表共 100 块花费时间为 5s。

（3）把连接结果输出。

第三种情况总的执行时间≈5+5≈10s。

这个例子充分说明了查询优化的必要性，同时也给出了一些优化查询方法的初步概念。如需要进行选择和连接时，应优先做选择，这样参加连接的元组就可以极大地减少。下面给出优化的一般策略。

2.4.2 查询优化准则

查询优化主要是通过合理安排操作的顺序，来提高系统效率。优化是相对的，变换后的表达式不一定是所有等价表达式中执行时间最少的。因此，优化没有特定的模式，常根据经验，运用下列策略来完成。

（1）尽可能早地执行选择操作。在查询优化中，这是最基本的一条。选择运算可以水平分割关系，能使中间结果显著变小，从而使执行时间成数量级的减少。

（2）在一些使用频率较高的属性上，建立索引和分类排序，这样在执行这些属性域上的条件查询时，DBMS 就可以利用索引表和分类排序表进行折半查找和二叉排序树查找，这可大大提高查询效率。

（3）同一关系上的投影和选择运算同时进行，这样可避免重复扫描关系，从而节省操作时间。

（4）把某些选择运算同其之前执行的笛卡儿积结合起来成为一个连接操作。笛卡儿积结果较大，选择后元组减少；两个操作一次完成，需对连接后的元组进行检查，决定取舍，将减少空间和时间的开销。

（5）把投影运算与其前后的双目运算结合起来进行，没有必要为去掉某些属性而扫描一遍关系。

（6）找出公共子表达式，并将该表达式结果预先计算并加以保留，需要时直接从文件读取，以免重复计算。

2.4.3 关系代数等价变换规则

关系代数是关系数据理论的基础，关系演算可以转化为关系代数去实现。所以，关系代数表达式的优化是查询优化的基本方法。所谓关系代数表达式的等价，是指用相同的关系代替两个表达式中相应的关系后，取得的结果关系是相同的。

两个关系表达式 E_1 和 E_2 等价时，可表示为 $E_1 \equiv E_2$。

常用的等价变换规则如下。

（1）连接和笛卡儿积的交换律。

设 E_1 和 E_2 是 2 个关系代数表达式，F 是连接运算的条件，则

$$E_1 \times E_2 \equiv E_2 \times E_1$$

$$E_1 \bowtie E_2 \equiv E_2 \bowtie E_1$$

$$E_1 \underset{F}{\bowtie} E_2 \equiv E_2 \underset{F}{\bowtie} E_1$$

（2）连接和笛卡儿积的结合律。

设 E_1、E_2 和 E_3 是 3 个关系代数表达式，F_1 和 F_2 是 2 个连接运算的限制条件，F_1 只涉及 E_1 和 E_2 的属性，F_2 只涉及 E_2 和 E_3 的属性，则

$$(E_1 \bowtie E_2) \bowtie E_3 \equiv E_1 \bowtie (E_2 \bowtie E_3)$$

$$(E_1 \underset{F_1}{\bowtie} E_2) \underset{F_2}{\bowtie} E_3 \equiv E_1 \underset{F_1}{\bowtie} (E_2 \underset{F_2}{\bowtie} E_3)$$

$$(E_1 \times E_2) \times E_3 \equiv E_1 \times (E_2 \times E_3)$$

（3）投影的串联等价规则。

设 E 是一个关系代数表达式，A_1，A_2，…，A_n 是属性名，并且

$$B_i \in \{A_1, A_2, \cdots, A_n\} (i = 1, 2, \cdots, m)$$

则

$$\pi_{B_1, B_2, \cdots, B_m}(\pi_{A_1, A_2, \cdots, A_n}(E)) \equiv \pi_{B_1, B_2, \cdots, B_m}(E)$$

（4）选择的串联等价规则。

设 E 是一个关系代数表达式，F_1 和 F_2 是 2 个选择条件，则

$$\sigma_{F_1}(\sigma_{F_2}(E)) \equiv \sigma_{F_1 \wedge F_2}(E)$$

本规则说明，选择条件可合并成一次处理。

（5）选择和投影的交换律。

设 E 为一个关系代数表达式，选择条件 F 只涉及属性 A_1，A_2，…，A_n，则

$$\sigma_F(\pi_{A_1, A_2, \cdots, A_n}(E)) \equiv \pi_{A_1, A_2, \cdots, A_n}(\sigma_F(E))$$

若上式中 F 还涉及不属于 A_1，A_2，…，A_n 的属性集 B_1，B_2，…，B_m，则有

$$\pi_{A_1, A_2, \cdots, A_n}(\sigma_F(E)) \equiv \pi_{A_1, A_2, \cdots, A_n}(\sigma_F(\pi_{A_1, A_2, \cdots, A_n, B_1, B_2, \cdots, B_m}(E)))$$

（6）选择和笛卡儿积的交换律。

设 E_1 和 E_2 是两个关系代数表达式，若条件 F 只涉及 E_1 的属性，则有

$$\sigma_F(E_1 \times E_2) \equiv \sigma_F(E_1) \times E_2$$

若有 $F=F_1 \wedge F_2$，并且 F_1 只涉及 E_1 中的属性，F_2 只涉及 E_2 中的属性，则

$$\sigma_F(E_1 \times E_2) \equiv \sigma_{F_1}(E_1) \times \sigma_{F_2}(E_2)$$

若 F_1 只涉及 E_1 中的属性，F_2 却涉及了 E_1 和 E_2 两者的属性，则有

$$\sigma_F(E_1 \times E_2) \equiv \sigma_{F_2}(\sigma_{F_1}(E_1) \times E_2)$$

由于选择运算是水平分割关系表，因此提前执行选择运算操作是重要的操作规则。

（7）选择对并的分配律。

设 E_1 和 E_2 是两个相容的关系（即有相同的属性名），则

$$\sigma_F(E_1 \cup E_2) \equiv \sigma_F(E_1) \cup \sigma_F(E_2)$$

（8）选择对差的分配律。

设 E_1 和 E_2 是两个相容的关系（即有相同的属性名），则

$$\sigma_F(E_1 - E_2) \equiv \sigma_F(E_1) - \sigma_F(E_2)$$

（9）投影对并的分配律。

设 E_1 和 E_2 是两个相容的关系，则

$$\pi_{A_1, A_2, \cdots, A_n}(E_1 \cup E_2) \equiv \pi_{A_1, A_2, \cdots, A_n}(E_1) \cup \pi_{A_1, A_2, \cdots, A_n}(E_2)$$

（10）投影对笛卡儿积的结合律。

设 E_1 和 E_2 是两个关系代数表达式，A_1，A_2，…，A_n 是 E_1 的属性，B_1，B_2，…，B_n 是 E_2 的属性，则

$$\pi_{A_1,A_2,\cdots,A_n,B_1,B_2,\cdots B_n}(E_1 \times E_2) \equiv \pi_{A_1,A_2,\cdots,A_n}(E_1) \times \pi_{B_1,B_2,\cdots B_n}(E_2)$$

利用上述的等价规则，可以将关系代数表达式进行优化，这对改善查询效率可以起到很好的作用。

（11）选择对自然连接的分配律。

设 E_1 和 E_2 是两个关系代数表达式，F 只涉及 E_1 和 E_2 的公共属性，则

$$\sigma_F(E_1 \bowtie E_2) \equiv \sigma_F(E_1) \bowtie \sigma_F(E_2)$$

2.4.4 关系代数表达式优化的算法

在关系的优化过程中，关系代数的等价变换规则是优化的重要基础。根据优化准则，应尽可能早地执行选择操作，多步操作组合一步完成，进行适当地预处理，计算公共子表达式等。

关系查询优化的步骤一般包括以下 4 个。

（1）把查询结果转换成内部表示形式，一般是语法树。

（2）选择合适的等价变换规则，把语法树转换成优化形式。

（3）选择底层的操作算法，根据存取路径、数据的存储分布情况等，为语法树中的每个操作选择合适的操作算法。

（4）生成查询执行方案。由以上 3 条最后生成了一系列的内部操作。根据这些内部操作要求的执行次序，确定 个执行方案。

利用等价变换规则，实用化后的表达式能遵循优化准则，这就是优化算法的工作。下面给出优化的基本算法。

算法：关系代数表达式的优化。

输入：一个关系代数表达式的语法树。

输出：表达式的优化程序。

优化的基本方法如下。

（1）利用关系代数等价变换规则（4）把形如 $\sigma_{F_1 \wedge F_2 \wedge \cdots \wedge F_n}(E)$ 的式子变换为

$$\sigma_{F_1}(\sigma_{F_2}(\cdots\sigma_{F_n}(E))\cdots)$$

（2）对每个选择操作，使用等价变换规则（4）～（9），尽可能把它移到树的叶端（即尽可能使它提早执行）。

（3）对每个投影操作，使用等价变换规则（3）、（5）、（9）、（10），也把它尽可能移到树的叶端。其中规则（3）可使某些投影消失，而规则（5）可能会把一个投影变为两个投影，其中一个有可能被移向树的叶端。

（4）利用规则（3）～（5）把选择和投影串接成单个选择、单个投影或一个选择后跟一个投影，使多个选择或投影能同时执行或在一次投影中同时完成。

（5）将上述得到的语法树的内结点分组，每个二目运算（×、∩、∪、−、⋈）结点与其直接祖先被分为一组（这些直接祖先是 σ、π 运算）。如果它的子结点一直到叶子结点都是单目运算（σ、π），则把它们并入该组。但当二目运算是笛卡儿积（×），且其后的选择不能与它结合为等值连接时，这些一直到叶子的单目运算必须单独分为一组。

（6）每一组的计算必须在其后代组计算后，才能进行。根据此限制，生成求表达式的程序。

下面举例说明关系代数表达式优化的方法。

【例 2.47】 考虑由以下关系组成的图书馆数据库。

BOOKS（BookID，BookName，AuthorName）

READERS（ReaderName，City，Address，CardID）

LOANS（CardID，BookID，Date）

其中各表名和属性的含义如下。

BOOKS 是图书关系表：BookID（图书编号）、BookName（图书名）、AuthorName（作者姓名）；READERS 是读者关系表：ReaderName（读者姓名）、City（读者所在城市）、Address（读者街道地址）；LOANS 是借阅关系表：CardID（借书证编号）、Date（书籍借阅日期）。

现在需查询"找出 2012 年元旦以前借出书籍的图书名和读者姓名"。这个问题可以写成如下的关系代数运算表达式。

$$\sigma_{BOOKS.BookID=LOANS.BookID \wedge READERS.CardID=LOANS.CardID \wedge Date<20120101}(BOOKS \times READERS \times LOANS)$$

（1）生成初始查询树，如图 2-1 所示。

（2）将关系代数表达式中的多条件选择运算分为 3 个选择运算，把 3 个选择运算尽可能移近树叶一端后，原来的查询树变成图 2-2 所示的形式。

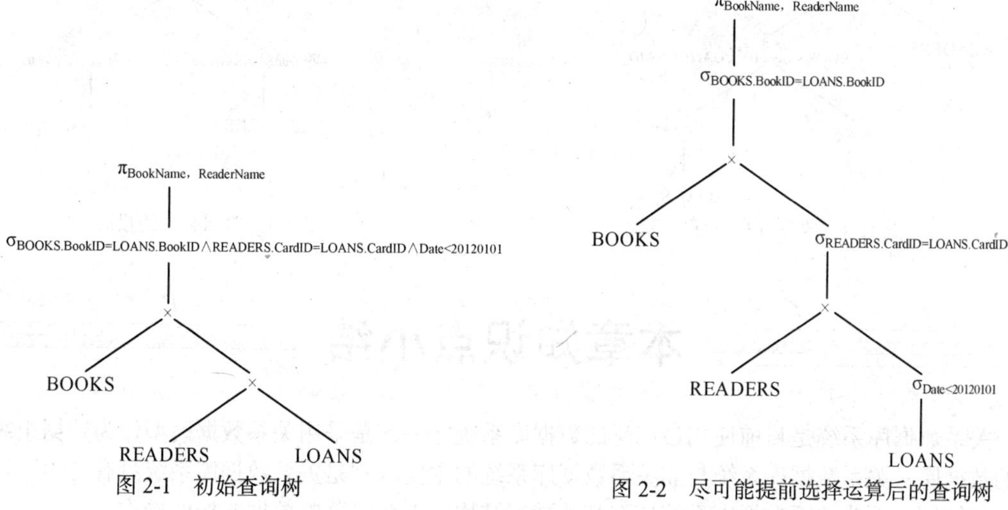

图 2-1　初始查询树　　　图 2-2　尽可能提前选择运算后的查询树

$$\sigma_{BOOKS.BookID=LOANS.BookID}(BOOKS \times READERS \times LOANS)$$

$$\sigma_{READERS.CardID=LOANS.CardID}(READERS \times LOANS)$$

$$\sigma_{Date<20120101}(LOANS)$$

（3）合并乘积与其后的选择为连接运算，得到图 2-3 所示的形式。

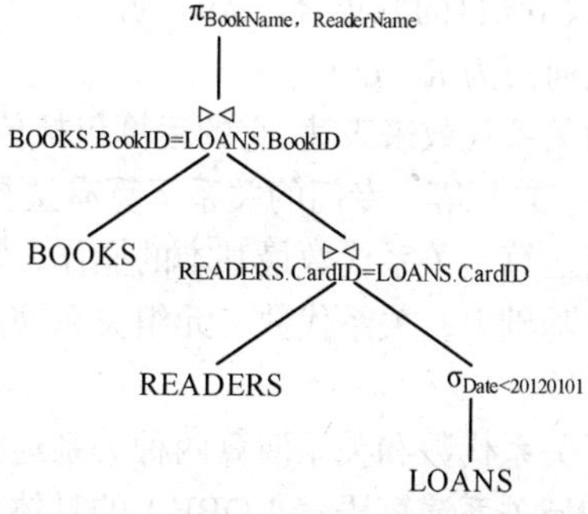

图 2-3　合并乘积与其后的选择

（4）此例中因经选择操作后的 LOANS 关系与 READERS 关系的连接结果明显小于 LOANS 与 BOOKS 连接的结果，所以仍然按图 2-3 所示运算次序操作。否则亦可选择图 2-4 所示的运算顺序。

（5）在整个运算过程中，BOOKS 关系仅用到 BookID 和 BookName 两个属性，因此在叶结点 BOOKS 上增加一个投影运算。同样处理 READERS 和 LOANS 两个关系。READERS 和 LOANS 两关系连接后，只有 ReaderName 和 BookID 两属性参加后续运算，故增加一个投影运算。最终得到图 2-5 所示的查询树。

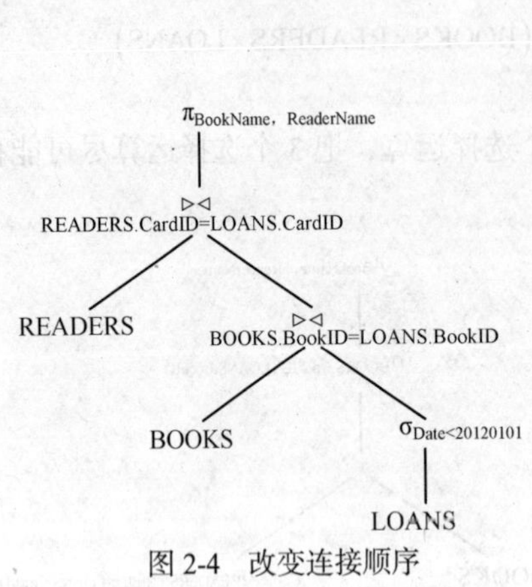

图 2-4　改变连接顺序

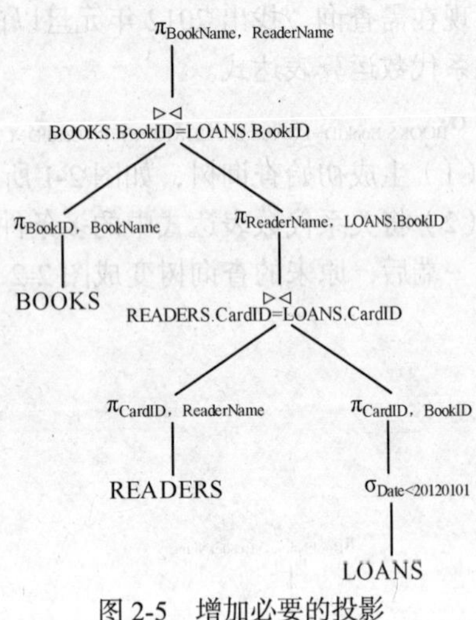

图 2-5　增加必要的投影

本章知识点小结

关系数据库系统是目前使用最广泛的数据库系统之一，是采用关系数据模型作为数据组织方式的数据库。关系数据库系统与非关系数据库系统的主要区别是关系数据库系统只有“表”这一种数据结构；而非关系数据库系统还有其他数据结构，以及对这些数据结构的操作。

关系数据模型的数据结构是二维表，基本概念包括关系、关系模式、属性、域、元组、分量、超关键字、候选关键字和外部关键字等。关系可以用二维表来表示，但在关系中，元组之间是没有先后次序的，属性之间也没有前后次序。

一个关系的完整模式为 $R(U, D, dom, F)$，其中，R 为关系名，U 为该关系所有属性名的集合，D 为属性组 U 中的属性所来自的域集合，dom 为属性向域映象的集合，F 为属性间数据依赖关系的集合。通常关系模式简写为 $R(U)$。

对关系数据的操作可以用关系代数来表达。它的运算包括传统的集合运算和专门的关系运算。传统的集合运算有并、交、差、乘积等。专门的关系运算有选择、投影、连接和求商。其中，并、差、投影、选择、连接和求商运算是关系代数最基本的操作，构成了关系代数运算的一个完备的操作集合。已经证明，在这个基础上，关系代数、元组关系演算、域关系演算在关系的表达和操作能力上是等价的。

本章结合实例详细介绍了关系代数和关系演算两种关系运算，讲解了关系代数、元组关系演算语言（ALPHA、QUEL）和域关系演算语言（QBE）的具体使用方法。

关系模型有着十分明显的优点，但它也有着查询效率低等缺点。因此查询优化是关系数据库管理系统实现的一项基本技术。其中的代数优化是指 DBMS 将用户的查询表达式进行变换，得到与原来查询等价的并且较优的查询表达式，以提高检索效率。查询优化对用户是透明的。

习　题

1. 关系代数的基本运算有哪些？如何用这些基本运算来表示其他运算？
2. 简述笛卡儿积、等值联接、自然联接三者之间的区别和联系？
3. 设有关系 R 和 S：

关系 R

A	B	C
1	2	7
2	5	7
7	6	3
3	4	5

关系 S

A	B	C
3	8	7
2	5	7
7	6	3

计算 $R \cup S$，$R-S$，$R \cap S$，$R \times S$，$\pi_{A,C}(R)$，$\sigma_{A>'2'}(R)$，$R \bowtie S$，$R \underset{B=B}{\bowtie} S$。

4. 试述关系模型的 3 个组成部分。
5. 一般情况下，当对关系 R 和 S 进行自然连接时，要求 R 和 S 含有一个或多个共有的（　　）。

A. 记录　　B. 行　　C. 属性　　D. 元组

6. 有两个关系，R 和 S，分别包含 15 个和 10 个元组，则在 $R \cup S$、$R-S$、$R \cap S$ 中不可能出现的元组数目是（　　）。

A. 15，5，10　　B. 18，7，7

C. 21，11，4　　D. 25，15，0

7. 设有一个销售数据库，包括 S，P，SP 三个关系模式：

S(SNO，SNAME，COUNTRY)；

P(PNO，PNAME，STOCK)；

SP(SNO，PNO，QTY)；

供应商表 S 由供应商代码（SNO）、供应商姓名（SNAME）、供应商所在国家（COUNTRY）组成；产品表 P 由产品代码（PNO）、产品名（PNAME）、库存量（STOCK）组成；销售情况表 SP 由供应商代码（SNO）、产品代码（PNO）、销售数量（QTY）组成，表示某供应商销售某种产品数量为 QTY。

假设数据如下。

表 2-24　　　供应商关系 *S*

SNO	SNAME	COUNTRY
S1	联想	中国
S2	戴尔	美国
S3	索尼	日本

表 2-25　　　产品关系 *P*

PNO	PNAME	STOCK
P1	笔记本	100
P2	台式机	200
P3	打印机	300
P4	照相机	250
P5	U 盘	500

表 2-26　　　销售情况关系 *SP*

SNO	PNO	QTY
S1	P1	20
S1	P2	30
S1	P3	25
S1	P5	32
S2	P1	10
S2	P2	15
S3	P1	12
S3	P2	24
S3	P3	25
S3	P4	33
S3	P5	18

试用关系代数、ALPHA 语言、QBE 语言完成如下查询。

（1）销售“笔记本”的供应商号码 SNO。

（2）库存大于 100 的供应商号码 SNO。

（3）日本供应商提供的产品名称 PNAME。

（4）各个供应商销售产品的平均值。

8. 查询优化的一般规律是什么？其基本步骤有哪些？

9. 在学生成绩管理数据库的关系 *S*、*C*、*SC* 中，用户有一查询语句：检索女同学选修课程的课程名和学生姓名。

① 试写出该查询的关系代数表达式。

② 画出查询表达式的语法树。

③ 使用关系代数优化算法，对语法树进行优化，并画出优化后的语法树。

第 3 章 Oracle 11g 数据库系统概述

数据库管理系统（DBMS）是数据库系统的核心组成部分，是管理数据库的系统软件，是位于用户与操作系统之间的一层数据管理软件。用户在数据库系统中的一切操作，包括数据定义、查询、更新及各种控制，都是通过数据库管理系统进行的，所以需要首先介绍数据库管理系统。实际上本书的主要内容是围绕甲骨文公司的 Oracle 数据库进行数据库的原理及应用介绍，本章将首先介绍 Oracle 的发展历程，然后介绍 Oracle 11g 数据库安装、配置以及自带工具 SQL*Plus 的使用，最后介绍使用 DBCA 创建 Oracle 数据库的过程。

【本章要点】

- Oracle 数据库的发展历史
- Oracle 11g 的安装、卸载过程
- Oracle 11g 自带的客户端工具 SQL*Plus 的使用

3.1 Oracle 11g 简介

1970 年 6 月，IBM 公司的研究员埃德加·考特（Edgar Frank Codd）在 Communications of ACM 上发表了名为《大型共享数据库数据的关系模型》（A Relational Model of Data for Large Shared Data Banks）的著名论文，拉开了关系型数据库软件革命的序幕。IBM 公司于 1973 年开发了原型系统 System R 来研究关系型数据库的实际可行性，但是在当时层次和网状数据库占据主流的时代，并没有及时推出关系型数据库产品。

1977 年 6 月，Larry Ellison 与 Bob Miner 和 Ed Oates 共同在硅谷创办了一家名为软件开发实验室（SDL，Software Development Laboratories）的计算机公司，这就是 Oracle 公司的前身。公司创立之初，Miner 是总裁，Oates 为副总裁，而 Ellison 因为一个合同的事情，还在另一家公司上班。没多久，第一位员工 Bruce Scott 加盟进来。由于受到 Edgar Frank Codd 的那篇论文的启发，Ellison 和 Miner 预见到数据库软件的巨大潜力。于是，SDL 开始策划构建商用关系型数据库管理系统。根据 Ellison 和 Miner 在前一家公司从事的一个由中央情报局投资的项目名称，他们把这个产品命名为 Oracle（甲骨文）。因为他们相信，Oracle 是一切智慧的源泉。

1979 年，SDL 更名为关系软件有限公司（RSI，Relational Software Inc.），并于 1979 年的夏季发布了可用于 DEC 公司的 PDP-11 计算机上的商用 Oracle 产品，这是世界上第一个商用关系数据库管理系统。

1983 年，为了突出公司的核心产品，RSI 再次更名为 Oracle，Oracle 从此正式走入人们的视野。现在，Oracle 公司是仅次于 Microsoft 公司的世界第二大软件公司，是全球最大的信息管理软

件及服务提供商。Oracle 公司拥有世界上唯一全面集成的电子商务套件 Oracle Applications R 11i，它能够自动化企业经营管理过程中的各个方面，深受用户的青睐。

Oracle 发展大事记如下。

- 1977 年：Oracle 公司创立。
- 1979 年：推出第一个商用关系数据库管理系统。
- 1983 年：Oracle 发布了第 3 版，是完全用 C 语言编写的便于移植的数据库产品。
- 1984 年：Oracle 发布了第 4 版，产品的稳定性得到了一定的增强。
- 1985 年：Oracle 发布了第 5 版，这个版本算得上是 Oracle 数据库的稳定版本。
- 1986 年：发布第一个“客户/服务器”式的数据库。
- 1988 年：发布 Oracle 第 6 版。
- 1992 年：发布 Oracle 第 7 版，是 Oracle 真正出色的产品，取得了巨大的成功。
- 1994 年：推出了第一个支持按需提供视频图像的媒体服务器。
- 1995 年：推出了第一个 64 位关系数据库管理系统(RDBMS)。
- 1996 年：发布了一个开放的、基于标准的、支持 Web 的体系结构。
- 1997 年：Oracle 第 8 版发布，Oracle 8 支持面向对象的开发及新的多媒体应用，这个版本也为支持 Internet、网络计算等奠定了基础。
- 1998 年：Oracle 公司正式发布 Oracle 8i，i 代表 Internet，这一版本中添加了大量为支持 Internet 而设计的特性，将客户/服务器应用转移到 Web 上。
- 1999 年：第一个在应用开发工具中集成了 Java 和 XML。
- 2001 年：在 Oracle Open World 大会上发布了 Oracle 9i，在 Oracle 9i 的诸多新特性中，最重要的就是 Real Application Clusters（RAC）。
- 2003 年：发布了 Oracle 10g，这一版最大的特性就是加入了网格计算的功能。
- 2007 年：Oracle 11g 正式发布，功能上极大地加强。Oracle 11g 与 Oracle 10g 版本相比，新增了 400 多项功能，其中最为突出的 3 个新功能是自动的 SQL 调整、分区建议和实时应用测试。另外，Oracle 11g 提供了高性能、伸展性、可用性和安全性，并能更方便地在低成本服务器和存储设备组成的网格上运行。
- 2008 年：Oracle 宣布收购项目组合以及管理软件的供应商 Primavera 软件公司。
- 2009 年：Oracle 收购 Sun Microsystems，Oracle 将获得 Java 编程语言的所有权，Java 目前已被应用在全球超过 10 亿的设备中。Oracle 还将获得 Solaris 操作系统，该操作系统是 Oracle 许多产品的基础平台。Sun 被 Oracle 接管无论对 Java 还是对 IT 业界都是十分有益的。

3.2 Oracle 11g 安装

Oracle 11g 数据库系统的安装与升级是一项比较复杂的任务。为了使 Oracle 11g 数据库系统可以安装在多种平台上，Oracle 提供的 Oracle 通用安装工具（OUI，Oracle Universal Installer）是基于 Java 技术的图形界面安装工具，利用它可以在不同操作系统平台上完成不同版本的 Oracle 数据库软件的安装。无论是 Windows NT/XP/2003、Widows 7、Sun Solaris、HP UNIX、Digital UNIX、Linux，还是 OS/390，都可以使用 OUI 以标准化的方式来完成安装任务。本节主要介绍如何在 Windows 7 平台上安装和配置 Oracle 11g 数据库服务器，其安装步骤如下。

为了顺利完成安装，在安装前建议断开网络连接，并关闭防火墙。

安装硬件需求见表 3-1。

表 3-1　　安装硬件需求

需求	最 小 值
物理内存（RAM）	最小为 1GB，建议 2GB 以上
虚拟内存	物理内存的 2 倍
磁盘空间	5.35GB
处理器类型	Intel (x86), AMD64 and Intel EM64T
监视器配置	256 种颜色
屏幕分辨率	1024 × 768

安装软件需求见表 3-2。

表 3-2　　安装软件需求

需求	说　明
操作系统	Windows Server 2003、Windows Server 2003 R2、Windows XP Professional、Windows Server 2008、Windows Vista、Windows 7
网络协议	TCP/IP、TCP/IP with SSL、Named Pipes

（1）下载 Oracle 11g R2 for Windows 的版本，官方下载地址如下。

http://download.oracle.com/otn/nt/oracle11g/112010/win32_11gR2_database_1of2.zip
http://download.oracle.com/otn/nt/oracle11g/112010/win32_11gR2_database_2of2.zip

（2）将两个压缩包解压到同一个目录下（默认为 database），然后单击解压目录下的“Setup.exe”文件，将启动 Universal Installer，出现 Oracle Universal Installer 自动运行窗口，即快速检查计算机的软件、硬件安装环境，如果不满足最小需求，则返回一个错误并异常终止，如图 3-1 所示。

（3）等待片刻就会出现启动对话框，如图 3-2 所示。

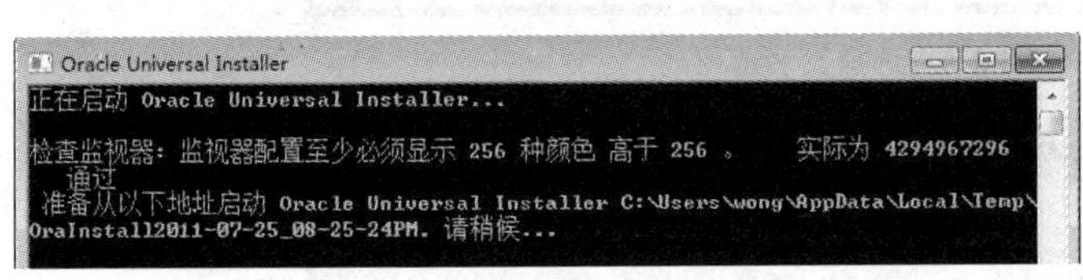

图 3-1　Oracle Universal Installer 自动运行窗口

图 3-2　启动

（4）启动画面之后会出现图 3-3 所示的安装画面，取消“我希望通过 My Oracle Support 接收安全更新”的选中，单击“下一步”继续，同时在出现的信息提示框单击“是”。

（5）出现安装选项对话框，默认选择“创建和配置数据库”，如图 3-4 所示。单击“下一步”继续。

（6）在“系统类”窗口中，选择“桌面类”，如图 3-5 所示。单击“下一步”继续。如果安装环境是在 Windows Server 上，就选择“服务器类”。

（7）在“典型安装配置”窗口中，选择 Oracle 的基目录，选择数据库版本为“企业版”，字符集为“默认值”，全局数据库名为“myorcl”，并输入统一的管理口令为 ustb2012，如图 3-6 所示。其中，数据库系统的版本分类如下：①企业版，该类型适用于面向企业级应用，用于对安全性要求较高并且任务至上的联机事务处理（OLTP）和数据仓库环境。在标准版的基础上安装所有

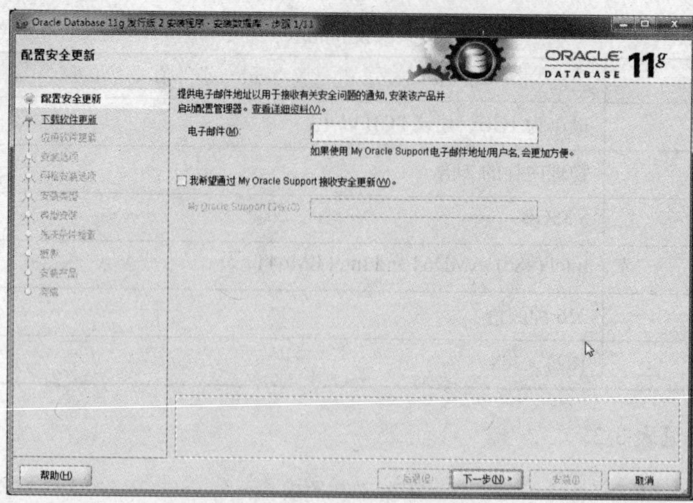

图 3-3　配置安全更新

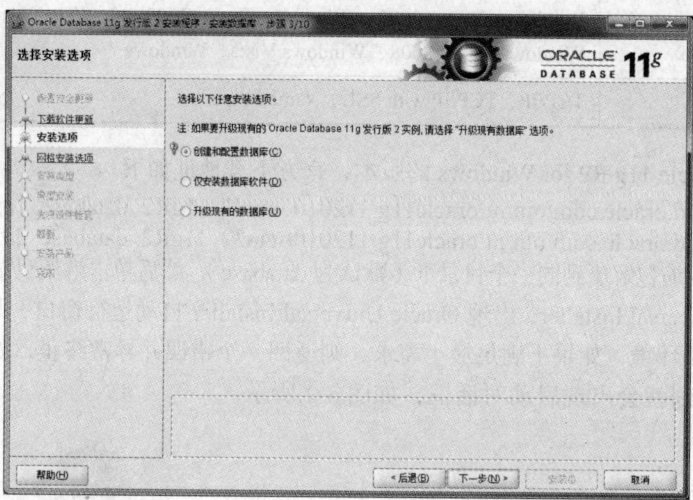

图 3-4　选择安装选项

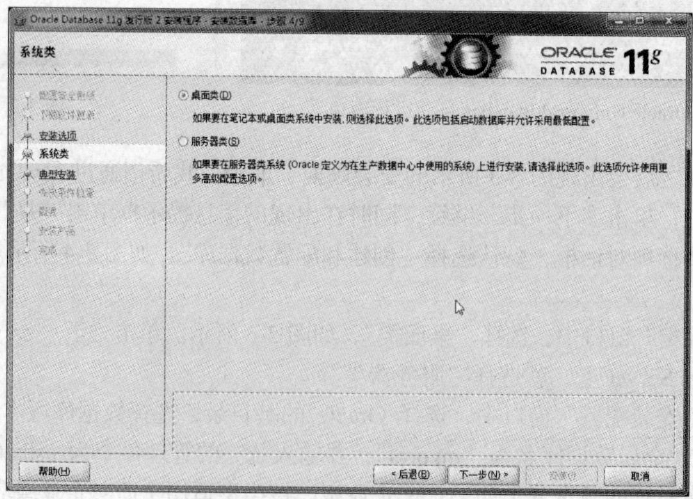

图 3-5　系统类

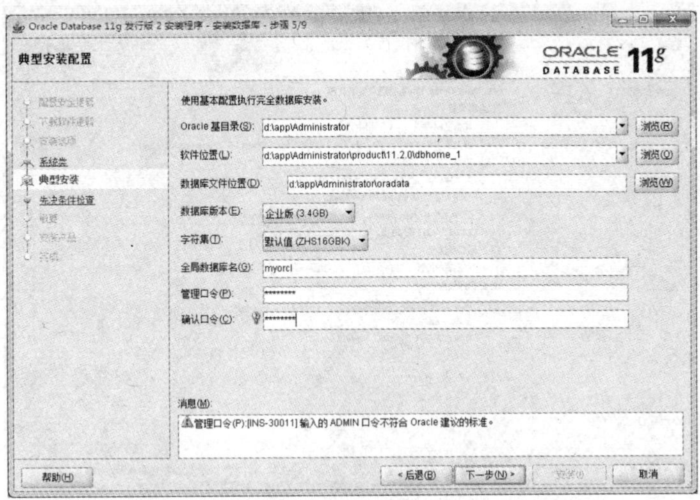

图 3-6　典型安装配置

许可的企业版选项，适用于集群服务器或单一服务器。②标准版，该类型适用于工作组或部门级别的应用，也适用于中小企业。提供核心的关系数据库管理服务和选项，可适用于多达 4 个插槽的服务器。③标准版 1，该类型同标准版，但仅适用于在最多两个插槽的服务器上使用。④个人版，该类型只提供基本的数据库管理服务，它适用于单用户开发环境，对系统配置的要求也比较低，主要面向技术开发人员。单击“下一步”按钮。

（8）安装程序会进行安装的先决条件检查，等待检查完毕，如图 3-7 所示。单击“下一步”按钮。

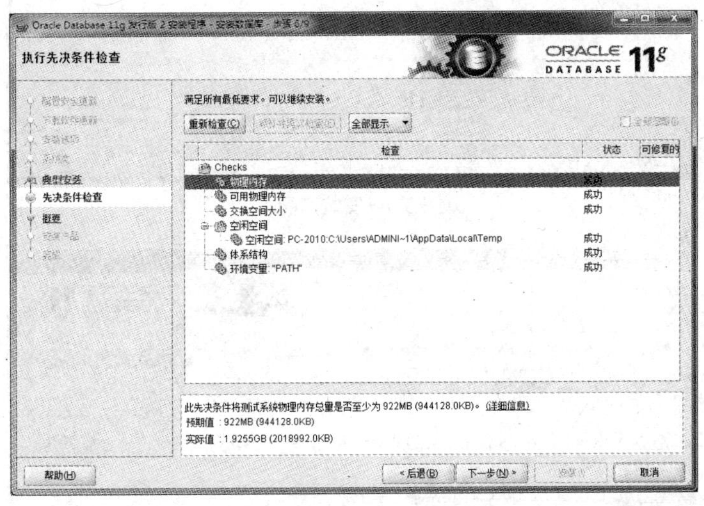

图 3-7　产品特定的先决条件检查

（9）显示安装信息的概要情况，如图 3-8 所示。确认后单击“完成”按钮，即可进行安装。

（10）进入“安装产品”对话框，开始安装前的准备工作、复制文件、安装程序文件等，如图 3-9 所示。

（11）安装完程序文件后，自动进入 Oracle Database 配置，如图 3-10 所示。配置过程中会出现图 3-11 所示的“Database Configuration Assistant”新窗口，等待数据库的创建。

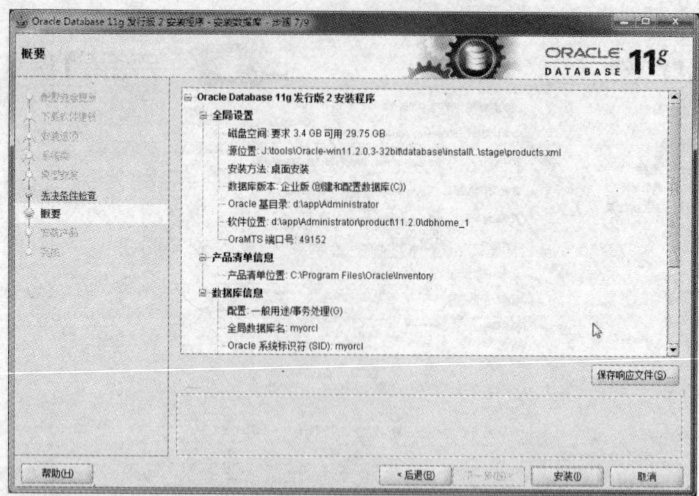

图 3-8　概要信息

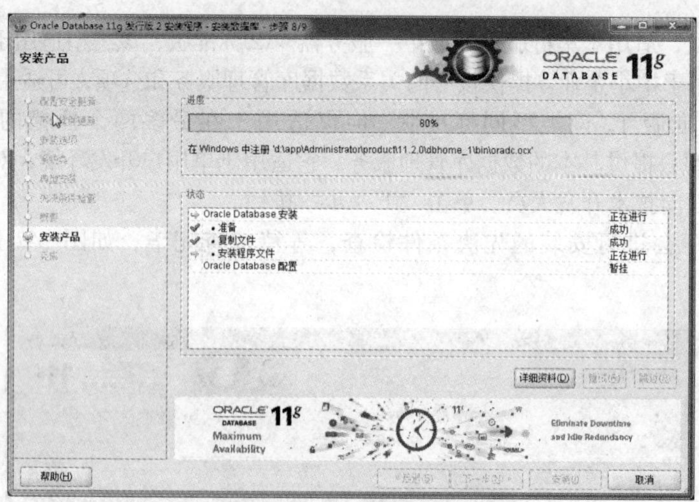

图 3-9　安装产品 1

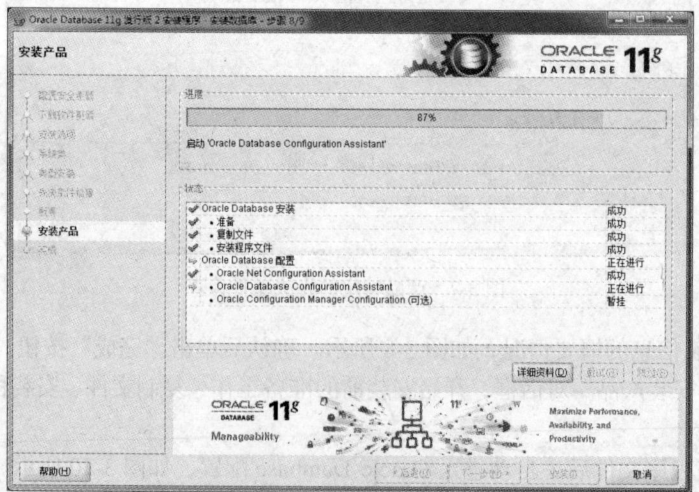

图 3-10　安装产品 2

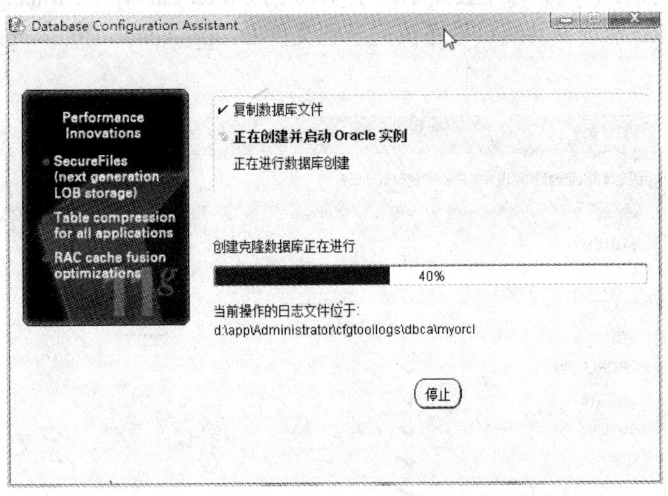

图 3-11 数据库配置助手创建数据库

（12）创建数据库完毕后，就会显示图 3-12 所示的数据库配置助手窗口，用于进行账户解锁及口令管理。单击“口令管理”按钮，弹出“口令管理”窗口，如图 3-13 所示。在此窗口中可以锁定、解除数据库用户账户，设置用户账户的口令。在这里解除了 SYS、SYSTEM、SCOTT 和 SH 用户账户，其中，超级管理员 SYS 的缺省口令为“change_on_install”，普通管理员 SYSTEM 的缺省口令为“manager”，普通用户 SCOTT 的缺省口令为“tiger”。Oracle 建议输入的口令应该至少长为 8 个字符，至少包含 1 个大写字符，1 个小写字符和 1 个数字，但为了描述方便，本书设置所有用户的口令均为“ustb2012”。

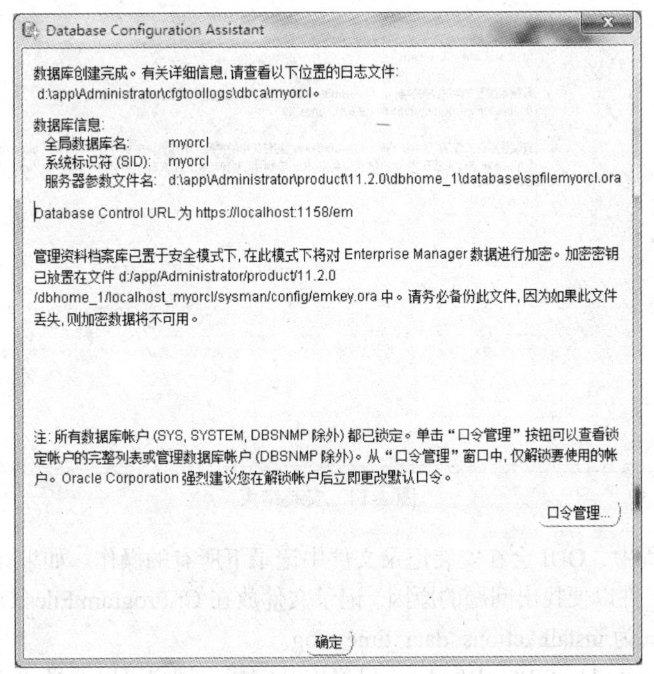

图 3-12 设用数据库用户口令

（13）单击图 3-12 中的“确定”按钮，结束创建数据库，OUI 将显示“安装结束”窗口，如

图 3-14 所示。需要注意该窗口中会显示基于 Web 的 Oracle Enterprise Manager（OEM）的连接地址，另外，该 URL 地址及其端口号还被记录到文件 D:\app\Administration\product\11.2.0\dbhome_1\install.int 中。

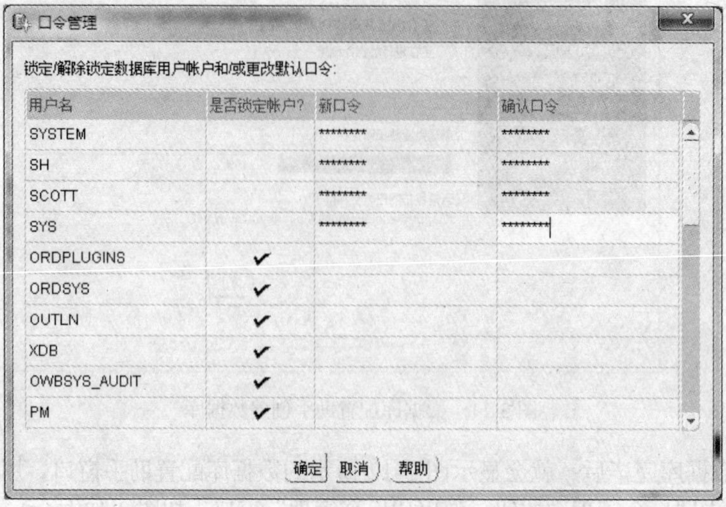

图 3-13　口令管理

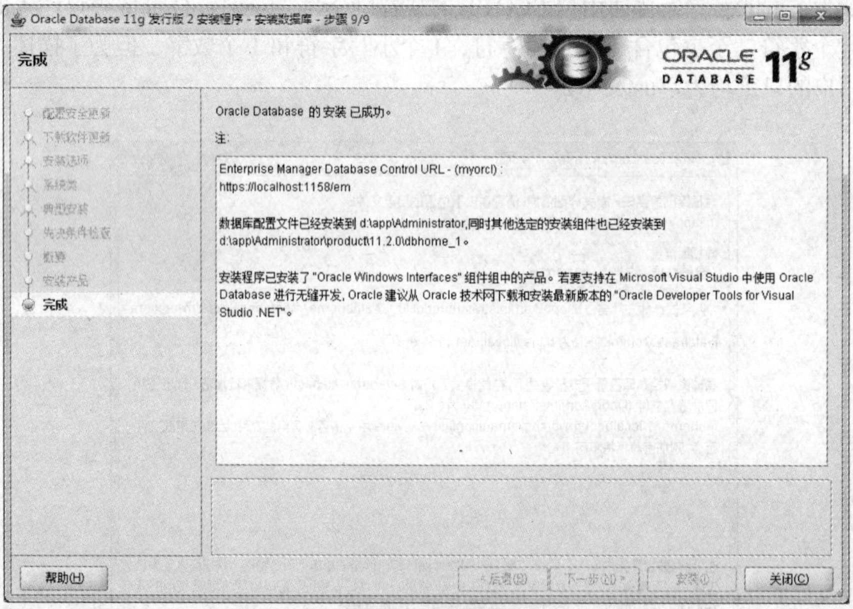

图 3-14　安装结束

在上述安装过程中，OUI 会在安装记录文件中记录下所有的操作。如果在安装过程中遇到问题，可查看该记录文件以便找出问题的原因。记录文件放在 C:\Program Files\Oracle\Inventory\logs\ 文件夹中，命名方式为 installActions<data_time>.log。

（14）至此，Oracle 11g R2 for Windows 已经安装完成。用户可以选择“开始”→“程序”→Oracle-OraDb11g_home1→Database Control – myorcl 打开访问网址，或直接打开浏览器，在地址栏中输入“https://localhost:1158/em”，如图 3-15 所示。其中，“1158”是 Oracle Enterprise Manager

的 HTTP 端口号，“em”是 Enterprise Manager 的简称。在用户名处输入“SYS”，密码为最初设定的密码，如“ustb2012”，在连接身份里选择“SYSDBA”，单击“登录”就可以访问数据库了，如图 3-16 所示。

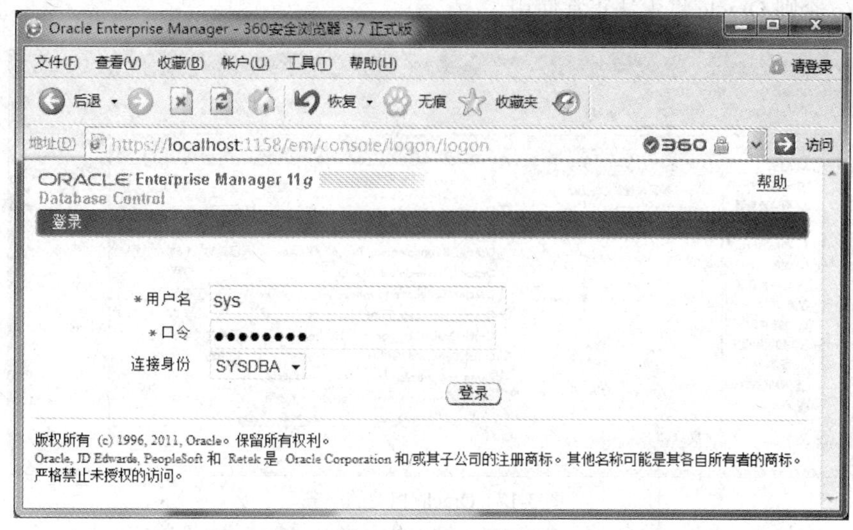

图 3-15　OEM 登录

图 3-16　OEM 总体界面

（15）Oracle 完成安装后，会在系统中进行服务的注册，如图 3-17 所示。由于 Oracle 启动会占用大量内存，因此，为减少启动时间，首先需要将以 Oracle 开头的服务的启动类型设置为“手动”，然后在使用时再手工启动相应的服务。使用 Oracle 时，在注册的这些服务中有以下两个服务必须启动，否则 Oracle 将无法正常使用。

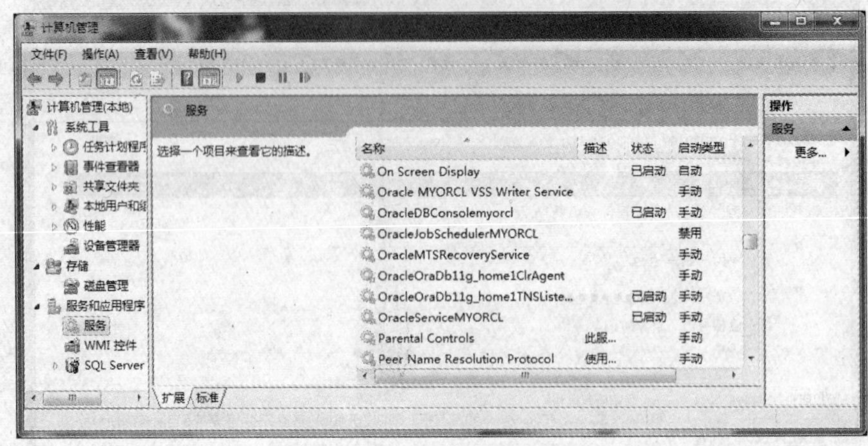

图 3-17 Oracle 相关的服务

① OracleOraDb11g_home1TNSListener。表示监听服务，如果客户端要想连接到数据库，此服务必须打开。在程序开发中该服务也要起作用。

② OracleServiceMYORCL。表示数据库的主服务，命名规则为 OracleService 数据库实例名称。此服务必须打开，否则 Oracle 根本无法使用。

若要启动 OEM，则必须先启动 OracleDBConsolemyorcl 服务。

3.3 Oracle 11g 卸载

在 Oracle 11g 以前卸载 Oracle 会存在卸载不干净，导致再次安装失败的情况。一般情况下，卸载所有的 Oracle 11g 数据库软件主要分 3 步完成，首先停止所有的 Oracle 服务，然后卸载所有的 Oracle 组件，最后手动删除与 Oracle 相关的遗留内容。卸载的内容包括程序文件、数据库文件、服务和进程的内存空间。

3.3.1 停止所有的 Oracle 服务

在卸载 Oracle 组件之前，必须首先停止使用所有的 Oracle 服务。然后按照如下步骤执行卸载操作。

（1）选择“开始”→“控制面板”→“管理工具”命令，然后在右侧窗格中双击“服务”选项，出现“服务”界面（或运行 services.msc 直接打开“服务”界面），如图 3-17 所示。

（2）从上到下逐个停止所有与 Oracle 有关的（前缀为 Oracle）状态为“已启动”的服务，即右击状态为“已启动”的服务，主要的服务包括 Oracle MYORCL VSS Writer Service、OracleDBConsolemyorcl、OracleJobSchedulerMYORCL、OracleMTSRecoveryService、OracleOraDb11g_home1ClrAgent、OracleOraDb11g_home1TNSListener、OracleServiceMYORCL，然后从弹出的菜单中选择“停止”命令，逐个停止已启动的服务。

（3）退出“服务”界面并逐步退出“控制面板”。

3.3.2　卸载所有的 Oracle 组件

在停止了所有 Oracle 服务后，就可以用 Oracle Universal Installer 卸载所有的 Oracle 组件了。该过程相对简单，选择“开始”→“程序”→Oracle-OraDb11g_home1→Oracle Installer Products 命令，然后单击 Universal Installer，启动 Oracle Universal Installer，然后单击“卸载产品”按钮，根据向导完成 Oracle 组件的卸载。

同时，Oracle 11g 自带一个卸载批处理文件 deinstall.bat，该文件位于安装目录的位置如下。

\app\Administrator\product\11.2.0\dbhome_1\deinstall\deinstall.bat

运行该批处理程序将自动完成 Oracle 的卸载工作，最后手动删除\app 文件夹（需要重启才能删除），这种方法更加方便快捷。

运行过程中需要填写如下项。

（1）指定要取消配置的所有单实例监听程序[LISTENER]:LISTENER。

（2）指定在此 Oracle 主目录中配置的数据库名的列表[MYDATA,ORCL]:MYDATA,MYORCL。

（3）是否仍要修改 MYDATA,MYORCL 数据库的详细资料? [n]: n

CCR check is finished

是否继续(y—是，n—否)? [n]：y。

3.3.3　手动删除与 Oracle 相关的遗留内容

Oracle Universal Installer 不能完全地卸载 Oracle 的所有成分，当卸载完 Oracle 的所有组件后，还需要手动删除 Oracle 遗留的成分，如环境变量、注册表、文件及其文件夹等。

1. 删除相关环境变量

（1）右击“我的电脑”图标，在弹出的快捷菜单中选择“属性”命令，在出现的“系统属性”对话框中，切换到“高级”选项卡，如图 3-18 所示。然后单击“环境变量”按钮，打开图 3-19 所示的对话框。

（2）删除环境变量 PATH 和 CLASSPATH 中包含 Oracle 的值。单击“确定”按钮，保存修改并退出“环境变量”对话框。

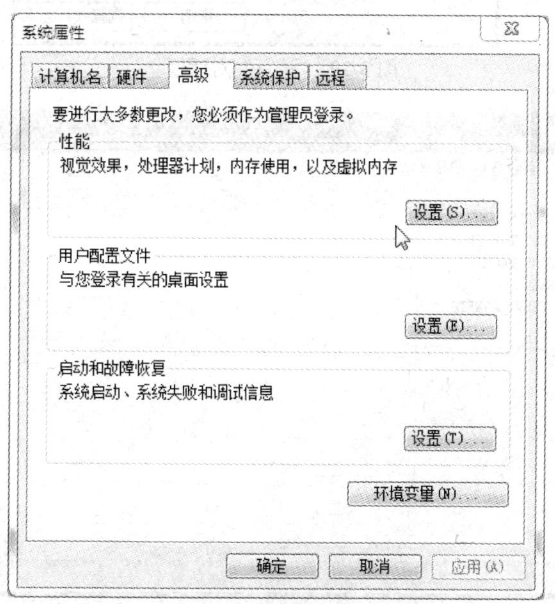

图 3-18　“系统属性”对话框

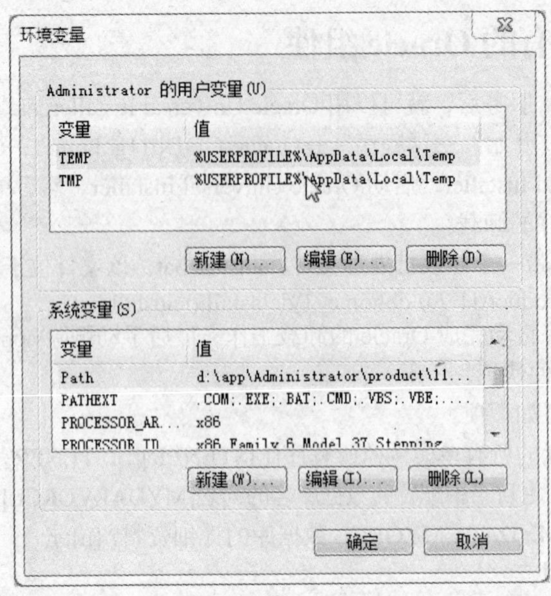

图 3-19 “环境变量”对话框

2. 删除注册表相关信息

选择“开始”→“运行”，出现图 3-20 所示的“运行”对话框。在“打开”文本框中输入“regedit”并单击“确定”按钮，打开“注册表编辑器”窗口，如图 3-21 所示。删除注册表中与 Oracle 相关的内容，具体如下。

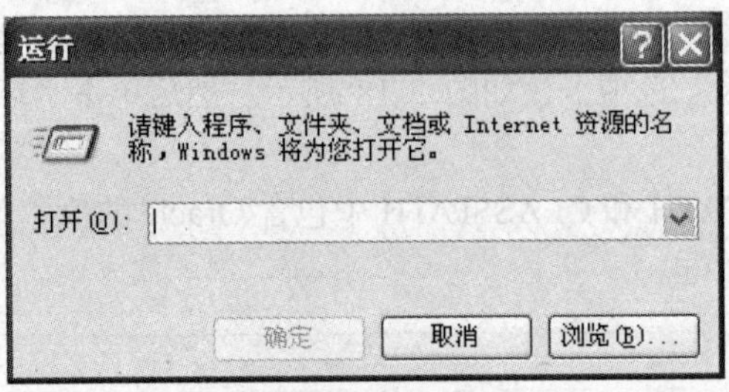

图 3-20 “运行”对话框

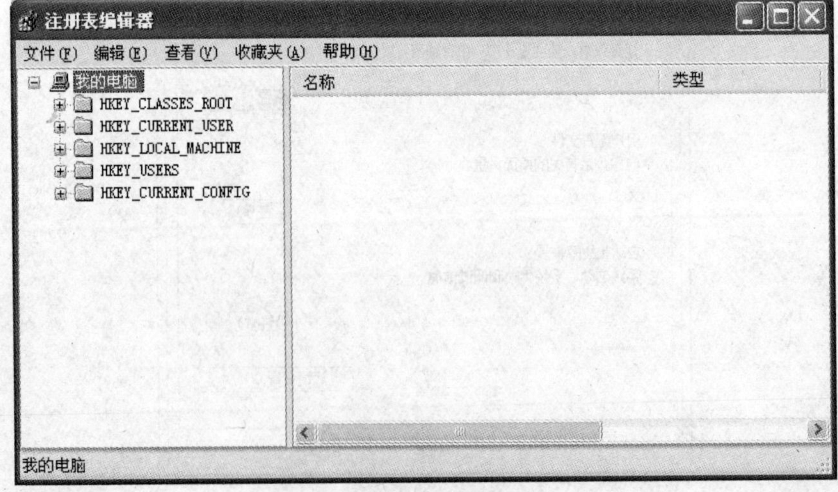

图 3-21 “注册表编辑器”窗口

（1）删除 HKEY_LOCAL_MACHINE/SOFTWARE/ORACLE 目录。

（2）删除 HKEY_LOCAL_MACHINE/SYSTEM/CurrentControlSet/Services 中所有以 Oracle 或 OraWeb 开头的键。

（3）删除 HKEY_LOCAL_MACHINE/SYSETM/CurrentControlSet/Services/Eventlog/application 中所有以 Oracle 开头的键。

（4）删除 HKEY_CLASSES_ROOT 目录下所有以 Ora、Oracle、Orcl 或 EnumOra 为前缀的键。

（5）删除 HKEY_CURRENT_USER/SOFTWARE/Microsoft/windows/CurrentVersion/Explorer/MenuOrder/Start Menu/Programs 中所有以 Oracle 开头的键。

（6）删除 HKEY_LOCAL_MACHINE/SOFTWARE/ODBC/ODBCINST.INI 中除 Microsoft ODBC for Oracle 注册表键以外的所有含有 Oracle 的键。

3. 删除文件及其文件夹

（1）删除“开始”→“程序”中所有 Oracle 的组和图标。

（2）删除 C:\Program file\Oracle 目录，该目录包括安装会话的日志与登记的产品清单。

（3）删除 ORACLE_BASE 目录，即 Oracle 的根目录 D:\app。

（4）删除 C:\Documents and Settings\系统用户名、LocalSettings\Temp 目录下的临时文件。

3.4 Oracle 11g 的管理工具

本节将介绍几个常用的 Oracle 管理工具程序，这既是对安装结果进行验证，也是 Oracle 11g 数据库操作的基础。

在 Oracle 11g 系统中，可以使用两种方式执行命令，一种是通过图形工具，如 Oracle Enterprise Manager（OEM）；另一种是直接使用各种命令，如 SQL*Plus 工具。图形化工具的特点是直观、简单、容易记忆，而直接使用命令则需要记忆具体命令及语法格式。但是，图形工具灵活性差，不利于用户对命令和选项的理解；而命令则非常灵活，有利于加深用户对复杂命令选项的理解，并且可以完成某些图形工具无法完成的任务。本节主要介绍 OEM 的使用，下一节重点介绍 SQL*Plus 工具的使用。

OEM 提供了基于 Web 界面的、可用于管理单个 Oracle 数据库的工具。由于 Oracle Enterprise Manager 采用基于 Web 的应用，它对数据库的访问也采用了 HTTP/HTTPS 协议，即使用三层结构访问 Oracle 数据库系统。

在成功安装完 Oracle 后，OEM 也就被安装完毕，使用 Oracle 11g OEM 时只需要启动浏览器，并输入 OEM 的 URL 地址（如 https://localhost:1158/em），启动 Oracle 11g OEM 后，就会出现 OEM 的登录页面，用户需要在此输入系统管理员名（如 SYSTME、SYS）和口令，如图 3-15 所示。

在相应的文本框中输入相应的用户名和口令后，单击“登录”按钮，就会出现“数据库”主页面的“主目录”属性页，如图 3-16 所示。OEM 以图形化方式提供用户对数据库的操作，避免了学习大量的命令，因此，对于初学者而言，最常用的操作方法就是通过 OEM 对数据库进行操作。但是，在 SQL*Plus 中运行相应的命令，则可以更好地理解 Oracle 数据库。因此，本书主要介绍在 SQL*Plus 中运行相应的命令，事实上，OEM 也是通过用户的设置来生成相应的命令的。

3.5 SQL*Plus

Oracle 11g 系统提供了用于执行 SQL 语句和 PL/SQL 程序的工具 SQL*Plus，用户对数据库的操作主要是通过 SQL*Plus 工具来实现的。

3.5.1 SQL*Plus 的运行环境

SQL*Plus 运行环境是 SQL*Plus 的运行方式和查询语句执行结构显示方式的总称。设置合适的 SQL*Plus 运行环境，可以使 SQL*Plus 按照用户的要求运行和执行各种操作。常用 SET 语句设置相应的环境。语法格式如下。

```
SET system_option value
```

SET 命令的取值可以通过 HELP 命令查看，这里不再赘述。

3.5.2 SQL*Plus 命令

在 Oracle 11g 系统中，SQL*Plus 提供了许多可以定制该工具行为的命令。这些命令包括 HELP、DESCRIBE、PROMPT、SPOOL、SHOW 等。本小节将介绍这些命令的使用方法。

1．HELP 命令

SQL*Plus 有许多命令，而且每个命令都有大量的选项，要记住每一个命令的所有选项是困难的。不过 SQL*Plus 提供了内建的帮助系统，用户在需要的时候，随时可以使用 HELP 命令查询相关的命令信息。但是 SQL*Plus 的内建帮助系统只是提供了部分命令信息，SQL*Plus 帮助系统可以向用户提供下面一些信息：命令标题；命令作用描述的文件；命令的缩写形式；命令中使用的强制参数和可选参数。

HELP 命令的语法格式如下。

```
HELP [topic]
```

在上面的语法中，topic 参数表示将要查询的命令名称。

使用 HELP INDEX 命令，则可以通过 HELP 命令查看 SQL*Plus 命令清单。该命令的执行结果如图 3-22 所示。

```
SQL> help index

Enter Help [topic] for help.

 @             COPY         PAUSE                        SHUTDOWN
 @@            DEFINE       PRINT                        SPOOL
 /             DEL          PROMPT                       SQLPLUS
 ACCEPT        DESCRIBE     QUIT                         START
 APPEND        DISCONNECT   RECOVER                      STARTUP
 ARCHIVE LOG   EDIT         REMARK                       STORE
 ATTRIBUTE     EXECUTE      REPFOOTER                    TIMING
 BREAK         EXIT         REPHEADER                    TTITLE
 BTITLE        GET          RESERVED WORDS (SQL)         UNDEFINE
 CHANGE        HELP         RESERVED WORDS (PL/SQL)      VARIABLE
 CLEAR         HOST         RUN                          WHENEVER OSERROR
 COLUMN        INPUT        SAVE                         WHENEVER SQLERROR
 COMPUTE       LIST         SET                          XQUERY
 CONNECT       PASSWORD     SHOW
```

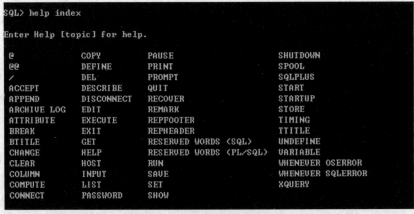

图 3-22 HELP INDEX 命令

SHUTDOWN 命令可以关闭数据库实例。使用 HELP 命令可以查看 SHUTDOWN 命令的使用方式，结果如图 3-23 所示。

```
SQL> help shutdown

 SHUTDOWN
 --------

 Shuts down a currently running Oracle Database instance, optionally
 closing and dismounting a database.

 SHUTDOWN [ABORT|IMMEDIATE|NORMAL|TRANSACTIONAL [LOCAL]]
```

图 3-23　HELP SHUTDOWN 命令

如果希望查看 SQL 和 PL/SQL 中使用的关键字，则可以使用 HELP RESERVE WORDS 命令。该命令的语法格式如下。

```
HELP RESERVE WORDS;
```

2. DESCRIBE 命令

在 SQL*Plus 的许多命令中，用户使用最频繁的命令就是 DESCRIBE 命令。DESCRIBE 命令可以返回对数据库中所存储的对象的描述。对于表、视图等对象而言，DESCRIBE 命令可以列出其各个列的名称及属性。除此之外，DESCRIBE 还会输出过程、函数和程序包的规范。

DESCRIBE 命令的语法格式如下。

```
DESCRIBE OBJECT_NAME;
```

其中，DESCRIBE 可以缩写为 DESC，OBJECT_NAME 表示将要描述的对象名称。DESCRIBE 命令不仅可以描述表、视图的结构，还可以描述 PL/SQL 对象，如过程、函数、程序包等都能通过该命令描述。

下面通过 DESCRIBE 命令查看 scott.emp 表的结构，结果如图 3-24 所示。

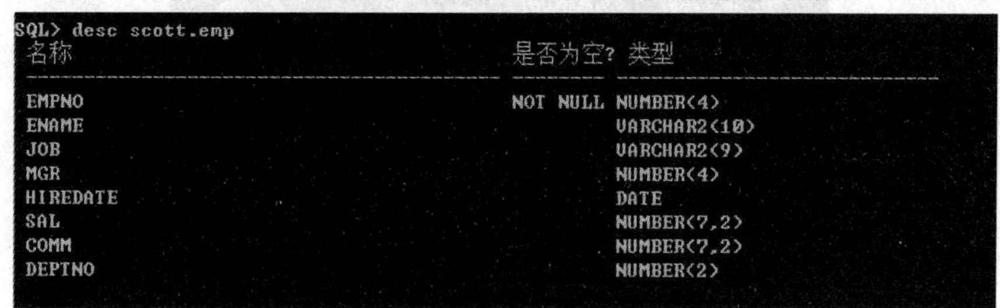

```
SQL> desc scott.emp
 名称                                       是否为空? 类型
 ----------------------------------------- -------- ----------------------------
 EMPNO                                     NOT NULL NUMBER(4)
 ENAME                                              VARCHAR2(10)
 JOB                                                VARCHAR2(9)
 MGR                                                NUMBER(4)
 HIREDATE                                           DATE
 SAL                                                NUMBER(7,2)
 COMM                                               NUMBER(7,2)
 DEPTNO                                             NUMBER(2)
```

图 3-24　使用 DESCRIBE 命令查看表结构

3. PROMPT 命令

使用 PROMPT 命令可以在屏幕上输出一行数据，这种输出方式非常有助于在脚本文件中向用户传递响应的信息。

PROMPT 命令的语法格式如下。

```
PROMPT PROMPT_TEXT;
```

其中，PROMPT_TEXT 表示用于指定要在屏幕上显示的提示消息。

下面编写一个查询当前用户及其默认表空间的语句，并且为用户提示一些描述信息。可以将以下命令存储在 USER_TABLESPACE.SQL 文件中。

```
Prompt
Prompt '显示当前用户及其默认的表空间';
Prompt
SELECT username,default_tablespace FROM user_users;
```

在 SQL*Plus 中使用@命令运行 USER_TABLESPACE.SQL 文件，运行结果如图 3-25 所示。

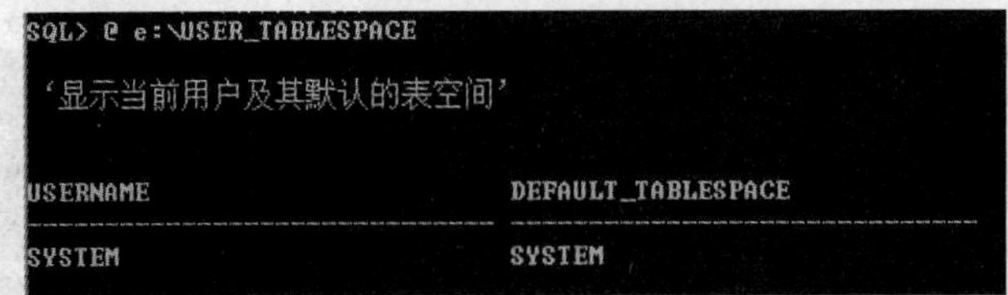

图 3-25　在 SQL*Plus 中使用@命令运行文件

4. SPOOL 命令

使用 SPOOL 命令可以把查询结果保存到文件中或者发送到打印机。SPOOL 命令的语法格式如下。

```
SPOOL file_name [CREATE] | [REPLACE] | [APPEND] | OFF;
```

其中，file_name 参数用于指定脱机文件的名称，默认的文件扩展名为.LST。如果使用了 CREATE 关键字，则表示创建一个新的脱机文件；如果使用 REPLACE 关键字，则表示替代已经存在的脱机文件；如果使用 APPEND 关键字，则表示把脱机内容附加到一个已经存在的脱机文件中。

在下面的实例中，将使用 SPOOL 命令生成 output_file.txt 文件，并将查询 scott.emp 表的内容保存到该文件中，结果如图 3-26 所示。

```
SQL> select empno,ename,job,hiredate,sal
  2  from scott.emp;

     EMPNO ENAME      JOB       HIREDATE              SAL
---------- ---------- --------- -------------- ----------
      7369 SMITH      CLERK     17-12月-80            800
      7499 ALLEN      SALESMAN  20-2月 -81           1600
      7521 WARD       SALESMAN  22-2月 -81           1250
      7566 JONES      MANAGER   02-4月 -81           2975
      7654 MARTIN     SALESMAN  28-9月 -81           1250
      7698 BLAKE      MANAGER   01-5月 -81           2850
      7782 CLARK      MANAGER   09-6月 -81           2450
      7788 SCOTT      ANALYST   19-4月 -87           3000
      7839 KING       PRESIDENT 17-11月-81           5000
      7844 TURNER     SALESMAN  08-9月 -81           1500
      7876 ADAMS      CLERK     23-5月 -87           1100

     EMPNO ENAME      JOB       HIREDATE              SAL
---------- ---------- --------- -------------- ----------
      7900 JAMES      CLERK     03-12月-81            950
      7902 FORD       ANALYST   03-12月-81           3000
      7934 MILLER     CLERK     23-1月 -82           1300

已选择14行。

SQL> spool off
```

图 3-26　SPOOL 命令的使用

SPOOL 命令执行的结果为从 SPOOL 命令开始，一直到 SPOOL OFF 或者 SPOOL OUT 命令之间的查询结果都将保存到文件中。

3.5.3　格式化查询结果

SQL*Plus 提供了大量的命令用于格式化查询结果，使用这些命令可以对查询结果进行格式化，以产生用户需要的报表，还可以重新设置列的标题，重新定义值的显示格式和显示宽度，为报表增加头标题和底标题，在报表中显示当前日期和页号，为报表添加新的统计数据等。常用的格式化查询结果命令包括 COLUNM、COMPUTE、BREAK、BTITLE、TTITLE 等。

需要注意的是，使用格式化命令时应该遵循下列规则。

（1）格式化命令设置后，将一直起作用，直到该会话结束或下一个格式化命令的设置。

（2）每一次报表结束时，应该重新设置 SQL*Plus 为默认值。

（3）如果为某个列指定了别名，那么必须引用该列的别名，而不能再使用列名。

1. COLUMN 命令

使用 COLUMN 命令可以控制查询结果集中列的显示格式。COLUMN 命令的语法格式如下。

```
COLUMN [column_name] ALIAS | option]
```

其中，column_name 参数用于指定要控制的列的名称。ALIAS 参数用于指定列的别名。Option 参数用于指定某个列的显示格式，Option 选项的取值及意义见表 3-3。

表 3-3 OPTION 选项的取值及意义

选项	说 明
CLEAR	清除为该列设置的显示属性，使其使用默认的显示属性
COLOR	定义列的显示颜色
FORMAT	为列指定显示格式
HEADING	定义列的标题
JUSTIFY	调整列标题的对齐方式。默认是数字列为右对齐，其他列为左对齐。可以使用的值为 LEFT、CENTER、RIGHT
NULL	指定一个字符串，如果列的值为 NULL，则由该字符串代替
PRINT/NOPRINT	显示列标题/隐藏列标题
ON/OFF	控制显示属性的状态，OFF 表示定义的显示属性不起作用
WPAPPED	当字符串的长度超过显示宽度时，将字符串的超出部分折叠到下一行显示
WORD_WRAPPED	表示从一个完整的字符处折叠
TRUNCATED	表示截断字符串尾部

如果在关键字 COLUMN 后面未指定任何参数，则 COLUMN 命令将显示 SQL*Plus 环境中所有列的当前属性；如果指定了列名，则显示指定列的当前显示属性。

2. TTITLE 和 BTITLE 命令

SQL*Plus 的显示结果通常包括一个头标题、列标题、查询结果和一个底部标题。

如果输出结果需要打印多个页，则每个页都可以拥有自己的页标题和列标题。每页可以打印的数量由用户设置的页的大小决定，用户设置系统参数 NEWPAGE 可以决定头部标题之前的空行数；PAGESIZE 参数则规定每页打印的行数；而每行可打印的字符数则由 LINESEZE 参数决定。

除此之外，用户还可以利用 TTITLE 和 BTITLE 命令设置打印时每页的顶部和底部标题。使用 TTITLE 命令的语法格式如下。

```
TTITLE [ printspec[ text | variable ]…] | [OFF | ON ]
```

其中，TEXT 选项用于设置头标题的文字，如果头部包含多个字符，则必须用单引号括起来；variable 选项用于在标题中打印响应的变量；OFF 选项用于禁止打印头部标题，ON 选项则用于打印头部标题；printspec 用来设置格式化头部标题的字句。它可以使用如下选项。

COL：指定在当前行的第几列打印头部标题。

SKIP：跳到从下一行开始的第几行，默认值为 1。

TAB：指定向前跳的列数。

LEFT：在当前行中左对齐打印的数据。

CENTER：在当前行中间打印数据。

RIGHT：在当前行中右对齐打印数据。

BOLD：以黑体打印数据。

FORMAT：指定随后的数据项格式。如果对指定项没有合适的格式，则根据系统变量 NUMFORMAT 系统参数打印数字值。

BTITLE 的语法格式与 TTITLE 的语法格式相同。如果在 TTITLE 或 BTITLE 命令后没有任何参数，则显示当前的 TTITLE 或 BTITLE 的定义。

例如，下面的示例使用 TTITLE 和 BTITLE 命令在查询结果中打印其描述信息，如图 3-27 所示。

```
SQL> ttitle center '职工信息表'
SQL> btitle left '2012/09/10'
SQL> select empno,ename,sal
  2  from emp;

                                        职工信息表
     EMPNO ENAME             SAL
---------- ---------- ----------
      7369 SMITH             800
      7499 ALLEN            1600
      7521 WARD             1250
      7566 JONES            2975
      7654 MARTIN           1250
      7698 BLAKE            2850
      7782 CLARK            2450
      7788 SCOTT            3000
      7839 KING             5000
2012/09/10
```

图 3-27　TTITLE 和 BTITLE 命令的使用

这些设置会一直起作用，直到本次会话结束为止。如果希望在本次会话过程中，随时根据需要中止这种页面头部标题和底部标题，那么可以使用如图 3-28 所示命令关闭页标题，使得打印查询结果时不显示定义的标题。

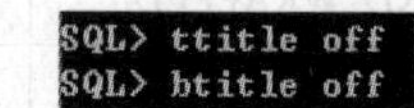
```
SQL> ttitle off
SQL> btitle off
```

图 3-28　TTITLE 和 BTITLE 命令的设置

3.5.4　变量

为了使数据处理更加灵活，在 SQL*Plus 中可以使用变量。SQL*Plus 中的变量在 SQL*Plus 的整个启动期间一直有效，这些变量可以用在 SQL 语句、PL/SQL 块以及文本文件中。在执行这些代码时，先将变量替换为变量的值，然后再执行。

1. 用户自定义的变量

用户可以根据需要自己定义变量。有两种类型的自定义变量，第一类变量不需要定义，可以直接使用，在执行代码时 SQL*Plus 将提示用户输入变量的值。第二类变量需要事先定义，并且需要赋初值。

第一类变量不需要事先定义，在 SQL 语句、PL/SQL 块以及脚本文件中可以直接使用。这类变量的特点是在变量名前面有一个“&”符号。当执行代码时，如果发现有这样的变量，SQL*Plus 将提示用户逐个输入变量的值，当用变量值代替变量后，才执行代码。例如，用户构造了一条 SELECT 语句，在语句中使用了如下两个变量。

```
SELECT ename,sal FROM &table_name WHERE ename='&name';
```

这条语句的执行过程如下。

输入 table_name 的值：emp。

输入 name 的值：SMITH。

原值 1: SELECT ename,sal FROM &table_name WHERE ename='&name'。

新值 1: SELECT ename,sal FROM emp WHERE ename='SMITH'。

```
ENAME    SAL
SMITH    800
```

其中，字符串“emp”和“SMITH”是用户输入的变量值。在 SQL*Plus 中首先用变量值代替变量，生成一个标准的 SQL 语句，然后再执行这条语句。当为所有的变量都提供了变量值后，这条语句才能执行。在构造这样的 SQL 语句时要注意，使用变量和不使用变量的语句在形式上是一致的。例如，ename 列的值为字符型，应该用一对单引号限定，使用了变量以后，仍然要用一对单引号限定。

上述语句如果需要再次执行，系统将提示用户再次逐个输入变量的值。为了使用户在每次执行代码时不需要多次输入变量的值，可以在变量名前加上“&&”符号。使用这种形式的变量，只需要在第一次遇到这个变量时输入变量的值，变量值将保存下来，以后就不需要不断输入了。例如，把上述 SELECT 语句改为以下形式。

```
SELECT ename,sal FROM &&table_name WHERE ename='&&name'
```

那么在第一次执行时，像以前一样需要输入变量的值，而再次执行时，就不再需要输入变量的值了，直接使用以前提供的变量值。以下是第二次以后的执行情况。

```
SQL> /
```

```
原值 1: SELECT ename,sal FROM &&table_name WHERE ename='&&name'
新值 1: SELECT ename,sal FROM emp WHERE ename='SMITH'
……
```

在 SQL*Plus 中可以使用的第二类自定义变量需要事先定义，而且需要提供初值。定义变量的命令是 DEFINE。定义变量的格式如下。

```
DEFINE 变量名=变量值
```

变量经定义后，就可以直接使用了。实际上，用 DEFINE 命令定义的变量和使用“&”的变量在本质上是一样的。用 DEFINE 命令定义变量以后，由于变量已经有值，所以在使用变量时不再提示用户输入变量的值。

如果执行不带参数的 DEFINE 命令，系统将列出所有已经定义的变量，包括系统定义的变量和用“&”定义的变量，以及即将提到的参数变量。例如如下内容。

```
SQL> DEFINE;
```

```
DEFINE _CONNECT_IDENTIFIER = "ORCL" (CHAR)
DEFINE _SQLPLUS_RELEASE = " 1001000200" (CHAR)
DEFINE _EDITOR        = "NOTEPAD" (CHAR)
DEFINE _O_VERSION = "Oracle10g Enterprise Edition Release 10.1.0.2.0 - Production
With the OLAP and Oracle Data Mining options
JServer Release 10.1.0.2.0 - Production" (CHAR)
DEFINE _O_RELEASE         = " 1001000200" (CHAR)
DEFINE _RC               = "1" (CHAR)
DEFINE TABLE_NAME         = "emp" (CHAR)
DEFINE NAME              = "SMITH" (CHAR)
```

其中，最后两个变量就是刚才用“&”定义的变量。

现在，让我们看一个用 DEFINE 命令定义变量的例子。

```
SQL> DEFINE col_name=ename;
SQL> DEFINE salary=3000;
```

在这里定义了两个变量，然后在 SQL 语句中就可以直接使用这两个变量了。在使用变量时，仍然用“&变量名”的形式来引用变量的值。例如

```
SQL> SELECT &col_name FROM emp WHERE sal>&salary;
```

在执行这条语句时，用 ename 代替变量 col_name，用 3000 代替变量 salary，生成一条标准的 SQL 语句。这条语句的执行结果如下。

```
原值 1：SELECT &col_name FROM emp WHERE sal>&salary
新值 1：SELECT ename FROM emp WHERE sal>3000
ENAME
KING
```

当一个变量不再使用时，可以将其删除。UNDEFINE 命令用于取消一个变量的定义。删除一个变量的命令格式如下。

```
UNDEFINE 变量名
```

2. 参数变量

在 SQL*Plus 中，除了用户自定义的变量外，还有一类变量，这就是参数变量。参数变量在使用时不需要事先定义，可以直接使用。

后面将介绍 GET 和@命令的用法。这两个命令的作用是将一个文本文件加载到缓冲区中，使之执行。因为文本文件的内容是固定的，在执行期间不能被修改，所以只能执行固定的代码，这就为灵活的数据操作带来了一定的困难。例如，要查询某部门中员工的工资情况。部门号事先不确定，而是根据实际情况临时确定的。这样在文本文件的 SELECT 语句中就不能将部门号指定为一个固定值。

解决这个问题的一个办法是使用参数变量。由于部门号是不确定的，所以在执行文本文件时可以将实际的部门号作为一个参数，在 SELECT 语句中通过参数变量引用这个参数。参数在 SQL*Plus 的命令行中指定的格式如下。

```
@文件名  参数1  参数2  参数3…
```

这样，在文本文件中可以用参数变量&1、&2、&3 分别引用参数 1、参数 2、参数 3…

例如，要查询某部门中工资大于某个数值的员工姓名，在构造 SELECT 语句时就不能将部门号和工资这两个列的值指定为固定值，而是分别用一个参数变量代替。假设我们在目录/home/oracle 中建立了一个文本文件 d.sql，文件的内容为

```
SELECT ename FROM emp WHERE deptno=&1 and sal>&2;
```

在执行这个文本文件时，需要为参数变量&1 和&2 指定实际的参数值。参数值是在用 GET 或者@命令加载文本文件时指定的。例如，要查询部门 10 中工资大于 2000 的员工，执行文件 d.sql 的命令格式如下。

```
SQL> @/home/oracle/d 10 2000
```

这条命令执行的情况如下。

```
原值 1：SELECT ename FROM emp WHERE deptno=&1 and sal>&2
新值 1：SELECT ename FROM emp WHERE deptno=10 and sal>2000
......
```

从命令的执行结果可以看出，在 SQL*Plus 中首先用实际参数 10 代替参数变量&1，用参数 2000 代替参数变量&2，生成一条标准的 SQL 语句，然后才执行这条 SQL 语句。

3. 与变量有关的交互式命令

SQL*Plus 还提供了几条交互式命令，主要包括 PROMPT、ACCEPT 和 PAUSE。这几条命令主要用在文本文件中，用来完成灵活的输入输出。

PROMPT 命令用来在屏幕上显示指定的字符串。这条命令的格式如下。

```
PROMPT 字符串
```

注意这里的字符串不需要单引号限定，即使是用空格分开的几个字符串。PROMPT 命令只是简单地把其后的所有内容在屏幕上显示。例如

```
SQL> PROMPT I'm a programmer;
```

I'm a programmer

ACCEPT 命令的作用是接收用户的键盘输入，并把用户输入的数据存放到指定的变量中，它

一般与 PROMPT 命令配合使用。ACCEPT 命令的格式如下。

```
ACCEPT 变量名 变量类型  PROMPT  提示信息  选项
```

其中，变量名是指存放数据的变量，这个变量不需要事先定义，可直接使用。变量类型是指输入的数据的类型，目前 SQL*Plus 只支持数字型、字符型和日期型数据的输入。PROMPT 用来指定在输入数据时向用户显示的提示信息。选项指定了一些附加的功能，可以使用的选项包括 HIDE 和 DEFAULT。HIDE 功能使用户的键盘输入不在屏幕上显示，这在输入保密信息时非常有用。DEFAULT 为变量指定默认值，在输入数据时如果直接回车，则使用该默认值。

例如，希望从键盘输入一个数字型数据到变量 xyz，在输入之前显示指定的提示信息，还为变量指定默认值，这样如果在输入数据时直接回车，那么变量的值就是这个默认值。对应的 ACCEPT 命令的形式如下。

```
SQL> ACCEPT xzy NUMBER PROMPT 请输入变量xyz的值: DEFAULT 0
```

请输入变量 xyz 的值：100

PAUSE 命令的作用是使当前的执行暂时停止，在用户输入回车键后继续。一般情况下，PAUSE 命令用在文本文件的两条命令之间，使第一条命令执行后出现暂停，待用户输入回车键后继续执行。PAUSE 命令的格式如下。

```
PAUSE 文本
```

其中，文本是在暂停时向用户显示的提示信息。

下面将以构造一个文本文件为例，演示这几条命令的用法。文本文件 e.sql 的功能是统计某个部门的员工工资，部门号需要用户从键盘输入。文本文件的内容如下。

```
PROMPT 工资统计现在开始
ACCEPT dno NUMBER PROMPT 请输入部门号: DEFAULT 0
PAUSE 请输入回车键开始统计...
SELECT ename,sal FROM emp WHERE deptno=&dno;
```

这个脚本文件的执行过程如下。

```
SQL> @/home/oracle/e
```

工资统计现在开始

请输入部门号：10

请输入回车键开始统计...

原值 1：SELECT ename,sal FROM emp WHERE deptno=&dno

新值 1：SELECT ename,sal FROM emp WHERE deptno= 10

结果如图 3-29 所示。

```
SQL> select ename,sal from emp where deptno=&dno;
输入 dno 的值:  10
原值    1: select ename,sal from emp where deptno=&dno
新值    1: select ename,sal from emp where deptno=10

ENAME             SAL
---------- ----------
CLARK            2450
KING             5000
MILLER           1300
```

图 3-29　PROMPT、ACCEPT 和 PAUSE 命令的使用

如果希望生成一个报表，那么可以在 SELECT 前后分别加上 SPOOL 命令，将统计的结果写到一个文件中，或者发往打印机。

3.5.5 SQL*Plus 缓存区

SQL*Plus 可以在缓存区中存储用户最近执行的命令。通过在缓存区存储这些命令，用户可以重新调用、编辑或运行那些最近输入的 SQL 语句。编辑缓存区最常用的方法是将缓存区中的内容传递到 Windows 记事本中进行编辑。

为了在 SQL*Plus 中利用 Windows 记事本作为用户的编辑器，可以使用 DEFINE 命令执行如下操作。

```
SQL> define _editor=notepad;
SOL>define _editor
DEFINNE_EDITOR          ="notepad"<CHAR>
SOL> _
```

执行完上面的设置后，用户就可以使用 EDIT 命令来执行编辑操作了，除了 EDIT 命令外，还可以使用 SAVE 命令把当前 SQL 缓存区中的内容保存到指定的文件中。SAVE 命令的语法格式如下。

```
SAVE file_name [ CREATE | REPLACE | APPEND]
```

其中，file_name 为文件名，如果用户没提供文件的扩展名，则默认扩展名为 SQL，保存的文件为一个 SQL 脚本文件，它由 SQL 语句或 PL/SQL 程序组成，它是一个可在 SQL*Plus 中执行的文件。CREATE 选项用于指定如果文件不存在，则创建一个文件，该选项也是 SAVE 命令的默认选项。REPLACE 选项用于指定如果文件不存在，则创建它，否则，用 SQL*Plus 缓存区中的内容覆盖文件中的内容。APPEND 选项则把缓存区中的内容追加到文件的末尾。

例如，保存查询职工信息的 SQL 语句到 E:\employee.sql 文件中，使用的 SAVE 命令如图 3-30 所示。

```
SQL> select empno,ename,job,sal
  2  from emp
  3  where deptno=10;

     EMPNO ENAME      JOB              SAL
---------- ---------- --------- ----------
      7782 CLARK      MANAGER         2450
      7839 KING       PRESIDENT       5000
      7934 MILLER     CLERK           1300

SQL> save e:\employee.sql
已创建 file e:\employee.sql
```

图 3-30　SAVE 命令的使用

SAVE 命令默认的保存路径为 Oracle 系统安装的主目录。最好将 SQL 文件与 Oracle 系统文件分开保存，所以应在文件名前加绝对路径。

由于 SQL*Plus 缓存区只能存放 SQL 命令，所以可以使用这种方法把 SQL 命令或 PL/SQL 块保存到指定的文件中去，而要保存 SQL*Plus 命令及其运行结果到文件中，就需要配合使用 INPUT 命令。

图 3-31 所示的示例使用 INPUT 命令将 SQL 语句和其运行结果一同保存到文件 E:\employee.sql 中，由于在 SAVE 命令中使用了 REPLACE 选项，所以新添加的内容将替换原文件的内容。

```
SQL> clear buffer
buffer 已清除
SQL> input
  1  select empno,ename,job,hiredate,sal
  2  from emp
  3  where sal>2000;

     EMPNO ENAME      JOB        HIREDATE              SAL
---------- ---------- ---------- -------------- ----------
      7566 JONES      MANAGER    02-4月 -81           2975
      7698 BLAKE      MANAGER    01-5月 -81           2850
      7782 CLARK      MANAGER    09-6月 -81           2450
      7788 SCOTT      ANALYST    19-4月 -87           3000
      7839 KING       PRESIDENT  17-11月-81           5000
      7902 FORD       ANALYST    03-12月-81           3000

已选择6行。

SQL> save e:\employee.sql replace
已写入 file e:\employee.sql
```

图 3-31　INPUT 命令的使用

在上面的示例中，通过 CLEAR BUFFER 命令清除了 SQL*Plus 缓存区中的内容。

使用 SAVE 命令可以将缓存区中的内容保存到文件，如果要把一个命令文件的内容放进缓存区，就必须使用 GET 命令。GET 命令的语法格式如下。

```
GET file_name [ .ext ] [ LIST | NOLIST ]
```

其中，file_name 为要检索的文件名，如果省略了文件的扩展名，则默认文件的扩展名为.sql。LIST 选项指定文件的内容加载到缓存区时列出该文件的内容；NOLIST 选项则不显示文件的内容。

执行 GET 命令时，将在默认的目录下检索指定文件，除非用户在文件名的前面指定该文件的存放路径；如果找到该文件，则把文件的内容加载到 SQL*Plus 缓存区中，并显示该文件的内容。例如，图 3-32 所示的语句为清除缓存区中的内容，并通过 GET 命令将文件 E:\employee.sql 中的内容加载到缓存区。

```
SQL> clear buffer
buffer 已清除
SQL> get e:\employee.sql
  1  select empno,ename,job,hiredate,sal
  2  from emp
  3* where sal>2000
SQL> /

     EMPNO ENAME      JOB        HIREDATE              SAL
---------- ---------- ---------- -------------- ----------
      7566 JONES      MANAGER    02-4月 -81           2975
      7698 BLAKE      MANAGER    01-5月 -81           2850
      7782 CLARK      MANAGER    09-6月 -81           2450
      7788 SCOTT      ANALYST    19-4月 -87           3000
      7839 KING       PRESIDENT  17-11月-81           5000
      7902 FORD       ANALYST    03-12月-81           3000

已选择6行。
```

图 3-32　GET 命令的使用

获取指定文件的内容后，就可对缓存区中的命令作进一步的编辑。如果该命令只包含 SQL 命令，也可以使用运行命令“/”执行缓存区中的语句。

3.6　数据库的创建

本章在介绍 Oracle Database 11g 数据库的安装时，已经通过“创建数据库”选项创建了一个数据库 myorcl。如果在安装 Oracle 时没有创建数据库，或者需要另外创建新的数据库，也可以通过数据库配置助手（DBCA，Database Configuration Assistant）图形化界面工具创建数据库。

DBCA 是一个操作简单、灵活且强大的 GUI（Graphics User Interface）环境。安装 Oracle 数据库软件后，可以使用 DBCA 来创建和配置数据库。DBCA 能够按步骤引导用户完成创建新数据库、更改现有数据库的配置或删除数据库。通过 DBCA 选择数据库选项后，许多通常需要手动执行的数据库创建任务会自动执行。使用 DBCA 可以从预定义的数据库模板列表中进行选择，也可以使用现有数据库作为创建模板的样本。

使用 DBCA 图形化界面工具创建数据库的步骤如下。

（1）从 Windows 桌面选择“开始”→“程序”→“Oracle-<ORACLE_HOME_NAME>”→“配置和移置工具”→“Database Configuration Assistant”命令，打开 Database Configuration Assistant 的欢迎使用对话框，如图 3-33 所示。

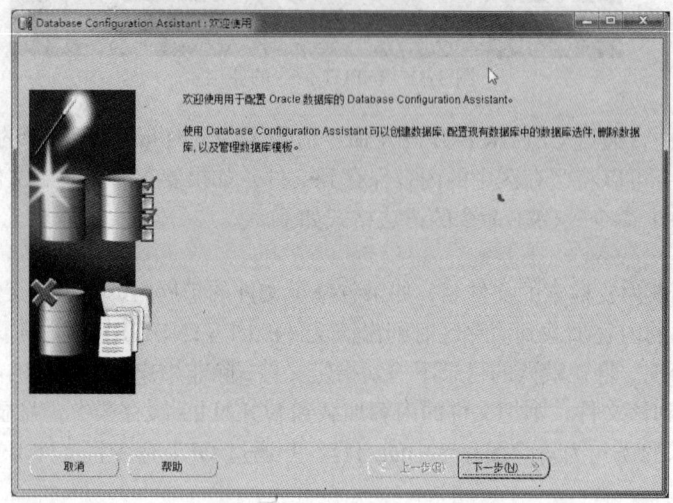

图 3-33 “欢迎使用”对话框

（2）单击“下一步”按钮，进入“步骤 1：操作”对话框，并选择“创建数据库”，如图 3-34 所示。

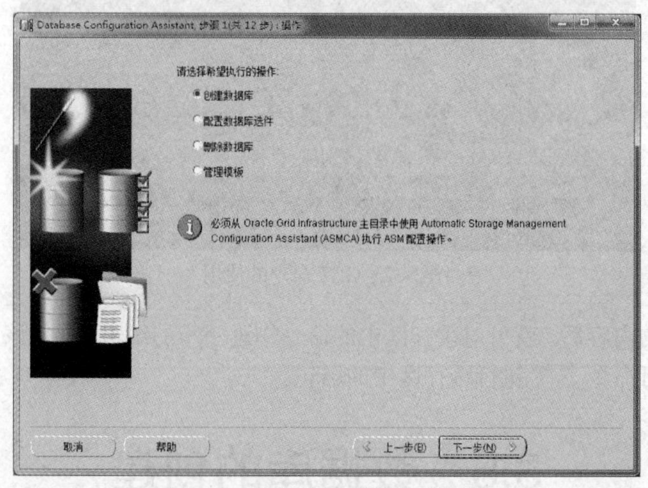

图 3-34 “步骤 1：操作”对话框

在“步骤 1：操作”对话框中共有 4 个选项，其中，“创建数据库”用于创建一个新的数据库；“配置数据库选件”用于对已存在的数据库进行配置；“删除数据库”用于删除某个数据库；“管理模板”用于创建或删除数据库模板。

（3）单击“下一步”按钮，进入“步骤 2：数据库模板”对话框，如图 3-35 所示。

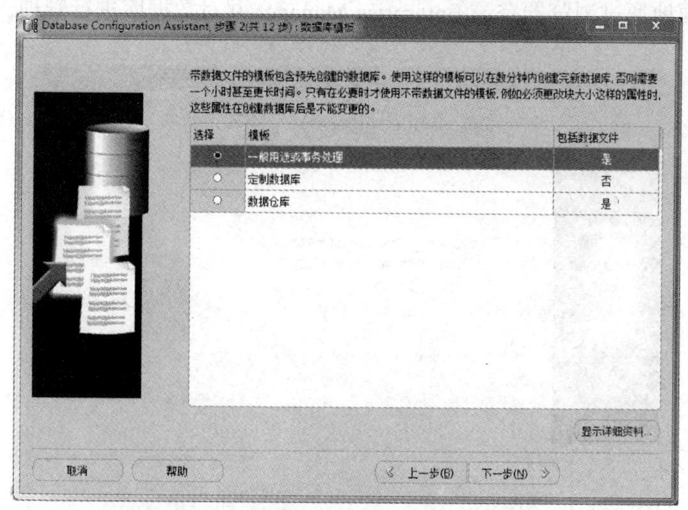

图 3-35　“步骤 2：数据库模板”对话框

（4）启用“一般用途或事务处理”选项，单击“下一步”按钮，进入“步骤 3：数据库标识”对话框，需要用户输入全局数据库名和 SID，此处输入全局数据库名 orcl，而数据库实例名（SID）默认与全局数据库名相同，也为 orcl，如图 3-36 所示。

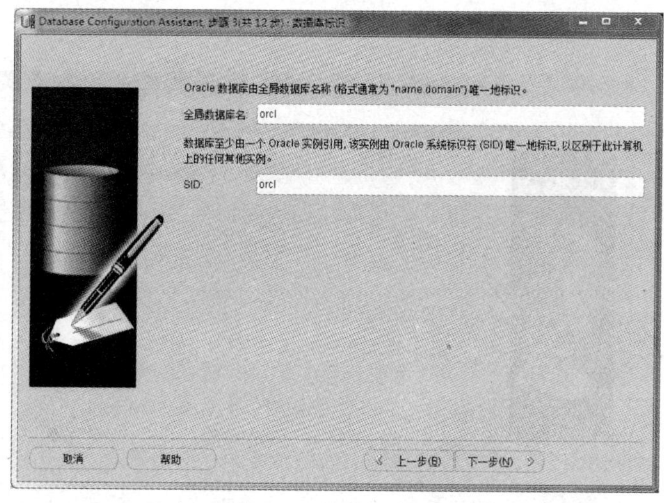

图 3-36　“步骤 3：数据库标识”对话框

全局数据库名是将数据库与任何其他数据库唯一标识出来的数据库全称。全局数据库名的格式为<database_name>.<database_domain>。例如，orcl.ustb.edu.cn 是一个典型的全局数据库名。数据库名部分（如 orcl）是数据库的简单名称，数据库域部分（如 ustb.edu.cn）指定数据库所在的域，它通常和企业内的网络域相同。

SID（System Identifier，系统标识符）用来标识 Oracle 数据库的特定实例。对于任何一个数据库，都至少有一个引用数据库的实例。SID 可以是未被此计算机上其他实例使用的任何名称，是 Oracle 数据库实例的唯一标识符，每个数据库实例对应一个 SID 和一系列数据库文件。例如，当创建 SID 为×××的数据库时，将同时创建数据库实例及其数据库文件（初始化参数文件、控制文件、重做日志文件和数据文件）。

（5）单击“下一步”按钮，进入“步骤 4：管理选项”对话框，选择“配置 Enterprise Manager”，即可使得 DBA 方便地通过浏览器登录 Enterprise Manager 并对数据库进行管理，如图 3-37 所示。

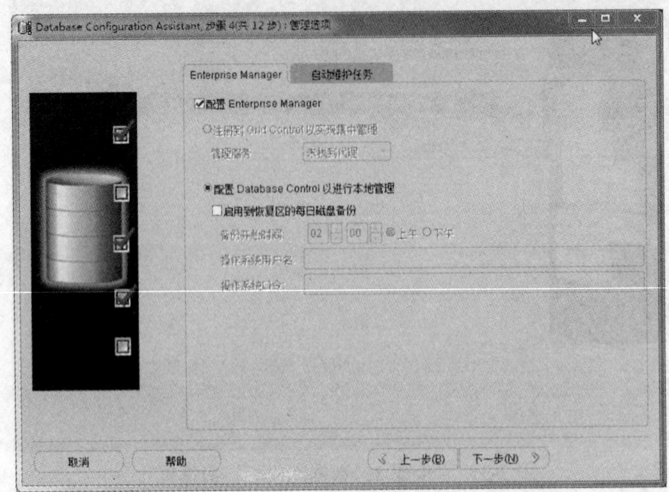

图 3-37 “步骤 4：管理选项”对话框

（6）单击“下一步”按钮，进入“步骤 5：数据库身份证明”对话框，如图 3-38 所示。该对话框用于设置 Oracle 预定义账户的口令。选择“所有账户使用同一管理口令”，并输入口令 ustb2012。

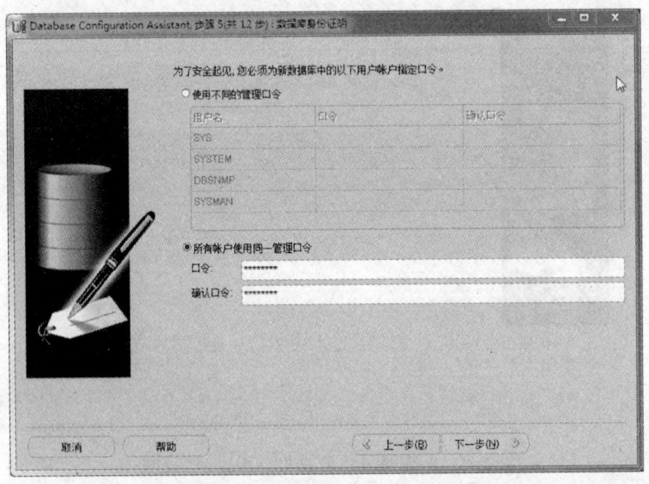

图 3-38 “步骤 5：数据库身份证明”对话框

（7）单击“下一步”按钮，进入“步骤 6：数据库文件所在位置”对话框，在该对话框中设置数据库文件的存储位置，如图 3-39 所示。

（8）设置好存储位置后，单击“下一步”按钮，进入“步骤 7：恢复配置”对话框，如图 3-40 所示。恢复选项有两种，其中，“指定快速恢复区”用于为数据库配置数据恢复区，以免系统发生故障时丢失数据；“启用归档”用于将数据库运行模式设置为归档模式，在归档模式下，数据库将会对日志文件进行归档。

（9）采用默认设置，单击“下一步”按钮，进入“步骤 8：数据库内容”对话框，该界面中可以对示例方案及定制脚本进行配置，如图 3-41 所示。

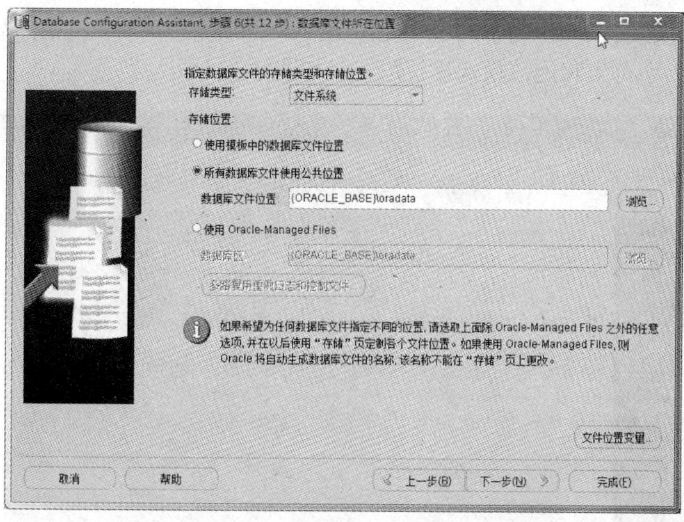

图 3-39　“步骤 6：数据库文件所在位置”对话框

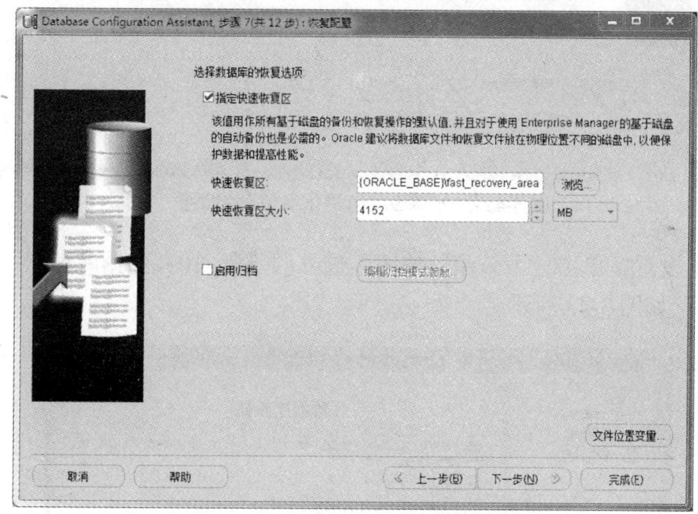

图 3-40　“步骤 7：恢复配置”对话框

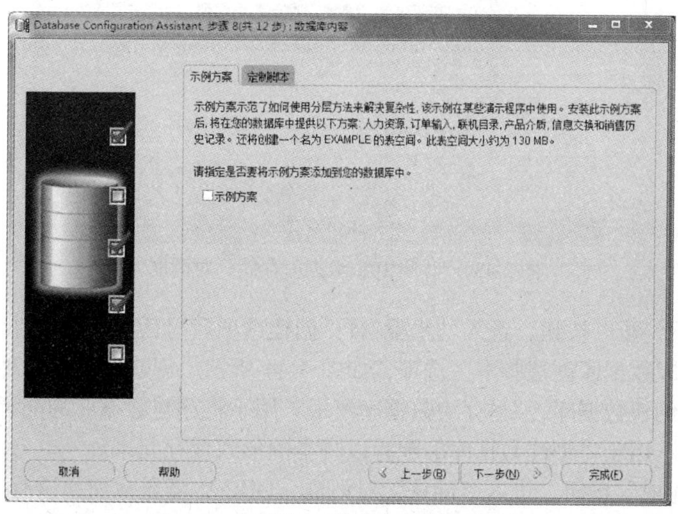

图 3-41　“步骤 8：数据库内容”对话框

（10）采用默认设置，单击“下一步”按钮，进入“步骤 9：初始化参数”对话框，该界面中可以对内存、大小、字符集和连接模式进行配置，如图 3-42 所示。

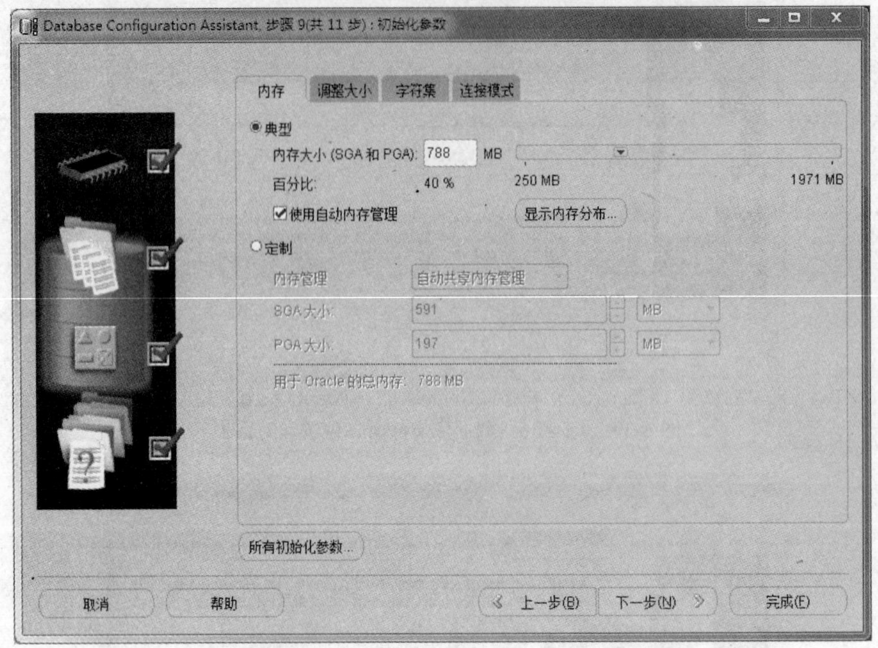

图 3-42 “步骤 9：初始化参数”对话框

（11）采用默认设置，单击“下一步”按钮，进入“步骤 10：数据库存储”对话框，在该界面中采用默认设置，如图 3-43 所示。

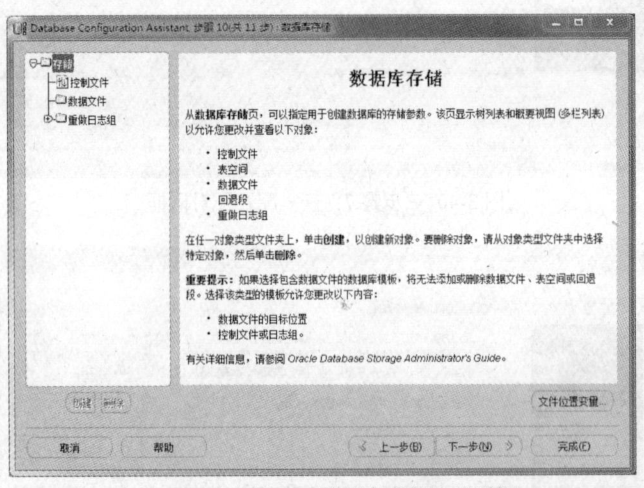

图 3-43 “步骤 10：数据库存储”对话框

（12）单击“下一步”按钮，进入“步骤 11：创建选项”对话框，在该界面中选择“创建数据库”选项和“生成数据库创建脚本”选项，如图 3-44 所示。创建选项有 3 种，其中，“创建数据库”用于按配置创建数据库；“另存为数据库模板”用于将创建数据库的配置另存为模板；“生成数据库创建脚本”用于将创建数据库的配置以脚本的形式保存起来。

（13）单击“完成”按钮，进入“确认”对话框，DBCA 将显示前面所有的配置选项，以方便用户进行确认，如图 3-45 所示。

图 3-44　“步骤 11：创建选项”对话框

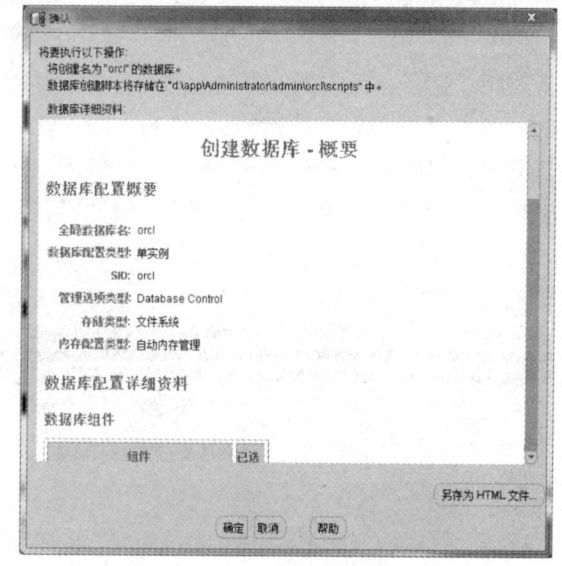

图 3-45　“确认”对话框

（14）在弹出的“确认”对话框中单击“确定”按钮，即可开始新数据库的创建，如图 3-46 所示。

创建数据库结束后，自动弹出数据库创建完成对话框，如图 3-47 所示。

要记住图 3–47 中的有关信息，如 Database Control URL 等。

单击“口令管理”按钮，出现“口令管理”对话框，如图 3-48 所示。

在图 3-48 中，可以给账户解除锁定，设置新口令。为了安全起见，在此应该更改默认 DBA 账户（如 SYS、SYSTEM）的口令，并且锁定所有暂时不需要的默认账户。

单击“确定”按钮，即可返回数据库创建完成对话框。

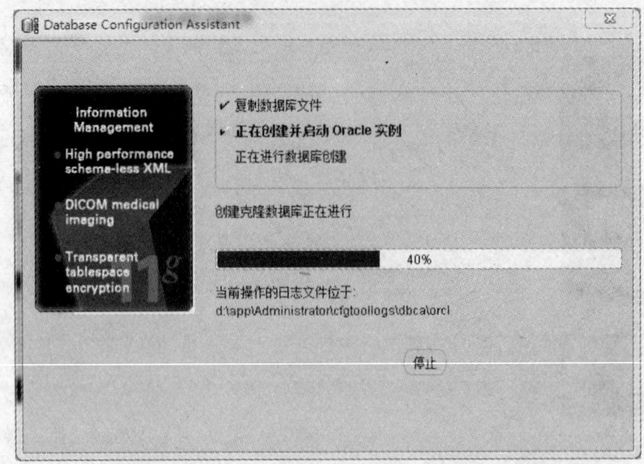

图 3-46　新数据库的创建过程

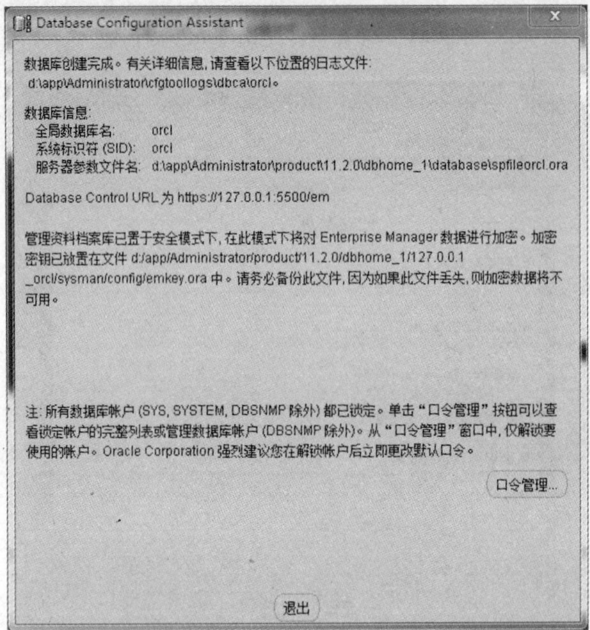

图 3-47　数据库创建完成对话框

图 3-48　"口令管理"对话框

（15）在数据库创建完成对话框中，单击“退出”按钮，退出 DBCA。至此，DBCA 创建数据库的操作就结束了。

本章知识点小结

本章首先介绍了 Oracle 11g 数据库系统的作用以及安装和卸载 Oracle 11g 数据库的过程。其次，详细讲述了 SQL*Plus 的运行环境以及相应的 SQL*Plus 命令，接着叙述了格式化查询结果的方法、变量的使用以及利用 SQL*Plus 缓存区保存和读取文件的方法。最后，介绍了使用 DBCA 创建 Oracle 数据库的过程。对数据库的安装和卸载过程读者最好通过实践掌握，对常用的 SQL*Plus 命令要熟练掌握，其他的 SQL*Plus 可以在今后运用过程中逐渐掌握。

习　题

1. 简述 Oracle 11g 的安装过程和需要注意的问题。
2. 如何使用 SQL*Plus 帮助命令获知某命令的解释信息?
3. 如何设置 SQL*Plus 的运行环境?
4. 如何为 SQL*Plus 设置缓存区?

第 4 章 SQL 基础

SQL（Structured Query Language，结构化查询语言）是关系数据库的标准语言，功能强大、易学易用。SQL 的结构化是指 SQL 利用结构化的语句（STATEMENT）和子句（CLAUSE）来使用和管理数据库，语句是 Oracle 中可以执行的最小单位，语句可以由多个子句组成，如“SELECT”子句，“FROM”子句；SQL 主要用来查询数据库信息，广义的查询还包括创建数据库、给用户指派权限等功能；SQL 是在对应的服务器提供的解释或编译环境下运行的，因此不能脱离运行环境独立运行。例如，操作 Oracle 数据库的 PL/SQL 语言就不能脱离 Oracle 环境运行。SQL 不仅具有丰富的查询功能，还具有数据定义和数据控制功能，是集数据定义语言（DDL）、数据查询语言（DQL）、数据操纵语言（DML）、数据控制语言（DCL）于一体的关系数据语言。

SQL 功能强大，但完成核心功能只需 9 个动词，见表 4-1。

表 4-1　SQL 的动词

SQL 功能	动 词
数据定义	CREATE、DROP、ALTER
数据查询	SELECT
数据操纵	INSERT、UPDATE、DELETE
数据控制	GRANT、REVOKE

【本章要点】

本章将主要介绍 SQL 的基础知识。SQL 是数据库操作的国际标准语言，也是所有的数据库产品均要支持的语言。本章对 SQL 语言的语法进行详细的叙述，对常用的 SQL 语句进行详解，包括 DDL、DQL、DML、DCL 和视图，并配有大量的实例。

- SQL 支持的数据库三级模式结构
- CREATE、DROP、ALTER 数据定义语句
- Oracle 11g 支持的数据类型
- SELECT 查询语句
- INSERT、UPDATE、DELETE 数据操纵语句
- 视图

4.1　SQL 的三级模式结构

人们为数据库设计了一个严谨的体系结构，数据库领域公认的标准结构是三级模式结构，它

包括外模式、模式和内模式。三级模式结构可以有效地组织、管理数据，提高了数据库的逻辑独立性和物理独立性。用户级对应外模式，概念级对应模式，物理级对应内模式，使不同层次（级别）的用户对数据库形成不同的视图。

数据库的体系结构分为三级，SQL 也支持这三级模式结构，如图 4-1 所示，其中，外模式对应视图、模式对应基本表，内模式对应存储文件。

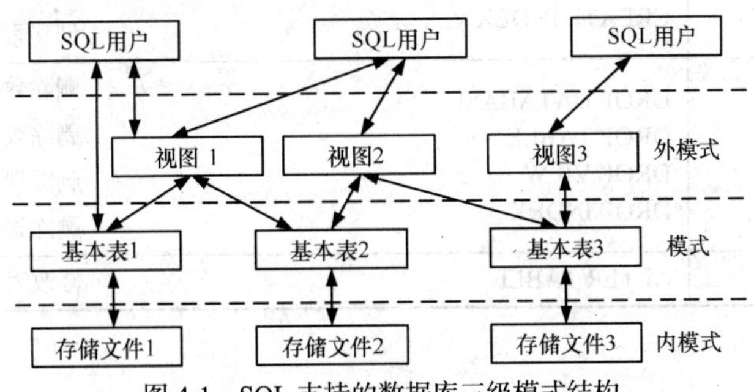

图 4-1　SQL 支持的数据库三级模式结构

1. 基本表

基本表是模式的基本内容。实际存储在数据库中的表对应一个实际存在的关系。

2. 视图

视图是外模式的基本单位，用户可以通过视图使用数据库中基于基本表的数据。所谓视图，就是指观察、认识和理解数据的范围、角度和方法，是数据库在用户“眼中”的反映。很显然，不同层次（级别）的用户所“看到”的数据库是不相同的。视图是从其他表（包括其他视图）中导出的，它仅是一种逻辑定义保存在数据字典中，本身并不独立存储在数据库中，因此视图是一种虚表。

3. 存储文件

存储模式是内模式的基本单位。一个基本表对应一个或多个存储文件，一个存储文件可以存放在一个或多个基本表中，一个基本表可以有若干个索引，索引同样存放在存储文件中。存储文件的存储结构对用户来说是透明的。

下面将介绍 SQL 的基本语句。各厂商的 DBMS 实际使用的 SQL 语言，为保持其竞争力，与标准 SQL 都有所差异及扩充。因此，本书主要围绕 Oracle 使用的 SQL 语言进行介绍。

4.2　SQL 的数据定义

SQL 的数据定义功能是针对数据库三级模式结构所对应的各种数据对象进行定义的，在标准 SQL 语言中，通过数据定义功能，可以完成数据库、基本表、视图和索引、触发器、游标、过程、程序包等数据对象的创建和修改。通过 CREATE、DROP 和 ALTER 三个核心动词完成数据定义功能，见表 4-2。

SQL 语句只要求语句的语法正确就可以了，但是语句中不能出现全角标点符号。SQL 语言不区分大小写，本书中关键字使用大写，用户定义的标识符使用小写。

4.2.1　Oracle 支持的数据类型

在 Oracle 数据库中，每个关系表都由许多字段组成，需要给每个字段指派特定的数据类型用于存储相应的数据。

表 4-2　　SQL 的数据定义语句

动　词	功　能	
CREATE	CREATE DATABASE CREATE TABLE CREATE VIEW CREATE INDEX	创建数据库 创建表 创建视图 创建索引
DROP	DROP DATABASE DROP TABLE DROP VIEW DROP INDEX	删除数据库 删除表 删除视图 删除索引
ALTER	ALTER TABLE	修改表

1. 字符类型

（1）CHAR。最多可以以固定长度的格式存储 2000 个字符或字节。默认指定为以字符形式进行存储，这个数据类型是固定长度的，并且当位数不够时，需要在其右边添加空格来补满。

（2）VARCHAR 和 VARCHAR2。最多可以以可变长度来存储 4000 字节，因此不需要空格来补充。VARCHAR2 比 VARCHAR 更适合使用，由于兼容性的原因，所以仍然在 Oracle 数据库中保留着 VARCHAR。

（3）NCHAR。NLS（National Language Support，国际语言支持）的数据类型仅可以存储由数据库 NLS 字符集定义的 Unicode 字符集。该数据类型最多可以存储 2000 字节。NCHAR 的列在位数不够时需要在右边填充空格。

（4）NVARCHAR2。NLS 的数据类型与 VARCHAR2 数据类型等价。这个数据类型最多可存储 4000 字节。

由数据库字符集来确定特定的 CHAR、VARCHAR 或者 VARCHAR2 字符类型所占的字节数。多字节字符集中的字符可以存储 1~4 字节。CHAR 或 VARCHAR2 数据类型的大小由该数据类型可以存储的字节数或字符数来决定。所有定义的存储大小都是默认以字节为单位的。如果使用多字节字符集（大部分常见的西方字符集都是以单字节为单位的，但有一个例外，就是 UTF 字符集不是以单字节为单位的），则可能需要定义以字符为单位的存储。

关于 CHAR 和 VARCHAR2 数据类型，常常会有这样一个问题：到底是用哪一个数据类型最好？下面是对这个问题的一些指导性建议。

① 通常 VARCHAR2 数据类型比 CHAR 数据类型优先使用。

② 如果数据大小是变化的，则在数据库中使用 VARCHAR2 数据类型可以节省空间。

③ 如果 VARCHAR2 数据类型字段中的数据需要频繁更新，则 VARCHAR2 数据类型列的扩展可能会导致行连接或者行迁移的发生。当最终需要使用 VARCHAR2 数据类型列规定的最大字节数时，可以考虑使用 CHAR 数据类型来代替 VARCHAR2 数据类型。

（5）LONG。LONG 类型的列存储可变长度的字符串，最多可以存储 2GB 的数据。LONG 类型的列有很多在 VARCHAR2 类型列中所具有的特征。可以使用 LONG 类型的列来存储 LONG 类型的文本字符串。LONG 数据类型的使用是为了向前兼容的需要。建议使用 LOB 数据类型来代替 LONG 类型。

2. 数值类型

（1）NUMBER。用于存储零、正数、定长负数以及浮点数。NUMBER 数据类型可以以 NUMBER(p,s)的形式来定义数字的精度和范围。其中，p 表示精度（1～38），它表示存储在字段中数字的总长度是 p 位；s 表示范围，它表示小数点后的位数。该取值范围可以从−84～127。最高整数位数 = p−s。当 p>0 时，对 s 分为如下 3 种情况。

当 s>0 时，精确到小数点右边 s 位，并四舍五入。然后检验有效数位是否≤p；如果 s>p，小数点右边至少有 s − p 个 0 填充。

当 s<0 时，精确到小数点左边 s 位，并四舍五入。然后检验有效数位是否≤p+|s|。

当 s=0 或者未指定，四舍五入到最近整数。

当 p < s 时，表示数字是绝对值小于 1 的数字，且从小数点右边开始的前 s−p 位必须是 0，保留 s 位小数。

（2）BINARY_FLOAT。该数据类型是一个基于 ANSI_IEEE745 标准的浮点数据类型。它定义了一个 32 位的双精度浮点数。这个数据类型需要 5B 的存储空间。

（3）BINARY_DOUBLE。该数据类型是一个基于 ANSI_IEEE745 标准的双精度浮点数据类型，它定义了一个 32 位的双精度浮点数。这个数据类型需要 9B 的存储空间。

3. 日期/时间类型

（1）DATE。DATE 数据类型是 Oracle 数据库中自带的一种用于存储日期和时间的方法。存储时间的精度可以达到 1/100s。不提供时区的相关信息。当 DATE 数据类型存储在数据库中的时候，这个数据类型占据 7B 的内部存储空间。这些字节分别用来存储世纪、年、月、日、小时、分和秒的详细信息。默认的显示格式为 dd-mon-yy，它表示日、月以及两位数的年，由"-"将其分离。例如默认格式为 01-FEB-01。如果要重新定义日期格式，可以在数据库参数文件中设置 NLS_DATE_FORMAT 变量。如果想要在特定系统的所有会话中使用不同的日期格式，可以设置 NLS_LANG 操作系统的环境变量，并且同时将 NLS_DATE_FORMAT 作为操作系统环境变量进行设置。需要注意的是，只有当同时设置了环境变量 NLS_LANG 时，环境变量 NLS_DATE_FORMAT 才会生效。

（2）TIMESTAMP。使用年、月、日、小时、分钟、秒域来对日期/时间提供更详细的支持。最多可以使用 9 位数字的精度来存储秒（受底层操作系统支持的限制）。这个数据类型没有时区的相关信息。

（3）TIMESTAMP WITH TIME ZONE。包含 TIMESTAMP 数据类型中的所有域，除此之外，还包含两个额外的域：timezone_hour 和 timezone_minute。这个数据类型包含支持时区的相关信息。

（4）TIMESTAMP WITH LOCAL TIME ZONE。除了在数据库中存储的时区采用标准化以外，所包含的其他域均与 TIMESTAMP 数据类型中的域相同。当选择列时，将日期/时间标准为会话的时区。

（5）INTERVAL YEAR TO MONTH。用于存储一个时间段，由月份和年组成。需要 5B 来存储。

（6）INTERVAL DAY TO SECOND。用于存储一个时间段，由日和秒组成。需要 11B 来存储。

4. 大对象

（1）RAW。用于存储 RAW 类型的二进制数据。最多可以存储 2000B。建议使用 BLOB 来代替它。

（2）LONG RAW。LONG RAW 数据类型用于存储数据库无法解释的二进制数据。这个数据类型最多能够存储 2GB 的数据并且它的存储容量是可变的。Oracle 数据库不鼓励使用 LONG RAW 数据类型，因为该数据类型已经由 BLOB 数据类型所代替了。

（3）CLOB。用于存储基于字符的大对象。

（4）NCLOB。可以使用由数据库国际字符集所定义的字符集来存储仅为 Unicode 类型的基于字符的数据。最多可以存储 4GB 的数据。

（5）BLOB。最多可以存储 4GB 数据的二进制大对象。

（6）BFILE。存储指向数据库外部文件的定位符，外部文件最大为 4GB。

5. ROWID

使用这个数据类型来存储由 ROWID 类型伪列的返回值。UROWID 为在索引组织表中表示逻辑行地址。

4.2.2 基本表的创建

一个表由两部分组成，一部分是由各列名构成的表的结构，即表结构；另一部分是具体存放的数据，称为数据记录。在创建表时，只需要定义表结构，包括表名、字段名、字段的数据类型、约束条件等。

SQL 语言使用 CREATE TABLE 语句定义基本表，其基本格式如下。

```
CREATE TABLE <表名>
(<字段名 1>   <字段数据类型>  [列完整性约束],
<字段名 2>   <字段数据类型>  [列完整性约束],
......
[表级完整性约束]);
```

（1）“<>”中的内容是必选项，“[ ]”中的内容是可选项。本书以下各章节也遵循这个约定。

（2）<表名>。表名是代表这个数据库对象的名称，对表名的要求是必须以字母开头，长度为 1～30 个字符，而且只能包含 A～Z、a～z、0～9、_、$和#等字符，不能使用 Oracle 的保留字，在同一个用户模式中不允许有两个表同名。

（3）<字段名>。规定了该列（属性）的名称。一个表中不能有两列同名。

（4）<字段数据类型>。规定了该字段的数据类型，可以是系统预定义的类型，也可以是用户自定义类型，参见 4.2.1 小节所列出的系统预定义的数据类型。

（5）[列完整性约束]。指对某一字段设置的约束条件。该字段上的数据必须满足该约束。约束是加在表上的一种强制性的规则，是保证数据完整性的一种重要手段。当向表中插入数据或修改表中的数据时，必须满足约束所规定的条件。最常见的有如下 6 种约束。

① 主键约束。PRIMARY KEY。主键用来唯一地标识表中的一行数据，它规定在主键列上的数据不能重复，并且不能为空。每个设计合理的表都应该有一个主键。主键可以是一个字段，也可以是多个字段的组合。如果在某个字段上指定了主键约束，那么就不需要在该字段上再指定 NOT NULL 约束和 UNIQUE 约束了。

② 默认值约束。DEFAULT<常量表达式>。

③ 唯一性约束。UNIQUE，该约束规定一个字段上的数据必须唯一，不能有重复值，但是允许为空值。当在某个字段上指定了 UNIQUE 约束时，在该字段上将自动生成一个唯一性索引。

④ 外键约束。REFERENCES <父表名>(<主键>)。外键用来与另一个表建立关联关系。

⑤ 检查约束。CHECK(<逻辑表达式>)，是一个关系表达式，它规定了一个字段必须满足的条件，用于对该字段的取值做限制。

⑥ 非空/空值约束。NOT NULL/ NULL，表明该字段值是否可以为空，默认为空值。

（6）[表级完整性约束]。应用到多个字段的完整性约束条件。规定了关系主键、外键和用户自定义完整性约束。一般有如下 4 种。

① 主键约束。PRIMARY KEY(字段名,……)。

② 外键约束。FOREIGN KEY (字段名) REFERENCES<父表名>(参照主键)。

③ 单值约束（唯一性约束）。UNIQUE(字段名,……)。

④ 检查约束。CHECK(<逻辑表达式>)。

列完整性约束与表级完整性约束基本上相同，但在写法上有一些差别，表级完整性约束可以一次涉及多列。

【例 4.1】 建立学生信息表 student，由学号 sno、姓名 sname、性别 sex、出生日期 birthday 和籍贯 address 共 5 个字段组成，其中学号作为主键，姓名值不能为空，性别的默认值为"男"。表级约束的 SQL 语句如下。

```
SQL>CREATE TABLE student(
     sno NUMBER(8) NOT NULL,
     sname VARCHAR2(64) NOT NULL,
     sex CHAR(4) DEFAULT '男',
     birthday DATE,
     address VARCHAR2(256),
 CONSTRAINT [PK_student] PRIMARY KEY (sno),
 CONSTRAINT [gen_check] CHECK(sex in ('男','女'));
```

列级约束的 SQL 语句如下。

```
SQL>CREATE TABLE student(
     sno NUMBER(8) PRIMARY KEY,
     sname VARCHAR2(64) NOT NULL,
     sex CHAR(4) DEFAULT '男',
     birthday DATE,
     address VARCHAR2(256),
CONSTRAINT [gen_check] CHECK(sex in ('男','女'));
```

在创建表时，可以通过 DEFAULT 关键字为字段指定一个默认值，这样，当用 INSERT 语句插入一行时，如果没有为该字段指定值，就以默认值填充，而不是插入空值。

如果要验证表的结构是否与期望的结果一致，可以在表创建之后通过 DESC 命令查看表的结构。这个命令只能列出表中各字段的字段名、数据类型以及是否为空等属性。

在创建表时，还可以以另一个表为模板确定当前表的结构。一般情况下，可以从一个表复制它的结构，从而快速创建一个表。复制表的结构是通过子查询来实现的，即在 CREATE 语句中可以嵌套 SELECT 语句。这时的 CREATE 语句格式如下。

```
CREATE TABLE <表名> AS SELECT 语句;
```

CREATE 语句将根据 SELECT 子句中指定的列，确定当前表的结构，然后将子查询返回的数据插入当前表中，这样，在创建表的同时即向表中插入了若干行。

实际上，在 Oracle 中创建表的语句是非常复杂的，在表上可以定义约束，可以指定存储参数等属性。在 Oracle 中创建表的完整的语法如下。

```
CREATE TABLE [模式名.]<表名>(<字段名> <字段数据类型>[,字段名 字段数据类型]…)
     [TABLESPACE 表空间名]
     [PCTFREE]
     [PCTUSED]
     [INITRANS]
     [MAXTRANS]
     [STORAGE CLAUSE]
     [LOGGING| NOLOGGING]
     [CACHE | NOCACHE];
```

其中，模式（Schema）指的是一个用户所拥有的所有数据库对象的逻辑集合。在创建一个新用户时，同时创建了一个同名的模式，这个用户创建的所有数据库对象都位于这个模式中。用户在自己的模式中创建表，需要具有 CREATE TABLE 系统权限，如果需要在其他的模式中创建表，则需要具有 CREATE ANY TABLE 权限。在访问其他用户的数据库对象时，要指定对方的模式名称，例如，通过scott.emp引用scott用户的emp表。TABLESPACE是表所属的表空间。如果创建表时没有指定表所处的表空间，则表将使用当前用户的默认表空间。PCTFREE参数用于指定Oracle块所预留的最小空闲空间的百分比。PCTUSED参数用于指定当Oracle块中的空闲空间小于PCTFREE参数后，Oracle块能够被再次允许接收新插入的数据前，已占用的存储空间必须低于的比例值。INITRANS和MAXTRANS参数用于指定同一个块所允许的初始并发事务数（INITRANS）和最大并发事务数（MAXTRANS）。STORAGE CLAUSE包括对区的参数设置；LOGGING和NOLOGGING表示是否日志文件。CACHE和NOCACHE用于确定表数据是否缓冲。这些参数是Oracle所特有的，具体将在后面介绍。

4.2.3 基本表的修改与删除

1. 基本表的修改

在数据库的实际应用中，随着应用环境和需求的变化，经常要修改基本表的结构，包括修改属性列的类型精度、增加新的属性列或删除属性列、增加新的约束条件或删除原有的约束条件。SQL通过ALTER TABLE命令对基本表进行修改。其一般格式如下。

```
ALTER TABLE <表名>
[ADD <新字段名> <字段数据类型> [列完整性约束]]
[DROP COLUMN <字段名>]
[MODIFY <字段名> <新的数据类型>]
[ADD CONSTRAINT <表级完整性约束>]
[DROP CONSTRAINT <表级完整性约束>];
```

（1）ADD。为一个基本表增加新字段，但新字段的值必须允许为空（除非有默认值）。

（2）DROP COLUMN。删除表中原有的一个字段。

（3）MODIFY。修改表中原有字段的数据类型。通常，当该字段上有列完整性约束时，不能修改该字段。

（4）ADD CONSTRAINT和DROP CONSTRAINT分别表示添加表级完整性约束和删除表级完整性约束。增加新的约束条件的语法如下。

```
ALTER TABLE <基本表名> ADD CONSTRAINT 约束名 约束类型 具体的约束说明;
```

其中，约束名的命名规则推荐采用“约束类型_约束字段”，例如，主键（Primary Key）约束，如PK_id；唯一（Unique Key）约束，如UQ_name；默认值（Default Key）约束，如DF_address；检查（Check Key）约束，如CK_birthday；外键(Foreign Key)约束，如FK_specNo。

如果错误地添加了约束，则可以删除约束。删除约束的语法如下。

```
ALTER TABLE <基本表名> DROP CONSTRAINT 约束名;
```

如果要在表中增加一个字段，通过ADD子句指定一个字段的定义，至少要包括字段名和字段的数据类型。增加列的语法结构如下。

```
ALTER TABLE <表名> ADD <新字段名> <字段数据类型> [列完整性约束];
```

【例4.2】 向student表增加专业编号“specNo”字段，其数据类型为CHAR型，长度为5；增加身份证号idCard，其数据类型为CHAR型，长度为18。

```
SQL>ALTER TABLE student ADD specNo CHAR(5);
SQL>ALTER TABLE student ADD idCard CHAR(18);
```

需要注意的是，如果一个表中已经有数据，这时增加一个字段时，不能将该字段约束为“非空（NOT NULL）”，因为不能一方面要求该列必须有数据，而另一方面又无法在增加字段的同时向该列插入数据。一种好的解决办法是为该列指定默认值，这样，在增加一个非空列的同时，即为这个列填充了指定的默认值。

如果要修改表中一个字段的定义，可以使用 ALTER 语句的 MODIFY 子句。通过 MODIFY 子句可以修改字段的长度、非空等属性。使用了 MODIFY 子句的 ALTER 语句格式如下。

```
ALTER TABLE <表名> [MODIFY <字段名> <新的数据类型>];
```

【例 4.3】 将 student 表中性别“sex”字段的数据类型改为 CHAR 型，长度为 2。

```
SQL>ALTER TABLE student MODIFY sex CHAR(2);
```

需要注意的是，如果表中目前没有数据，那么可以将一个字段的长度增加或减小，也可以将一个字段指定为非空。如果表中已经有数据，那么只能增加字段的长度，如果该列有空值，则不能将该字段指定为非空。

利用 ALTER 语句还可以从表中删除一个字段。用来完成这个操作的子句是 DROP。用于删除字段的 ALTER 语句格式如下。

```
ALTER TABLE <基本表名> DROP COLUMN <字段名>;
```

【例 4.4】 删除 student 表中出生日期字段。

```
SQL>ALTER TABLE student DROP COLUMN birthday;
```

删除一个字段时，这个字段将从表的结构中消失，这个列的所有数据也将从表中被删除。原则上可以删除任何字段，但是一个字段如果作为表的主键，而且另一个表已经通过外键在两个表之间建立了关联关系，这样的字段是不能被删除的。

【例 4.5】 在 student 表中的学生姓名字段增加一个表级唯一性约束 UQ_sname，地址字段增加默认值约束 DF_address，如果地址不填，默认为“地址不详”。

```
SQL>ALTER TABLE student ADD CONSTRAINT UQ_sname UNIQUE(sname);
SQL>ALTER TABLE student ADD CONSTRAINT DF_address DEFAULT ('地址不详') FOR address;
```

【例 4.6】 删除例 4.5 中增加的表级唯一性约束 UQ_sname。

```
SQL>ALTER TABLE student DROP CONSTRAINT UQ_sname;
```

如果要删除一个主键约束，首先要考虑这个主键列是否已经被另一个表的外键列关联，如果没有关联，那么这个主键约束可以被直接删除，否则不能直接删除。要删除主键约束，必须使用 CASCADE 关键字，连同与之关联的外键约束一起删除。删除主键的 ALTER 命令语法格式如下。

```
ALTER TABLE <表名> DROP CONSTRAINT <主键约束名> CASCADE;
```

【例 4.7】删除 student 表的主键约束 PK_student。

```
SQL> ALTER TABLE student DROP CONSTRAINT PK_student CASCADE;
```

2. 基本表的删除

除了 CREATE 和 ALTER 两条主要的命令外，DDL 还包括 DROP、RENAME 和 TRUNCATE 等几条命令。其中 DROP 命令的功能是删除一个对象，通过该命令几乎可以删除任何类型的数据库对象。用来删除表的 DROP 命令的格式如下。

```
DROP TABLE <表名>;
```

【例 4.8】 删除 student 表。

```
SQL>DROP TABLE student;
```

数据库对象删除后，它的有关信息就从相关的数据字典中删除了。

4.3 SQL 数据查询

SQL 数据查询是 SQL 语言中最重要、最丰富、也是最灵活的内容。建立数据库的目的主要是为了查询数据。关系代数的运算在关系数据库中主要由 SQL 数据查询来体现。SQL 语言提供

SELECT 语句进行数据库的查询，虽然只有一条语句，但是由于它有灵活多样的形式，以及功能强大的子句，因此可以组成各种复杂的查询语句，能够完成各种复杂的查询，如单表查询、多表查询、统计、分组、排序等功能。其基本格式如下。

```
SELECT <字段名或表达式 A1>,<字段名或表达式 A2>,…,< 字段名或表达式 An>
FROM <表名或视图名 R1>,<表名或视图名 R2>,…<表名或视图名 Rm>
WHERE  P;
```

查询基本结构包括了 3 个子句：SELECT、FROM、WHERE。

（1）SELECT 子句。对应关系代数中的投影运算，用于列出查询结果的各属性。

（2）FROM 子句。对应关系代数中的广义笛卡尔乘积，用于列出被查询的关系：基本表或视图。

（3）WHERE 子句。对应关系代数中的选择谓词，这些谓词涉及 FROM 子句中的关系的属性，用于指出连接、选择等运算要满足的查询条件。

SQL 数据查询的基本结构如下。

```
SELECTA1, A2,…, An FROM R1, R2, …, Rm WHERE P
```

在关系代数中等价于

$\pi_{A1,A2,\cdots An}(\sigma_P(R_1 \times R_2 \times \cdots \times R_m))$

其运算的过程是首先构造 FROM 子句中的关系的广义笛卡尔乘积，然后根据 WHERE 子句中的谓词进行关系代数中的选择运算，最后把结果投影到 SELECT 子句中的属性上。

另外，SQL 数据查询除了 3 个子句，还有 ORDER BY 子句和 GROUP BY 子句，以及 DISTINCT、HAVING 等短语。

SQL 数据查询的一般格式如下。

```
SELECT [ALL | DISTINCT] <字段名或表达式> [别名 1] [,<字段名或表达式> [别名 2]]…
FROM <表名或视图名> [表别名 1] [,<表名或视图名> [表别名 2]]…
[WHERE <条件表达式>]
[GROUP BY <字段名>[, <字段名>…][HAVING <条件表达式>]]
[ORDER BY <字段名> [ASC|DESC] [, <字段名> [ASC|DESC]…]
```

（1）ALL | DISTINCT。选 DISTINCT，则每组重复元组只输出一条元组；选 ALL，则所有重复元组全部输出，默认为 ALL。

（2）GROUP BY <字段名>[,<字段名>…]。根据列名分组，由 HAVING <条件表达式>对组进行筛选，实现分类汇总查询。

（3）ORDERBY <字段名> [ASC|DESC][,<字段名> [ASC|DESC]…。指定将查询结果按<字段名>中指定的列进行升序（ASC）或降序（DESC）排列，对第一指定列值相同的元组再按第二指定列排序，以此类推。

一般格式的含义是从 FROM 子句指定的关系（基本表或视图）中，取出满足 WHERE 子句条件的元组，最后按 SELECT 的查询项形成结果表。若有 ORDER BY 子句，则结果按指定的字段的次序排列。若有 GROUP BY 子句，则将指定的字段中相同值的元组都分在一组，并且若有 HAVING 子句，则将在分组结果中去掉不满足 HAVING 条件的元组。

SELECT 语句涉及的内容较多，可以组合成非常复杂的查询语句。对于初学者来说，想要熟练地掌握和运用 SELECT 语句必须要下一番工夫。下面将以安装 Oracle 时自带的示例数据库为例，通过大量的例子来介绍 SELECT 语句的功能。Oracle 的 scott 模式可以提供一些示例表和数据，该模式演示了一个很简单的公司人力资源管理。通过连接到 scott 模式，并查询数据字典视图 USER_TABLES 可以获知该模式所包含的表。例如，下面的语句显示了 scott 模式拥有的 4 个表。

```
SQL>CONNECT scott/ustb2012;
SQL>SELECT table_name FROM USER_TABLES;
```

这条命令的执行结果如下。

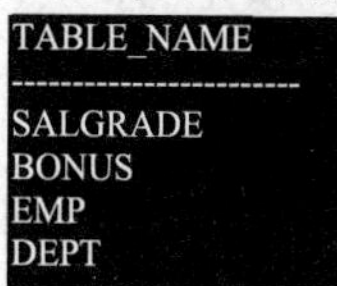

```
TABLE_NAME
----------------------
SALGRADE
BONUS
EMP
DEPT
```

SELECT 查询语句将使用其中 3 个表：dept、emp、salgrade。下面分别介绍这 3 个表的结构，以方便大家理解后面的查询语句。

部门信息的表结构如下。

```
SQL> desc dept;
```

```
名称          是否为空?       类型
----------------------------------------------
DEPTNO        NOT NULL        NUMBER(2)
DNAME                         VARCHAR2(10)
LOC                           VARCHAR2(10)
```

这 3 个字段的含义分别是部门编号、部门名称和部门所在地址。

员工信息的表结构如下。

```
SQL> desc emp;
```

```
名称          是否为空?       类型
----------------------------------------------
EMPNO         NOT NULL        NUMBER(4)
ENAME                         VARCHAR2(10)
JOB                           VARCHAR2(9)
MGR                           NUMBER(4)
HIREDATE                      DATE
SAL                           NUMBER(7, 2)
COMM                          NUMBER(7, 2)
DEPTNO                        NUMBER(2))
```

这 8 个字段的含义分别是部门员工编号、员工姓名、工作、上级领导编号、雇佣日期、工资、奖金、所在部门编号。

工资级别的表结构如下。

```
SQL> desc salgrade;
```

```
名称          是否为空?       类型
----------------------------------------------
GRADE                         NUMBER(2)
LOSAL                         NUMBER(7, 2)
HISAL                         NUMBER(7, 2)
```

这 3 个字段的含义分别是级别编号、工资下限和工资上限。

4.3.1　单表无条件查询

单表无条件查询是指只含有 SELECT 子句和 FROM 子句的查询，且 FROM 子句仅涉及一个表。由于这种查询不包含查询条件，所以它不会对所查询的关系进行水平分割，适合于记录很少的查询。最简单的 SELECT 语句只有一个 FROM 子句，格式如下。

```
SELECT 字段名 1,字段名 2…FROM <表名或视图名>
```

查询的结果是从指定的表中将指定字段的数据显示出来。例如，要查询 dept 表中的 deptno 和 loc 列，对应的 SELECT 语句如下。

```
SQL> SELECT deptno, loc FROM dept;
```

如果要查询表中所有的列，可以用“*”符号代替所有的列名，如下。

```
SQL> SELECT * FROM dept;
```

如果不了解表的结构，可以在 SQL*Plus 中执行命令 DESCRIBE（简写为 DESC），查看表的结构。这个命令的参数是表名，或者其他模式对象名。注意，这条命令不是 SQL 命令，而是 SQL*Plus 中的命令。

默认情况下，在显示数据时，各列的标题就是字段的名称。在 SELECT 语句中可以定义列的别名，这样，在显示数据时，列的标题就是这个别名，在整个 SQL 语句中都可以使用这个别名。使用别名的 SELECT 语句格式如下。

```
SELECT 字段名 1 AS 别名 1,字段名 2 AS 别名 2…FROM <表名或视图名>
```

或者在列名后直接指定别名，省略 AS 关键字，如下。

```
SQL> SELECT deptno AS 部门编号,loc 地址 FROM dept;
```

这条命令的执行结果如下。

```
部门编号    地址
--------------------
10          NEW YORK
20          DALLAS
30          CHICAGO
40          BOSTON
```

在查询结果中如果有重复行，可以使用 DISTINCT 关键字去掉重复行的显示。重复行是指在 SELECT 语句中涉及的所有列的列值完全相同的行。例如，要查询员工所分布的部门，可以用 DISTINCT 关键字去掉其中的重复行，语句如下。

```
SQL> SELECT DISTINCT deptno AS 部门编号 FROM emp;
```

实际上，多名员工在同一部门上班的情况是存在的，但是这条命令执行的结果去掉了重复的部门编号的显示。命令执行的结果如下。

```
部门编号
--------------------
10
20
30
```

SELECT 语句不仅可以进行简单的查询，还可以对查询的列进行简单的计算，也可以在两个列之间进行计算，或者将某个列与其他表达式，或者两个表达式进行计算。在 SELECT 语句可以使用的运算符见表 4-3。

表 4-3　查询语句中可以使用的运算符

运　算　符	意　义
−	取相反数
* /	乘法和除法
+ −	加法、减法
||	字符串连接

使用||运算符可以将两个数据连接起来。无论是数字型还是日期型数据，在进行这种运算时，都可以看作是字符型数据。通过||运算符，用户可以设计自己喜欢的数据显示方式，如将两个列的值连接起来，也可以将列的值与其他文字连接起来。连接以后所得的数据可以当作一个列来显示。例如，可以将 dept 表中的 deptno 和 loc 列以及其他文字连接起来，相应的 SELECT 语句如下。

```
SQL> SELECT '部门'||deptno||'的地址为：'||loc AS 部门地址 FROM dept;
```

这条语句的执行结果如下。

```
部门地址
--------------------
部门 10 的地址为：NEW YORK
部门 20 的地址为：DALLAS
部门 30 的地址为：CHICAGO
部门 40 的地址为：BOSTON
```

如果在 SQL 语句中使用了字符串，必须用一对单引号将字符串限定，并且字符串中的字符是大小写敏感的。

加减乘除四则运算在 SELECT 语句中比较简单，需要注意的是空值的计算。空值与其他数据进行四则运算时，结果将得到空值，而不管它与什么样的数据运算。例如，要在 emp 表中查询员工的工资与奖金之和，由于部分员工的奖金为空，致使查询的结果与我们希望的结果不符。查询语句如下。

```
SQL> SELECT sal+comm AS 总收入 FROM emp;
```

这条语句的执行结果如下。

```
总收入
--------------------
1900
1750
......
已选择 12 行。
```

在 emp 表中共有 12 名员工，每名员工都有工资。如果奖金为空，对应的计算结果就为空。

空值与 0 或者空格是不同的。空值就是没有数据，而 0 或者空格是实实在在的数据，就像考试没有成绩和得了 0 分是不一样的。为了解决空值的计算问题，SQL 提供了一个函数，这个函数是 NVL，它的功能是把空值转换为其他可以参加运算的数据。这个函数的调用格式如下。

```
NVL(表达式，替代值)
```

当表达式的结果为空时，这个函数就把表达式的值用指定的值代替。有了这个函数，我们就可以在奖金为空时把它用 0 或者其他数据代替。改进后的查询工资和奖金之和的语句如下。

```
SQL> SELECT sal+nvl(comm,0) AS 总收入 FROM emp;
```

```
总收入
--------------------
800
1900
1750
2975
......
已选择 12 行。
```

SELECT 命令还可以用来计算一个普通表达式的值，这个表达式可能与表没有任何关系，例如，3*5 这样的表达式如下。

```
SQL> SELECT 3*5, 3+5 FROM dept;
```

不过，这样的查询语句所得的结果却不是我们希望的。这条 SELECT 语句执行的结果为：

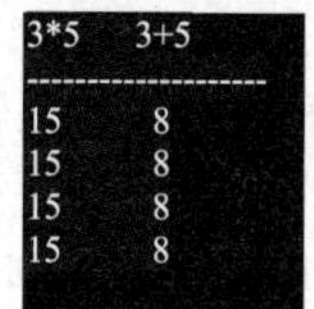

```
3*5    3+5
--------------------
15      8
15      8
15      8
15      8
```

原来，查询的结果是把表达式的值重复了若干次。因为 SELECT 语句必须通过 FROM 子句指定一个或多个表，而表达式与这些表是无关的，所以，SELECT 语句简单地根据可以查询到的行数，将表达式的值重复若干次。为了解决这个问题，Oracle 提供了一个特殊的表 dual，这个表的结构如下。

```
SQL>DESC dual
```

```
名称是否为空?    类型
---------------------- -----------------
DUMMY      VARCHAR2(1)
```

通过查询这个表，发现表中只有一行数据，如下。

```
SQL> SELECT * FROM dual;
```

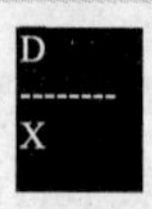

可见，dual 表只有一个字段，而且表中只有一行数据。所以，在进行与具体的表无关的运算时，可以在 FROM 子句中指定 dual 表，这样可以保证计算的结果只显示一次，如

```
SQL>SELECT 3*5, 3+5 FROM dual;
```

4.3.2 单表带条件查询

在前面所列举的查询中，由于没有限制条件，所以查询的结果是将表中的所有行都显示出来。如果希望只查询一部分记录，那么可以通过 WHERE 子句指定条件。WHERE 子句的作用是通过指定条件，使 SELECT 语句仅仅查询符合条件的记录，如部门 10 的员工数据，或者工资大于 2000 元的员工数据等。在更多情况下，都需要根据指定的条件对数据进行查询。

WHERE 子句指定的条件是一个关系表达式，如果关系表达式的结果为真，则条件成立，否则条件不成立。关系表达式用于比较两个表达式的大小，或者进行模糊匹配，或者将一个表达式的值与一个集合中的元素进行匹配。常用的关系运算符见表 4-4。

表 4-4　常用的关系运算符

查询条件	运算符	功能
比较	=，>，<，>=，<=，!=，<>，!>，!<	
确定范围	BETWEEN AND，NOT BETWEEN AND	判断属性值是否在某个范围类
确定集合	IN，NOT IN	判断属性值是否在一个集合内
字符匹配	LIKE：%（匹配多个字符），_（匹配单个字符），[ ]（匹配某区间数据），NOT LIKE	判断字符串是否匹配
空值	IS NULL，IS NOT NULL	判断属性值是否为空
多重条件	AND，OR	

例如，要在表 dept 中查询部门 10 的员工姓名和工资信息，对应的 SELECT 语句如下。

```
SQL>SELECT ename,sal FROM emp WHERE deptno=10;
```

下面的 SELECT 语句用于查询员工 KING 的基本情况。

```
SQL> SELECT empno,ename,sal,comm FROM emp WHERE ename='KING';
```

LIKE 运算符通常用来进行字符串的模糊匹配，而"="运算符只能对字符串进行精确比较。在 LIKE 指定的关系表达式中可以使用两个通配符，"%"和"_"，其中"%"可以代替多个字符，"_"可以代替一个字符。例如，要查询包含字符串"AR"的员工姓名，构造的 SELECT 语句如下。

```
SQL> SELECT ename FROM emp WHERE ename LIKE '%AR%';
```

如要查询这样的员工，姓名中第一个字符是任意字符，第二个是"A"，然后是若干任意字符，这时构造的 SELECT 语句如下。

```
SQL> SELECT ename FROM emp WHERE ename LIKE '_A%';
```

注意　"%"用来代替多个连续的字符，包括空字符串，而"_"只能用来代替一个字符，不包括空字符。

IN 运算符用来与一个集合中的元素进行比较。SELECT 语句将指定的表达式与集合中的元素一一比较，只要与其中一个相等，则条件成立。如果没有任何一个元素与表达式的值相等，则条件不成立。例如，下面的 SELECT 语句用于查询姓名在指定集合之中的员工。

```
SQL> SELECT ename FROM emp WHERE ename IN ('SMITH','FORD','HELLO');
```

BETWEEN 运算符用于将表达式的值与两个指定数据进行比较，如果表达式的值在这两个数据之间，则条件成立。这两个数据和表达式必须能够比较大小，而且后一个数据必须大于前一个数据。例如，下面的 SELECT 语句用于查询工资为 1000～2000 元的员工。

```
SQL> SELECT ename FROM emp WHERE sal BETWEEN 1000 AND 2000;
```

如果用比较运算符的表达式改写上述 SQL 语句，则对应的 SELECT 语句如下。

```
SQL> SELECT ename FROM emp WHERE sal>=1000 AND sal<=2000;
```

在复杂的查询语句中，可能需要多个条件，这些条件通过 AND 或 OR 运算符连接。多个条件表达式连接起来以后，就构成一个逻辑表达式。逻辑表达式的结果要么为真，要么为假，它是与两个关系表达式的值和所使用的连接运算有关的。

例如，要查询在部门 10 工作，且工资为 1000～2000 元的员工姓名，相应的 SELECT 语句如下。

```
SQL> SELECT ename FROM emp WHERE deptno=10 AND sal BETWEEN 1000 AND 2000;
```

NOT 运算符的作用是对关系表达式的值取反。它的用法是在关系表达式之前加上 NOT 运算符。例如，要查询工资不小于 1000 的员工姓名，相应的 SELECT 语句如下。

```
SQL> SELECT ename FROM emp WHERE NOT sal<1000;
```

这条语句等价于如下语句。

```
SQL> SELECT ename FROM emp WHERE sal>=1000;
```

在默认情况下，NOT 运算符只对最近的一个关系表达式取反，如果要对已经通过 AND 或 OR 连接的多个关系表达式同时取反，则要用一对圆括号将多个关系表达式限定。例如，要对下列 SELECT 语句中的两个条件同时取反。

```
SELECT ename FROM emp WHERE sal>1000 AND sal<2000;
```

对两个条件同时取反以后的 SELECT 语句如下。

```
SELECT ename FROM emp WHERE NOT (sal>1000 AND sal<2000);
```

这条语句等价于如下语句。

```
SELECT ename FROM emp WHERE sal<=1000 OR sal>=2000;
```

在 WHERE 子句中构造条件时，还要注意空值的运算。空值与任何数据进行赋值运算、四则运算以及关系运算时，结果都为空值。例如，下列的 SELECT 语句本意是要查询姓名不为空的所有员工的工资，查询的结果应该是所有员工的工资，但是结果却为空。

```
SQL> SELECT sal FROM emp WHERE ename !=NULL;
```

原因是 ename 列与空值进行了关系运算，结果为空，于是整个条件表达式的结果为假。判断某个表达式是否为空值的运算符是"IS NULL"，判断是否不为空值的运算符是"IS NOT NULL"。例如，用运算符"IS NOT NULL"重新构造上述 SELECT 语句，将得到我们希望的结果。这个 SELECT 语句如下。

```
SQL> SELECT sal FROM emp WHERE ename IS NOT NULL;
```

4.3.3 分组查询和排序查询

1．分组函数

分组函数又称为聚集函数，是一种多行函数。之所以称为多行函数，是与单行函数对应的，因为这种函数对多行数据一起进行计算，只返回一个结果，而不是每行都返回一个结果。

聚集函数主要用来进行数据的统计，常用的聚集函数见表 4-5。

表 4-5 SQL 中常用的聚集函数

聚集函数	功 能
COUNT([DISTINCT | ALL] *)	统计查询结果中的元组个数
COUNT([DISTINCT | ALL] <字段名>)	统计查询结果中一列中值的个数
MAX([DISTINCT | ALL] <字段名>)	计算查询结果中一列值中的最大值
MIN([DISTINCT | ALL] <字段名>)	计算查询结果中一列值中的最小值
SUM([DISTINCT | ALL] <字段名>)	计算查询结果中一列值的总和
AVG([DISTINCT | ALL] <字段名>)	计算查询结果中一列值中的平均值

除 COUNT（*）外，其他聚集函数都会先去掉空值再计算。在<字段名>前加入 DISTINCT 保留字，会将查询结果的列去掉重复值再计算。

（1）COUNT 函数。COUNT 函数用来计算数据的记录数。在默认情况下，这个函数不计算空行。如果要计算空行，可以用“*”代替字段名。如果要去掉重复值的计算，可在字段名前加上 DISTINCT 选项，这样，如果遇到重复值，只计算一次。例如，要计算公司中领取工资的人数，构造的 SELECT 语句如下。

```
SQL> SELECT COUNT(sal), COUNT(DISTINCT sal) FROM emp;
```

为了观察 DISTINCT 选项的作用，在 SELECT 语句中进行了两次函数调用。如果有两个员工的工资相同，只按一个人计算。这条语句的执行结果如下。

```
COUNT(SAL)    COUNT(DISTINCTSAL)
--------------------------------
12            11
```

（2）MIN 与 MAX 函数。MIN 函数的作用是求指定列的最小值，MAX 函数的作用是求指定列的最大值。这两个函数都自动忽略空行。例如，要求部门 30 人的员工的最低工资和最高工资，构造的 SELECT 语句如下。

```
SQL> SELECT MIN(DISTINCT sal), MAX(sal) FROM emp WHERE deptno=30;
```

这条 SELECT 语句的执行结果如下。

```
MIN(DISTINCTSAL)    MAX(SAL)
----------------------------
950                 2850
```

（3）SUM 函数。SUM 函数的作用是对指定列求和，它将自动忽略空值。如果要去掉重复值的计算，可在列名前加上 DISTINCT 选项。例如，要求部门 30 人的员工工资总和，构造的 SELECT 语句如下。

```
SQL> SELECT SUM(sal) FROM emp WHERE deptno=30;
```

这条 SELECT 语句的执行结果如下。

```
SUM(sal)
---------
9400
```

（4）AVG 函数。AVG 函数用来求指定列上的平均值，它将自动忽略列上的空值。如果要去掉重复值的计算，可在列名前加上 DISTINCT 选项。例如，要求部门 30 人的员工的平均工资，构造的 SELECT 语句如下。

```
SQL> SELECT AVG(sal),AVG(DISTINCT sal) FROM emp WHERE deptno=30;
```

为了观察重复值对这个函数的影响，在 SELECT 语句中进行了两种形式的函数调用，其中第二次调用去掉了重复值，对重复值只计算一次。这条语句的执行结果如下。

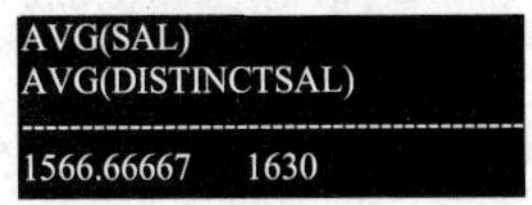

```
AVG(SAL)
AVG(DISTINCTSAL)
------------------------------
1566.66667    1630
```

现在，为了说明这些函数的用法，把它们综合起来，构造一个 SELECT 语句，求部门 30 人的员工的平均工资、最高工资、最低工资、工资总和以及总人数。构造的 SELECT 语句如下。

```
SQL>SELECT AVG(sal) AS 平均工资, MIN(sal) AS 最低工资, MAX(sal) AS 最高工资, SUM(sal) AS 工资总和 FROM emp WHERE deptno=30;
```

这条 SELECT 语句的执行结果如下。

```
平均工资      最低工资      最高工资      工资总和
------------------------------------------------
1566.66667    950          2850         9400
```

2. **分组查询**

在上面最后一个例子中。我们对部门 30 的员工的工资进行了统计，用这种方法也可以统计其他部门的数据。但是每进行一次统计，都需要单独构造一条 SELECT 语句，如果表中的部门很多，或者部门数很难确定，用这种方法就很难满足用户的查询要求。解决这个问题的一个办法是使用 GROUP BY 子句。

分组函数最常见的用法是与 GROUP BY 子句一起使用，用来对表中的数据进行分组统计。为了统计表中各个部门员工的工资，只要一条语句就可以完成。GROUP BY 子句的语法格式如下。

```
GROUP BY <字段名>[, <字段名>…][HAVING <条件表达式>]
```

GROUP BY 子句根据指定的字段对数据进行分组统计。首先根据第一个字段进行分组统计，第一个字段值相同时再进一步根据第二个字段进行分组统计。例如，要对公司各部门的员工工资进行统计，包括各部门的平均工资、最高工资、最低工资、工资总和和总人数，构造的 SELECT 语句如下。

```
SQL> SELECT deptno AS 部门号, AVG(sal) AS 平均工资, MIN(sal) AS 最低工资,
MAX(sal) AS 最高工资, SUM(sal) AS 工资总和 FROM emp GROUP BY deptno;
```

这样就可以用一条语句完成所有部门的统计。这条 SELECT 语句的执行结果如下。

```
部门号   平均工资      最低工资    最高工资    工资总和
--------------------------------------------------------
10      2916.66667    1300       5000       8750
20      2258.33333    800        3000       6775
30      1566.66667    950        2850       9400
```

与 GROUP BY 子句一起使用的还有一个子句，即 HAVING 子句。这个子句是可选的，它不能单独使用，只能配合 GROUP BY 子句使用，作用是对 GROUP BY 子句设置条件，对统计后的

结果进行限制。例如，对于上述统计，我们只希望显示最低工资在 900 元以上，并且工资总和在 7000 元以上的部门的统计信息，相应的 SELECT 语句如下。

```
SQL> SELECT deptno AS 部门号, AVG(sal) AS 平均工资, MIN(sal) AS 最低工资,
MAX(sal) AS 最高工资, SUM(sal) AS 工资总和 FROM emp GROUP BY deptno
HAVING MIN(sal)>900 AND SUM(sal)>7000;
```

这样，部门 20 因为统计信息不满足设置的条件，就不被显示。这条 SELECT 语句的执行结果如下。

```
部门号  平均工资      最低工资   最高工资   工资总和
-------------------------------------------------------
10      2916.66667    1300       5000       8750
30      1566.66667    950        2850       9400
```

HAVING 子句中的关系表达式必须使用分组函数，可以是在 SELECT 语句中已经出现的分组函数，也可以是没有出现的函数。虽然 HAVING 子句和 WHERE 子句都是用来设置条件的，但是 WHERE 子句设置的条件是在查询时起作用的，它决定查询什么样的数据，如果要进行统计，这样的条件是在统计之前就已经起作用了。而 HAVING 子句设置的条件只有在进行统计后才起作用，它决定了统计产生的哪些数据需要显示给用户。

3. 排序查询

SELECT 子句的 ORDER BY 子句可使输出的查询结果按照要求的顺序排列。由于是控制输出结果，因此 ORDER BY 子句只能用于最终的查询结果。ORDER BY 子句的语法格式如下。

```
ORDER BY <字段名> [ASC|DESC] [, <字段名> [ASC|DESC]…
```

有了 ORDER BY 子句后，SELECT 语句的查询结果表中各元组将按照要求的顺序排列。首先按第一个<字段名>值排列；前一个<字段名>的值相同者，再按下一个<字段名>的值排序，以此类推。列名后面有 ASC，则表示该字段名值以升序排列；有 DESC，则表示该字段名值以降序排列。省略不写，默认为升序排列。

例如，要对公司各部门的工资统计情况进行排序，要求是按照工资总和从大到小排序，如果工资总和相同，再按照部门号从小到大排序。相应的 SELECT 语句如下。

```
SQL> SELECT deptno AS 部门号, AVG(sal) AS 平均工资, MIN(sal) AS 最低工资,
MAX(sal) AS 最高工资, SUM(sal) AS 工资总和 FROM emp GROUP BY deptno
ORDER BY SUM(sal) DESC, deptno ASC;
```

这条 SELECT 语句的执行结果如下。

```
部门号  平均工资      最低工资   最高工资   工资总和
-------------------------------------------------------
30      1566.66667    950        2850       9400
10      2916.66667    1300       5000       8750
20      2258.33333    800        3000       6775
```

ORDER BY 子句中的排序列可以是字段名，可以是字段的别名，也可以是其他的表达式，还可以是它在 SELECT 语句中的排列序号。例如，上述 SELECT 语句中的第一个排序列就是一个函数，这个函数可以用前面定义的别名“工资总和”来代替，也可以用它的排列序号 5 来代替。上面的 ORDER BY 子句可以改为如下等价的形式。

```
ORDER BY 5 DESC, 部门号 ASC;
```

如果在 SELECT 语句中用到了所有的子句，那么将构成一条复杂的 SQL 语句。这些子句的使用顺序是 WHERE 子句、GROUP BY 子句、HAVING 子句、ORDER BY 子句。现在再来看一个综合的例子，在这个例子中用到了 SELECT 语句的所有子句。假设要求按照部门号对员工的工资进行统计，参加统计的员工工资必须大于 1000 元，将统计结果中凡满足

最低工资在 900 元以上，并且工资总和在 7000 元以上的部门统计信息显示出来，显示时按照工资总和从大到小排序，如果工资总和相同，再按照部门号从小到大排序。相应的 SELECT 语句如下。

```
SQL> SELECT deptno AS 部门号, AVG(sal) AS 平均工资, MIN(sal) AS 最低工资,
MAX(sal) AS 最高工资, SUM(sal) AS 工资总和 FROM emp WHERE sal>1000
GROUP BY deptno HAVING MIN(sal)>900 AND SUM(sal)>7000
ORDER BY 5 DESC, 部门号 ASC;
```

统计的结果如下所示。与以前的统计结果相比，这次的结果不同，原因是这次统计时设置了 WHERE 子句中的条件，如果不满足这个条件，就不会被查询到，当然就没有机会参加统计了。

部门号	平均工资	最低工资	最高工资	工资总和
10	2916.66667	1300	5000	8750
30	1690	1250	2850	8450

4.3.4 多表查询

以前讲述的查询语句都只涉及一个表的数据。在很多情况下，需要查询的数据往往涉及多个表，这时需要对多个表进行连接查询。例如，如果既要查询员工的信息，又要查询员工所在部门的信息，这就涉及 emp 和 dept 两个表。

在数据库中通常存在着多个相互关联的表，用户常常需要同时从多个表中找出自己想要的数据，这就要涉及多个数据表的连接查询，下面分别进行介绍。

连接查询是指以两个或两个以上的关系表或视图的连接操作来实现的查询。SQL 提供了一种简单的方法把几个关系连接到一个关系中，即在 FROM 子句中列出每个关系，然后在 SELECT 子句和 WHERE 子句中引用 FROM 子句中的关系的属性，而 WHERE 子句中用来连接两个关系的条件称为连接条件。连接查询主要包括等值连接查询、非等值连接查询、外连接查询、自身连接查询和复合条件连接查询。

1. 等值与非等值连接查询

等值与非等值连接查询是最常用的连接查询方法，是通过 2 个关系表中具有共同性质的列的比较，将 2 个关系表中满足比较条件的记录组合起来作为查询结果。用来连接 2 个表的条件成为连接条件或连接谓词，其一般格式如下。

```
[<表名 1>.]<字段名 1> <比较运算符> [<表名 2>.]<字段名 2>
```

其中，比较运算符主要包括=、>、<、>=、<=、!=、<>等。当连接运算符为“=”时，称为等值连接；否则称为非等值连接。

一般情况下，进行连接查询的两个表是通过主键和外键进行关联的，所以最简单的条件是一个表的外键与另一个表的主键相等。例如，下面的 SELECT 语句从 emp 表中查询员工的姓名和工资，同时在 dept 表中查询员工所在部门的名称。

```
SQL> SELECT ename,sal,dname FROM emp, dept WHERE emp.deptno=dept.deptno;
```

其中，deptno 是 dept 表中的主键，同时它又是 emp 表中的外键，在这个查询语句中连接的条件是它们相等，条件 emp.deptno=dept.deptno 的意思是在 emp 表中查询每个员工所在的部门号，然后根据部门号在 dept 表中查询对应的部门名称，凡是不满足这个条件的部门名称都将被过滤掉。

如果两个表中有相同的字段名，存在属性的二义性问题。SQL 通过在字段前面加上表名及一

个小圆点来解决这个问题，表示该字段来自这个关系，即“表名.字段名”。在构造查询语句时，首先要仔细分析这个查询涉及哪些表，以及这些表通过哪些字段进行连接，然后在 SELECT 语句中指定所有涉及的表，在 WHERE 子句中指定连接条件。下面再考察一个涉及三个表（emp、dept 和 salgrade）的查询，salgrade 表记录了工资级别的规定。现在要查询部门 10 和 20 中每个员工的姓名、工资、工资级别以及所在部门的名称，相应的 SELECT 语句如下。

```
SQL> SELECT ename AS 姓名, sal AS 工资, grade AS 工资级别, dname AS 部门名称
FROM emp a, dept b, salgrade c WHERE a.deptno=b.deptno
AND (a.deptno=10 or a.deptno=20) AND (sal>=c.losal and sal<=c.hisal)
```

这条查询语句的执行结果如下。

姓名	工资	工资级别	部门名称
SMITH	800	1	RESEARCH
MILLER	1300	2	ACCOUNTING
JONES	2975	4	RESEARCH
CLARK	2450	4	ACCOUNTING
KING	5000	5	ACCOUNTING

2. 外连接查询

外连接是一种特殊的连接方式。假设有两个表 A 和 B，用相等连接查询可以返回表 A 中的所有行，而表 B 中的部分行因为不满足相等条件，所以是不会被查询到的，但是利用外连接可以返回表 B 中的所有行。其原理是将表 B 中的所有数据分别与表 A 中的每条数据进行连接组合，返回的结果不仅包含表 B 中符合条件的数据，还包含表 B 中不符合条件的数据，并在表 A 的相应列中添加 NULL 值。对于表 A 和表 B 来说，外连接的条件表达式的格式如下。

```
WHERE A.字段名(+)=B.字段名
```

如果要显示表 B 中所有行，包括使用相等连接无法显示的行，则在表 A 的字段名之后指定外连接的标志“(+)”。例如，对于表 emp 和 dept 来说，利用相等连接可以查询所有员工的信息以及员工所在部门的信息。如果某个部门没有员工，那么该部门的信息是查询不到的，因为这样的部门不满足相等条件。但是如果使用外连接，可以保证它们同样被查询出来。完成这个查询功能的 SELECT 语句如下。

```
SQL> SELECT ename,dname FROM emp a,dept b WHERE a.deptno(+)=b.deptno;
```

这条 SELECT 语句的执行结果如下。

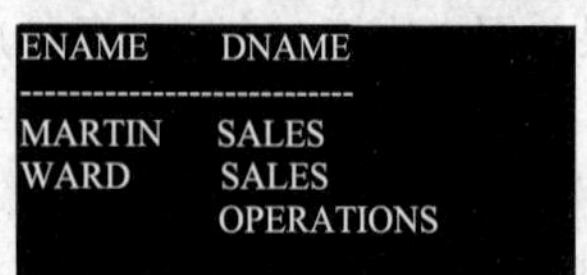

ENAME	DNAME
MARTIN	SALES
WARD	SALES
	OPERATIONS

其中，最后一个部门 OPERATIONS 为空，在表 emp 中没有与它的编号相等的员工，在相等连接查询中它是不会被显示出来的，但是利用外连接，可以保证这样的数据也被查询出来。

3. 自身连接查询

自身连接查询是一种特殊的相等连接查询。相等连接一般涉及多个不同的表，自身连接也涉及多个表，但是它们是同一个表。例如，在表 emp 中，每个员工都有一个上级领导编号，而这个上级领导同时也是该公司的员工。如果要查询每个员工的上级领导姓名，首先要确定上级领导的编号，然后根据这个编号再查询 emp 表，利用相等连接确定上级领导的姓名，这就相当于两个表的连接。能够完成这个查询的 SELECT 语句如下。

```
SQL> SELECT a.ename,b.ename AS manager FROM emp a,emp b WHERE a.mgr=b.empno;
```

这条语句的执行结果如下。

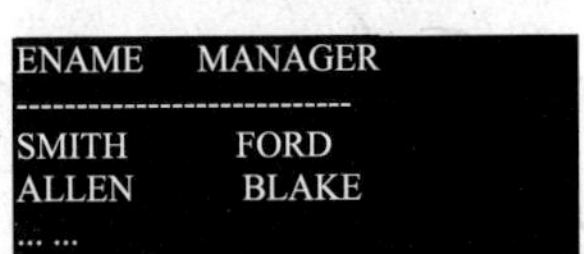

```
ENAME    MANAGER
--------------------------
SMITH      FORD
ALLEN      BLAKE
… …
```

由于要把同一个表看成两个不同的表进行连接，所以在 FROM 子句中要为 emp 表定义两个不同的别名，而 SELECT 之后的两个 ename 字段就分别是这两个表中的字段，因此要用别名进行限定。在 emp 表中，员工 KING 是最高领导，他没有上级领导，所以在上述查询结果中并没有显示。为了在查询中将所有员工姓名都列出来，可以在上述查询的基础上再使用外连接。用于完成这个查询的 SELECT 语句如下。

```
SQL>SELECT a.ename,b.ename AS manager FROM emp a,emp b WHERE a.mgr=b.empno(+);
```

4.3.5 嵌套查询

嵌套查询是指嵌套在另一个 SELECT 语句中的查询。在 SELECT 语句中，WHERE 子句或者 HAVING 子句中的条件往往不能用一个确定的表达式来确定，而要依赖于另一个查询，这个被嵌套使用的查询称为子查询，它在形式上是被一对圆括号限定的 SELECT 语句。在子查询中还可以再嵌套子查询。

例如，要查询所有在部门 RESEARCH 工作的员工姓名。如果使用常规的查询方法，要进行两次查询，首先查询 dept 表，确定该部门的部门号，然后根据这个部门号在 emp 表中查询属于这个部门的员工。也就是说，需要如下两条 SELECT 语句。

```
SQL> SELECT deptno FROM dept WHERE dname='RESEARCH';
SQL> SELECT ename FROM emp WHERE deptno=20; --(部门 RESEARCH 的部门号)
```

连接这两条 SELECT 语句的纽带是中间结果——部门号（deptno）。要完成这样的查询，必须进行人工干预，在两条 SELECT 语句中传递参数。如果利用子查询，这个问题就迎刃而解。

能够完成这个查询功能的一条 SELECT 语句如下。

```
SQL> SELECT ename FROM emp
WHERE deptno=(SELECT deptno FROM dept WHERE dname='RESEARCH');
```

本例括号中的查询块是子查询，括号外的查询块是父查询。这种复杂的 SELECT 语句的执行过程是首先执行子查询，将执行的结果返回给主查询，然后再根据条件执行主查询。

子查询一般出现在 SELECT 语句的 WHERE 子句或 HAVING 子句中，作为条件表达式的一部分。子查询的结果是返回一行或多行数据，可以被看作一个集合。条件表达式就是要将某个表达式与这个集合中的元素进行某种比较运算，根据运算的结果是真或是假来决定是否执行上一层查询。子查询中的运算符见表 4-6。

表 4-6　　子查询中的运算符

运算符	用法	说明	备注
EXISTS	EXISTS S	如果集合 S 不为空，条件表达式的值为真，否则为假	集合 S 为子查询的返回结果
IN	表达式 IN S	如果表达式的值在集合 S 中，则条件表达式的值为真，否则为假	
=	表达式=S	如果表达式的值与集合 S 中唯一一个元素相等，则条件表达式的值为真。集合 S 必须确保最多只有一个元素	
>，<，>=，<=	与“=”相同	进行相应的关系运算	

续表

运算符	用法	说明	备注
ANY	用在集合名之前	指定要与集合中的任意一个元素进行比较	
ALL	用在集合名之前	指定要与集合中的所有元素进行比较	

其中，EXISTS 运算符用于测试子查询的返回结果，只要结果不为空，条件就为真，而主查询和子查询之间可能没有直接关系。例如，在下面的查询语句中，因为子查询返回的结果为空，条件为假，所以主查询也返回空。

```
SQL>SELECT ename FROM emp
WHERE EXISTS(SELECT deptno FROM dept WHERE deptno=0 );
```

IN 运算符将某个字段的值与子查询的返回结果进行比较，只要与其中的一个结果相等，条件即为真。例如，要查询所有出现在 emp 表中的部门名称，即至少有一名员工的部门，构造的 SELECT 语句如下。

```
SQL>SELECT dname FROM dept WHERE deptno IN(SELECT distinct deptno FROM emp);
```

“=”运算符号比较特殊，它将某个字段的值与集合中的元素进行精确匹配。如果子查询只返回单行结果，那么将这个列与这一行进行比较。如果子查询返回多行结果，那么必须用 ANY 或 ALL 进行限定，否则将出错。ANY 运算符的作用是，只要字段值与返回结果中的任何一个相等，条件即为真。ALL 运算符的作用是，字段值要与返回结果中的所有行都要进行比较。例如，要查询所有在 emp 表中出现的部门名称，即至少有一名员工的部门，也可以使用下面的 SELECT 语句。

```
SQL> SELECT dname FROM dept
WHERE deptno = ANY(SELECT distinct deptno FROM emp);
```

在嵌套查询中，只有确定内层查询返回的是单值时，才可以直接使用关系运算符>、<、>=、<=和=进行比较。实际应用的嵌套查询中，子查询返回的结果往往是一个集合，这时就不能简单地用比较运算符连接子查询和父查询，而是可以使用 ALL、ANY 等谓词来解决。其运算关系见表 4-7。

表 4-7　带有 ALL 和 ANY 谓词的运算

谓词	运算功能
> ANY	只要大于子查询结果中的某个值即可
< ANY	只要小于子查询结果中的某个值即可
>= ANY	只要大于或等于子查询结果中的某个值即可
<= ANY	只要小于或等于子查询结果中的某个值即可
= ANY	只要等于子查询结果中的某个值即可
!=ANY 或< > ANY	只要与子查询结果中的某个值不等即可
> ALL	必须大于子查询结果中的所有值
< ALL	必须小于子查询结果中的所有值
>= ALL	必须大于或等于子查询结果中的所有值
<= ALL	必须小于或等于子查询结果中的所有值
= ALL	必须等于所有结果
!= ALL 或< > ALL	必须与子查询结果中的所有值不等

下面再通过几个例子来比较 ANY 和 ALL 之间的区别。

如果要查询这样的员工姓名，他的工资高于部门 30 人中的每个员工，相应的 SELECT 语句如下。

```
SQL>SELECT ename FROM emp
WHERE sal>ALL(SELECT sal FROM emp WHERE deptno=30);
```

ALL 运算符表示所有或者每个，因此使用>ALL 就可表示至少比某集合所有都大的含义。实际上，比最大的值大就等价于>ALL，该例子可用聚合函数 MAX 来等效表示。

```
SQL>SELECT ename FROM emp
WHERE sal>(SELECT MAX(sal) FROM emp WHERE deptno=30);
```

如果要查询这样的员工姓名，他的工资不低于部门 30 中的最低工资。也就是说，工资高于部门 30 中任何一个员工即可。相应的 SELECT 语句如下。

```
SQL> SELECT ename FROM emp
WHERE sal>ANY(SELECT sal FROM emp WHERE deptno=30);
```

ANY 运算符表示至少一或某一，因此使用>ANY 就可表示至少比某集合其中一个大的含义。实际上，比最小的值大就等价于>ANY，该例子可用聚合函数 MIN 来等效表示。

```
SQL> SELECT ename FROM emp
WHERE sal> (SELECT MIN(sal) FROM emp WHERE deptno=30);
```

在子查询中还可以使用分组函数。例如，要查询所有比公司全部员工平均工资高的员工姓名，构造的 SELECT 语句如下。

```
SQL> SELECT ename FROM emp
WHERE sal>(SELECT AVG(sal) FROM emp);
```

如果要查询这样的部门名称，它的平均工资高于其他部门的平均工资，这样的查询需要使用两次子查询。首先查询其他部门的平均工资，然后根据查询的结果查询其平均工资高于这个结果的部门号，最后根据这个部门号查询它的部门名称。相应的 SELECT 语句如下。

```
SQL>SELECT dname FROM dept WHERE deptno=(
SELECT deptno FROM emp a GROUP BY deptno HAVING AVG(sal)>ALL(
SELECT AVG(sal) FROM emp WHERE deptno!=a.deptno GROUP BY deptno))
```

在这条 SELECT 语句中，最后一个子查询最先执行，用来求得其他部门的平均工资。然后执行上一个子查询，返回平均工资高于其他部门平均工资的部门号。最后执行最上层的查询，返回这个部门的名称。

4.4　SQL 的数据操纵

“数据操纵语言”（Data Manipulation Language）的简写为 DML。如果说 SELECT 语句对数据进行的是读操作，那么 DML 语句对数据进行的则是写操作。DML 语句的操作对象是表中的行，这样的语句一次可以影响一行或多行数据。SQL 语言的数据操纵功能主要包括插入（INSERT）、删除（DELETE）和修改（UPDATE）3 个方面。借助相应的数据操纵语句，可以对基本表中的数据进行更新，包括向基本表中插入数据、修改基本表中原有数据、删除基本表的某些数据。

4.4.1　插入数据

当基本表建立以后，就可以往表中插入数据了，SQL 中数据插入使用 INSERT 语句。INSERT 语句有两种插入形式：插入单个元组和插入多个元组。

1. 插入单个元组

插入单个元组的 INSERT 语句的格式如下。

```
INSERT INTO <基本表名> [(<字段名 1>, <字段名 2>,…, <字段名 n>)]
VALUES(<表达式 1>,<表达式 2>,…,< 表达式 n>)
```

其中，<基本表名>指定要插入元组的表的名称；<字段名 1>,<字段名 2>,…,<字段名 *n*>为要添加列值的字段名序列；VALUES 后则一一对应要添加字段的输入值。在向表中插入一个元组时，INSERT 语句将表达式的值作为对应字段的值，字段的排列顺序、数据类型和数量应该与表达式一致，否则可能会出错。若字段名序列省略，则新插入的记录必须在指定表每个属性列上都有值；若字段名序列都省略，则新记录在字段名序列中未出现的列上取空值（NULL）。所有不能取空值的列（标记为 NOT NULL 的列）必须包括在字段名序列中。

例如，要往 dept 表中插入一条新记录，部门号为 50，部门名称为 NETWORK，部门地址为 BEIJING，相应的 INSERT 语句如下。

```
SQL> INSERT INTO dept(deptno,dname,loc) VALUES(50, 'NETWORK', 'BEIJING');
```

在 INSERT 语句中如果指定了字段名，那么它们的顺序可以随意，只要与 VALUES 子句中的表达式一一对应即可。如果要为所有的字段都提供数据，则可以省略字段名，但是 VALUES 子句中表达式的顺序、数据类型和数量必须与表中字段的定义一致。例如，上面的 INSERT 语句为所有的 3 个字段都提供了数据，所以可以简写为如下内容。

```
SQL> INSERT INTO dept VALUES(50, 'NETWORK', 'BEIJING');
```

在 INSERT 语句中为各列指定数据时，可以指定一个常量，或者指定一个表达式，如函数、算术运算表达式等。例如，当公司新来一名员工时，可以将当前时间作为它的受聘日期，作为表 emp 中列 hiredate 的值。

```
SQL> INSERT INTO emp(empno,ename,deptno,sal,hiredate)
VALUES(9999,'Hello',30,1000,sysdate);
```

2. 插入多个元组

插入多个元组的 INSERT 语句的格式如下。

```
INSERT INTO <基本表名> [(<字段名 1>,<字段名 2>,…,<字段名 n>)]  <子查询>
```

这种形式可将子查询的结果集一次性插入基本表中。如果字段名序列省略则子查询所得到的数据列必须和要插入数据的基本表的数据列完全一致。如果字段名序列给出则子查询结果与字段名序列要一一对应，在排列顺序、数据类型和数量上保持一致。

例如，假设有一个表 emp1，它的结构与 emp 相同，现在希望从表 emp 中将部门 10 和部门 20 的员工数据复制到表 emp1 中，相应的数据插入语句如下。

```
SQL> INSERT INTO emp1(empno,ename,deptno,sal,hiredate)
SELECT empno,ename,deptno,sal,hiredate FROM emp WHERE deptno=10 or deptno=20;
```

4.4.2 修改数据

SQL 中修改数据使用 UPDATE 语句，用以修改满足指定条件元组的指定列值。满足指定条件的元组可以是一个元组，也可以是多个元组。UPDATE 语句的一般格式如下。

```
UPDATE <基本表名>
SET <字段名 1> = <表达式 1> [,<字段名 2> = <表达式 2>][,…n]
[WHERE  <条件>]
```

其中，UPDATE 语句通过 SET 子句为指定字段指定新值，将列值修改为指定的表达式。在 SET 子句中指定所有需要修改的列。字段名 1、字段名 2、…是要修改的字段的名称；表达式 1、表达式 2、…是要赋予的新值；WHERE<条件>是可选的，如省略，则更新指定表中的所有元组的对应列。其功能是对指定基本表中满足条件的元组，用表达的值作为对应列的新值进行更新。

在默认情况下，UPDATE 语句不需要 WHERE 子句，这时 UPDATE 语句将修改表中的所有元组。例如，下面的 UPDATE 语句将把 emp 表中所有员工的工资增加 10%，奖金增加 100 元。

```
SQL> UPDATE emp SET sal=sal*1.1,comm=nvl(comm,0)+100;
```

如果通过 WHERE 子句指定了条件，那么 UPDATE 语句只修改满足条件的元组。例如，如果要为部门 10 和 20 中工资高于 2000 元的员工增加工资和奖金，增加幅度与上一条 UPDATE 语句相同。相应的 UPDATE 语句如下。

```
SQL> UPDATE emp SET sal=sal*1.1,comm=nvl(comm,0)+100
WHERE deptno IN (10, 20) AND sal>2000;
```

在 UPDATE 语句的 WHERE 子句中，也可以使用子查询。这时的条件并不是一个确定的条件，而是依赖于对另一个表的查询。例如，要对与员工 BLAKE 同在一个部门的员工增加工资和奖金，增加幅度与上一条 UPDATE 语句相同。相应的 UPDATE 语句如下。

```
SQL> UPDATE emp SET sal=sal*1.1,comm=nvl(comm,0)+100
WHERE deptno=(SELECT deptno FROM emp WHERE ename='BLAKE');
```

4.4.3 删除数据

SQL 提供了 DELETE 语句用于删除每一个表中的一条或多条记录。要注意区分 DELETE 语句与 DROP 语句。DROP 是数据定义语句，作用是删除表或索引的定义。当删除表定义时，连同表所对应的数据都被删除；DELETE 是数据操纵语句，只是删除表中的相关记录，表的结构、约束、索引等并没有被删除。DELETE 语句的一般格式如下。

```
DELETE FROM <基本表名> [WHERE <条件>]
```

其中，WHERE　<条件>是可选的，如不选，则删除表中全部记录。

在默认情况下，DELETE 语句可以不使用 WHERE 子句，这时将删除表中的所有记录。例如，下面的 DELETE 语句将删除表 emp 中的所有记录。

```
SQL> DELETE FROM emp;
```

如果希望只删除表中的一部分记录，需要通过 WHERE 指定条件。例如，要从表 emp 中删除部门 30 的工资低于 1000 元的员工数据，相应的 DELETE 语句如下。

```
SQL> DELETE FROM emp WHERE deptno=30 AND sal<1000;
```

在 DELETE 语句的 WHERE 子句也可以使用子查询，子查询与 SELECT 语句中的子查询用法相同。例如，要从表 dept 中删除这样的部门数据，它在表 emp 中没有所属的员工，即空部门，相应的 DELETE 语句如下。

```
DELETE FROM dept WHERE deptno NOT IN(SELECT DISTINCT deptno FROM emp);
```

TRUNCATE 语句的作用是删除表中的数据。与 DELETE 语句不同的是，TRUNCATE 语句将删除表中的所有数据，不需要指定任何条件，而且数据被删除后无法再恢复。这条语句的语法格式如下。

```
TRUNCATE TABLE <基本表名>;
```

【例 4.9】 删除 dept 表中的所有数据。

```
SQL>TRUNCATE TABLE dept;
```

TRUNCATE 命令作用的结果是删除所有的数据，而且不可恢复，所以这条命令要慎用。从执行结果来看，一条 TRUNCATE 语句相当于下列两条语句的组合。

```
SQL>DELETE FROM <基本表名>;
COMMIT;
```

4.5 视　　图

本章在第一节中就已经介绍了视图是虚表，数据库中只存储视图的定义（查询语句），而不存储视图对应的数据，这些数据仍存储在原来的基本表中。由于视图是外模式的基本单位，从用户观点来看，视图和基本表是一样的。实际上视图是从若干个基本表或视图导出来的表，因此当基本表的数据发生变化时，相应的视图数据也会随之改变。视图定义后，可以和基本表一样被用户查询、删除和更新，但通过视图来更新基本表中的数据要有一定的限制。视图的维护由数据库管理系统自动完成。使用视图的主要目的是为了方便用户访问基本表，以及保证用户对基本表的安全访问。

对用户而言，往往要对一个表进行大量的查询操作，如果查询操作比较复杂，并且需要频繁地进行，那么可以为这个查询定义一个视图。假设用户需要经常执行下面的查询。

```
SQL>SELECT dname FROM dept WHERE deptno=(SELECT deptno FROM emp a
GROUP BY deptno HAVING avg(sal)>ALL(SELECT AVG(sal) FROM emp
WHERE deptno!=a.deptno GROUP BY deptno))
```

如果为这个查询定义一个视图，那么用户只要执行一条简单的 SELECT 语句，对这个视图进行查询，那么实际的操作就是对基本表 dept 执行了上面的查询。需要注意的是，在视图中并不保存对基本表的查询结果，而仅仅保存一条 SELECT 语句。只有当访问视图时，数据库服务器才去执行视图中的 SELECT 语句，从基本表中查询数据。虽然我们对视图没有做过任何修改，但是对视图的多次访问可能得到不同的结果，因为基本表中的数据可能随时被修改。所以视图中并不存储静态的数据，而是从基本表中动态查询的。

从另外一个角度来看，视图可以保证对基本表的安全访问。在设计表时，我们一般是从整体的角度来考虑表的结构的，而不是从每个用户的角度来确定表结构以及定义允许的操作。对于同一个表，不同的用户可以进行不同的操作，可以访问不同的数据。这样我们就可以为不同的用户定义不同的视图，从而保证用户只能进行允许的操作，访问特定的数据。

例如，对于员工表 emp，公司经理可以浏览所有的数据，但是不能修改数据；人事部门可以查看和修改员工的职务、部门等信息，也可以增加一个新员工；财务部门可以查看、修改员工的工资和奖金；而对于普通员工，只能查看其他员工的部门和职务等信息。如果为每一类用户分别定义一个视图，就可以保证他们对同样的数据进行不同的访问。

4.5.1 定义视图

SQL 语言使用 CREATE VIEW 命令建立视图，其基本格式如下。

```
CREATE VIEW <视图名>[(<字段名>[,<字段名>]…)]
AS （子查询）
[WITH READ ONLY] [WITH CHECK OPTION]
```

（1）字段名序列为所建视图包含的列的名称序列，可省略。当字段名序列省略时，直接使用子查询 SELECT 子句里的各字段名作为视图字段名。下列情况不能省略字段名序列。

① 视图字段名中有常数、聚合函数或表达式。

② 视图字段名中有从多个表中选出的同名列。

③ 需要在视图中为某个列启用更合适的新字段名。

（2）子查询可以是任意复杂的 SELECT 语句，但通常不能使用 DISTINCT 短语和 ORDER BY 子句。

（3）WITH READ ONLY 是可选项，限定对视图只能进行查询操作，不能进行 DML 操作。

（4）WITH CHECK OPTION 是可选项，该选项表示对所建视图进行 INSERT、UPDATE 和 DELETE 操作时，让系统检查该操作的数据是否满足子查询中 WHERE 子句里限定的条件，若不满足，则系统拒绝执行。

例如，下面的语句创建视图 view_1，它所代表的操作是查询员工表中部门 30 的员工姓名、工资和奖金。

```
SQL> CREATE VIEW view_1 AS
SELECT ename,sal,comm FROM emp WHERE deptno=30;
```

视图 view_2 所代表的操作是查询部门 20 和 30 中工资大于 2000 元的员工姓名、工资和奖金。创建这个视图的 CREATE 语句如下。

```
SQL> CREATE VIEW view_2 AS
SELECT ename,sal,comm FROM emp WHERE (deptno=30 or deptno=20) and sal>2000;
```

视图被创建之后，可以通过 DESC 命令查看视图的结构。查看视图结构的方法与查看表的方法相同，查看的结果是列出视图中各列的定义。

视图的结构是在执行 CREATE VIEW 语句创建视图时确定的，在默认情况下，列的名称与 SELECT 之后基表的列名相同，数据类型和是否为空也继承了基表中的相应列。如果希望视图中的各列使用不同的名字，那么在创建视图时，在视图的名称之后应该指定各列的名称。例如，下面的语句重新创建视图 view_1，并为这个视图指定了不同的名称。

```
SQL>CREATE VIEW view_1(name,salary,comm1) AS
SELECT ename,sal,comm FROM emp WHERE deptno=30;
```

如果执行 DESC 命令查看视图 view_1 的结构，将发现视图中各列的名称就是在 CREATE VIEW 语句中指定的名称，而数据类型和是否为空继承了基表中的对应列。下面是执行 DESC 命令查看视图 view_1 结构的结果。

```
SQL> DESC view_1;
```

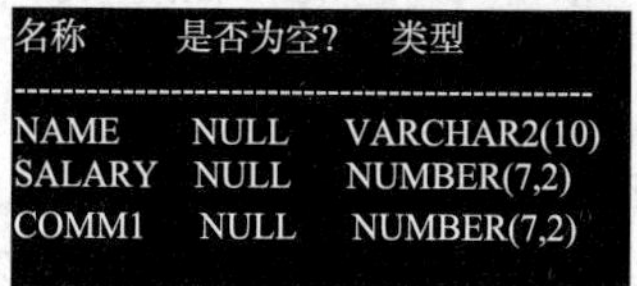
```
名称      是否为空?   类型
------------------------------------------
NAME      NULL      VARCHAR2(10)
SALARY    NULL      NUMBER(7,2)
COMM1     NULL      NUMBER(7,2)
```

视图作为一种数据库对象，它的相关信息被存储在数据字典中。与当前用户的视图有关的数据字典是 USER_VIEWS，查询这个数据字典，可以获得当前用户的视图的相关信息。例如，需要查询视图 view_2 中的相关信息，可以执行下面的 SELECT 语句。

```
SQL>SELECT text FROM user_views WHERE view_name='view_2';
```

在列 TEXT 中存储的是创建视图时使用的 SELECT 语句。另外，在数据字典 ALL_VIEWS 中存储的是当前用户可以访问的所有视图的信息，在数据字典 DBA_VIEWS 存储的是系统中的所有视图的信息，这个数据字典只有 DBA 可以访问。

如果发现视图的定义不合适，可以对其进行修改。实际上视图中的 SELECT 语句是不能直接修改的，所以修改视图的一种方法是先删除视图，再重新创建；另一种方法是在创建视图的 CREATE 语句中使用 OR REPLACE 选项。带 OR REPLACE 选项的 CREATE 语句格式如下。

```
CREATE OR REPLACE VIEW <视图名>[(<字段名>[,<字段名>]…)]
AS (子查询)
[WITH READ ONLY] [WITH CHECK OPTION]
```

这样，在创建视图时，如果视图不存在，则创建它。如果已经存在一个同名的视图，那么先删除这个视图，然后再根据子查询创建新视图，用这个新视图代替原来的视图。

4.5.2　删除视图

视图在不需要时，可以将其从数据库中删除。删除视图即删除视图的定义，SQL 中删除视图使用 DROP VIEW 语句，其基本格式如下。

```
DROP VIEW <视图名>
```

【例 4.10】 删除视图 view_1。

```
SQL>DROP VIEW view_1;
```

视图被删除后，相关的信息也被从数据字典中删除。

4.5.3 查询视图

当视图被定义后，用户就可对视图进行查询操作。从用户角度来说，查询视图与查询基本表是一样的，可是视图是不实际存在于数据库当中的虚表，所以 DBMS 执行对视图的查询实际是根据视图的定义转换成等价的对基本表的查询。

对视图查询几乎不受任何限制，例如要查询视图 view_1，可以执行下面的 SELECT 语句。

```
SQL>SELECT * FROM view_1;
```

DBMS 对某 SELECT 语句进行处理时，若发现被查询对象是视图，则 DBMS 将进行下述操作。

（1）从数据字典中取出视图的定义。

（2）把视图定义的子查询和本 SELECT 语句定义的查询相结合，生成等价的对基本表的查询（此过程称为视图的消解）。

（3）执行对基本表的查询，把查询结果（作为本次对视图的查询结果）向用户显示。

由上例可以看出，当对一个基本表进行复杂的查询时，可以先对基本表建立一个视图，然后只需对此视图进行查询，这样就不必再书写复杂的查询语句，而将一个复杂的查询转换成一个简单的查询，从而简化了查询操作。

4.5.4 更新视图

视图更新是指对视图进行插入（INSERT）、删除（DELETE）和修改（UPDATE）操作。同查询视图一样，由于视图是虚表，所以对视图的更新实际是转换成对基本表的更新。此外，用户通过视图更新数据不能保证被更新的元组必定符合原来 AS<子查询>的条件。因此，在定义视图时，若加上子句 WITH CHECK OPTION，则在对视图更新时，系统将自动检查原定义时的条件是否满足。若不满足，则拒绝执行该操作。

4.5.5 视图的作用

视图作为数据库中的一个重要的概念，具有许多优点，主要包括以下几个方面。

1. 视图简化了用户的操作

视图机制使用户把注意力集中在自己所关心的数据上。这种视图所表达的数据逻辑结构相比基本表而言，更易被用户所理解。而对视图的操作实际上是把对基本表（尤其是多个基本表）的操作隐藏了起来，极大地简化了用户的操作。

2. 视图提供了一定程度的逻辑独立性

当数据库重新构造时，数据库的整体逻辑结构将发生改变。如果用户程序是通过视图来访问数据库的，因为视图相当于用户的外模式，只需要修改用户的视图定义，即可保证用户的外模式不变，因此用户的程序不必改变。

3. 视图有利于数据的保密

视图使用户能从多种角度看待同一数据，对于不同的用户定义不同的视图，而只授予用户访问自己视图的权限，这样，用户就只能看到与自己有关的数据，而无法看到其他用户数据。

4.6 Oracle 常用函数

在使用 SQL 的过程中，经常会使用到 DBMS 提供的函数来完成用户需要的功能。不同的 DBMS 系统提供的函数都不尽相同，本节将对 Oracle 中的一些常用函数进行介绍，如字符类函数、数字类函数、日期类函数、转换类函数、聚集类函数等。

4.6.1 字符类函数

字符类函数是专门用于字符处理的函数，处理的对象可以是字符串常数，也可以是字符类型的字段。常用的字符类函数使用说明见表 4-8。

表 4-8 字符类函数使用说明

序号	函数	说 明
1	ASCII(s)	用于返回字符串 s 的第一个字母的 ASCII 码。它的逆函数是 CHR()
2	CHR(i)	用于求整数 i 对应的 ASCII 字符
3	CONCAT(sl,s2)	用于将字符串 s2 连接到字符串 s1 的后面，如果 s1 为 NULL，将返回 s2；如果 s2 为 NULL，则返回 s1；如果 s1 和 s2 都为 NULL，则返回 NULL。它和操作符‘‖’返回的结果相同
4	INITCAP(s)	用于将字符串 s 中每个单词的第一个字母大写，其他字母小写返回。单词由空格、控制字符、标点符号限制
5	INSTR(sl,s2,i,j)	用于返回 s2 在 s1 中第 j 次出现的位置，搜索从 s1 的第 i 个字符开始。当没有发现需要的字符时返回 0，如果 i 为负数，那么搜索将从右到左进行，但是位置还是按从左到右来计算，i 和 j 的默认值为 1。其中，s1 和 s2 均为字符串，i 和 j 为整数
6	LENGTH(s)	用于返回字符串 s 的长度，如果 s 为 NULL，那么将返回 NULL 值
7	LOWER(s)	用于将字符串 s 全部变为小写字符，经常出现在 WHERE 子串中
8	LTRIM(sl,s2)	用于将 s1 中最左边的字符去掉使其第一个字符不在 s2 中，如果没有 s2，那么 sl 就不会改变。例如，SELECT LTRIM('Moisossoppo', 'Mois') FROM dual，返回结果为“ppo”
9	REPLACE(sl,s2,s3)	用 s3 代替出现在 s1 中的 s2 后返回，其中 s1、s2、s3 都是字符串
10	SUBSTR(s,i,j)	表示从 s 的第 i 位开始返回长度为 j 的子字符串，如果 j 为空，则直到串的尾部。其中，s 为字符串，i、j 为整数

4.6.2 数字类函数

数字类函数操作数字数据，执行数学和算术运算。所有函数都有数字参数并返回数字值。需要注意的是所有三角函数的操作数和值都是弧度而不是角度。同时，在 Oracle 中并没有提供内建的弧度和角度的转换函数。常用的数字类函数使用说明见表 4-9。

表 4-9 数字类函数使用说明

序号	函数	说 明
1	ABS(n)	用于返回 n 的绝对值
2	ACOS(n)	反余弦函数，用于返回-1～1 的数，n 表示弧度
3	ASIN(n)	反正弦函数，用于返回-1～1 的数，n 表示弧度
4	ATAN(n)	反正切函数，用于返回 n 的反正切值，n 表示弧度
5	CEIL(n)	用于返回大于或等于 n 的最小整数
6	COS(n)	用于返回 n 的余弦值，n 为弧度

续表

序号	函数	说　明
7	COSH(n)	用于返回 n 的双曲余弦值，n 为数字
8	EXP(n)	用于返回 e 的 n 次幂，e=2.71828183
9	FLOOR(n)	用于返回小于或等于 n 的最大核数
10	LN(n)	用于返回 n 的自然对数，n 必须大于 0
11	LOG(n1,n2)	用于返回以 nl 为底 n2 的对数
12	MOD(n1,n2)	用于返回 n1 除以 n2 的余数
13	POWER(n1,n2)	用于返回 n1 的 n2 次方
14	ROUND(n1,n2)	用于返回舍入小数点右边 n2 位的 n1 的位，n2 的默认值为 0，这会返回小数点最接近的整数，如果 n2 为负数就舍入到小数点左边相应的位上，n2 必须是整数
15	SIGN(n)	符号函数，若 n 为负数，则返回-1；若 n 为正数，则返回 1；若 n=0，则返回 0
16	SIN(n)	用于返回 n 的正弦值，n 为弧度
17	SINH(n)	用于返回 n 的双曲正弦值，n 为弧度
18	SQRT(n)	用于返回 n 的平方根，n 为弧度
19	TAN(n)	用于返回 n 的正切值，n 为弧度
20	TANH(n)	用于返回 n 的双曲正切值，n 为弧度
21	TRUNC(n1,n2)	用于返回截尾到 n2 位小数的 n1 的值，n2 默认设置为 0；当 n2 为默认设置时会将 n1 截尾为整数；如果 n2 为负值，就截尾在小数点左边相应的位上

4.6.3 日期类函数

日期类函数操作 DATE 数据类型。绝大多数都有 DATE 数据类型的参数，且其返回值也大都为 DATE 数据类型。常用的日期类函数使用说明见表 4-10。

表 4-10　日期类函数使用说明

序号	函数	说　明
1	ADD_MONTHS(d,i)	返回日期 d 加上 i 个月后的结果。其中，i 为任意整数。若 i 是一个小数，则数据库将隐式地将其转换成整数，并截去小数点后面的部分
2	LAST_DAY(d)	返回包含日期 d 所在月份的最后一天
3	MONTHS_BETWEEN(dl,d2)	返回 dl 和 d2 之间月的数目，若 dl 和 d2 的日期都相同，或者都是该月的最后一天，则返回一个整数，否则返回的结果将包含一个分数
4	NEW_TIME(d,tzl,tz2)	d 是一个日期数据类型，当时区 tz1 中的日期和时间是 d1 时，返回时区 tz2 中的日期和时间
5	SYSDATE	返回数据库系统的当前日期和时间

4.6.4 转换类函数

转换类函数用于操作多数据类型，在数据类型之间进行转换。在使用 SQL 语句进行数据操作时，经常使用到这一类函数。常用的转换类函数使用说明见表 4-11。

表 4-11 转换类函数使用说明

序号	函数	说 明
1	CHARTOROWID(c)	该函数将字符数据类型 c 转换为 ROWID 数据类型
2	CONVERT(s,dset,sset)	该函数将字符串 s 由 sset 字符集转换为 dset 字符集，sset 默认设置为数据库的字符集
3	ROWIDTOCHAR()	该函数将 ROWID 数据类型转换为 CHAR 数据类型
4	HEXTORAW(s)	将一个十六进制构成的字符串 s 转换为二进制
5	RAWTOHEXT(s)	将一个二进制构成的字符串 s 转换为十六进制
6	TO_CHAR(x,'format')	该函数将 x 按照指定的格式转换为字符串
7	TO_DATE(c, 'format')	该函数将字符串 s 转换成 Oracle 中的 DATE 数据类型
8	TO_MULTI_BYTE(s)	该函数将字符串 s 的单字节字符转换成多字节字符
9	TO_NUMBER(c, 'format')	该函数将 c 按照指定的格式转换为 c 代表的数字
10	TO_SINGLE_BYTE(s)	该函数将字符串 s 的多字节字符转换成单字节字符

4.6.5 聚集类函数

聚集类函数也称为集合函数，返回基于多个行的单一结果，行的准确数量无法确定，除非查询被执行并且所有的结果都被包含在内。与单行函数不同的是，在解析时所有的行都是已知的。这种差别使聚集类函数与单行函数在要求和行为上有微小的差异。

Oracle 提供了丰富的聚集类函数。这些函数可以在 SELECT 或 SELECT 的 HAVING 子句中使用，SELECT 子句常常与 GROUP BY 一起使用。常用的聚集类函数见表 4-12。

表 4-12 聚集类函数使用说明

序号	函数	说 明
1	AVG(DISTINCT | ALL)	用于返回数值的平均值。默认设置为 ALL。ALL 表示对所有的值求平均值，DISTINCT 只对不同的值求平均值
2	COUNT(DISTINCT | ALL)	用于返回查询中行的数量，默认设置是 ALL，表示返回所有的行
3	MAX(DISTINCT | ALL)	用于返回选择列表项目的最大值
4	MIN(DISTINCT | ALL)	用于返回选择列表项目的最小值
5	STDDEV(DISTINCT|ALL)	用于返回选择列表项目的标准差
6	SUM(DISTINCT | ALL)	用于返回选择列表项目的数值的总和
7	VARIANCE(DISTINCT|ALL)	用于返回选择列表项目的统计方差

本章知识点小结

SQL 是结构化查询语言（Structured Query Language）的缩写，它是目前关系数据库系统中通用的标准语言。到目前为止，包括 Oracle、Sybase、Informix 等在内的几乎所有大型数据库系统都支持 SQL。SQL 在字面上虽然称为结构化查询语言，实际上是集数据定义语言（DDL）、数据查询语言（DQL）、数据操纵语言（DML）、数据控制语言（DCL）于一体的关系数据语言。SQL 功能强大、易学易用。SQL 操作的基本对象是表，也就是关系。它可以对表中的数据进行查询、增加、修改、删除等常规操作，还可以维护表中数据的一致性、完整性和安全性，能够满足从单机到分布式系统的各种应用需求。

本章主要介绍了 SQL 语言的发展过程、基本特点、DDL、DQL、DML。

SQL 数据查询可以分为单表查询和多表查询。多表查询的实现方式有连接查询和子查询，其中子查询可分为相关子查询和非相关子查询。在查询语句中可以利用表达式、函数，以及分组操作 GROUP BY、HAVING、排序操作 ORDER BY 等进行处理。查询语句是 SQL 的重要语句，要加强学习和训练。

SQL 数据定义包括对基本表、视图、索引的创建和删除。SQL 数据操纵包括数据的插入、删除、修改等操作。本章还介绍了视图，视图是从若干个基本表或视图导出来的虚表，提供了一定程度的数据逻辑独立性，并可增加数据的安全性，封装了复杂的查询，简化了用户的使用。

习　题

1. 名词解释。

基本表、视图、子查询、联接查询、嵌套查询。

2. 试说明视图的作用。

3. SQL 语言的 4 大基本功能是什么？

4. SQL 的中文全称是__________________。

5. SQL 语言是一种综合性的功能强大的语言，除了具有数据查询和数据操纵功能之外，还具有__________和__________功能。

6. SQL 语言支持关系数据库的三级模式结构，其中外模式对应于__________________，模式对应于________________，内模式对应于________________。

7. 在字符匹配中，____________可以代表任意单个字符。

8. 用 ORDER BY 子句可以对查询结果按照一个或多个属性列降序或升序排序，其默认值是____________。

9. 在 SQL 语言的结构中__________有对应的物理存储，而__________没有对应的物理存储。

10. 对于本章例子“教务管理系统”使用的三个基本表

Student (StuNo, StuName, Sex, Age, MajorNo,Address)
Course (CNo, CName, Credit, ClassHour, Teacher)
SC(StuNo, CNo, Score)

试用 SQL 查询语句在练习本章例子程序的基础上，完成下列查询。

（1）使用 INSERT 语句分别向 Student 表、Course 表和 SC 表插入 20 条数据。

（2）查询“王老师”所授课程的课程号和课程名。

（3）在表 SC 中查询成绩为空值的学生学号和课程号。

（4）查询姓名以“张”开头的所有学生的姓名和年龄。

（5）查询选修课程包含“王老师”所授课程的学生学号。

（6）在表 Course 中统计开设课程的教师人数。

（7）查询年龄大于 20 岁的男学生的学号和姓名。

（8）查询学号为 41050001 学生所学课程的课程名与任课教师名。

（9）查询至少选修“王老师”所授课程中一门课程的女学生姓名。

（10）查询“叶斌”同学不学的课程的课程号。

（11）查询至少选修两门课程的学生学号。

（12）查询全部学生都选修课程的课程号与课程名。

（13）选修“数据库技术及应用”课程的女学生的平均年龄。

（14）查询“王老师”所授课程的每门课程的平均成绩。

（15）统计每个学生选修课程的门数。

（16）查询年龄大于男学生平均年龄的女学生姓名和年龄。

（17）将选修“数据库技术及应用”课程的学生成绩提高 10%。

（18）创建一个视图 sc_view，包括 StuNo，StuName，CName，Credit，ClassHour，Teacher，Score。

11. 用 SQL 语句建立下面 4 个表，要求为每个表定义主键，相关表定义外键。

S（SNO,SNAME,STATUS,CITY）

P（PNO,PNAME,COLOR,WEIGHT）

J（JNO,JNAME,CITY）

SPJ（SNO,PNO,JNO,QTY）

第 5 章 关系数据库规范化理论

一个关系数据库模式由一组关系模式组成，一个关系模式由一组属性名组成。数据库设计的一个最基本的问题是怎样建立合理的数据库模式，使数据库系统无论是在数据存储方面，还是在数据操作方面都具有较好的性能。关系数据库的规范化理论对关系数据库结构的设计起着重要的作用。

【本章要点】

- 关系模式的冗余和异常问题
- 关系规范化的作用
- 函数依赖的定义、逻辑蕴涵、闭包、推理规则、属性集的闭包
- 函数依赖推理规则的正确性和完备性、函数依赖集的等价、最小依赖集
- 无损分解的定义、检验，保持函数依赖
- 关系模式的范式：1NF、2NF、3NF、BCNF、4NF
- 关系模式规范化步骤

5.1 关系规范化的作用

为使数据库设计合理可靠、简单实用，形成了关系数据库的规范化理论。它是根据现实世界存在的数据依赖而进行的关系模式的规范化处理，从而得到一个合理的数据库设计效果。规范化理论包括 3 个内容。①数据依赖，这是核心，主要研究数据之间的联系；②范式，是关系模式的标准；③模式设计方法，是自动化设计的基础。

5.1.1 问题的提出

在关系数据库系统中，关系模型包括一组关系模式，各个关系是相互关联的，而不是完全独立的。一个适合的关系模式，既提高系统的运行效率，减少数据冗余，又方便快捷，是数据库系统设计成功的关键。那么，什么样的关系模式是好的关系模式？下面通过实例来进行分析。

【例 5.1】 设计一个学校教学管理的数据库，要求一个系有多名学生，一个学生只属于一个系；一门课只有 1 名任课教师；一个学生可以选修多门课程，每门课程可有多个学生选修；每个学生学习每一门课程仅有一个成绩。采用单一的关系模式设计为 $R(U)$，其中 U 是由属性学号（StuNo）、姓名（StuName）、系名（DName）、系负责人（MName）、课程编号（CNo）、课程名（CName）、任课教师姓名（TName）、成绩（Score）组成的属性集合。若将这些信息设计成一个关系，则关系模式如下。

SCD=(StuNo, StuName, DName, MName, CNo, CName, TName, Score)

选定此关系的主键为(StuNo, CNo)。

在此关系模式中填入一部分数据，则可得到该关系模式 SCD 的实例，见表 5-1。

分析表 5-1，不难看出，该关系存在着如下问题。

1．数据冗余（Data Redundancy）

在这个关系中，每个系名存储的次数等于该系的学生人数乘以每个学生选修的课程门数，同时，学生的姓名也要重复存储多次；每个课程编号和课程名均对选修该门课程的学生重复存储；每个教师都对其所教的学生重复存储。

表 5-1　　关系模式 SCD 的实例

StuNo	StuName	DName	MName	CNo	CName	TName	Score
41050002	张强	计算机系	鲁达	050221	计算机网络	王静清	80
41050002	张强	计算机系	鲁达	050230	数据结构	张亚楠	85
41050002	张强	计算机系	鲁达	050241	C 语言	郭明山	88
41050018	王明	计算机系	鲁达	050221	计算机网络	王静清	75
41050018	王明	计算机系	鲁达	050230	数据结构	张亚楠	80
41050018	王明	计算机系	鲁达	050241	C 语言	郭明山	85
41050020	钱勇	通信工程系	秦明	050250	信号与系统	秦志辉	82
41050022	王猛	通信工程系	秦明	050250	信号与系统	秦志辉	88

2．插入异常

由于主键中元素的属性值不能取空值，如果新分配来一位教师或新成立一个系，则这位教师、系负责人及新系名就无法插入；如果一位教师所开的课程无人选修或一门课程列入计划但目前不开课，也无法插入。

3．修改异常

如果更换一门课程的任课教师或更换系负责人，则需要修改多个元组。如果仅部分修改，部分不修改，就会造成数据的不一致性。同样的情形，如果一个学生转系，则对应此学生的所有元组都必须修改，否则，也出现数据的不一致性。

4．删除异常

如果某系的所有学生全部毕业，又没有在读及新生，当从表中删除毕业学生的选课信息时，则连同此系的信息将全部丢失。同样，如果所有学生都退选一门课程，则该课程的相关信息也会丢失。

由此可知，上述的学校教学管理的数据库关系尽管看起来能满足一定的需求，但存在的问题很多，因此它并不是一个合理的关系模式。

5.1.2　解决的方法

不合理的关系模式最突出的问题是数据冗余，而数据冗余的产生有着较为复杂的原因。虽然关系模式充分地考虑到文件之间的相互关联，并有效地处理了多个文件间的联系所产生的冗余问题。但在关系本身内部数据之间的联系还没有得到充分的解决，正如【例 5.1】所示，同一关系模式中各个属性之间存在着某种联系，如学生与系、课程与教师之间存在依赖关系的事实，才使得数据出现大量冗余，引发各种操作异常。关系模式中，各属性之间相互依赖、相互制约的联系称为数据依赖。

关系系统当中数据冗余产生的重要原因就在于对数据依赖的处理，从而影响到关系模式本身的结构设计。解决数据间的依赖关系常常采用对关系的分解来消除不合理的部分，以减少数据冗余，解决插入异常、修改异常和删除异常的问题。在【例 5.1】中，我们将教学关系分解为 4 个关系模式来表达：学生基本信息 *S*(StuNo, StuName, DName)、院系信息 *D*(DName, MName)、课程信息 *C*(CNo, CName, TName)及学生成绩 *SC*(StuNo, CNo, Score)。分解后的数据见表 5-2、表 5-3、表 5-4 与表 5-5。

表 5-2　关系模式 *S* 的实例

StuNo	StuName	DName
41050002	张强	计算机系
41050018	王明	计算机系
41050020	钱勇	通信工程系
41050022	王猛	通信工程系

表 5-3　关系模式 *D* 的实例

DName	MName
计算机系	鲁达
通信工程系	秦明

表 5-4　关系模式 *C* 的实例

CNo	CName	TName
050221	计算机网络	王静清
050230	数据结构	张亚楠
050241	C 语言	郭明山
050250	信号与系统	秦志辉

表 5-5　关系模式 *SC* 的实例

StuNo	CNo	Score
41050002	050221	80
41050002	050230	85
41050002	050241	88
41050018	050221	75
41050018	050230	80
41050018	050241	85
41050020	050250	82
41050022	050250	88

对教学关系进行分解后，极大地解决了插入异常、删除异常等问题，数据冗余也得到了控制。但同时，改进后的关系模式也会带来新的问题，如当查询某个系的学生成绩时，就需要将两个关系连接后进行查询，增加了查询时关系的连接开销。此外，必须说明的是，不是任何分解都是有效的。有时分解不但解决不了实际问题，反而会带来更多的问题。

那么，什么样的关系模式需要分解？分解关系模式的理论依据又是什么？分解后能完全消除上述的问题吗？下面几节将加以讨论。

5.1.3　关系模式规范化

由上面的讨论可知，在关系数据库的设计中，不是随便一种关系模式设计方案都“合适”，更不是任何一种关系模式都可以投入应用的。数据库中的每一个关系模式的属性之间都需要满足某种内在的必然联系，设计一个好的数据库的根本方法是先要分析和掌握属性间的语义关联，然后再依据这些关联得到相应的设计方案。在理论研究和实际应用中，人们发现，属性间的关联表现为一个属性子集对另一个属性子集的“依赖”关系。数据依赖（Data Dependency）是同一关系中属性间的相互依赖和相互制约。数据依赖包括函数依赖（Functional Dependency）、多值依赖（Multivalued Dependency）和连接依赖（Join Dependency）。基于对这三种依赖关系在不同层面上的具体要求，人们又将属性之间的这些关联分为若干等级，这就形成了所谓的关系的规范化。

由此看来，解决关系数据库冗余问题的基本方案就是分析研究属性之间的联系，按照每个关系中属性间满足某种内在语义条件，以及相应运算当中表现出来的某些特定要求，也就是按照属性间联系所处的规范等级来构造关系。由此产生的一整套有关理论称之为关系数据库的规范化理论。

5.2　函数依赖

数据依赖包括函数依赖、多值依赖和连接依赖。函数依赖是数据依赖的一种，它反映了同一关系中属性间一一对应的约束。函数依赖是关系规范化的理论基础。

5.2.1　函数依赖

定义 5.1 设 $R(U)$是一个属性集 U 上的关系模式，X 和 Y 是 U 的子集。若对于 $R(U)$的任意一个可能的关系 r，如果 r 中不存在两个元组，它们在 X 上的属性值相等，而在 Y 上的属性值不等，则称“X 函数确定 Y”或“Y 函数依赖于 X”，记作 $X \rightarrow Y$。

另外一种更加直观的定义如下。设 $R = R(A_1, A_2, \cdots, A_n)$是一个关系模式($A_1, A_2, \cdots, A_n$ 是 R 的属性)，$X \subseteq \{A_1, A_2, \cdots, A_n\}$，$Y \subseteq \{A_1, A_2, \cdots, A_n\}$，即 X 和 Y 是 R 的属性子集，T_1、T_2 是 R 的两个任意元组，即 $T_1 = T_1(A_1, A_2, \cdots, A_n)$，$T_2 = T_2(A_1, A_2, \cdots, A_n)$，如果当 $T_1(X) = T_2(X)$成立时，总有 $T_1(Y) = T_2(Y)$，则称“X 函数确定 Y”或“Y 函数依赖于 X”，记作 $X \rightarrow Y$。

函数依赖和其他数据依赖一样，是语义范畴的概念。我们只能根据数据的语义来确定函数依赖。例如，在关系模式 *SCD*=(StuNo, StuName, DName, MName,CNo, CName, Score)中，存在以下函数依赖集。

F={StuNo→StuName,StuNo→DName,DName→MName,CNo→CName, (StuNo, CNo)→Score }

知道了学生的学号（StuNo），可以唯一地查询到其对应的姓名（StuName）、系名（DName）等，因而，可以说“学号函数确定了姓名或系名”，记作“StuNo→StuName”“StuNo→DName”等。这里的唯一性并非只有一个元组，而是指任何元组，只要它在 X（StuNo）上相同，则在 Y（StuName 或 DName）上的值也相同。如果满足不了这个条件，就不能说它们是函数依赖了。例如，StuName 与 DName 的关系，当只有在没有同名人的情况下可以说函数依赖“StuName→DName”成立，如果允许有相同的名字，则“DName”就不再依赖于“StuName”了。

特别需要注意的是，函数依赖不是指关系模式 R 中某个或某些关系满足的约束条件，而是指 R 的一切关系均要满足的约束条件。

5.2.2 函数依赖的三种基本情形

当 $X \rightarrow Y$ 成立时，则称 X 为决定因素，称 Y 为依赖因素。当 Y 函数不依赖于 X 时，记为 $X \nrightarrow Y$。如果 $X \rightarrow Y$，且 $Y \rightarrow X$，则记为 $X \leftrightarrow Y$。

函数依赖可以分为如下三种基本情形。

1．平凡函数依赖与非平凡函数依赖

定义 5.2 在关系模式 $R(U)$中，对于 U 的子集 X 和 Y，如果 $X \rightarrow Y$，但 Y 不是 X 的子集，则称 $X \rightarrow Y$ 是非平凡函数依赖。若 Y 是 X 的子集，则称 $X \rightarrow Y$ 是平凡函数依赖。

例如，在关系模式 *SC*(StuNo, CNo, Score)中，(StuNo, CNo)→Score 是非平凡的函数依赖，而(StuNo, CNo)→StuNo 和(StuNo, CNo)→CNo 则是平凡的函数依赖。

对于任一关系模式，平凡函数依赖都是必然成立的。它不反映新的语义，因此，若不特别声明，本书总是讨论非平凡函数依赖。

2．完全函数依赖与部分函数依赖

定义 5.3 在关系模式 $R(U)$中，如果 $X \rightarrow Y$，并且对于 X 的任何一个真子集 X'，都有 $X' \nrightarrow Y$，则称 Y 完全函数依赖于 X，记作 $X \xrightarrow{F} Y$。若 $X \rightarrow Y$，但 Y 不完全函数依赖于 X，则称 Y 部分函数依赖于 X，记作 $X \xrightarrow{P} Y$。

如果 Y 对 X 部分函数依赖，X 中的“部分”就可以确定对 Y 的关联，从数据依赖的观点来看，X 中存在“冗余”属性。

例如，在关系模式 *SCD* 中，(StuNo, CNo)→Score 是完全函数依赖，而(StuNo, CNo)→DName 是部分函数依赖。

3．传递函数依赖

定义 5.4 在关系模式 $R(U)$中，如果 $X \rightarrow Y$，$Y \rightarrow Z$，且 $Y \nrightarrow X$，则称 Z 传递函数依赖于 X，记作 $X \xrightarrow{T} Z$。

传递函数依赖定义中之所以要加上条件 $Y \nrightarrow X$，是因为如果 $Y \rightarrow X$，则 $X \leftrightarrow Y$，这实际上是 Z 直接依赖于 X，而不是传递函数依赖了。

按照函数依赖的定义，可以知道，如果 Z 传递依赖于 X，则 Z 必然函数依赖于 X，如果 Z 传递依赖于 X，说明 Z 是“间接”依赖于 X，从而表明 X 和 Z 之间的关联较弱，表现出间接的弱数据依赖。因而也是产生数据冗余的原因之一。

5.2.3 码的函数依赖

定义 5.5 设 K 为关系模式 R（U，F）中的属性或属性集合。若 $K \rightarrow U$，则 K 称为 R 的一个超码。

定义 5.6 设 K 为关系模式 R（U，F）中的属性或属性集合。若 $K \xrightarrow{F} U$，则 K 称为 R 的一个候选码。候选码一定是超码，而且是“最小”的超码，即 K 的任意一个真子集都不再是 R 的超码。候选码有时也称为“候选键”。

若关系模式 R 有多个候选码，则选定其中一个作为主码（Primary Key）。

组成候选码的属性称为主属性，不包含在任何候选码中的属性称为非主属性。

在关系模式中，最简单的情况，单个属性是码，称为单码；最极端的情况，整个属性组都是码，称为全码。

例如，在前面介绍的 3 个关系模式 *S*(StuNo, StuName, DName)、*C*(CNo, CName, TName)及

SC(StuNo, CNo, Score)中，存在 StuNo$\xrightarrow{F}$ (StuNo, StuName, DName)、CNo$\xrightarrow{F}$ (CNo, CName, TName)、(StuNo, CNo)$\xrightarrow{F}$ (Score)，所以，StuNo、CNo 和（StuNo，CNo）分别是关系模式 *S*、*C* 和 *SC* 的主码。而(StuNo, StuName)$\xrightarrow{P}$ (StuNo, StuName, DName)，(StuNo, DName)$\xrightarrow{P}$ (StuNo, StuName, DName)，所以(StuNo, StuName)和(StuNo, DName)都不是 *S* 的主码，而是超码。

定义 5.7 关系模式 *R* 中属性或属性组 *X* 并非 *R* 的码，但 *X* 是另一个关系模式的码，则称 *X* 是 *R* 的外部码，也称为外码（Foreign Key）。

例如，StuNo 单独并不是关系模式 *SC* 的码，但它是关系模式 *S* 的主码，所以在关系模式 *SC* 中 StuNo 称为外码，与 CNo 一起组成关系模式 *SC* 的主码，同时将这 3 个关系联系了起来。

码是关系模式中的一个重要概念。候选码能够唯一地标识关系的元组，是关系模式中一组最重要的属性。另外，主码又和外码一起提供了一个表示关系间联系的手段。

5.2.4　函数依赖和码的唯一性

码是由一个或多个属性组成的可唯一标识元组的最小属性组。码在关系中总是唯一的，即码函数决定关系中的其他属性。因此，一个关系，码值总是唯一的（如果码的值重复，则整个元组都会重复）。否则，违反实体完整性规则。

与码的唯一性不同，在关系中，一个函数依赖的决定因素可能是唯一的，也可能不是唯一的。如果我们知道 *A* 决定 *B*，且 *A* 和 *B* 在同一关系中，但我们仍无法知道 *A* 是否能决定除 *B* 以外的其他所有属性，所以无法知道 *A* 在关系中是否是唯一的。

5.3　函数依赖的公理系统

研究函数依赖是解决数据冗余的重要课题，其中首要的问题是在一个给定的关系模式中，找出其上的各种函数依赖。对于一个关系模式来说，在理论上总有函数依赖存在。例如，平凡函数依赖和传递函数依赖；在实际应用中，人们通常也会制定一些语义明显的函数依赖。这样，一般总有一个作为问题展开的初始基础的函数依赖集 *F*。本节主要讨论如何通过已知的 *F* 得到其他大量的未知函数依赖。

5.3.1　函数依赖的逻辑蕴涵

1. 问题的引入

【例 5.2】 考察关系模式 *R* 上已知的函数依赖 $X\to\{A, B\}$ 时，按照函数依赖的概念，就有函数依赖 $X\to\{A\}$ 和 $X\to\{B\}$；而已知成立非平凡函数依赖 $X\to Y$ 和 $Y\to Z$，且有 $Y\nrightarrow X$ 时，按照传递依赖概念，可以得到新的函数依赖 $X\to Z$。

若函数依赖 $X\to\{A\}$、$X\to\{B\}$ 和 $X\to Z$ 并不直接显现在问题当中，而是按照一定规则（函数依赖和传递函数依赖概念）由已知“推导”出来的。将这个问题一般化，就是如何由已知的函数依赖集合 *F*，推导出新的函数依赖。

2. 函数依赖集 *F* 的逻辑蕴涵

定义 5.8 设有关系模式 *R*(*U*,*F*)，又设 *X* 和 *Y* 是属性集合 *U* 的两个子集，如果对于 *R* 中每个满足 *F* 的关系 *r* 也满足 $X\to Y$，则称函数依赖集 *F* 逻辑蕴含函数依赖 $X\to Y$，或称 $X\to Y$ 可从 *F* 推出，记为 $F\models X\to Y$。

如果考虑到 *F* 所蕴含（所推导）的所有函数依赖，就有函数依赖集合闭包的概念。

3．函数依赖集的闭包

定义 5.9 设 F 是函数依赖集，被 F 逻辑蕴含的函数依赖的全体构成的集合，称为函数依赖集 F 的闭包（Closure），记为 F^+，即 $F^+ = \{X \to Y \mid F \models X \to Y\}$

由以上定义可知，由已知函数依赖集 F 求得新函数依赖可以归结为求 F 的闭包 F^+。为了用一套系统的方法求得 F^+，还必须遵守一组函数依赖的推理规则。

5.3.2 函数依赖的推理规则

为了从关系模式 R 上已知的函数依赖 F 得到其闭包 F^+，W. W. Armstrong 于 1974 年提出了一套推理规则。使用这套规则，可以由已有的函数依赖推导出新的函数依赖。后来又经过不断完善，形成了著名的"Armstrong 公理系统"，为计算 F^+ 提供了一个有效并且完备的理论基础。

1．Armstrong 公理系统

（1）Armstrong 公理系统有 3 条基本公理。

① A1（自反律，Reflexivity）：如果 $Y \subseteq X \subseteq U$，则 $X \to Y$ 在 R 上成立。

② A2（增广律，Augmentation）：如果 $X \to Y$ 在 R 上成立，且 $Z \subseteq U$，则 $XZ \to YZ$。

③ A3（传递律，Transitivity）：如果 $X \to Y$ 和 $Y \to Z$ 在 R 上成立，则 $X \to Z$ 在 R 上也成立。

基于函数依赖集 F，由 Armstrong 公理系统推出的函数是否一定在 R 上成立呢？或者说，这个公理系统是否正确呢？这个问题并不明显，需要进行必要的讨论。

（2）由于公理是不能证明的，其"正确性"只能按照某种途径进行间接的说明。人们通常是按照这样的思路考虑正确性问题的，即如果 $X \to Y$ 是基于 F 而由 Armstrong 公理系统推出，则 $X \to Y$ 一定属于 F^+，则就可认为 Armstrong 公理系统是正确的。由此可知以下内容。

① 自反律是正确的。因为在一个关系中不可能存在两个元组在属性 X 上的值相等，而在 X 的某个子集 Y 上的值不等。

② 增广律是正确的。因为可以使用反证法，如果关系模式 $R(U)$ 中的某个具体关系 r 中存在两个元组 t 和 s 违反了 $XZ \to YZ$，即 $t[XZ] = s[XZ]$，而 $t[YZ] \neq s[YZ]$，则可以知道 $t[Y] \neq s[Y]$ 或 $t[Z] \neq s[Z]$。此时可以分为两种情况。

如果 $t[Y] \neq s[Y]$，就与 $X \to Y$ 成立矛盾。

如果 $t[Z] \neq s[Z]$，则与假设 $t[XZ] = s[XZ]$ 矛盾。

这样假设就不成立，所以增广性公理正确。

③ 传递律是正确的。还是使用反证法。假设 $R(U)$ 的某个具体关系 r 中存在两个元组 t 和 s 违反了 $X \to Z$，即 $t[X] = s[X]$，但 $t[Z] \neq s[Z]$。此时分为两种情形讨论。

如果 $t[Y] \neq s[Y]$，就与 $X \to Y$ 成立矛盾。

如果 $t[Y] = s[Y]$，而 $t[Z] \neq s[Z]$，就与 $Y \to Z$ 成立矛盾。

由此可以知道传递性公理是正确的。

（3）由 Armstrong 基本公理 A1，A2 和 A3 为初始点，可以导出下面 4 条有用的推理规则。

① A4（合并性规则）：若 $X \to Y$，$X \to Z$，则 $X \to YZ$。

② A5（分解性规则）：若 $X \to Y$，$Z \subseteq Y$，则 $X \to Z$。

③ A6（伪传递性规则）：若 $X \to Y$，$WY \to Z$，则 $WX \to Z$。

④ A7（复合性规则）：若 $X \to Y$，$W \to Z$，则 $WX \to YZ$。

⑤ A8（通用一致性规则）：若 $X \to Y$，$W \to Z$，则 $X(W - Y) \to YZ$。

由合并性规则 A4 和分解性规则 A5，可以得到如下定理。

定理 5.1 如果 $A_i(i=1, 2, \cdots, n)$ 是关系模式 R 的属性集，则 $X \to (A_1, A_2, \cdots, A_n)$ 成立的充分必要条件是 $X \to A_i(i=1, 2, \cdots, n)$ 均成立。

2. Armstrong 公理系统的完备性

如果由 F 出发根据 Armstrong 公理推导出的每一个函数依赖 $X \to Y$ 一定在 F 当中，人们就称 Armstrong 公理系统是有效的。如果 F^+ 中每个函数依赖都可以由 F 出发根据 Armstrong 公理系统导出，就称 Armstrong 公理系统是完备的。

由 Armstrong 公理系统的完备性可以得到重要结论：F^+ 是由 F 根据 Armstrong 公理系统导出的函数依赖的集合。从而在理论上解决了由 F 计算 F^+ 的问题。

另外，由 Armstrong 公理系统的完备性和有效性还可以知道，“推导出”与“蕴含”是两个完全等价的概念，由此得到函数依赖集 F 的闭包的一个计算公式。

$F^+ = \{ X \to Y \mid X \to Y$ 由 F 根据 Armstrong 公理系统导出 $\}$

【例 5.3】 设有关系 $R(X, Y, Z)$，它的函数依赖集 $F = \{X \to Y, Y \to Z\}$，则由上述关于函数依赖集闭包的计算公式，可以得到 F^+ 由 43 个函数依赖组成。例如，由自反性公理 A1 可以知道，$X \to \Phi$，$Y \to \Phi$，$Z \to \Phi$，$X \to X$，$Y \to Y$，$Z \to Z$；由增广性公理 A2 可以推出 $XZ \to YZ$，$XY \to Y$，$X \to XY$ 等；由传递性公理 A3 可以推出 $X \to Z$，…。F 的闭包 F^+ 如下所示。

$$F^+ = \begin{bmatrix} X \to \varphi & XY \to \varphi & XZ \to \varphi & XYZ \to \varphi & Y \to \varphi & Z \to \varphi \\ X \to X & XY \to X & XZ \to X & XYZ \to X & Y \to Y & Z \to Z \\ X \to Y & XY \to Y & XZ \to Y & XYZ \to Y & Y \to Z & \varphi \to \varphi \\ X \to Z & XY \to Z & XZ \to Z & XYZ \to Z & Y \to YZ & \\ X \to XY & XY \to XY & XZ \to XY & XYZ \to XY & YZ \to \varphi & \\ X \to XZ & XY \to XZ & XZ \to XZ & XYZ \to XZ & YZ \to Y & \\ X \to YZ & XY \to YZ & XZ \to YZ & XYZ \to YZ & YZ \to Z & \\ X \to XYZ & XY \to XYZ & XZ \to XYZ & XYZ \to XYZ & YZ \to YZ & \end{bmatrix}$$

5.3.3　属性集闭包与 *F* 逻辑蕴含的充要条件

从理论上讲，对于给定的函数依赖集合 F，只要反复使用 Armstrong 公理系统给出的推理规则，直到不能再产生新的函数依赖为止，就可以算出 F 的闭包 F^+。但在实际应用中，这种方法不仅效率较低，而且还会产生大量“无意义”或者意义不大的函数依赖（如上例中的 $X \to \Phi$、$XY \to Y$、$XY \to XY$ 等）。由于人们感兴趣的可能只是 F^+ 的某个子集，所以许多实际过程几乎没有必要计算 F 的闭包 F^+ 自身。正是为了解决这样的问题，就引入了属性集闭包的概念。

1. **属性集闭包**

定义 5.10　设有关系模式 $R(U, F)$，$U=\{A_1, A_2, \cdots, A_n\}$，$X \subseteq U$，$F$ 是属性集 U 上的一个函数依赖集，则属性集 X 关于函数依赖集 F 的闭包定义如下。

$X_F^+ = \{ A_i \mid A_i \in U$，且 $X \to A_i$ 可用 Armstrong 公理系统从 F 推导出 $\}$

【例 5.4】 设有关系模式 $R(U, F)$，其中 $U = \{A, B, C\}$，$F = \{A \to B, B \to C\}$，分别求 A、B、C 的闭包。

解：①若 $X = A$ 时，

$\because$ $A \to B, B \to C$（已知条件），　$\therefore$ $A \to C$（A2 传递律）

$\because$ $A \to A$（A1 自反律），　$\therefore$ $A_F^+=\{A, B, C\}$（根据定义）

②若 $X=B$ 时，

$\because$ $B \to B$（A1 自反律），$B \to C$（给定条件）

$\therefore$ $B_F^+=\{B, C\}$（根据定义）

若 $X=C$ 时，$\because C\rightarrow C$（A1 自反律），$\therefore\ C_F^+=\{C\}$ （根据定义）

2. 函数依赖集 F 逻辑蕴含的充要条件

一般来说，给定一个关系模式 $R(U,F)$，其中函数依赖集 F 的闭包 F^+ 只是 U 上所有函数依赖集的一个子集，那么对于 U 上的一个函数依赖 $X\rightarrow Y$，如何判定它是属于 F^+，即如何判定是否 F 逻辑蕴含 $X\rightarrow Y$ 呢？一个自然的思路就是将 F^+ 计算出来，然后看 $X\rightarrow Y$ 是否在集合 F^+ 之中，前面已经说过，由于种种原因，人们一般并不直接计算 F^+。注意到计算一个属性集的闭包通常比计算一个函数依赖集的闭包来得简便，因此有必要讨论能否将"$X\rightarrow Y$ 属于 F^+"判断问题归结为其中决定因素 X 的闭包 X_F^+ 的计算问题。下面的定理给出了该问题的答案。

定理 5.2 设有关系模式 $R(U, F)$，X，$Y\subseteq U$，F 是属性集 U 上的一个函数依赖集，则函数依赖 $X\rightarrow Y$ 能由 F 按照 Armstrong 公理系统推出即 $X\rightarrow Y\in F^+$ 的充分必要条件是 $Y\subseteq X_F^+$。反之，能用 Armstrong 公理系统从 F 推出的所有 $X\rightarrow Y$ 的 Y 都在 X_F^+ 中。

定理证明如下。

（1）充分性。如果 $Y=\{A_1, A_2, \cdots, A_n\}$ 并且 $Y\subseteq X_F^+$，则由 X 关于 F 闭包 F^+ 的定义，对于每个 $A_i\in Y(i=1, 2, \cdots, n)$ 能够关于 F 按照 Armstrong 公理系统推出，再由合并性规则 A4 就可知道 $X\rightarrow Y$ 能由 F 按照 Armstrong 公理系统得到。

（2）必要性。如果 $X\rightarrow Y$ 能由 F 按照 Armstrong 公理系统导出，并且 $Y=\{A_1, A_2, \cdots, A_n\}$，按照分解性规则 A5 可以得知 $X\rightarrow A_i(i=1, 2, \cdots, n)$，这样，由 X_F^+ 的定义就得到 $A_i\in X_F^+$ $(i=1, 2, \cdots, n)$，所以 $Y\subseteq X_F^+$。

这个定理告诉我们，只要 $Y\subseteq X_F^+$，则必有 $X\rightarrow Y$。于是，一个函数依赖 $X\rightarrow Y$ 能否用 Armstrong 公理系统从 F 推出的问题，就变成判断 Y 是否为 X_F^+ 子集的问题。

下面介绍计算 X_F^+ 的方法。

求属性集 $X(X\subseteq U)$ 关于 U 上的函数依赖集 F 的闭包 X_F^+。

输入：属性全集 U，U 上的函数依赖集 F，以及属性集 $X\subseteq U$。

输出：X 关于 F 的闭包 X_F^+。

方法：假设 M，N，P，$Q\subseteq U$，根据下列步骤计算一系列属性集合 $X^{(0)}$，$X^{(1)}$，$\cdots$，

（1）令 $X^{(0)}=X$，$i=0$。

（2）求属性集 $M=\{N\mid(\forall P)(\forall Q)P\rightarrow Q\in F\wedge P\subseteq X^{(i)}\wedge N\in Q)\}$

/*在 F 中寻找满足条件 $P\subseteq X^{(i)}$ 的所有函数依赖 $P\rightarrow Q$，并记属性 Q 的并集为 M*/。

（3）$X^{(i+1)}=X^{(i)}\cup M$。

（4）判断是否 $X^{(i+1)}=X^{(i)}$，若 $X^{(i+1)}\neq X^{(i)}$，则用 $i+1$ 取代 i，返回(2)；若 $X^{(i+1)}=X^{(i)}$，则 $X_F^+=X^{(i)}$，结束。

在判断计算何时结束时，可用下面 4 种方法。

（1）$X^{(i+1)}=X^{(i)}$。

（2）$X^{(i+1)}$ 已包含了全部属性。

（3）在 F 中再也找不到函数依赖的右部属性是 $X^{(i)}$ 中未出现过的属性。

（4）在 F 中再也找不到满足条件 $P\subseteq X^{(i)}$ 的函数依赖 $P\rightarrow Q$。

【例 5.5】 设 $F=\{AH\rightarrow C, C\rightarrow A, EH\rightarrow C, CH\rightarrow D, D\rightarrow EG, CG\rightarrow DH, CE\rightarrow AG, ACD\rightarrow H\}$，令 $X=DH$，求 X_F^+。

解：① $X^{(0)}=X=DH$。

② 在 F 中找所有满足条件 $P \subseteq X^{(0)}=DH$ 的函数依赖 $P \to Q$，结果只有 $D \to EG$，则 $M=EG$，于是 $X^{(1)} = X^{(0)} \cup M=DEGH$。

③ 判断是否 $X^{(i+1)}= X^{(i)}$，显然 $X^{(1)} \neq X^{(0)}$。

④ 在 F 中找所有满足条件 $P \subseteq X^{(1)}=DEGH$ 的函数依赖 $P \to Q$，结果为 $EH \to C$，于是 $M=C$，则 $X^{(2)} = X^{(1)} \cup M=CDEGH$。

⑤ 判断是否 $X^{(i+1)}=X^{(i)}$，显然 $X^{(2)} \neq X^{(1)}$。

⑥ 在 F 中找所有满足条件 $P \subseteq X^{(2)}=CDEGH$ 的函数依赖 $P \to Q$，结果为 $C \to A$，$CH \to D$，$CG \to DH$，$CE \to AG$，则 $M=ADGH$，于是 $X^{(3)} = X^{(2)} \cup M=CDEGH \cup M=ACDEGH$。

⑦ 判断是否 $X^{(i+1)}= X^{(i)}$，这时虽然 $X^{(3)} \neq X^{(2)}$。但 $X^{(3)}$已经包含了全部属性，所以不必再继续计算下去，直接结束。

最后，$X_F^+ = \{ACDEGH\}$。

5.3.4 函数依赖集的等价和覆盖

设有函数依赖集 F，F 中可能有些函数依赖是平凡的，有些是“多余的”。如果有两个函数依赖集，它们在某种意义上“等价”，而其中一个“较大”些，另一个“较小些”，人们自然会选用“较小”的一个。这个问题的确切提法是，给定一个函数依赖集 F，怎样求得一个与 F“等价”的“最小”的函数依赖集 F_{min}。

1. 函数依赖集的覆盖与等价

定义 5.11 设 F 和 G 是关系模式 R 上的两个函数依赖集，如果所有为 F 所蕴含的函数依赖都为 G 所蕴含，即 F^+是 G^+的子集：$F^+ \subseteq G^+$，则称 G 是 F 的覆盖。如果 G 是 F 的函数覆盖，同时 F 又是 G 的函数覆盖，即 $F^+ = G^+$，则称 F 和 G 等价，记为 $F \equiv G$。

当 G 是 F 的覆盖时，只要实现了 G 中的函数依赖，就自动实现了 F 中的函数依赖。当 F 和 G 等价时，只要实现了其中一个的函数依赖，就自动实现了另一个的函数依赖。

检查两个函数依赖集 F 和 G 是否等价的方法如下。

（1）第一步，检查 F 中的每个函数依赖是否属于 G^+，若全部满足，则 $F \subseteq G^+$。若有 $X \to Y \in F$，则计算 X_F^+，如果 $Y \subseteq X_F^+$，则 $X \to Y \in G^+$。

（2）第二步，同第一步，检查是否 $G \subseteq F^+$。

（3）第三步，如果 $F \subseteq G^+$，且 $G \subseteq F^+$，则 F 与 G 等价。

由此可见，F 和 G 等价的充分必要条件是 $F \subseteq G^+$，且 $G \subseteq F^+$。

2. 最小函数依赖集

定义 5.12 对于一个函数依赖集 F，称函数依赖集 F_{min} 为 F 的最小函数依赖集，是指 F_{min} 满足下列条件。

（1）F_{min} 与 F 等价：$F^+{}_{min} = F^+$。

（2）F_{min} 中每个函数依赖 $X \to Y$ 的依赖因素 Y 为单元素集，即 Y 只含有一个属性。

（3）F_{min} 中每个函数依赖 $X \to Y$ 的决定因素 X 没有冗余，即只要删除 X 中任何一个属性就会改变 F_{min} 的闭包 $F^+{}_{min}$。顺便说一句，一个具有如此性质的函数依赖称为是左边不可约的。

（4）F_{min} 中每个函数依赖都不是冗余的，即删除 F_{min} 中任何一个函数依赖，F_{min} 就将变为另一个不等价于 F_{min} 的集合。

最小函数依赖集 F_{min} 实际上是函数依赖集 F 的一种没有“冗余”的标准或规范形式，定义中的条件（1）表明 F 和 F_{min} 具有相同的“功能”；条件（2）表明 F_{min} 中每一个函数依赖都是“标准”的，即其中依赖因素都是单属性子集；条件（3）表明 F_{min} 中每一个函数依赖的决定因素都没有冗余的属性；条件（4）表明 F_{min} 中没有可以从 F 的剩余函数依赖导出的冗余的函数依赖。

3. 最小函数依赖集的算法

任何一个函数依赖集 F 都存在着最小函数依赖集 F_{min}。事实上，对于函数依赖集 F 来说，由 Armstrong 公理系统中的分解性规则 A5，如果其函数依赖中的依赖因素不是单属性集，就可以将其分解为单属性集，不失一般性，可以假定 F 中任意一个函数依赖的依赖因素 Y 都是单属性集合。对于任意函数依赖 $X \to Y$ 决定因素 X 中的每个属性 A，如果将 A 去掉而不改变 F 的闭包，就将 A 从 X 中删除，否则将 A 保留；按照同样的方法逐一考察 F 中的其余函数依赖。最后，对所有如此处理过的函数依赖，再逐一讨论如果将其删除，函数依赖集是否改变，不改变就真正删除，否则保留，由此就得到函数依赖集 F 的最小函数依赖集 F_{min}。

需要注意的是，虽然任何一个函数依赖集的最小依赖集都是存在的，但并不唯一。

下面给出上述思路的实现算法。

（1）检查 F 中的每个函数依赖 $X \to A$，若 $A=A_1$，A_2，…，A_k，则根据分解性规则 A5，用 $X \to A_i(i=1, 2, \cdots, k)$取代 $X \to A$。

（2）检查 F 中的每个函数依赖 $X \to A$，令 $G=F-\{X \to A\}$，若有 $A \in X_F^+$，则从 F 中去掉此函数依赖。

（3）检查 F 中各函数依赖 $X \to A$，设 $X=B_1$，B_2，…，B_m，检查 B_j ($j=1, 2, \cdots, m$)，当 $A \in (X-B_j)_F^+$ 时，即以 $X-B_j$ 替换 X。

【例 5.6】 设有关系模式 $R(U, F)$，其中 $U=\{A, B, C\}$，$F=\{A \to \{B,C\}, B \to C, A \to B, \{A, B\} \to C\}$，按照上述算法，求 F_{min}。

解：① 将 F 中所有函数依赖的依赖因素写成单属性集形式

$G=\{A \to B, A \to C, B \to C, A \to B, \{A, B\} \to C\}$

这里多出一个 $A \to B$，可以删掉，得到 $G=\{A \to B,\ A \to C, B \to C,\ \{A, B\} \to C\}$。

② G 中的 $A \to C$ 可以从 $A \to B$ 和 $B \to C$ 推导出来，$A \to C$ 是冗余的，删掉 $A \to C$ 可得

$G=\{A \to B,\ B \to C,\ \{A, B\} \to C\}$。

③ G 中的$\{A, B\} \to C$ 可以从 $B \to C$ 推导出来，是冗余的，删掉$\{A, B\} \to C$ 最后得

$G=\{A \to B, B \to C\}$。

所以 F 的最小函数依赖集 $F_{min}=\{A \to B, B \to C\}$。

5.4 关系模式的分解

设有关系模式 $R(U, F)$，给定 U 的一个子集的集合$\{U_1, U_2, \cdots, U_n\}$，对每个 $i, j(1 \leqslant i, j \leqslant n)$，有 $U_i \not\subset U_j$，$U=U_1 \cup U_2 \cup \cdots \cup U_n$，$F_i(i=1, 2, \cdots, n)$是 F 在 U_i 上的投影。如果用一个关系模式的集合 $\rho=\{R_1(U_1, F_1), R_2(U_2, F_2), \cdots, R_n(U_n, F_n)\}$代替 $R(U, F)$，就称 ρ 是关系模式 $R(U, F)$的一个分解。

在 $R(U, F)$分解为 ρ 的过程中，需要考虑以下两个问题。

（1）分解前的模式 R 和分解后的 ρ 是否表示同样的数据，即 R 和 ρ 是否等价的问题。

（2）一个关系模式经分解后，其函数依赖集 F 也随之被分解，则分解前的模式 R 和分解后的 ρ 是否保持相同的函数依赖，即在模式 R 上有函数依赖集 F，在其上的每一个模式 R_i 上有一个函数依赖集 F_i，则$\{F_1, F_2, \cdots, F_n\}$是否与 F 等价。

如果这两个问题不解决，分解前后的模式不一致，就会失去模式分解的意义。

5.4.1　无损分解

1. 无损分解的定义

设关系模式 $R(U,F)$上的一个分解为 $\rho=\{R_1(U_1，F_1)，R_2(U_2，F_2)，\cdots，R_n(U_n，F_n)\}$，$F$ 是 $R(U，F)$上的一个函数依赖集。如果对 R 中满足 F 的任一关系 r，都有

$$r=\prod_{R_1}(r)\bowtie\prod_{R_2}(r)\bowtie\cdots\bowtie\prod_{R_n}(r)$$

则称这个分解 ρ 相对于 F 是连接不失真分解或称无损连接分解，否则就称为有损分解。

【例 5.7】 设有关系模式 $R(U，F)$，其中，U = {StuNo, StuName, DName, MName}，F = { StuNo→StuName，StuNo→DName，DNAME→MName }，其实例见表 5-6。若将其分解为关系模式集合（分解方法 1）

ρ={R_1 ({StuNo, StuName, DName },{ StuNo→StuName, StuNo→DName }),
R_2({DName, MName }), {DName→MName }))}

表 5-6　原关系模式 R 的实例

StuNo	StuName	DName	MName
41050002	张强	计算机系	鲁达
41050018	王明	计算机系	鲁达
41050020	钱勇	通信工程系	秦明

则分解后的关系模式实例见表 5-7、表 5-8、表 5-9。

表 5-7　分解方法 1：关系模式 R_1 的实例

StuNo	StuName	DName
41050002	张强	计算机系
41050018	王明	计算机系
41050020	钱勇	通信工程系

表 5-8　分解方法 1：关系模式 R_2 的实例

DName	MName
计算机系	鲁达
通信工程系	秦明

表 5-9　分解方法 1：关系模式 $R_1\bowtie R_2$ 的实例

StuNo	StuName	DName	MName
41050002	张强	计算机系	鲁达
41050018	王明	计算机系	鲁达
41050020	钱勇	通信工程系	秦明

此时不难看出，$R=R_1\bowtie R_2$，也就是说，在 R 投影、连接之后仍然能够恢复为 R，即没有丢失任何信息，这种模式分解就是无损分解。

若将【例 5.7】分解为关系模式集合（分解方法 2）

ρ={R_1({StuNo, StuName },{ StuNo→StuName}), R_2({DName, MName }), {DName→MName }}

则分解后的关系模式实例见表 5-10、表 5-11、表 5-12。

表 5-10　　分解方法 2：关系模式 R_1 的实例

StuNo	StuName
41050002	张强
41050018	王明
41050020	钱勇

表 5-11　　分解方法 2：关系模式 R_2 的实例

DName	MName
计算机系	鲁达
通信工程系	秦明

表 5-12　　分解方法 2：关系模式 $R_1 \rhd\lhd R_2$ 的实例

StuNo	StuName	DName	MName
41050002	张强	计算机系	鲁达
41050002	张强	通信工程系	秦明
41050018	王明	计算机系	鲁达
41050018	王明	通信工程系	秦明
41050020	钱勇	计算机系	鲁达
41050020	钱勇	通信工程系	秦明

此时不难看出，R 在投影和连接之后比原来 R 的元组还要多（增加了噪声），同时将原有的信息丢失了，此时的分解就称为有损分解。

2. 无损分解检验算法

如果一个关系模式的分解不是无损分解，则分解后的关系通过自然连接运算就无法恢复到分解前的关系。如何保证关系模式分解具有无损分解性呢？这需要在对关系模式分解时必须利用属性间的依赖性质，并且通过适当的方法判定其分解是否为无损分解。为达到此目的，人们提出一种“追踪”过程。

输入如下内容。

（1）关系模式 $R(U, F)$，其中 $U=\{A_1, A_2, \cdots, A_n\}$以及函数依赖集 F。

（2）关系模式 $R(U, F)$上的一个分解为 $\rho=\{R_1(U_1, F_1), R_2(U_2, F_2), \cdots, R_n(U_n, F_n)\}$，且对每个 $i, j(1\leqslant i, j\leqslant n)$，有 $U_i \not\subset U_j$，$U=U_1\cup U_2\cup\cdots\cup U_n$。

输出如下内容。

ρ 相对于 F 的具有或不具有无损分解性的判断。

计算步骤如下。

（1）构造一个 k 行 n 列的表格，每列对应一个属性 $A_j(j=1, 2, \cdots, n)$，每行对应一个模式 $R_i(U_i)(i=1, 2, \cdots, k)$的属性集合。如果 A_j 在 U_i 中，那么在表格的第 i 行第 j 列处添上记号 a_j，否则添上记号 b_{ij}。见表 5-13。

表 5-13　　无损分解检验表格

	A_1	A_2	…	A_n
R_1				
R_2				
…				
R_k				

（2）重复检查 F 的每一个函数依赖，并且修改表格中的元素，直到表格不能修改为止。

取 F 中函数依赖 $X\to Y$，如果表格总有两行在 X 上分量相等，在 Y 分量上不相等，则修改 Y 分量的值，使这两行在 Y 分量上相等，实际修改分为如下两种情况。

① 如果 Y 分量中有一个是 a_j，另一个也修改成 a_j。

② 如果 Y 分量中没有 a_j，就用标号较小的 b_{ij} 替换另一个符号。

（3）修改结束后的表格中如果有一行全是 a，即 a_1，a_2，…，a_n，则 ρ 相对于 F 是无损分解，否则不是无损分解。

5.4.2　保持函数依赖

1．保持函数依赖的概念

设 F 是属性集 U 上的函数依赖集，Z 是 U 的一个子集，F 在 Z 上的一个投影用 $\prod_Z(F)$ 表示，定义为 $\prod_Z(F)=\{X\to Y|(X\to Y)\in F^+$，并且 $XY\subseteq Z\}$。

设关系模式 $R(U,F)$ 的一个分解为 $\rho=\{\{R_1,F_1\},\ \{R_2,F_2\},\ \cdots,\ \{R_n,F_n\}\}$，$F$ 是 R 上的依赖集，如果对于所有的 i=1，2，…，n，$\prod_z(F)$ 中的全部函数依赖的并集逻辑地蕴涵 F 中的全部依赖，即 $F\subseteq(\bigcup_{i=1}^{n}\prod_{R_i}(F))^+$，则称分解 ρ 保持函数依赖集 F，简称 ρ 保持函数依赖。

判断两个函数依赖集是否等价的方法也可以用来判断一个分解是否保持依赖。

【例 5.8】 设有关系模式 $R(U,F)$，其中 $U=\{A,B,C,D\}$，$F=\{A\to B,C\to D\}$，$\rho=\{R_1(\{A,B\},\{A\to B\}),R_2(\{C,D\},\{C\to D\})\}$。

解：因为 $F=\{A\to B,C\to D\}$，$F_1\cup F_2=\{A\to B,C\to D\}$

所以 $F^+=(F_1\cup F_2)^+$ 。

2．保持函数依赖的检验算法

由保持函数依赖的概念可知，检验一个分解是否保持函数依赖，其实就是检验函数依赖集 $G=(\bigcup_{i=1}^{n}\prod_{R_i}(F))^+$ 与 F^+ 是否相等，也就是检验一个函数依赖 $X\to Y\in F^+$ 是否可以由 G 根据 Armstrong 公理导出，即是否有 $Y\subseteq X_G{}^+$。

按照上述分析，可以得到保持函数依赖的检验算法。

（1）关系模式 $R(U,F)$。

（2）关系模式 $R(U,F)$ 上的一个分解为 $\rho=\{R_1(U_1,F_1),R_2(U_2,F_2),\cdots,R_n(U_n,F_n)\}$，且对每个 i，$j(1\leqslant i,j\leqslant n)$，有 $U_i\not\subset U_j$，$U=U_1\cup U_2\cup\cdots\cup U_n$。

输出如下内容。

ρ 是否保持函数依赖。

计算步骤如下。

（1）令 $G=(\bigcup_{i=1}^{n}\prod_{R_i}(F))^+$，$F$=$F$−$G$，Result=Ture。

（2）对于 F 中的第一个函数依赖 $X \to Y$，计算 X_G^+，并令 $F=F-\{X \to Y\}$。

（3）若 $Y \not\subset X_G^+$，则令 Result=False，转向④；否则，若 $F \neq \Phi$，转向②；否则转向④。

（4）若 Result=Ture，则 ρ 保持函数依赖，否则 ρ 不保持函数依赖。

【例 5.9】设有关系模式 $R(U, F)$，其中 $U = \{A, B, C, D\}$，$F = \{A \to B, B \to C, C \to D, D \to A\}$。$R(U, F)$的一个模式分解 $\rho=\{R_1(U_1, F_1), R_2(U_2, F_2), R_3(U_3, F_3)\}$，其中 $U_1=\{A, B\}$，$U_2=\{B, C\}$，$U_3=\{C, D\}$，$F_1=\prod U_1=\{A \to B\}$，$F_2=\prod U_2=\{B \to C\}$，$F_3=\prod U_3=\{C \to D\}$。

解：按照上述算法推导出如下内容。

① $G = \{A \to B, B \to A, B \to C, C \to B, C \to D, D \to C\}$，$F = F-G = \{D \to A\}$，Result = Ture。

② 对于函数依赖 $D \to A$，即令 $X=\{D\}$，有 $X \to Y$，$F=\{X \to Y\} = F-\{D \to A\} = \varnothing$。

经过计算可以得到 $X_G^+=\{A, B, C, D\}$。

③ 由于 $Y=\{A\} \subseteq X_G^+=\{A, B, C, D\}$，转向④。

④ 由于 Result = True，所以模式分解 ρ 保持函数依赖。

5.5 关系模式的规范化

关系数据库中的关系必须满足一定的规范化要求，对于不同的规范化程度可用范式来衡量。范式是符合某一种级别的关系模式的集合，是衡量关系模式规范化程度的标准，达到的关系才是规范化的。目前主要有 6 种范式：第一范式、第二范式、第三范式、BC 范式、第四范式和第五范式。满足最低要求的称为第一范式，简称 1NF。在第一范式基础上进一步满足一些要求的为第二范式，简称为 2NF。其余以此类推。各种范式之间的关系如下。

1NF ⊃ 2NF ⊃ 3NF ⊃ BCNF ⊃ 4NF ⊃ 5NF

关系模式的规范化主要解决的问题是关系中数据冗余及由此产生的操作异常。而从函数依赖的观点来看，即是消除关系模式中产生数据冗余的函数依赖。

通常把某一关系模式 R 为第 n 范式简记为 $R \in$ nNF。

范式的概念最早是由 E. F. Codd 提出的。在 1971 到 1972 年期间，他先后提出了 1NF、2NF、3NF 的概念。1974 年，E. F. Codd 又和 Boyee 共同提出了 BCNF 的概念，即 BC 范式。1976 年 Fagin 提出了 4NF 的概念，后来又有人提出了 5NF 的概念。在这些范式中，最重要的是 3NF 和 BCNF，它们是进行规范化的主要目标。将一个低一级范式的关系模式分解为若干个满足高一级范式关系模式的集合的过程称为规范化。

5.5.1 第一范式

定义 5.13 如果关系模式 R 中每个属性值都是一个不可分解的数据项，则称该关系模式满足第一范式，简称 1NF，记为 $R \in$ 1NF。

第一范式规定了一个关系中的属性值必须是“原子”的，它排斥了属性值为元组、数组或某种复合数据的可能性，使得关系数据库中所有关系的属性值都是“最简形式”。一般而言，每一个关系模式都必须满足第一范式。

例如，前面提到的关系模式 *SCD*=(StuNo, StuName, DName, MName, CNo, CName, TName, Score)，如果 Score 不可再分，则符合第一范式；若 Score 是由平时成绩（HomeworkScore）和试卷成绩（TestScore）两部分组成，则该关系模式就不符合第一范式，需要将 Score 分成平时成绩和试卷成绩 2 项才能满足第一范式。即表示为 *SCD*=(StuNo, StuName, DName, MName, CNo, CName, TName, HomeworkScore, TestScore)。此时虽然满足了第一范式的要求，但仍存在着数据冗余、插入异常和删除异常等问题。主要原因是存在如下的函数依赖（主码是(StuNo, CNo)）。

$(StuNo, CNo)\xrightarrow{F} HomeworkScore$，$(StuNo, CNo)\xrightarrow{F} TestScore$

$StuNo\rightarrow StuName$，$(StuNo, CNo)\xrightarrow{P} StuName$

$StuNo\rightarrow DName$，$(StuNo, CNo)\xrightarrow{P} DName$

$StuNo\xrightarrow{T} MName$，$(StuNo, CNo)\xrightarrow{P} MName$

$CNo\rightarrow CName$，$(StuNo, CNo)\xrightarrow{P} CName$

$CNo\rightarrow TName$，$(StuNo, CNo)\xrightarrow{P} TName$

如图 5-1 所示。由此可见，在 *SCD* 中，既存在完全函数依赖，又存在部分函数依赖和传递函数依赖。所以还需要对关系模式进行分解，使它达到更高的范式，从而避免数据操作中出现的插入异常、修改异常和删除异常等情况。

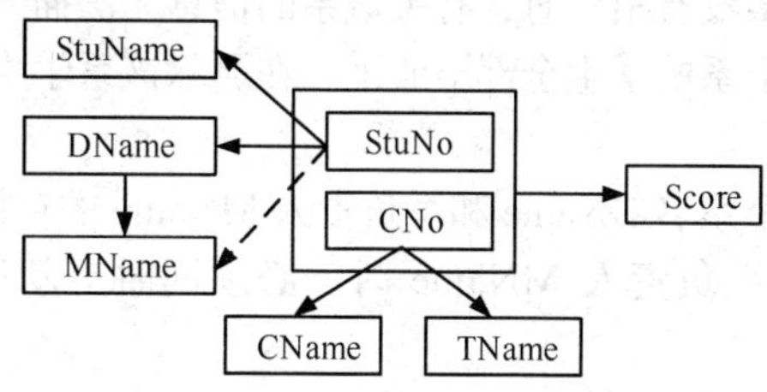

图 5-1　*SCD* 关系模式的函数依赖

5.5.2　第二范式

定义 5.14　如果一个关系模式 $R\in 1NF$，且它的所有非主属性都完全函数依赖于 *R* 的任一候选码，则称 *R* 符合第二范式，记为 $R\in 2NF$。

在关系模式 *SCD*=(StuNo, StuName, DName, MName, CNo, CName, TName, Score)中，主码是(StuNo, CNo)，StuName、DName、MName、CName、TName 和 Score 均为非主属性，经过上面的分析，知道该关系模式中存在非主属性对主码的部分函数依赖，所以关系模式 *SCD* 不符合第二范式。

为了消除这些部分函数依赖，可以采用投影分解法转换成符合 2NF 的关系模式。分解时遵循的原则是“一事一地”，让一个关系只描述一个实体或者实体间的联系。因此 *SCD* 分解为如下 3 个关系模式。

SD(StuNo, StuName, DName, MName)，描述学生实体，主码为“StuNo”。

C(CNo, CName, TName) 描述课程实体，主码为“CNo”。

SC(StuNo, CNo, Score) ，描述学生选课实体，主码为“(StuNo, CNo)”。

显然，在分解后的关系模式中，非主属性都完全函数依赖于码了，因而符合 2NF。从而使上述 3 个问题在一定程度上得到部分的解决。

（1）在 *SD* 关系中可以插入尚未选课的学生。

（2）删除学生选课情况涉及的是 *SC* 关系，如果一个学生所有的选课记录全部删除了，只是 *SC* 关系中没有关于该学生的记录了，不会牵涉到 *SD* 关系中关于该学生的记录。

（3）由于学生选课情况与学生基本情况是分开存储在两个关系中的，因此不论该学生选多少门课程，他的“DName”和“MName”值都只存储了 1 次。这就极大地降低了数据冗余程度。

（4）如果学生从计算机系转到通信工程系，只需修改 *SD* 关系中该学生元组的“DName”和“MName”值，由于“DName”和“MName”并未重复存储，因此简化了修改操作。

2NF 就是不允许关系模式的属性之间有这样的依赖：设 X 是码的真子集，Y 是非主属性，则有 $X \rightarrow Y$。显然，码只包含一个属性的关系模式，如果属于 1NF，那么它一定属于 2NF，因为它不可能存在非主属性对码的部分函数依赖。

上例中的 *SC* 关系和 *SD* 关系都属于 2NF。可见，采用投影分解法将一个 1NF 的关系分解为多个 2NF 的关系，可以在一定程度上减轻原 1NF 关系中存在的插入异常、删除异常、数据冗余等问题。但是将一个 1NF 关系分解为多个 2NF 的关系，并不能完全消除关系模式中的各种异常情况和数据冗余。也就是说，属于 2NF 的关系模式并不一定是一个好的关系模式。

例如，满足 2NF 的关系模式 *SD*(StuNo, StuName, DName, MName)中有下列函数依赖。

StuNo→DName，DName→MName，StuNo $\xrightarrow{T}$ MName

由上可知，系负责人 MName 传递函数依赖于学号 StuNo，即 *SD* 中存在非主属性对码的传递函数依赖，*SD* 关系中仍然存在插入异常、删除异常和数据冗余的问题。

（1）插入异常。当一个系没有招生时，有关该系的信息无法插入。

（2）删除异常。如果某个系的学生全部毕业了，在删除该系学生信息的同时，把这个系的信息也删除了。

（3）数据冗余度大。每个系名 DName 和系负责人 MName 的存储次数等于该系的学生人数。

（4）更新异常。当更换系负责人 MName 时，必须同时更新该系所有学生的 MName 属性值。

之所以存在这些问题，是因为在关系模式 *SD* 中存在着非主属性对主码的传递函数依赖。为此，对关系模式 *SCD* 还需进一步简化，消除传递函数依赖。

5.5.3 第三范式

定义 5.15 如果一个关系模式 $R \in$ 2NF，且所有非主属性都不传递函数依赖于任何候选码，则称 R 符合第三范式，记为 $R \in$ 3NF。

关系模式 *SD* 出现上述问题的原因是非主属性 MName 传递函数依赖于 StuNo，所以 *SD* 不符合 3NF。为了消除该传递函数依赖，可以采用投影分解法，把 *SD* 分解为如下两个关系模式。

S(StuNo, StuName, DName)，描述学生实体，主码为“StuNo”。

D(DName, MName)，描述系实体，主码为“DName”。

显然，在分解后的 2 个关系模式 S 和 D 中，既没有非主属性对主码的部分函数依赖，也没有非主属性对主码的传递函数依赖，因此满足 3NF，解决了 2NF 中存在的 4 个问题。

（1）不存在插入异常。当一个新系没有学生时，有关该系的信息可以直接插入关系 D 中。

（2）不存在删除异常。如果某个系的学生全部毕业了，在删除该系学生信息时，可以只删除学生关系 S 中的相关学生记录，而不影响关系 D 中的数据。

（3）数据冗余降低。每个系负责人只在关系 D 中存储一次，与该系学生人数无关。

（4）不存在更新异常。当更换系负责人 MName 时，只需修改关系 D 中一个 MName 的属性值，从而不会出现数据的不一致现象。

可见，采用投影分解法将一个 2NF 的关系分解为多个 3NF 的关系，可以在一定程度上解决原 2NF 关系中存在的插入异常、删除异常、数据冗余度大、更新异常等问题。

但是将一个 2NF 关系分解为多个 3NF 的关系后，只是限制了非主属性对码的依赖关系，而没有限制主属性对码的依赖关系。如果发生这种依赖，仍有可能存在数据冗余、插入异常、删除异常、更新异常等问题。

这时，需要对 3NF 进一步规范化，这就需要使用 BCNF 范式。

5.5.4　BCNF 范式

定义 5.16　关系模式 $R \in$ 1NF，对任何非平凡的函数依赖 $X \rightarrow Y$（$Y \not\subseteq X$），X 均包含码，则称 R 符合 BCNF 范式，记为 $R \in$ BCNF。

由 BCNF 的定义可以看到，每个 BCNF 的关系模式都具有如下 3 个性质。

（1）所有非主属性都完全函数依赖于每个候选码。

（2）所有主属性都完全函数依赖于每个不包含它的候选码。

（3）没有任何属性完全函数依赖于非码的任何一组属性。

BCNF 是从 1NF 直接定义而成的，可以证明，如果 $R \in$ BCNF，则 $R \in$ 3NF。

如果关系模式 $R \in$ BCNF，由定义可知，R 中不存在任何属性传递函数依赖于或部分函数依赖于任何候选码，所以必定有 $R \in$ 3NF。但是，如果 $R \in$ 3NF，R 未必属于 BCNF。

例如，在关系模式 *SC*(StuNo, StuName, CNo, Score)中，如果 StuName 是唯一的，该关系模式存在两个候选码：（StuNo, CNo）和（StuName, CNo）。模型 *SC* 只有一个非主属性 Score，对两个候选码（StuNo, CNo）和（StuName, CNo）都是完全函数依赖，并且不存在对两个候选码的传递函数依赖。因此 $SC \in$ 3NF。但是当学生退选了课程，元组被删除的同时也失去 StuNo 与 StuName 的对应关系，因此仍然存在删除异常的问题；并且由于学生选课很多，StuName 也将重复存储，造成数据冗余。

出现以上问题的原因在于主属性 StuName 部分函数依赖于候选码（StuNo, CNo），因此关系模式还需要继续分解，转换成更高一级的 BCNF 范式，以消除数据库操作中的异常现象。

3NF 和 BCNF 是以函数依赖为基础的关系模式规范化程度的测度。

如果一个关系数据库中的所有关系模式都属于 BCNF，那么在函数依赖范畴内，它已实现了模式的彻底分解，达到了最高的规范化程度，消除了插入异常和删除异常。

在信息系统的设计中，普遍采用的是“基于 3NF 的系统设计”方法，就是由于 3NF 是无条件可以达到的，并且基本解决了“异常”的问题，因此这种方法目前在信息系统的设计中仍然被广泛应用。

如果仅考虑函数依赖这一种数据依赖，属于 BCNF 的关系模式已经很完美了。但如果考虑其他数据依赖，例如多值依赖，属于 BCNF 的关系模式仍存在问题，不能算作完美的关系模式。

5.5.5　多值依赖与第四范式

在关系模式中，数据之间是存在一定联系的，而对这种联系处理的适当与否直接关系到模式中数据冗余的情况。函数依赖是一种基本的数据依赖，通过对函数依赖的讨论和分解，可以有效地消除模式中的冗余现象。函数依赖实质上反映的是“多对一”联系，在实际应用中还会有“一对多”形式的数据联系，诸如此类的不同于函数依赖的数据联系也会产生数据冗余，从而引发各种数据异常现象。本节就讨论数据依赖中“多对一”现象及其产生的问题。

1. 问题的引入

【例 5.10】 设有一个课程安排关系 *CTB*(C, T, B)，见表 5-14。

表 5-14　　　　课程安排

课程名称 C	任课教师 T	选用教材名称 B
通信原理	宋江 晁盖	通信原理上下册（北邮版） 通信原理（国防版）
计算机网络	卢俊义 吴用 花荣	计算机网络（高教版） 计算机网络——自顶向下的设计方法 计算机网络与因特网

这里的课程安排具有如下语义。

（1）“通信原理”这门课程可以由 2 名教师担任，同时有 2 本教材可以选用。

（2）“计算机网络”这门课程可以由 3 名教师担任，同时有 3 本教材可以选用。

把上表变换成一张规范化的二维表 CTB，见表 5-15。

表 5-15 关系 *CTB*

课程名称 C	任课教师 T	选用教材名称 B
通信原理	宋江	通信原理上下册（北邮版）
通信原理	宋江	通信原理（国防版）
通信原理	晁盖	通信原理上下册（北邮版）
通信原理	晁盖	通信原理（国防版）
计算机网络	卢俊义	计算机网络（高教版）
计算机网络	卢俊义	计算机网络——自顶向下的设计方法
计算机网络	卢俊义	计算机网络与因特网
计算机网络	吴用	计算机网络（高教版）
计算机网络	吴用	计算机网络——自顶向下的设计方法
计算机网络	吴用	计算机网络与因特网
计算机网络	花荣	计算机网络（高教版）
计算机网络	花荣	计算机网络——自顶向下的设计方法
计算机网络	花荣	计算机网络与因特网

很明显，关系模式 *CTB* 具有唯一候选码(C, T, B)，即全码，因而 $CTB \in$ BCNF。但这个关系表是数据高度冗余的，且存在插入、删除和修改操作复杂的问题。

通过仔细分析关系 *CTB*，可以发现它有如下特点。

（1）属性集｛C｝与｛T｝之间存在着数据依赖关系，在属性集｛C｝与｛B｝之间也存在着数据依赖关系，而这两个数据依赖都不是“函数依赖”，当属性子集｛C｝的一个值确定之后，另一属性子集｛T｝就有一组值与之对应。例如当课程名称的一个值“通信原理”确定之后，就有一组任课教师值“宋江”“晁盖”与之对应。对于｛C｝与｛B｝的数据依赖也是如此，显然，这是一种“一对多”的情形。

（2）属性集｛T｝和｛B｝也有关系，这种关系是通过｛C｝建立起来的间接关系。

如果属性 X 与 Y 之间依赖关系具有上述特征，就不为函数依赖关系所包容，需要引入新的概念予以刻画与描述，这就是多值依赖的概念。

2. 多值依赖

定义 5.17 设有关系模式 $R(U)$，X、Y 是属性集 U 中的两个子集，而 r 是 $R(U)$中任意给定的一个关系。如果有下述条件成立，则称 Y 多值依赖于 X，记为 $X\to\to Y$：

（1）对于关系 r 在 X 上的一个确定的值（元组），都有 r 在 Y 中一组值与之对应。

（2）Y 的这组对应值与 r 在 $Z=U-X-Y$ 中的属性值无关。

此时，如果 $X\to\to Y$，但 $Z=U-X-Y\neq\varnothing$，则称为非平凡多值依赖，否则称为平凡多值依赖。平凡多值依赖的一个常见情形是 $U=X\cup Y$，此时 $Z=\varnothing$，多值依赖定义中关于 $X\to\to Y$ 的要求总是满足的。

由定义可以得到多值依赖具有如下性质。

（1）在 $R(U)$中，$X\to\to Y$ 成立的充分必要条件是 $X\to\to U-X-Y$ 成立。

必要性可以从上述分析中得到证明。事实上，交换 s 和 t 的 Y 值所得到的元组和交换 s 和 t 中的 $Z=U-X-Y$ 值得到的两个元组是一样的。充分性类似可证。

（2）在 $R(U)$中，如果 $X\to Y$ 成立，则必有 $X\to\to Y$。

事实上，此时，如果 s、t 在 X 上的投影相等，则在 Y 上的投影也必然相等，该投影自然与 s 和 t 在 $Z=U-X-Y$ 的投影有关。

（3）传递性：若 $X\to\to Y$，$Y\to\to Z$，则 $X\to\to Z-Y$。

性质（1）表明多值依赖具有某种"对称性质"：只要知道了 R 上的一个多值依赖 $X\to\to Y$，就可以得到另一个多值依赖 $X\to\to Z$，而且 X、Y 和 Z 是 U 的分割；性质（2）说明多值依赖是函数依赖的某种推广，函数依赖是多值依赖的特例。

3. 第四范式

定义 5.18 关系模式 $R\in 1NF$，对于 $R(U)$中的任意两个属性子集 X 和 Y，如果非平凡的多值依赖 $X\to\to Y$（$Y\not\subseteq X$），X 都含有候选码，则称 R 符合第四范式，记为 $R(U)\in 4NF$。

关系模式 $R(U)$上的函数依赖 $X\to Y$ 可以看作多值依赖 $X\to\to Y$，如果 $R(U)$属于第四范式，此时 X 就是超键，所以 $X\to Y$ 满足 BCNF。因此，由 4NF 的定义，就可以得到下面 2 点基本结论。

（1）4NF 中可能的多值依赖都是非平凡的多值依赖。

（2）4NF 中所有的函数依赖都满足 BCNF。

因此，可以粗略地说，$R(U)$满足第四范式必满足 BC 范式。但是反之是不成立的，所以 BC 范式不一定就是第四范式。

在【例 5.10】当中，关系模式 CTB 具有唯一候选码(C, T, B)，并且没有非主属性，当然就没有非主属性对候选键的部分函数依赖和传递函数依赖，所以 CTB 满足 BCNF 范式。但在多值依赖 $C\to\to T$ 和 $C\to\to B$ 中的"C"不是键，所以 CTB 不属于 4NF。对 CTB 进行分解，得到 CT 和 CB，见表 5-16 和表 5-17。

表 5-16 关系 *CT*

课程名称 C	任课教师 T
通信原理	宋江
通信原理	晁盖
计算机网络	卢俊义
计算机网络	吴用
计算机网络	花荣

表 5-17 关系 *CB*

课程名称 C	选用教材名称 B
通信原理	通信原理上下册（北邮版）
通信原理	通信原理（国防版）
计算机网络	计算机网络（高教版）
计算机网络	计算机网络——自顶向下的设计方法
计算机网络	计算机网络与因特网

在 CT 中，有 $C\to\to T$，不存在非平凡多值依赖，所以 CT 属于 4NF；同理，CB 也属于 4NF。

5.6 关系模式规范化步骤

规范化程度过低的关系不一定能够很好地描述现实世界，可能会存在插入异常、删除异常、更新异常、数据冗余等问题，解决方法就是对其进行规范化，转换成高级范式。

规范化的基本思想是逐步消除数据依赖中不合适的部分，使模式中的各关系模式达到某种程度的“分离”。即采用“一事一地”的模式设计原则，让一个关系描述一个概念、一个实体或实体间的一种联系。若多于一个概念就把它“分离”出去。因此所谓规范化实质上是概念的单一化。

关系模式规范化的基本步骤如图 5-2 所示。

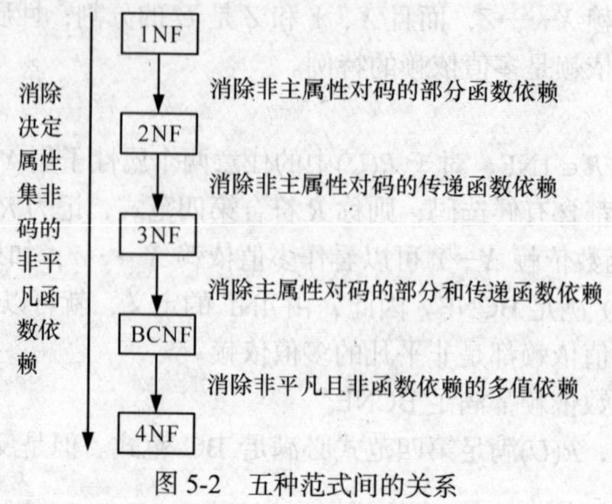

图 5-2　五种范式间的关系

（1）对 1NF 关系进行投影，消除原关系中非主属性对码的部分函数依赖，将 1NF 关系转换成为若干个 2NF 关系。

（2）对 2NF 关系进行投影，消除原关系中非主属性对码的传递函数依赖，从而产生一组 3NF。

（3）对 3NF 关系进行投影，消除原关系中主属性对码的部分函数依赖和传递函数依赖（也就是说，使决定属性都成为投影的候选码），得到一组 BCNF 关系。

以上三步也可以合并为一步：对原关系进行投影，消除决定属性不是候选码的任何函数依赖。

（4）对 BCNF 关系进行投影，消除原关系中非平凡且非函数依赖的多值依赖，从而产生一组 4NF 关系。

规范化程度过低的关系可能会存在插入异常、删除异常、更新异常、数据冗余等问题，需要对其进行规范化，转换成高级范式。但这并不意味着规范化程度越高的关系模式就越好。在设计数据库模式结构时，必须以现实世界的实际情况和用户应用需求作进一步分析，确定一个合适的、能够反映现实世界的模式。即上面的规范化步骤可以在其中任何一步终止。

本章知识点小结

本章主要讨论关系模式的设计问题。关系模式设计的好与坏，直接影响到数据冗余度、数据一致性等问题。要设计好的数据库模式，必须有一定的理论为基础。这就是模式规范化理论。

在数据库中，数据冗余是指同一个数据存储了多次，而数据冗余将会引起各种操作异常。数据冗余的一个主要原因是数据之间的相互依赖关系的存在，而数据间的依赖关系表现为函数依赖、多值依赖和连接依赖等。

关系模式在分解时应保持“等价”，有数据等价和语义等价两种，分别用无损分解和保持函数依赖两个特征来衡量。前者能保持关系在投影联接以后仍能恢复回来，而后者能保证数据在投影或联接中其语义不会发生变化，也就是不会违反函数依赖的语义。但无损分解与保持函数依赖两者之间没有必然的联系。

规范化的基本思想是逐步消除数据依赖中不合适的部分，使模式中的各关系模式达到某种程度的“分离”。即采用“一事一地”的模式设计原则，让一个关系描述一个概念、一个实体或实体间的一种联系。因此，所谓规范化实质上是概念的单一化。

范式是衡量模式优劣的标准。范式表达了模式中数据依赖之间应当满足的联系。各种范式之间的关系为 1NF⊃2NF⊃3NF⊃BCNF⊃4NF⊃5NF。范式的级别越高，其数据冗余和操作异常现象就越少。

关系模式的规范化过程就是模式分解过程，而模式分解实际上是将模式中的属性重新分组，它将逻辑上独立的信息放在独立的关系模式中。分解是解决数据冗余的主要方法，也是规范化的一条原则：关系模式有冗余问题就分解它。

习　　题

1. 解释下列名词。

函数依赖、部分函数依赖、完全函数依赖、传递函数依赖、侯选码、主码、外码、全码、无损连接分解、Armstrong 公理、1NF、2NF、3NF、BCNF、4NF、多值依赖、插入异常、删除异常。

2. 设有关系模式 $R(U, F)$，其中 $U=\{A, B, C, D, E\}$，函数依赖集 $F=\{A \to BC, CD \to E, B \to D, E \to A\}$，求出 R 的所有候选码。

3. 设关系模式 $R(A, B, C, D)$，F 是 R 上成立的函数依赖集，$F=\{AB \to C, A \to D\}$。试说明 R 不是 2NF 的理由，试把 R 分解成 2NF 模式集。

4. 设有关系模式 R（职工编号，日期，日营业额，部门名，部门经理），该模式统计商店里每个职工的日营业额，以及职工所在的部门和经理信息。如果规定每个职工每天只有一个营业额；每个职工只在一个部门工作；每个部门只有一个经理。试回答下列问题。

（1）根据上述规定，写出模式 R 的基本函数依赖和侯选码；

（2）说明 R 不是 2NF 的理由，并把 R 分解为 2NF 模式集。

（3）进而将 R 分解为属于 3NF 的模式集。

5. 在一个关系 R 中，若每个数据项都是不可再分的，那么 R 一定属于＿＿＿＿＿＿。

6. 在关系模式 $R(A, B, C, D)$ 中，存在函数依赖关系 $\{A \to B, A \to C, A \to D, (B, C) \to A\}$，则候选码是＿＿＿＿＿，关系模式 $R(A, B, C, D)$ 属于＿＿＿＿＿＿。

7. 在关系模式 $R(D, E, G)$ 中，存在函数依赖关系 $\{E \to D, (D, G) \to E\}$，则候选码是＿，关系模式 $R(D, E, G)$ 属于＿＿＿＿＿＿。

8. 在关系模式 $R(A, B, C, D)$ 中，有函数依赖集 $F=\{B \to C, C \to D, D \to A\}$，则 R 能达到＿＿＿＿。

A. 1NF　　B. 2NF　　C. 3NF　　D. 以上三者都不行

9. 建立关于系学生班级社团等信息的一个关系数据库，一个系有若干个专业，每个专业每年只招一个班，每个班有若干学生，一个系的学生住在同一宿舍区，每个学生可以参加若干个社团，每个社团有若干个学生。其中，描述学生的属性有学号、姓名、出生年月、系名、班级号、宿舍区；描述班级的属性有班级号、专业号、系名、人数、入学年份；描述系的属性有系名、系号、办公室地点；描述社团的属性有社团名、成立年份、地点、人数、学生参加某社团的年份。请给出满足 3NF 的关系模式，指出各关系的候选码、主码、外码以及函数依赖关系。

10. 根据自己的生活经验，设计一种你熟悉的关系模式，要求满足 3NF。

第6章 PL/SQL编程基础

PL/SQL 是 Oracle 推出的过程化的 SQL 编程语言，使用 PL/SQL 可以为 SQL 语言引入结构化的程序处理能力，例如，可以在 PL/SQL 中定义常量、变量、游标、存储过程等，可以使用条件、循环等流程控制语句。PL/SQL 的这种特性使得开发人员可以在数据库中添加业务逻辑，并且由于业务逻辑与数据均位于数据库服务器端，因此，比客户端编写的业务逻辑能提供更好的性能。

【本章要点】

- PL/SQL 程序结构：声明部分、执行部分、异常处理部分
- PL/SQL 控制结构：IF 条件语句、CASE 分支语句、LOOP 循环语句、GOTO 语句
- 游标
- 存储过程
- 函数
- 触发器
- 程序包

6.1 PL/SQL 简介

如果使用基本的 SQL 语句进行数据操作，没有流程控制语句，将无法开发复杂的应用。Oracle PL/SQL 语言（Procedural Language/SQL，过程化 SQL 语言）是结合了 SQL 与 Oracle 自身过程控制的强大语言，PL/SQL 不但支持更多的数据类型，拥有自身的变量声明、赋值语句，而且还有条件、循环等流程控制语句。过程控制结构与 SQL 数据处理能力无缝的结合形成了强大的编程语言，可以创建存储过程、函数、触发器以及程序包。

PL/SQL 是一种块结构的语言，它将一组语句放在一个块中，一次性发送给服务器，PL/SQL 引擎分析收到的 PL/SQL 语句块中的内容，把其中的过程控制语句交由 PL/SQL 引擎自身去执行，把 PL/SQL 块中的 SQL 语句交给服务器的 SQL 语句执行器执行。PL/SQL 块发送给服务器后，先被编译然后执行，对于有名称的 PL/SQL 块（如存储过程、函数、触发器、程序包）可以单独编译，永久地存储在数据库中，随时准备执行。

6.1.1 PL/SQL 的优点

1. 支持 SQL

SQL 是访问数据库的标准语言，通过 SQL 语句，用户可以操纵数据库中的数据。PL/SQL 支持所有的 SQL 数据操纵命令、游标控制命令、事务控制命令、SQL 函数、运算符和伪列。同时

PL/SQL 和 SQL 语言紧密集成，PL/SQL 支持所有的 SQL 数据类型和 NULL 值。

2. 支持面向对象编程

PL/SQL 支持面向对象的编程，在 PL/SQL 中可以创建类型，可以对类型进行继承，可以在存储过程、函数等中重载方法等。

3. 更好的性能

SQL 是非过程语言，只能一条一条执行，PL/SQL 则是把一个 PL/SQL 块统一进行编译后执行，同时还可以把编译好的 PL/SQL 块存储起来，以备重用，减少了应用程序和服务器之间的通信时间，所以说 PL/SQL 是快速而高效的。

4. 可移植性

使用 PL/SQL 编写的应用程序，可以移植到任何操作系统平台上的 Oracle 服务器，同时还可以编写可移植程序库，以在不同环境中重用。

5. 安全性

可以通过存储过程对客户机和服务器之间的应用程序逻辑进行分隔，这样可以限制对 Oracle 数据库的访问，数据库还可以授权和撤销其他用户访问的能力。

6.1.2 如何编写和编译 PL/SQL 程序块

编写和编译 PL/SQL 程序块主要分以下 6 个步骤。

（1）启动 SQL*Plus 工具。

（2）打开 PL/SQL 程序文件，例如

```
SQL> EDIT  c:\plsqlblock1.sql;
```

（3）在编辑窗口中输入 PL/SQL 语句，在 END;结束符的下一行开头加“/”作为结束标志。

（4）保存刚输入的 PL/SQL 块，关闭编辑窗口。

（5）激活 dbms_output 包，编译和运行块。

```
SQL> SET SERVEROUTPUT ON;
SQL> START c:\plsqlblock1.sql;
```

（6）如果编译有错，回到第（3）步检查语法，然后回到第（5）步重新编译。直到成功为止。

6.2 PL/SQL 程序结构

PL/SQL 程序都是以块为基本单位的。

6.2.1 基本块结构

PL/SQL 是一种块结构的语言，一个 PL/SQL 程序包含了一个或者多个逻辑块，逻辑块中可以声明变量、常量等，变量在使用之前必须先声明。除了正常的执行程序外，PL/SQL 还提供了专门的异常处理部分进行异常处理。每个 PL/SQL 逻辑块包括 3 部分，语法如下。

```
[DECLARE
    声明变量、常量、游标、自定义异常]  --声明语句（1）
BEGIN
    SQL 语句
    PL/SQL 语句
    --执行语句（2）
[EXCEPTION
```

```
    异常发生时执行的动作]   --异常执行语句（3）
END;
```

其中，各部分内容介绍如下。

（1）声明部分。该部分包含了变量、常量等的定义。这部分由关键字 DECLARE 开始，是可选的，如果不声明变量或者常量，可以省略这部分。

（2）执行部分。该部分是 PL/SQL 块的指令部分，由关键字 BEGIN 开始，关键字 END 结尾，且 END 后面必须加分号。所有的可执行 PL/SQL 语句都放在这一部分，该部分执行命令并操作变量。其他的 PL/SQL 块可以作为子块嵌套在该部分。PL/SQL 块的执行部分是必选的。

（3）异常处理部分。由关键字 EXCEPTION 开始，如果没有异常处理，可以省略这部分。

注释增强了程序的可读性，使得程序更易于理解。这些注释在进行编译时被 PL/SQL 编译器忽略。注释有单行注释和多行注释两种，这与许多高级语言的注释风格是一样的。单行注释由两个连字符（--）开始直到行尾（回车符标志着注释的结束）。多行注释由/*开头，由*/结尾，这和 C 语言是一样的。

6.2.2 变量定义

1. 变量定义

变量的作用是用来存储数据，可以在过程语句中使用。变量在声明部分可以进行初始化，即赋予初值。变量在定义的同时也可以将其说明成常量并赋予固定的值。变量的命名规则是以字母开头，后跟其他的字符序列，字符序列中可以包含字母、数值、下划线等符号，最大长度为 30 个字符，不区分大小写。不能使用 Oracle 的保留字作为变量名。变量名不能和在程序中引用的字段名重复，如果重复，变量名将会被当作字段名来使用。

变量的作用范围是在定义此变量的程序范围内，如果程序中包含子块，则变量在子块中也有效。但在子块中定义的变量，仅在定义变量的子块中有效，在主程序中无效。

变量定义的方法如下。

```
DECLARE 变量名 [CONSTANT] 数据类型 [NOT NULL][:=值 | DEFAULT 值];
```

其中，关键字 CONSTANT 用来说明定义的是常量，如果是常量，必须有赋值部分进行赋值，且不可更改；关键值 NOT NULL 用来说明变量不能为空，变量声明为 NOT NULL 时必须指定默认值；:=或 DEFAULT 用来为变量赋初值。需要注意的是，每一行只能声明一个变量。

变量可以在程序中使用赋值语句重新赋值，通过输出语句可以查看变量的值。

在程序中为变量赋值的语法如下。

```
变量名:=值或 PL/SQL 表达式;
```

以下是有关变量定义和赋值的例子。

【例 6.1】 变量的定义和初始化。

```
SQL> SET SERVEROUTPUT ON
SQL> DECLARE  - -声明部分标识
    v_job VARCHAR2(9);
    v_count BINARY_INTEGER DEFAULT 0;
    v_total_sal NUMBER(9,2):=0;
    v_date DATE:=SYSDATE;
    c_tax_rate CONSTANT NUMBER(3,2):=8.25;
    v_valid BOOLEAN NOT NULL:=TRUE;
    BEGIN
        v_job:='MANAGER';    --在程序中赋值
```

```
        DBMS_OUTPUT.PUT_LINE(v_job);     --输出变量 v_job 的值
        DBMS_OUTPUT.PUT_LINE(v_count);  --输出变量 v_count 的值
        DBMS_OUTPUT.PUT_LINE(v_date);    --输出变量 v_date 的值
        DBMS_OUTPUT.PUT_LINE(c_tax_rate);  --输出变量 c_tax_rate 的值
    END;
    /
```

执行结果如下。

```
MANAGER
0
15-1 月-2013
8.25
PL/SQL 过程已成功完成.
```

本例共定义了 6 个变量，分别用“:=”赋值运算符或 DEFAULT 关键字对变量进行了初始化。其中，c_tax_rate 为常量，在数据类型前加了“CONSTANT”关键字；v_valid 变量在赋值运算符前面加了关键字“NOT NULL”，强制不能为空。如果变量是布尔型，它的值只能是“TRUE”“FALSE”或“NULL”。本例中的 v_valid 布尔变量的值只能取“TRUE”或“FALSE”。

2. 根据表的字段定义变量

变量的声明还可以根据数据库表的字段进行定义或根据已经定义的变量进行定义。方法是在表的字段名或已经定义的变量名后加%TYPE，将其当作数据类型。使用%TYPE 声明变量的类型，保证该变量与表中某字段的数据类型一致。定义字段变量的方法如下。

```
DECLARE 变量名 表名.字段名%TYPE;
```

【例 6.2】 根据表的字段定义变量。

```
SQL> SET SERVEROUTPUT ON
SQL> DECLARE
    v_ename emp.ename%TYPE;--根据字段定义变量
    BEGIN
    SELECT ename INTO v_ename FROM emp WHERE empno=7788;
    DBMS_OUTPUT.PUT_LINE(v_ename);    --输出变量的值
    END;
    /
```

执行结果如下。

```
SCOTT
PL/SQL 过程已成功完成..
```

变量 v_ename 是根据表 emp 的 ename 字段定义的，两者的数据类型总是一致的。

如果我们根据数据库的字段定义了某一变量，后来数据库的字段数据类型又进行了修改，那么程序中的该变量的定义也自动使用新的数据类型。使用该种变量定义方法，变量的数据类型和大小是在编译执行时决定的，这为书写和维护程序提供了很大的便利。

3. 记录变量的定义

还可以根据表或视图的一个记录中的所有字段定义变量，称为记录变量。记录变量包含若干个字段，在结构上同表的一条记录相同，定义方法是在表名后跟%ROWTYPE。记录变量的字段名就是表的字段名，数据类型也一致。

记录变量的定义方法如下。

```
DECLARE 记录变量名 表名%ROWTYPE;
```

获得记录变量的字段的方法是：记录变量名.字段名，如 emp_record.ename。

6.2.3 PL/SQL 中的运算符和函数

PL/SQL 常见的运算符和函数如下。

（1）算术运算：加(+)、减(-)、乘(*)、除(/)、指数(**)。

（2）关系运算：小于(<)、小于等于(<=)、大于(>)、大于等于(>=)、等于(=)、不等于(!=或<>)。

（3）字符运算：连接(||)。

（4）逻辑运算：与(AND)、或(OR)、非(NOT)。

还有如下所示的特殊运算。

IS NULL：用来判断运算对象是否为空，为空则返回 TRUE。

LIKE：用来判断字符串是否与模式匹配。

BETWEEN…AND…：判断值是否位于一个区间。

IN(…)：测试运算对象是否在一组值的列表中。

IS NULL 或 IS NOT NULL 用来判断运算对象的值是否为空，不能用“=”去判断。另外，对空值的运算也必须注意，对空值的算术和比较运算的结果都是空，但对空值可以进行连接运算，结果是另外一部分的字符串。举例如下。

NULL+5 的结果为 NULL。

NULL>5 的结果为 NULL。

NULL||'ABC'的结果为'ABC'。

在 PL/SQL 中可以使用绝大部分 Oracle 函数，但是聚集函数（如 AVG()、MIN()、MAX()等）只能出现在 SQL 语句中，不能在其他语句中使用。还有 GREATEST()、LEAST()也不能使用。类型转换在很多情况下是自动的，在不能进行自动类型转换的场合需要使用转换函数。

6.3 PL/SQL 控制结构

PL/SQL 程序段中有 3 种控制结构：条件结构、循环结构和顺序结构。

6.3.1 条件结构

1. 分支结构

分支结构是最基本的程序结构，分支结构由 IF 语句实现。使用 IF 语句，根据条件可以改变程序的逻辑流程。IF 语句有如下的形式。

```
IF 条件表达式 1 THEN
    语句序列 1;
[ELSIF 条件表达式 2 THEN
    语句序列 2;
ELSE
    语句序列 n;]
ENDIF;
```

其中，条件表达式部分是一个逻辑表达式，值只能是真（TRUE）、假（FALSE）或空（NULL）。语句序列为多条可执行的语句。

根据具体情况，分支结构可以有以下几种形式。

IF…THEN…ENDIF

IF…THEN…ELSE…ENDIF

IF…THEN…ELSIF…ELSE…ENDIF

（1）IF…THEN…ENDIF 形式。

这是最简单的 IF 语句，当 IF 后面的判断为真时执行 THEN 后面的语句，否则跳过这一控制语句。举例如下。

【例 6.3】 如果温度大于 30℃，则显示“温度偏高”。

```
SQL> SET SERVEROUTPUT ON
SQL> DECLARE
    v_temprature NUMBER(5):=32;
    v_result BOOLEAN:=FALSE;
    BEGIN
    v_result:=v_temprature >30;
    IF v_result THEN
        DBMS_OUTPUT.PUT_LINE('温度'||v_temprature||'度，偏高');
    ENDIF;
    END;
    /
```

执行结果如下。

```
温度 32 度，偏高
PL/SQL 过程已成功完成.
```

该程序中使用了布尔变量，初值为 FALSE，表示温度低于 30℃。表达式 v_temprature>30 返回值为布尔型，赋给逻辑变量 v_result。如果变量 v_temprature 的值大于 30，则返回值为真，否则为假。v_result 值为真就会执行 IF 到 ENDIF 之间的输出语句，否则没有输出结果。试修改温度的初值为 25℃，重新执行，观察结果。

（2）IF…THEN…ELSE…ENDIF 形式。

当 IF 后面的判断为真时执行 THEN 后面的语句，否则执行 ELSE 后面的语句。

【例 6.4】 求两个整数 a 和 b 的最大值。

```
SQL> SET SERVEROUTPUT ON
SQL> DECLARE
    a NUMBER(5):=32;
    b NUMBER(5):=20;
    v_maxValue NUMBER(5):=0;
    BEGIN
    IF a >b THEN
        v_maxValue = a;
    ELSE
        v_maxValue = b;
    ENDIF;
    DBMS_OUTPUT.PUT_LINE(v_maxValue);
    END;
    /
```

（3）IF…THEN…ELSIF…ELSE…ENDIF 形式。

【例 6.5】 求两个整数 a 和 b 的最大值，需要首先判断 a 和 b 是否为空。

```
SQL> SET SERVEROUTPUT ON
SQL> DECLARE
    a NUMBER(5);
    b NUMBER(5);
    v_maxValue NUMBER(5):=0;
    BEGIN
    IF a is NULL or b is NULL THEN
```

```
        DBMS_OUTPUT.PUT_LINE ('有一个值为空。');
    ELSIF a >b THEN
        v_maxValue = a;
    ELSE
        v_maxValue = b;
    ENDIF;
    DBMS_OUTPUT.PUT_LINE(v_maxValue);
    END;
    /
```

2．选择结构

CASE 语句适用于分情况的多分支处理，可有以下 3 种用法。

（1）基本 CASE 结构。基本 CASE 结构的语法如下。

```
CASE 选择变量名
    WHEN 表达式1 THEN 语句序列1
    WHEN 表达式2 THEN 语句序列2
    ……
    WHEN 表达式n THEN 语句序列n
    ELSE 语句序列n+1
END CASE;
```

在整个结构中，选择变量的值同表达式的值进行顺序匹配，如果相等，则执行相应的语句序列，如果不等，则执行 ELSE 部分的语句序列。

【例 6.6】 使用 CASE 结构实现职务转换。

```
SQL> SET SERVEROUTPUT ON
SQL> DECLARE
    v_job VARCHAR2(10);
    BEGIN
    SELECT job INTO v_job FROM emp WHERE empno=7788;
    CASE v_job
    WHEN 'PRESIDENT' THEN DBMS_OUTPUT.PUT_LINE('雇员职务:总裁');
    WHEN 'MANAGER' THEN DBMS_OUTPUT.PUT_LINE('雇员职务:经理');
    WHEN 'SALESMAN' THEN DBMS_OUTPUT.PUT_LINE('雇员职务:推销员');
    WHEN 'ANALYST' THEN DBMS_OUTPUT.PUT_LINE('雇员职务:系统分析员');
    WHEN 'CLERK' THEN DBMS_OUTPUT.PUT_LINE('雇员职务:职员');
    ELSE DBMS_OUTPUT.PUT_LINE('雇员职务:未知');
    END CASE;
    END;
    /
```

执行结果如下。

```
雇员职务:系统分析员
PL/SQL 过程已成功完成.
```

以上实例检索雇员 7788 的职务，通过 CASE 结构转换成中文输出。

（2）表达式结构 CASE 语句。在 Oracle 中，CASE 结构还能以赋值表达式的形式出现，它根据选择变量的值求得不同的结果。

它的基本结构如下。

```
变量:=CASE 选择变量名
    WHEN 表达式1 THEN 值1
```

```
    WHEN 表达式 2 THEN 值 2
    ……
    WHEN 表达式 n THEN 值 n
    ELSE 值 n+1
END;
```

【例 6.7】 使用 CASE 的表达式结构将学生成绩转化为中文输出。

```
SQL> SET SERVEROUTPUT ON
SQL> DECLARE
    v_grade VARCHAR2(10);
    v_result VARCHAR2(10);
    BEGIN
        v_grade:= 'B';
        v_result:=CASE v_grade
            WHEN 'A' THEN '优'
            WHEN 'B' THEN '良'
            WHEN 'C' THEN '中'
            WHEN 'D' THEN '差'
            ELSE '未知'
    END;
    DBMS_OUTPUT.PUT_LINE('评价等级: '||v_result);
    END;
```

执行结果如下。

```
评价等级:良
PL/SQL 过程已成功完成.
```

该 CASE 表达式通过判断变量 v_grade 的值，对变量 v_result 赋予不同的值。

（3）搜索 CASE 结构。Oracle 还提供了一种搜索 CASE 结构，它没有选择变量，直接判断条件表达式的值，根据条件表达式决定转向。

```
CASE
   WHEN 条件表达式 1 THEN 语句序列 1
   WHEN 条件表达式 2 THEN 语句序列 2
   WHEN 条件表达式 n THEN 语句序列 n
   ELSE 语句序列 n+1
END CASE;
```

【例 6.8】 使用 CASE 的搜索结构实现学生的成绩转换。

```
SQL> SET SERVEROUTPUT ON
SQL> DECLARE
    v_grade BINARY_INTEGER:=90;
    BEGIN
    CASE
        WHEN v_grade BETWEEN 90 AND 100 THEN DBMS_OUTPUT.PUT_LINE('优秀');
        WHEN v_grade BETWEEN 80 AND 89 THEN DBMS_OUTPUT.PUT_LINE('良好');
        WHEN v_grade BETWEEN 70 AND 79 THEN DBMS_OUTPUT.PUT_LINE('中等');
        WHEN v_grade BETWEEN 60 AND 69 THEN DBMS_OUTPUT.PUT_LINE('及格');
        WHEN v_grade BETWEEN 0 AND 59 THEN DBMS_OUTPUT.PUT_LINE('不及格');
        ELSE DBMS_OUTPUT.PUT_LINE('无效成绩');
    END CASE;
    END;
```

此结构类似于 IF…THEN…ELSIF…ELSE…ENDIF 结构。由于没有选择变量的存在，所以使用起来更加自由。

6.3.2 循环结构

循环结构是最重要的程序控制结构，用来控制反复执行一段程序。比如我们要进行累加，则可以通过适当的循环程序实现。PL/SQL 循环结构可划分为以下 3 种：基本 LOOP 循环、FOR…LOOP 循环和 WHILE…LOOP 循环。

1. 基本 LOOP 循环

基本 LOOP 循环的语法如下。

```
LOOP  --循环起始标识
    执行语句;
EXIT [WHEN 条件];
END LOOP; --循环结束标识
```

该循环的作用是反复执行 LOOP 与 END LOOP 之间的语句。

EXIT 用于在循环过程中退出循环，WHEN 用于定义 EXIT 的退出条件。如果没有 WHEN 条件，遇到 EXIT 语句则无条件退出循环。

【例 6.9】 使用基本 LOOP 循环求 $1^2+2^2+3^2+\cdots+10^2$ 的值。

```
SQL> SET SERVEROUTPUT ON
SQL> DECLARE
    v_total NUMBER(5):=0;
    v_count NUMBER(5):=1;
    BEGIN
    LOOP
        v_total:=v_total+v_count**2;
        EXIT WHEN v_count=10;   --退出条件
        v_count:=v_count+1;
    END LOOP;
    DBMS_OUTPUT.PUT_LINE(v_total);
    END;
```

基本循环一定要使用 EXIT 退出，否则就会成为死循环。

2. FOR…LOOP 循环

FOR…LOOP 循环是固定次数循环，语法如下。

```
FOR 控制变量 IN [REVERSE] 下限.. 上限 LOOP
    执行语句;
END LOOP;
```

循环控制变量是隐含定义的，不需要声明。

下限和上限用于指明循环次数。正常情况下循环控制变量的取值由下限到上限递增，REVERSE 关键字表示循环控制变量的取值由上限到下限递减。

【例 6.10】 使用 FOR…LOOP 循环求 $1^2+2^2+3^2+\cdots+10^2$ 的值。

```
SQL> SET SERVEROUTPUT ON
SQL> DECLARE
    v_total NUMBER(5):=0;
    BEGIN
    FOR v_count IN 1..10 LOOP
        v_total:=v_total+v_count**2;
    END LOOP;
```

```
    DBMS_OUTPUT.PUT_LINE(v_total);
    END;
```

该程序在循环中使用了循环控制变量 v_count，该变量隐含定义。在每次循环中根据循环控制变量 v_count 的值，对其求平方再相加。

3. WHILE…LOOP 循环

WHILE 循环是有条件循环，其格式如下。

```
WHILE 条件
LOOP
    执行语句;
END LOOP;
```

当条件满足时，执行循环体；当条件不满足时，则循环结束。如果第一次判断条件为假，则不执行循环体。

【例 6.11】 使用 WHILE…LOOP 循环求 $1^2+2^2+3^2+\cdots+10^2$ 的值。

```
SQL> SET SERVEROUTPUT ON
SQL> DECLARE
    v_total NUMBER(5):=0;
    v_count NUMBER(5):=1;
    BEGIN
    WHILE v_count < 11 LOOP
        v_total:=v_total+v_count**2;
        v_count:=v_count+1;
    END LOOP;
    DBMS_OUTPUT.PUT_LINE(v_total);
    END;
```

4. 多重循环

循环可以嵌套，以下是一个二重循环的例子。

【例 6.12】 使用二重循环求 1！+2！+…+10！的值。

可以通过多种算法求解该例子，其中第 1 种算法如下。

```
SQL> SET SERVEROUTPUT ON
SQL> DECLARE
    v_total NUMBER(8):=0;
    v_count NUMBER(5):=0;
    j NUMBER(5);
    BEGIN
    FOR i IN 1..10 LOOP
        j:=1;
        v_count:=1;
        WHILE j<=i LOOP
            v_count:= v_count *j;
            j:=j+1;
        END LOOP;   --内循环求 n!
        v_total:=v_total+ v_count;
    END LOOP;   --外循环求总和
    DBMS_OUTPUT.PUT_LINE(v_total);
    END;
```

第 2 种算法如下。

```
SQL> SET SERVEROUTPUT ON
SQL> DECLARE
    v_total NUMBER(8):=0;
    v_count NUMBER(5):=1;
```

```
    BEGIN
    FOR i IN 1..10 LOOP
        v_count:= v_count *i;   --求 n!
        v_total:=v_total+ v_count;
    END LOOP;   --循环求总和
    DBMS_OUTPUT.PUT_LINE(v_total);
    END;
```

第 1 种算法的程序内循环使用 WHILE 循环求阶层，外循环使用 FOR 循环求总和。第 2 种算法是简化的算法，根据是 n!=n×(n−1)!。

6.3.3 GOTO 语句

GOTO 语句的格式如下。

```
GOTO 标签标记;
```

这是个无条件转向语句。执行 GOTO 语句时，控制会立即转到由标签标记的语句（使用<< >>声明）。PL/SQL 中对 GOTO 语句有一些限制，对于块、循环、IF 语句而言，从外层跳转到内层是非法的。

【例 6.13】 使用 GOTO 语句的例子。

```
SQL> DECLARE
    x NUMBER(3);
    y NUMBER(3);
    v_counter NUMBER(2);
    BEGIN
    x := 100;
    FOR v_counter IN 1 .. 10 LOOP
        IF v_counter = 4 THEN
            GOTO end_of_loop;
        END IF;
        x := x + 10;
    END LOOP;
    <<end_of_loop>>
    y := x;
    DBMS_OUTPUT.PUT_LINE ('y:'||y);
    END;
```

输出结果为“y:130”。

6.4 异常处理

6.4.1 异常处理的语法

异常处理（EXCEPTION）是用来处理正常执行过程中未预料的事件，程序块的异常处理是处理预定义的错误和自定义错误，当 PL/SQL 程序块一旦产生异常而没有指出如何处理时，程序就会自动终止整个程序运行。

异常处理部分一般放在 PL/SQL 程序体的后半部，语法如下。

```
EXCEPTION
    WHEN 表达式 1 THEN  <异常处理语句 1>
    WHEN 表达式 2 THEN  <异常处理语句 2>
```

```
    ......
    WHEN 表达式n THEN  <异常处理语句n>
    WHEN OTHERS THEN  <其他异常处理语句>
END;
```

异常处理可以按任意次序排列，但 OTHERS 必须放在最后。

在应用中即使是写得最好的 PL/SQL 程序也会遇到错误或未预料到的事件。一个优秀的程序应该能够正确处理各种出错情况，并尽可能从错误中恢复。例如，任何 Oracle 错误（报告为 ORA-xxxxx 形式的 Oracle 错误号）、PL/SQL 运行错误或用户定义条件（不一定是错误）等都可以从错误中恢复。但是 PL/SQL 编译错误不能通过 PL/SQL 异常处理来避免，因为这些错误发生在 PL/SQL 程序执行之前。

6.4.2　异常处理的分类

有 3 种类型的异常处理，具体如下。

1. 预定义异常处理

Oracle 预定义的异常情况大约有 24 个，见表 6-1。对这种异常情况的处理，无需在程序中定义，可由 Oracle 自动将其触发。

表 6-1　预定义说明的部分 Oracle 异常错误

错误号	异常错误信息名称	说明
ORA-0001	Dup_val_on_index	违反了唯一性限制
ORA-0051	Timeout-on-resource	在等待资源时发生超时
ORA-0061	Transaction-backed-out	由于发生死锁事务被撤消
ORA-1001	Invalid-CURSOR	试图使用一个无效的游标
ORA-1012	Not-logged-on	没有连接到 Oracle
ORA-1017	Login-denied	无效的用户名/口令
ORA-1403	No_data_found	SELECT INTO 没有找到数据
ORA-1422	Too_many_rows	SELECT INTO 返回多行
ORA-1476	Zero-divide	试图被零除
ORA-1722	Invalid-NUMBER	转换一个数字失败
ORA-6500	Storage-error	内存不够引发的内部错误
ORA-6501	Program-error	内部错误
ORA-6502	Value-error	转换或截断错误
ORA-6504	Rowtype-mismatch	宿主游标变量与 PL/SQL 变量有不兼容行类型
ORA-6511	CURSOR-already-OPEN	试图打开一个已处于打开状态的游标
ORA-6530	Access-INTO-null	试图为 null 对象的属性赋值
ORA-6531	Collection-is-null	试图将 Exists 以外的集合(collection)方法应用于一个 null pl/sql 表上或 varray 上
ORA-6532	Subscript-outside-limit	对嵌套或 varray 索引的引用超出声明范围以外
ORA-6533	Subscript-beyond-count	对嵌套或 varray 索引的引用大于集合中元素的个数

对这种异常情况的处理，只需在 PL/SQL 块的异常处理部分，直接引用相应的异常情况名，

并对其完成相应的异常错误处理即可。

【例 6.14】 更新指定员工工资，如工资小于 1500 美元，则加 100 美元。

```
SQL> DECLARE
    v_empno  employees.employee_id%TYPE := &empno;
    v_sal  employees.salary%TYPE;
    BEGIN
    SELECT salary INTO v_sal FROM employees WHERE employee_id = v_empno;
    IF v_sal<=1500 THEN
        UPDATE employees SET salary = salary + 100 WHERE employee_id=v_empno;
        DBMS_OUTPUT.PUT_LINE('编码为'||v_empno||'员工工资已更新！ ');
    ELSE
        DBMS_OUTPUT.PUT_LINE('编码为'||v_empno||'员工工资已经超过规定值！ ');
    END IF;
    EXCEPTION
        WHEN NO_DATA_FOUND THEN
        DBMS_OUTPUT.PUT_LINE('数据库中没有编码为'||v_empno||'的员工');
        WHEN TOO_MANY_ROWS THEN
        DBMS_OUTPUT.PUT_LINE('程序运行错误!请使用游标');
        WHEN OTHERS THEN
        DBMS_OUTPUT.PUT_LINE(SQLCODE||'---'||SQLERRM);
    END;
```

2. 非预定义异常处理

即其他标准的 Oracle 错误。对这种异常情况的处理，需要用户在程序中定义，然后由 Oracle 自动将其触发。步骤如下。

（1）在 PL/SQL 块的定义部分定义异常情况。

```
<异常情况名>  EXCEPTION;
```

（2）使用 EXCEPTION_INIT 语句将定义好的异常情况与标准的 Oracle 错误联系起来。

```
PRAGMA EXCEPTION_INIT(<异常情况名>, <错误代码>);
```

（3）在 PL/SQL 块的异常情况处理部分对异常情况做出相应的处理。

【例 6.15】 删除指定部门的记录信息，以确保该部门没有员工。

```
SQL> INSERT INTO departments VALUES(50, 'FINANCE', 'CHICAGO');
SQL> DECLARE
    v_deptno  departments.department_id%TYPE := &deptno;
    deptno_remaining EXCEPTION;
    PRAGMA EXCEPTION_INIT(deptno_remaining, -2292);
    /* -2292 是违反一致性约束的错误代码 */
    BEGIN
    DELETE FROM departments WHERE department_id = v_deptno;
    EXCEPTION
        WHEN deptno_remaining THEN
            DBMS_OUTPUT.PUT_LINE('违反数据完整性约束！ ');
        WHEN OTHERS THEN
            DBMS_OUTPUT.PUT_LINE(SQLCODE||'---'||SQLERRM);
    END;
```

3. 用户自定义异常处理

程序执行过程中，出现编程人员认为的非正常情况。当与一个异常错误相关的错误出现时，就会隐含触发该异常错误。用户定义的异常错误是通过显式使用 RAISE 语句来触发。当触发一个异常错误时，控制就转向到 EXCEPTION 块异常错误部分，执行错误处理代码。对于这类异常情况的处理，步骤如下。

（1）在 PL/SQL 块的定义部分定义异常情况。

```
<异常情况名>  EXCEPTION;
```

（2）RAISE　<异常情况名>;

（3）在 PL/SQL 块的异常情况处理部分对异常情况做出相应的处理。

【例 6.16】 更新指定员工工资，增加 100 美元。

```
SQL> DECLARE
    v_empno  employees.employee_id%TYPE :=&empno;
    no_result EXCEPTION;
    BEGIN
    UPDATE employees SET salary = salary+100 WHERE employee_id = v_empno;
    IF SQL%NOTFOUND THEN
        RAISE no_result;
    END IF;
    EXCEPTION
        WHEN no_result THEN
            DBMS_OUTPUT.PUT_LINE('你的数据更新语句失败了！ ');
        WHEN OTHERS THEN
            DBMS_OUTPUT.PUT_LINE(SQLCODE||'---'||SQLERRM);
    END;
```

4. 在 PL/SQL 中使用 SQLCODE 和 SQLERRM 异常处理函数

由于 Oracle 的错误提示信息最大长度是 512 字节，为了得到完整的错误提示信息，可用 SQLERRM 和 SUBSTR 函数一起执行，方便进行错误处理，特别是在 WHEN OTHERS 异常处理中，可以获得直观的错误提示信息，以方便进一步的错误处理。

SQLCODE 返回遇到的 Oracle 错误号；SQLERRM 返回遇到的 Oracle 错误信息。例如，SQLCODE=-10 ， SQLERRM='NO_DATA_FOUND' ； SQLCODE=0 ， SQLERRM='NORMAL, SUCCESSFUAL COMPLETION'。

6.5　游　　标

SQL 是面向集合的，其结果一般是集合量（多条记录），而 PL/SQL 的变量一般是标量。其一组变量一次只能存放一条记录。所以仅仅使用变量并不能完全满足 SQL 语句向应用程序输出数据的要求。因为查询结果的记录数是不确定的，事先也就不知道要声明几个变量。为此。在 PL/SQL 中引入了游标（Cursor）的概念，用游标来协调这两种不同的处理方式。

在 PL/SQL 块中执行 SELECT、INSERT、DELETE 和 UPDATE 语句时，Oracle 会在内存中为其分配上下文区，即缓冲区。游标是指向该区的一个指针，或是命名一个工作区，或是一种结构化数据类型。它提供了一种对具有多行数据查询结果集中的每一行数据分别进行单独处理的方法，是设计嵌入式 SQL 语句的应用程序的常用编程方式。游标分为显式游标和隐式游标。

在每个用户会话中，可以同时打开多个游标，其数量由数据库初始化参数文件中的 OPEN_CURSORS 参数定义。对于不同的 SQL 语句，游标的使用情况不同，具体如下。

SQL 语句	显式游标
非查询语句	隐式游标
结果是单行的查询语句	隐式或显式游标

结果是多行的查询语句　显式游标

6.5.1 显式游标

1. 显式游标的处理

显式游标处理需如下 4 个步骤。

（1）定义/声明游标。就是定义一个游标名，以及与其相对应的 SELECT 语句。语法如下。

```
CURSOR 游标名[(游标参数[,游标参数]…)]
    [RETURN 数据类型]
IS
    SELECT 语句;
```

游标参数只能为输入参数，其格式如下。

```
游标参数名 [IN] 数据类型 [{:= | DEFAULT} 值或表达式]
```

在指定数据类型时，不能使用长度约束。如 NUMBER(4)，CHAR(10)等都是错误的。

[RETURN 数据类型]是可选的，表示游标返回数据的类型。如果选择，则应该严格与 SELECT 语句中的选择列表在次序和数据类型上匹配。一般是记录数据类型或带“%ROWTYPE”的数据。

（2）打开游标。就是执行游标所对应的 SELECT 语句，将其查询结果放入工作区，并且指针指向工作区的首部，标识游标结果集合。如果游标查询语句中带有 FOR UPDATE 选项，OPEN 语句还将锁定数据库表中游标结果集合对应的数据行。语法如下。

```
OPEN 游标名[([游标参数=>] 参数值[, [游标参数=>] 参数值]…)];
```

在向游标传递参数时，可以使用与函数参数相同的传值方法，即位置表示法和名称表示法。PL/SQL 程序不能用 OPEN 语句重复打开一个游标。

（3）提取游标数据。就是检索结果集合中的数据行，放入指定的输出变量中。语法如下。

```
FETCH 游标名 INTO {变量列表 | 记录型变量};
```

① 执行 FETCH 语句时，每次返回一个数据行，然后自动将游标移动指向下一个数据行。当检索到最后一行数据时，如果再次执行 FETCH 语句，将操作失败，并将游标属性%NOTFOUND 置为 TRUE。所以每次执行完 FETCH 语句后，检查游标属性%NOTFOUND 就可以判断 FETCH 语句是否执行成功并返回一个数据行，以便确定是否给对应的变量赋值。

② 对该记录进行处理。

③ 继续处理，直到活动集合中没有记录。

（4）关闭游标。当提取和处理完游标结果集合数据后，应及时关闭游标，以释放该游标所占用的系统资源，并使该游标的工作区变成无效，不能再使用 FETCH 语句提取其中数据。关闭后的游标可以使用 OPEN 语句重新打开。语法如下。

```
CLOSE 游标名;
```

定义的游标不能有 INTO 子句。

【例 6.17】 查询前 10 名员工的信息。

```
SQL>DECLARE
    CURSOR c_cursor
    IS SELECT first_name || last_name, Salary FROM EMPLOYEES WHERE rownum<11;
    v_ename EMPLOYEES.first_name%TYPE;
    v_sal EMPLOYEES.Salary%TYPE;
```

```
    BEGIN
    OPEN c_cursor;
    FETCH c_cursor INTO v_ename, v_sal;
    WHILE c_cursor%FOUND LOOP
        DBMS_OUTPUT.PUT_LINE(v_ename||'---'||to_char(v_sal));
        FETCH c_cursor INTO v_ename, v_sal;
    END LOOP;
    CLOSE c_cursor;
    END;
```

2. 显式游标的属性

显式游标的属性见表 6-2。

表 6-2　显式游标属性

属性	类型	说明
Cursor_name%FOUND	布尔型	当最近一次提取游标操作 FETCH 成功则为 TRUE，否则为 FALSE
Cursor_name%NOTFOUND	布尔型	当最近一次提取游标操作 FETCH 成功则为 FALSE，否则为 TRUE
Cursor_name%ISOPEN	布尔型	当游标已打开时返回 TRUE
Cursor_name%ROWCOUNT	数字型	返回已从游标中读取的记录数

【例 6.18】 给工资低于 1500 美元的员工增加工资 100 美元。

```
SQL>DECLARE
    v_empno EMPLOYEES.EMPLOYEE_ID%TYPE;
    v_sal EMPLOYEES.Salary%TYPE;
    CURSOR c_cursor IS SELECT EMPLOYEE_ID, Salary FROM EMPLOYEES;
    BEGIN
    OPEN c_cursor;
    LOOP
        FETCH c_cursor INTO v_empno, v_sal;
        EXIT WHEN c_cursor%NOTFOUND;
        IF v_sal<=1500 THEN
        UPDATE EMPLOYEES SET Salary=Salary+100 WHERE EMPLOYEE_ID=v_empno;
        DBMS_OUTPUT.PUT_LINE('编码为'||v_empno||'工资已更新!');
        END IF;
        DBMS_OUTPUT.PUT_LINE('记录数:'|| c_cursor %ROWCOUNT);
    END LOOP;
    CLOSE c_cursor;
END;
```

【例 6.19】 有参数且有返回值的游标：根据部门号和工作职务编号获取雇员的姓名和雇佣日期。

```
SQL>DECLARE
    TYPE emp_record_type IS RECORD(
    f_name employees.first_name%TYPE,
    h_date employees.hire_date%TYPE);
    v_emp_record emp_record_type;
    CURSOR c(dept_id NUMBER, j_id VARCHAR2) --声明游标，有参数有返回值
    RETURN emp_record_type
    IS
    SELECT first_name, hire_date FROM employees WHERE department_id = dept_id AND job_id
= j_id;
    BEGIN
```

```
    OPEN c(j_id => 'AD_VP', dept_id => 90); --打开游标,传递参数值
    LOOP
        FETCH c INTO v_emp_record; --提取游标
        IF c%FOUND THEN
            DBMS_OUTPUT.PUT_LINE(v_emp_record.f_name||'的雇佣日期是'
            ||v_emp_record.h_date);
        ELSE
            DBMS_OUTPUT.PUT_LINE('已经处理完结果集');
            EXIT;
        END IF;
    END LOOP;
    CLOSE c; --关闭游标
END;
```

3. 游标的 FOR 循环

PL/SQL 语言提供了游标 FOR 循环语句，自动执行游标的 OPEN、FETCH、CLOSE 语句和循环语句的功能。当进入循环时，游标 FOR 循环语句自动打开游标，并提取第一行游标数据；当程序处理完当前所提取的数据而进入下一次循环时，游标 FOR 循环语句自动提取下一行数据供程序处理；当提取完结果集合中的所有数据行后结束循环，并自动关闭游标。语法如下。

```
FOR 索引变量 IN 游标名[(值1[,值2]…)] LOOP
-- 游标数据处理语句
END LOOP;
```

其中，索引变量是为游标 FOR 循环语句隐含声明的，该变量为记录变量，其结构与游标查询语句返回的结构集合的结构相同。在程序中可以通过引用该索引记录变量元素来读取所提取的游标数据，索引变量中各元素的名称与游标查询语句选择列表中所制定的列名相同。如果在游标查询语句的选择列表中存在计算列，则必须为这些计算列指定别名后才能通过游标 FOR 循环语句中的索引变量来访问这些列数据。

不要在程序中对游标进行人工操作；不要在程序中定义用于控制 FOR 循环的记录。

【例 6.20】 游标的 FOR 循环查询雇员的信息。

```
SQL>DECLARE
    CURSOR c_sal IS
    SELECT first_name || last_name ename, salary FROM employees ;
    BEGIN
    --隐含打开游标
    FOR v_sal IN c_sal LOOP
        --隐含执行一个 FETCH 语句
        DBMS_OUTPUT.PUT_LINE(v_sal.ename||'---'||to_char(v_sal.salary)) ;
        --隐含监测 c_sal%NOTFOUND
    END LOOP;
    --隐含关闭游标
    END;
```

6.5.2 隐式游标

显式游标主要是用于对查询语句的处理，尤其是在查询结果为多条记录的情况下；而对于非查询语句，如修改、删除等操作，则由 Oracle 系统自动地为这些操作设置游标并创建其工作区，

这些由系统隐含创建的游标称为隐式游标，隐式游标的名字为 SQL，这是由 Oracle 系统定义的。对于隐式游标的操作，如定义、打开、取值及关闭操作，都由 Oracle 系统自动地完成，无需用户进行处理。用户只能通过隐式游标的相关属性，来完成相应的操作。在隐式游标的工作区中，所存放的数据是与用户自定义的显示游标无关的、最新处理的一条 SQL 语句所包含的数据。语法如下。

```
SQL%
```

注意

INSERT、UPDATE、DELETE、SELECT 语句中不必明确定义游标。隐式游标的属性见表 6-3。

表 6-3　隐式游标属性

属性	值	SELECT	INSERT	UPDATE	DELETE
SQL%ISOPEN		FALSE	FALSE	FALSE	FALSE
SQL%FOUND	TRUE	有结果		成功	成功
SQL%FOUND	FALSE	没结果		失败	失败
SQL%NOTFUOND	TRUE	没结果		失败	失败
SQL%NOTFOUND	FALSE	有结果		成功	失败
SQL%ROWCOUNT		返回行数，只为 1	插入的行数	修改的行数	删除的行数

【例 6.21】 通过隐式游标 SQL 的%ROWCOUNT 属性了解修改了多少行记录。

```
SQL>DECLARE
    v_rows NUMBER;
    BEGIN
    --更新数据
    UPDATE employees SET salary = 8000
    WHERE department_id = 90 AND job_id = 'AD_VP';
    --获取默认游标的属性值
    v_rows := SQL%ROWCOUNT;
    DBMS_OUTPUT.PUT_LINE('更新了'||v_rows||'个雇员的工资');
    --回退更新，以便使数据库的数据保持原样
    ROLLBACK;
END;
```

6.5.3　显式游标与隐式游标的比较

隐式游标是 Oracle 为所有操纵语句（包括只返回单行数据的查询语句）自动声明和操作的一种游标，显式游标是由用户声明和操作的一种游标。二者的主要区别见表 6-4。

表 6-4　显式游标与隐式游标的比较

显式游标	隐式游标
在程序中显式定义、打开、关闭，游标有一个名字	PL/SQL 维护，当执行查询时自动打开和关闭
游标属性的前缀是游标名	游标属性前缀是 SQL
%ISOPEN 根据游标的状态确定值	属性%ISOPEN 总是为 FALSE
可以处理多行数据，在程序中设置循环，取出每一行数据	SELECT 语句带有 INTO 子串，只有一行数据被处理

6.6 存储过程

前面所创建的 PL/SQL 程序都是匿名的，其缺点是在每次执行的时候都要被重新编译，并且没有存储在数据库中，因此不能被其他 PL/SQL 块使用。Oracle 允许在数据库的内部创建并存储编译过的 PL/SQL 程序，以便随时调出使用。该类程序包括存储过程、函数、触发器和包。本节主要介绍存储过程。

存储过程是 PL/SQL 语句和可选控制流语句的预编译集合，以一个名称存储并作为一个单元处理。存储过程存储在数据库内，可由应用程序通过一个调用执行，而且允许用户声明变量、有条件执行以及其他强大的编程功能。存储过程在数据库开发过程以及数据库维护和管理等任务中有非常重要的作用。

6.6.1 创建存储过程

在 Oracle Server 上建立存储过程，可以被多个应用程序调用，可以向存储过程传递参数，也可以通过存储过程传回参数。创建存储过程的语法如下。

```
CREATE [OR REPLACE] PROCEDURE [模式名.]存储过程名
     [参数名 [IN | OUT | IN OUT] 数据类型,…]
{ IS | AS }
     [变量的声明部分]
BEGIN
     <执行部分>
EXCEPTION
     <可选的异常错误处理程序>
END [存储过程名];
```

存储过程的参数有 3 种模式。IN 表示输入类型的参数，用于接收调用程序的值，是默认的参数模式；OUT 表示输出类型的参数，用于向调用程序返回值；IN OUT 用于接收调用程序的值，并向调用程序返回更新的值。

存储过程的输入类型的参数不管是什么类型，缺省情况下其值都为 NULL。输入类型的参数和输出类型的参数不能有长度，其中关键字 AS 可以替换成 IS。存储过程中变量声明在 AS 和 BEGIN 之间，同时，存储过程中可以再调用其他的存储过程，如果要保证存储过程之间的事务处理不受影响，可以定义为自治事务。

【例 6.22】 创建删除指定员工记录的存储过程。

```
SQL>CREATE OR REPLACE PROCEDURE proc_delemp(v_empno IN emp.empno%TYPE) AS
    no_result EXCEPTION;
    BEGIN
        DELETE FROM emp WHERE empno=v_empno;
        IF SQL%NOTFOUND THEN
            RAISE no_result;
        END IF;
        DBMS_OUTPUT.PUT_LINE('编号为'||v_empno||'的员工已被除名!');
    EXCEPTION
        WHEN no_result THEN
            DBMS_OUTPUT.PUT_LINE('你需要的数据不存在!');
        WHEN OTHERS THEN
```

```
        DBMS_OUTPUT.PUT_LINE('发生其他错误!');
END proc_delemp;
```

6.6.2 调用存储过程

存储过程建立完成后，只要通过授权，用户就可以在 SQL *Plus、Oracle 开发工具或第三方开发工具中来调用运行。Oracle 使用 EXECUTE 语句来实现对存储过程的调用。

```
EXEC[UTE]  存储过程名(参数 1,参数 2…);
```

例如，执行【例 6.21】创建的存储过程的语句如下。

```
EXECUTE proc_delemp;
```

在 PL/SQL 程序中还可以在块内建立本地函数和过程，这些函数和过程不存储在数据库中，但可以在创建它们的 PL/SQL 程序中被重复调用。本地函数和过程在 PL/SQL 块的声明部分定义，它们的语法格式与存储函数和过程相同，但不能使用 CREATE OR REPLACE 关键字。

6.6.3 删除存储过程

当一个存储过程不再需要时，要将此存储过程从内存中删除，以释放相应的内存空间，可以使用下面的语句。

```
DROP PROCEDURE 存储过程名;
```

例如，删除【例 6.21】创建的存储过程的语句如下。

```
DROP PROCEDURE proc_delemp;
```

当一个存储过程已经过时，想重新定义时，不必先删除再创建，而只需在 CREATE 语句后面加上 OR REPLACE 关键字即可。

6.7 函　　数

函数一般用于计算和返回一个值，可以将需要经常进行的计算写成函数。函数的调用是表达式的一部分，而存储过程的调用是一条 PL/SQL 语句。

函数与存储过程在创建的形式上有些相似，也是编译后放在内存中供用户使用，只不过调用时函数要用表达式，而不像存储过程只需调用过程名。另外，函数必须有一个返回值，而存储过程则没有。

6.7.1 创建函数

创建函数的语法格式如下。

```
CREATE [OR REPLACE] FUNCTION [模式名.]函数名
    [参数名 [IN] 数据类型,…]
    RETURN 数据类型
{ IS | AS }
     [变量的声明部分]
BEGIN
    <执行部分>
    (RETURN 表达式)
EXCEPTION
    <可选的异常错误处理程序>
END [函数名];
```

创建函数的语法与创建存储过程的语法基本一样，唯一的不同点是创建函数必须要有一个 RETURN 子句。RETURN 在声明部分需要定义一个返回参数的类型，而在函数体中必须有一个 RETURN 子句。而其中<表达式>就是函数要返回的值。当该语句执行时，如果表达式的类型与定义不符，该表达式将被转换为函数定义子句 RETURN 中指定的类型。同时，控制将立即返回到调用环境。但是，函数中可以有一个以上的返回语句。如果函数结束时还没有遇到返回语句，就会发生错误。通常，函数只有 IN 类型的参数。

【例 6.23】 使用函数统计指定部门的职工数量。

```
SQL>CREATE [OR REPLACE] FUNCTION fun_empcount (v_deptno IN emp.deptno %TYPE)
    RETURN NUMBER
    AS
        emp_count NUMBER;
    BEGIN
        SELECT COUNT(*) INTO emp_count FROM emp WHERE deptno=v_deptno;
        RETURN (emp_count);
    EXCEPTION
        WHEN NO_DATA_FOUND THEN
            DBMS_OUTPUT.PUT_LINE('你需要的数据不存在!');
        WHEN OTHERS THEN
            DBMS_OUTPUT.PUT_LINE('发生其他错误!');
END fun_empcount;
```

此过程带有一个参数 v_deptno，它将要查询的部门号传给函数，其返回值把统计结果 emp_count 返回给调用者。

6.7.2 调用函数

调用函数时可以用全局变量接收其返回值，语句如下。

```
SQL>VARIABLE emp_num NUMBER;
SQL>EXECUTE emp_num:= fun_empcount(10);
```

同样，我们可以在程序块中调用它。

```
DECLARE
    emp_num NUMBER;
BEGIN
    emp_num:= fun_empcount(10);
END;
```

6.7.3 删除函数

当一个函数不再使用时，要从系统中删除它。可以使用下面的语句。

```
DROP FUNCTION 函数名;
```

例如，删除【例 6.22】创建的函数的语句如下。

```
DROP FUNCTION fun_empcount;
```

当某函数已经过时，想重新定义时，不必先删除再创建，只需在 CREATE 语句后面加上 OR REPLACE 关键字即可。

6.8 触 发 器

触发器是许多关系数据库系统都提供的一项技术。在 Oracle 系统里，触发器类似过程和函数，都有声明、执行和异常处理过程的 PL/SQL 块。触发器在数据库里以独立的对象存储，它与存储过程不同的是，存储过程通过其他程序来启动运行或直接启动运行，而触发器是由触发事件来启动运行。即触发器是当某个事件发生时自动地隐式运行，并且触发器不能接收参数，所以运行触发器就叫触发。下面简要说明与触发器相关的概念。

（1）触发事件。引起触发器被触发的事件。如 DML 语句（如 INSERT、UPDATE、DELETE 语句对表或视图执行数据处理操作）、DDL 语句（如 CREATE、ALTER、DROP 语句在数据库中创建、修改、删除模式对象）、数据库系统事件（如系统启动或退出、异常错误）、用户事件（如登录或退出数据库）。

（2）触发条件。触发条件是由 WHEN 子句指定的一个逻辑表达式。只有当该表达式的值为 TRUE 时，遇到触发事件才会自动执行触发器，使其执行触发操作，否则即使遇到触发事件也不会执行触发器。

（3）触发对象。触发对象包括表、视图、模式、数据库。只有在这些对象上发生了符合触发条件的触发事件，才会执行触发操作。

（4）触发操作。触发器所要执行的 PL/SQL 程序，即执行部分。

（5）触发时机。触发时机指定触发器的触发时间。如果指定为 BEFORE，则表示在执行 DML 操作之前触发，以防止某些错误操作发生或实现某些业务规则；如果指定为 AFTER，则表示在 DML 操作之后触发，以便记录该操作或做某些事后处理。

（6）条件谓词。当在触发器中包含了多个触发事件(INSERT、UPDATE、DELETE)的组合时，为了分别针对不同的事件进行不同的处理，需要使用 Oracle 提供的如下条件谓词。

INSERTING。当触发事件是 INSERT 时，取值为 TRUE，否则为 FALSE。

UPDATING[(column_1, column_2, ...,column_n)]。当触发事件是 UPDATE 时，如果修改了 column_x 列，则取值为 TRUE，否则为 FALSE。其中 column_x 是可选的。

DELETING。当触发事件是 DELETE 时，取值为 TRUE，否则为 FALSE。

（7）触发子类型。触发子类型分别为语句级触发和行级触发，所以触发器也分为语句级触发器和行级触发器。语句级触发只对这种操作触发一次，而行级触发即对每一行操作时都要触发。一般进行 SQL 语句操作时都应是行级触发，只有对整个表做安全检查（即防止非法操作）时才用语句级触发。如果省略此项，默认为语句级触发。

语句级触发器是在表上或者某些情况下的视图上执行的特定语句或者语句组上的触发器。能够与 INSERT、UPDATE、DELETE 或者组合上进行关联。但是无论使用什么样的组合，各个语句触发器都只会针对指定语句激活一次。例如，无论 UPDATE 多少行，也只会调用一次 UPDATE 语句触发器。

行级触发器是指为受到影响的各个行激活的触发器，定义与语句级触发器类似，但有以下两个例外，定义语句中包含 FOR EACH ROW 子句；在 BEFORE…FOR EACH ROW 触发器中，用户可以引用受到影响的行值。

此外，触发器中还有两个相关值，分别对应被触发的行中的旧值和新值，用:OLD 和:NEW 来表示。对于 INSERT 操作只有:NEW，表示当该语句完成时要插入的值。DELETE 操作只有:OLD，表示在删除行以前，该行的原始取值。UPDATE 操作两者都有，其中，:OLD 表示在更新之前该行的原始取值；:NEW 表示当该语句完成时要更新的新值。但当在 WHEN 子句中使用时，OLD 和 NEW 标识符前不加冒号(:)。

6.8.1 创建触发器

创建触发器的语句是 CREATE TRIGGER，其语法格式如下。

```
CREATE OR REPLACE TRIGGER [模式名.]触发器名
    [BEFORE | AFTER] [INSERT| DELETE| UPDATE {OF}] ON [模式名.]表名
    [FOR EACH ROW   --包含该选项时为行级触发器，不包含时为语句级触发器
    [WHEN 字句]]    --触发条件，仅在行级触发器中使用
    [DECLARE 声明变量、常量等]
    BEGIN
        <触发操作>
    END;
```

当 DML 语句执行时就会使触发器执行，触发顺序如下。

（1）执行 BEFORE 语句级触发器（如果有的话）。

（2）对于受语句影响的每一行，触发顺序如下。

① 执行 BEFORE 行级触发器（如果有的话）。

② 执行 DML 语句。

③ 执行 AFTER 行级触发器（如果有的话）。

（3）执行 AFTER 语句级触发器（如果有的话）。

【例 6.24】 为表 Student 定义行级触发器，实现在删除某学生的信息时，首先删除该学生的所有成绩。

```
SQL>CREATE TRIGGER trigger_delete_student
    BEFORE DELETE ON Student
    FOR EACH ROW    /*行级触发器*/
    BEGIN
        DELETE FROM SC WHERE stuno=:OLD.stuno;
    END;
    DELETE FROM student;
```

【例 6.25】 为表 emp 定义行级触发器，实现在插入或更新员工信息时，当部门号不等于 20 时，将该员工的奖金置为 0。

```
SQL>CREATE TRIGGER trigger_emp_comm
    BEFORE INSERT OR UPDATE OF deptno ON emp
    FOR EACH ROW   --行级触发器
    WHEN(NEW.deptno <>20)   --触发条件
    BEGIN
        :NEW.comm:=0;
    END;
```

当执行下面的语句时，将会触发 trigger_emp_comm 触发器。

```
SQL>INSERT INTO emp(empno, ename, job, mgr, hiredate, sal, comm, deptno)
    VALUES(2000, 'Tom', 'business', 1234, SYSDATE, 2000, 100, 10);
SQL>SELECT comm FROM emp WHERE empno =2000;
```

由于触发器的存在，返回的结果将是 0，而不是 100。触发器不会通知用户，便改变了用户的输入值。

【例 6.26】 为表 emp 定义语句级触发器，并使用条件谓词判断 DML 类型，使得用户无法在非工作时间对 emp 表进行 DELETE、INSERT 和 UPDATE。

```
SQL>CREATE OR REPLACE TRIGGER trigger_emp_secure
    BEFORE DELETE OR INSERT OR UPDATE ON emp
    BEGIN
        IF(TO_CHAR(SYSDATE,'DY') IN('SAT', 'SUN'))
        OR(TO_CHAR(SYSDATE,'HH24') NOT BETWEEN 9 AND 17)
        THEN
```

```
            IF DELETING THEN
                RAISE_APPLICATION_ERROR(-30001,
                    '只有上班时间才可以从 emp 表中删除数据');
            ELSIF INSERTING THEN
                RAISE_APPLICATION_ERROR(-30002,
                    '只有上班时间才可以往 emp 表中插入数据');
            ELSIF UPDATING('sal') THEN
                RAISE_APPLICATION_ERROR(-30003,
                    '只有上班时间才可以更新 emp 表中的数据');
            ELSE
                RAISE_APPLICATION_ERROR(-30004,
                    '只有在上班时间才可以操作 emp 表中的数据');
            END IF;
        END IF;
    END;
```

另外一种 INSTEAD OF 触发器是只定义在视图上，用来替换实际的操作语句，本书不再介绍。

6.8.2　删除触发器

当一个触发器不再使用时，要从内存中删除它。语句如下。

```
DROP TRIGGER trigger_emp_secure;
```

当一个触发器已经过时，想重新定义时，不必先删除再创建，只需在 CREATE 语句后面加 OR REPLACE 关键字即可。

6.9　程　序　包

程序包（PACKAGE，简称包）是一组相关过程、函数、变量、常量和游标等 PL/SQL 程序设计元素的组合，作为一个完整的单元存储在数据库中，用名称来标识程序包。它具有面向对象程序设计语言的特点，是对这些 PL/SQL 程序设计元素的封装。程序包类似于 C#和 Java 等面向对象语言中的类，其中变量相当于类中的成员变量，而存储过程和函数相当于类方法。把相关的模块归类成为程序包，可使开发人员利用面向对象的方法进行存储过程的开发，从而提高系统性能。

与高级语言中的类相同，程序包中的程序元素也分为公有元素和私有元素两种，这两种元素的区别是它们允许访问的程序范围不同，即它们的作用域不同。公有元素不仅可以被程序包中的函数、存储过程所调用，也可以被程序包外的 PL/SQL 程序访问，而私有元素只能被程序包内的函数和存储过程所访问。

当然，不包含在程序包中的存储过程和函数是独立存在的。一般是先编写独立的存储过程与函数，待其较为完善或经过充分验证无误后，再按逻辑相关性组织为程序包。

在 PL/SQL 程序设计中，使用程序包不仅可以使程序设计模块化，对外隐藏程序包内所使用的信息（通过使用私有变量），而且可以提高程序的执行效率。由于当程序首次调用程序包内函数或存储过程时，Oracle 是将整个程序包调入内存，因此当再次访问程序包内元素时，Oracle 直接从内存中读取，而不需要进行磁盘 I/O 操作，从而使程序执行效率得到提高。

6.9.1　创建程序包

一个程序包由两个独立的部分组成：包说明和包主体。包说明和包主体分开编译，并作为两部分独立地存储在数据字典中。可通过查看数据字典 USER_SOURCE、ALL_SOURCE 和

DBA_SOURCE，分别了解包说明与包主体的详细信息。

包说明部分是程序包与应用程序之间的接口，仅声明程序包内数据类型、变量、常量、游标、存储过程、函数和异常错误处理等元素，这些元素为包的公有元素。

包主体则是包说明部分的具体实现，它定义了包说明部分所声明的游标、存储过程、函数等的具体实现。在包主体中还可以声明程序包的私有元素。

1. 包说明部分

包说明部分相当于一个包的头，它对包的所有部件进行一个简单声明，这些部件可以被外界应用程序访问，其中的数据类型、变量、常量、游标、存储过程、函数都是公共的，可在应用程序执行过程中调用。为了实现信息的隐藏，建议不要将所有组件都放在包说明处声明，只把公共组件放在包声明部分即可。程序包的名称是唯一的，但对于两个程序包中的公有组件的名称可以相同，这种用“包名.公有组件名“加以区分。

包说明部分的创建语法如下。

```
CREATE [OR REPLACE] PACKAGE <包名>
    [AUTHID {CURRENT_USER | DEFINER}]
{IS | AS}
    [公有数据类型定义[公有数据类型定义]…]
    [公有游标声明[公有游标声明]…]
    [公有变量、常量声明[公有变量、常量声明]…]
    [公有函数声明[公有函数声明]…]
    [公有过程声明[公有过程声明]…]
END [包名];
```

其中，AUTHID CURRENT_USER 和 AUTHID DEFINER 选项说明应用程序在调用函数时所使用的权限模式。

【例 6.27】 创建包 emp_pkg，读取 emp 表中的数据。

```
CREATE OR REPLACE PACKAGE emp_pkg   --创建包说明
IS
    TYPE emp_table_type IS TABLE OF emp%ROWTYPE
    INDEX BY BINARY_INTEGER;
    PROCEDURE read_emp_table (p_emp_table OUT emp_table_type);
END emp_pkg;
```

2. 包主体部分

包主体部分是包说明部分中的游标、存储过程、函数的具体定义。其创建语法如下。

```
CREATE [OR REPLACE] PACKAGE BODY <包名>
{IS | AS}
    [私有数据类型定义[私有数据类型定义]…]
    [私有变量、常量声明[私有变量、常量声明]…]
    [私有异常错误声明[私有异常错误声明]…]
    [私有函数声明和定义[私有函数声明和定义]…]
    [私有函过程声明和定义[私有函过程声明和定义]…]
    [公有游标定义[公有游标定义]…]
    [公有函数定义[公有函数定义]…]
    [公有过程定义[公有过程定义]…]
BEGIN
    执行部分(初始化部分)
```

```
END [包名];
```

其中，在包主体定义公有程序时，它们必须与包说明部分中所声明子程序的格式完全一致。

【例 6.28】 创建包 emp_pkg，读取 emp 表中的数据。

```
CREATE OR REPLACE PACKAGE BODY emp_pkg   --创建包主体
IS
    PROCEDURE read_emp_table (p_emp_table OUT emp_table_type) IS
        i BINARY_INTEGER := 0;
        BEGIN
        FOR emp_record IN ( SELECT * FROM emp ) LOOP
            p_emp_table(i) := emp_record;
            i := i + 1;
        END LOOP;
    END read_emp_table;
END emp_pkg;
```

6.9.2 调用程序包

程序包的调用语法如下。

```
包名.变量名(常量名)
包名.游标名
包名.函数名(过程名)
```

一旦程序包创建之后，便可以随时调用其中的内容。

【例 6.29】 调用程序包 emp_pkg，读取 emp 表中的数据。

```
SQL>DECLARE e_table emp_pkg.emp_table_type;
    BEGIN
    emp_pkg.read_emp_table(e_table);
    FOR i IN e_table.FIRST ..e_table.LAST LOOP
        DBMS_OUTPUT.PUT_LINE(e_table(i).empno||' '||e_table(i).ename);
    END LOOP;
END;
```

6.9.3 删除程序包

与函数和存储过程一样，当一个程序包不再使用时，要从内存中删除它。语法如下。

```
DROP PACKAGE emp_pkg;
```

当一个包已经过时，想重新定义时，不必先删除再创建。只需在 CREATE 语句后面加上 OR REPLACE 关键字即可。

本章知识点小结

PL/SQL 是一种程序语言，称为过程化 SQL 语言（Procedural Language/SQL）。PL/SQL 是 Oracle 数据库对 SQL 语句的扩展。在普通 SQL 语句的使用上增加了编程语言的特点，所以 PL/SQL 就是把数据操作和查询语句组织在 PL/SQL 代码块中，通过逻辑判断、循环等操作实现复杂的功能或者计算的程序语言。

PL/SQL 是一种块结构的语言，组成 PL/SQL 程序的单元是逻辑块，一个 PL/SQL 程序包含了一个或多个逻辑块，每个 PL/SQL 块都由 3 个基本部分组成：声明部分、执行部分、异常处理部分。声明部分由关键字 DECLARE 开始，主要用来声明变量、常量和游标，并且初始化变量。执行部分由关键字 BEGIN 开始，所有的可执行语句都放在这一部分，其他的 PL/SQL 块也可以放在这一部分。在执行部分可以为变量赋新值，或者在表达式中引用变量的值。异常处理部分是用来处理正常执行过程中未预料的事件、程序块的异常处理是处理预定义的错误和自定义错误，当 PL/SQL 程序块一旦产生异常而没有指出如何处理时，程序就会自动终止整个程序运行。在异常处理部分同样可以按执行部分的方法使用变量。另外，在 PL/SQL 程序使用时可以通过参数变量把值传递到 PL/SQL 块中，也可以通过输出变量或者参数变量将值传出 PL/SQL 块。

PL/SQL 程序段中有 3 种控制结构：条件结构（IF…THEN…ENDIF、IF…THEN…ELSE…ENDIF、IF…THEN…ELSIF…ELSE…ENDIF、CASE 语句）、循环结构（基本 LOOP 循环、FOR…LOOP 循环和 WHILE…LOOP 循环）和顺序结构。

游标是指向该区的一个指针，或是命名一个工作区，或是一种结构化数据类型。它为应用等提供了一种对具有多行数据查询结果集中的每一行数据分别进行单独处理的方法，是设计嵌入式 SQL 语句的应用程序的常用编程方式。游标分为显式游标和隐式游标。

存储过程是一个 PL/SQL 程序块，接受零个或多个参数作为输入(IN)或输出(OUT)、或既作输入又作输出(IN OUT)，与函数不同，存储过程没有返回值，存储过程不能由 SQL 语句直接使用，只能通过 EXECUT 命令或 PL/SQL 程序块内部调用。

函数一般用于计算和返回一个值，可以将经常需要进行的计算写成函数。函数的调用是表达式的一部分，而存储过程的调用是一条 PL/SQL 语句。

触发器是许多关系数据库系统都提供的一项技术。在 Oracle 系统里，触发器类似存储过程和函数，都有声明、执行和异常处理过程的 PL/SQL 块。触发器在数据库里以独立的对象存储，它与存储过程不同的是，存储过程通过其他程序来启动运行或直接启动运行，而触发器是由一个事件来启动运行。即触发器是当某个事件发生时自动地隐式运行。并且，触发器不能接收参数。

程序包其实就是被组合在一起的相关对象的集合，当程序包中任何函数或存储过程被调用，包就被加载入内存中，包中的任何函数或存储过程的子程序访问速度将极大地加快。程序包由两部分组成：包说明和包主体，包说明描述变量、常量、游标、存储过程和函数，包主体完全定义游标、存储过程和函数等。

习　题

1. 以下哪种 PL/SQL 块用于返回数据？

A. 匿名块　　B. 命名块　　C. 过程　　D. 函数　　E. 触发器

2. 以下哪几种定义变量和常量的方法是正确的？

A. v_ename VARCHAR2(10);

B. v_sal,v_comm NUMBER(6,2);

C. v_sal NUMBER(6,2) NOT NULL;

D. c_tax CONSTANT NUMBER(6,2) DEFAULT 0.17;

E. %SAL NUMBER(6,2);

F. v_comm emp.comm%TYPE;

3. 在 PL/SQL 块中不能直接嵌入以下哪些语句？

A. SELECT　　B. INSERT　　C. CREATE TABLE

D. GRANTE　　E. COMMMIT

4. 当 SELECT INTO 语句没有返回行时，会触发以下哪种异常？

A. TOO_MANY_ROWS B. VALUE_ERROR C. NO_DATA_FOUND

5. 当执行 UPDATE 语句时没有更新任何行，会触发以下哪种异常？

A. VALUE_ERROR B. NO_DATA_FOUND C. 不会触发任何例外

6. 当使用显式游标时，在执行了哪条语句后应该检查游标是否包含行？

A. OPEN B. FETCH C. CLOSE D. CURSOR

7. 在 SQL*Plus 中可以使用哪几种方式运行存储过程？

A. EXECUTE B. CALL C. EXEC D. 以上都不行

8. 下列 PL/SQL 块，有多少行被加入 numbers 中？

```
BEGIN
    FOR IX IN 5..10 LOOP
        IF IX=6 THEN
            INSERT INTO numbers VALUES(IX);
        ELSE
            IF IX=7 THEN
                DELETE FROM numbers;
            END IF;
        END IF;
    END LOOP;
    COMMIT;
END;
```

9. 下列 PL/SQL 执行后将显示什么结果？

```
DECLARE
    X VARCHAR2(10):='TITLE';
    Y VARCHAR2(10):='TITLE';
    BEGIN
        IF X>=Y THEN
            DBMS_OUTPUT.PUT_LINE('X is greater');
        END IF;
        IF Y>=X THEN
            DBMS_OUTPUT.PUT_LINE('Y is greater');
        END IF;
END;
```

10. 以你自己熟悉的数据库为例，练习游标、存储过程、函数和触发器的使用。

第7章 数据库设计

数据库设计是数据库应用系统开发的关键环节。数据库设计的目标是在DBMS的支持下，按照数据库设计规范化的要求和用户需求，规划、设计一个结构良好、使用方便、效率较高的数据库应用系统，为用户和各种应用系统提供一个信息基础设施和高效率的运行环境。

大型数据库的设计和开发是一项庞大的工程，其开发周期较长，必须把软件工程的原理和方法应用到数据库设计中来。因此，本章将按照软件工程理论从需求分析、概念结构设计、逻辑结构设计、物理结构设计、数据库实施、数据库运行和维护6个阶段介绍数据库设计的规范化过程，对每个阶段进行相关介绍。并通过一个实例——教学管理系统，穿插到每一个阶段中，介绍每一阶段所做的工作，搭建一套完整的数据库模型。其中，需求分析和概念结构设计独立于任何DBMS；而逻辑结构设计和物理结构设计与选用的DBMS密切相关。

数据库设计与应用环境紧密结合，因此设计一个好的数据库并不是一件简单的事情。设计人员除了需要掌握数据库与软件的基础知识，还需掌握应用领域的专业知识。一般的计算机专业人员虽然掌握了数据库与软件的基础知识，但缺乏应用领域知识；而用户虽然具有丰富的应用领域知识，却没有相关的计算机基础。设计人员常常是根据经验进行设计，缺乏和用户的沟通，这样设计出来的数据库存在巨大隐患，如数据模型不能准确反映用户的实际情况，不能方便进行数据库应用程序的开发。因此数据库设计需要遵循软件工程的理论和方法，采用规范的设计方法，根据用户的需求，进行分析、归纳、抽象，最终设计出符合实际情况的数据模型，选择一种符合要求的数据库管理系统，最终实现对数据模型及数据的管理。

【本章要点】

- 数据库设计的步骤
- 概念结构设计
- 逻辑结构设计
- 物理结构设计

7.1 数据库设计概述

数据库设计是指对于一个给定的应用环境，构造最优的数据库模式，建立数据库及其应用系统，使之能够有效地存储和管理数据，满足各种用户的应用需求，包括信息管理要求和数据操作要求。

7.1.1 数据库设计的任务

数据库设计的任务，有广义和狭义两种定义。广义的数据库设计是指建立数据库及其应用系统，包括选择合适的计算机平台和数据库管理系统、设计数据库以及开发数据库应用系统等。这种数据库设计实际是“数据库系统”的设计，其成果有二：一是数据库，二是以数据库为基础的应用系统。狭义的数据库设计是指根据一个组织的信息需求、处理需求和相应的数据库支撑环境（主要是 DBMS），设计出数据库，包括概念结构、逻辑结构和物理结构。其成果主要是数据库，不包括应用系统。本书采用狭义的定义，因为应用系统的开发设计属于软件工程范畴，超出了本书的范围。

按照狭义的数据库设计的定义，其结果不是唯一的，针对同一应用环境，不同的设计人员可能设计出不同的数据库。评判数据库设计结果好坏的主要准则如下。

1. 完备性

数据库应能表示应用领域所需的所有信息，满足数据存储需求，满足信息需求和处理需求，同时数据是可用的、准确的、安全的。

2. 一致性

数据库中的信息是一致的，没有语义冲突和值冲突。尽量减少数据的冗余，如果可能，同一数据只能保存一次，以保证数据的一致性。

3. 优化

数据库应该规范化和高效率，易于各种操作，满足用户的性能需求。

4. 易维护

好的数据库维护工作比较少。需要维护时，改动比较少而且方便，扩充性好，不影响数据库的完备性和一致性，也不影响数据库性能。

大型数据库的设计和开发是一项庞大的工程，是一门涉及多个学科的综合性技术，其开发的周期长、耗资多、风险大。对于从事数据库设计的专业人员来讲，应该具备多方面的知识和技术。主要有数据库的基本知识和数据库设计技术、软件工程的原理和方法、程序设计的方法和技术以及应用领域的知识。

7.1.2　数据库设计的特点

1. 数据库设计是硬件、软件的结合

数据库设计是一项涉及多学科的综合性技术，又是一项庞大的工程项目。数据库设计是将应用需求转化为在相应硬件、软件环境中的实现，在整个过程中，良好的管理是数据库设计的基础。“三分技术、七分管理”是数据库设计的特点之一，所以在整个数据库的设计过程中，要加强管理和控制。

2. 数据库设计应该和应用系统设计相结合

数据库设计的目的是为了在其上建立应用系统。与应用系统设计相结合，满足应用系统的需求，所以数据库设计人员要与应用系统设计人员保持良好的沟通和交流。

3. 与具体应用环境相关联

数据库设计置身于实际的应用环境，是为了满足用户的信息需求和处理需求，脱离实际的应用环境，空谈数据库设计，无法判定设计好坏。

7.1.3　数据库设计的方法

数据库设计属于方法学的范畴，是数据库应用研究的主要领域，不同的数据库设计方法，采用不同的设计步骤。在软件工程之前，主要采用手工试凑法。这种方法主要凭借设计人员的经验和水平，但数据库设计是一种技艺而不是工程技术，且随着信息技术的发展，信息结构日趋复杂，应用环境日趋多样，如果缺乏科学理论和工程方法，则工程的质量难以保证，数据库很难最优，数据库运行一段时间后各种各样的问题会渐渐的暴露出来，增加了系统维护工作量。如果系统的扩充性不好，经过一段时间运行后，还要重新设计。

为了改进手工试凑法，人们运用软件工程的思想和方法，使设计过程工程化，提出了各种设计准则和规程，形成了一些规范化设计方法。其中比较著名的有新奥尔良方法，他将数据库设计分为需求分析、概念结构设计、逻辑结构设计、物理结构设计 4 个阶段。其后有 S. B. Yao 的五步骤方法。还有 Barker 方法，Barker 是著名数据库厂商 Oracle 的数据库设计产品 Oracle Designer 的主要设计师，其方法在 Oracle Designer 中运用和实施。各种规范化设计方法基于过程迭代和逐步求精的设计思想，只是在细致的程度上有差别，导致设计步骤的不同。

数据库设计的基本思想是过程迭代和逐步求精，整个设计过程是 6 个阶段的不断重复，把数据库设计和对数据库中数据处理的设计紧密结合起来，将这两个方面的需求分析、抽象、设计、实现在各个阶段同时进行，相互参照、相互补充，以完善两方面的设计。如图 7-1 所示。

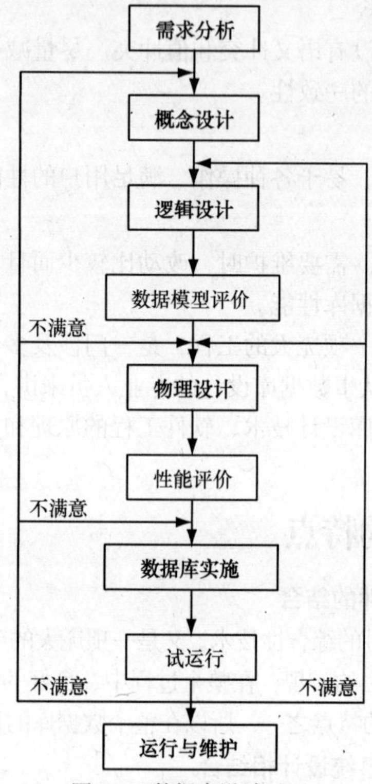

图 7-1 数据库设计过程

随着数据库设计工具的出现，产生了一种借助数据库设计工具的计算机辅助设计方法（如 Oracle 公司的 Oracle Designer、Sybase 公司的 Power Designer 等）。另外，随着面向对象设计方法的发展和成熟，该方法也开始应用于数据库设计。

7.1.4 数据库设计的步骤

按照规范化设计的方法，同时考虑到数据库及其应用系统开发的全过程，数据库设计划分为 6 个阶段，每个阶段有相应的成果，如图 7-2 所示。

1．需求分析阶段

需求分析阶段主要是准确收集用户信息需求和处理需求，并对收集的结果进行整理和分析，形成需求分析报告。需求分析是整个设计活动的基础，也是最困难和最耗时的一步。如果需求分析不准确或不充分，可能导致整个数据库设计的返工。

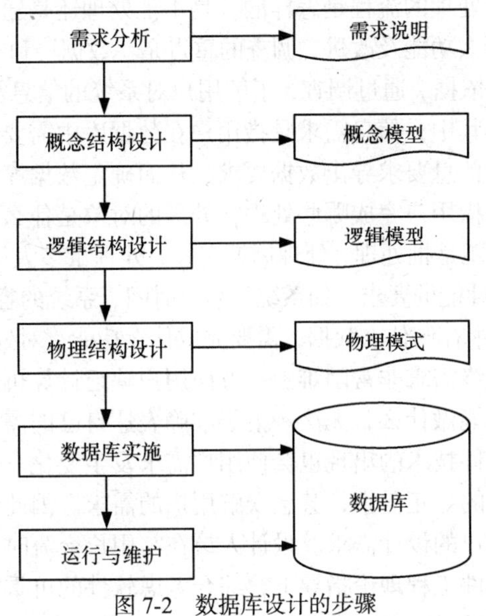

图 7-2 数据库设计的步骤

2. 概念结构设计阶段

概念结构设计是数据库设计的重点，对用户需求进行综合、归纳、抽象，形成一个概念模型（一般为 E-R 图），形成的概念模型是与具体的 DBMS 无关的模型，是对现实世界的可视化描述，属于信息世界，是逻辑结构设计的基础。

3. 逻辑结构设计阶段

逻辑结构设计是将概念结构设计的概念模型转化为某个特定的 DBMS 所支持的数据模型，建立数据库逻辑模式，并对其进行优化，同时为各种用户和应用设计外模式。

4. 物理结构设计阶段

物理结构设计是为设计好的逻辑模型选择物理结构，包括存储结构和存取方法，建立数据库物理模式（内模式）。

5. 数据库实施阶段

实施阶段就是使用 DLL 语言建立数据库模式，将实际数据载入数据库，建立真正的数据库；在数据库上建立应用系统，并经过测试、试运行后正式投入使用。

6. 运行与维护阶段

运行与维护阶段是对运行中的数据库进行评价、调整和修改。

7.2 需求分析

简单地说，需求分析就是收集、分析用户的需求，确定系统须完成的工作，并对系统提出准确、清晰、具体的要求。需求分析是数据库设计过程的起点，也是后续步骤的基础。只有准确地获取用户需求，才能设计出优秀的数据库。本节主要介绍需求分析的任务、过程、方法以及需求分析的结果。

7.2.1 需求分析的任务

在需求分析阶段，分析人员需要和用户紧密配合，调查现实世界要处理的对象，了解用户在实际中如何进行业务处理；处理的流程是怎样的，是手工处理还是通过计算机系统来处理，用户希望数据库应用程序提供什么功能及改进，调查的重点是“数据”和“处理”。数据是数据库设计的依据，处理是系统处理的依据。通过调查，了解用户对系统的信息需求、处理需求、性能需求、以及安全性与完整性需求。其中，信息需求是指用户在数据库中需要哪些数据，这些数据的性质是什么，数据从哪儿来。由信息要求导出数据要求，从而确定数据库中需要存储哪些数据，进而形成数据字典。处理需求是指用户完成哪些处理，处理的对象是什么，处理的方法和规则，处理有什么要求，如是联机处理还是批处理，处理周期多长，处理量多大等，使用数据流图进行描述。性能需求是指用户对新系统性能的要求，如系统的响应时间、系统的容量、可靠性等。根据用户的这些需求确定需要在数据库中存储什么数据，需要完成什么功能，对处理的响应时间有什么要求。

应该说，确定用户的最终需求非常困难。一方面用户缺乏计算机知识，开始时无法确定计算机究竟能为自己做什么，不能做什么，无法一下子准确表达自己的需求，他们所提出的需求往往不断地变化。新的硬件、软件技术的出现也会使用户需求发生变化。另一方面设计人员缺少用户的专业知识，不易理解用户的真正需求，甚至误解用户的需求。因此设计人员必须与用户进行深入的交流，才能逐步确定用户的设计需求。设计人员在与用户交流时，需要结合已掌握的应用领域知识和计算机知识，在软件工程理论指导下，综合考虑软件的可重用性和可维护性，积极引导和挖掘客户的需求与潜在需求，确保需求分析的质量。

需求分析可以划分为需求调查和需求分析两个阶段，但是这两个阶段没有明确的界限，可能交叉或同时进行。在需求调查时，进行初步需求分析；在需求分析时，对需求不明确之处要进一步调查。需求分析的步骤如图 7-3 所示。

为了更好地完成上述调查的内容，可以采取各种有效的调查方法，常用的用户调查方法如下。

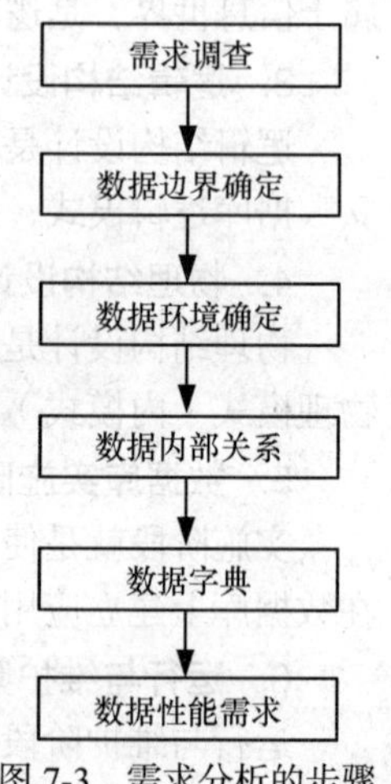

图 7-3　需求分析的步骤

（1）跟班作业。亲自参与业务活动，了解业务处理的基本情况。这种方法能比较准确地了解用户的业务活动和处理模式，但是比较耗费时间。如果单位自主建设数据库系统，自行进行数据库设计，或者在时间上允许使用较长的时间，可以采用跟班作业的调查方法。

（2）开调查会。与有丰富业务经验的用户进行座谈。一般要求调查人员具有较好的业务背景，如原来设计过类似的系统，被调查人员有比较丰富的实际经验，双方能就具体问题有针对性地交流和讨论。

（3）问卷调查。将设计好的调查表发放给用户，供用户填写。调查表的设计要合理，发放要进行登记，并规定交表的时间，调查表的填写要有样板，以防用户填写的内容过于简单。同时要将相关数据的表格附在调查表中。

（4）访谈询问。针对调查表或调查会的具体情况，仍有不清楚的地方，可以访问有经验的业务人员，询问其对业务的理解和处理方法。

（5）学习文件。及时了解掌握与用户业务相关的政策和业务规范等文件。

（6）使用旧系统。如果用户已经使用计算机系统协助业务处理，可以通过使用旧系统，掌握已有的需求、了解用户变化和新增的需求。

以上的调查方法可以同时采用，主要目的是为了全面、准确地收集用户的需求。同时，用户的积极参与是调查能否达到目的的关键。调查过程中，应和用户建立良好的沟通，给用户讲解一些计算机的实现方式、原理、术语，减少设计人员和用户之间交流障碍。让用户明白设计人员的设计思想，并使用户具备一定的发现设计是否符合自己要求的能力。

另外，还可以根据软件工程思想，采用原型法来设计开发。给用户提供一些原型，让用户在原型的基础上，提出自己的需求和对原型的改进要求。对设计开发小型数据库应用来说这是一种行之有效的方法。

7.2.2　需求分析的过程及方法

通过需求调查，收集用户需求后，要对用户需求进行分析，并表达用户的需求。用户需求分析的方法很多，可以采用结构化分析方法、面向对象分析方法等，本章采用结构化分析方法。结构化分析方法采用自顶向下、逐层分解的方法进行需求分析，从最上层的组织结构入手，逐步分解。结构化分析方法主要采用数据流图对用户需求进行分析，用数据字典和加工说明对数据流图进行补充和说明。

1. 数据流图

（1）数据流图的概念。数据流图（Data Flow Diagram）是一种图形化技术，它描绘信息和数据从输入到输出的数据流动的过程，反映的是加工处理的对象。数据流图要表述出数据来源、数据处理、数据输出以及数据存储，反映了数据和处理的关系。数据流图的基本形式如图 7-4 所示。

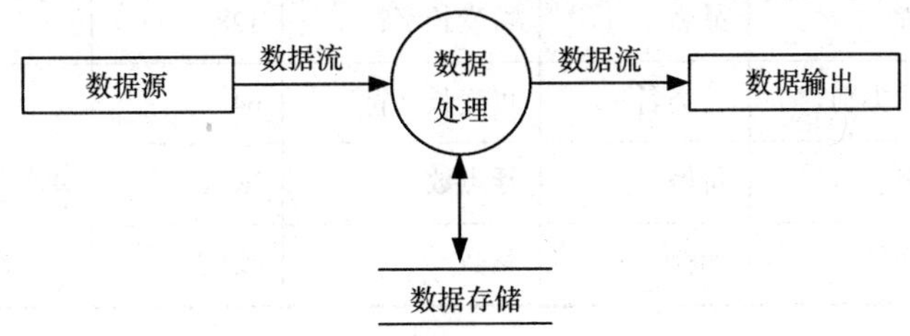

图 7-4　数据流图的基本形式

（2）数据流图的四要素。数据流图是由数据流、数据存储、加工处理、数据的源点和终点 4 部分组成。

① 数据流。表示含有规定成分的动态数据，可以用箭头“→”表示，箭头方向表示数据流向，箭头上标明数据流的名称，数据流由数据项组成。数据流包括输入数据和输出数据。

② 数据存储。用来保存数据流，可以是暂时的，也可以是永久的，用双划线表示，并标明数据存储的名称。数据流可以从数据存储流入或流出，可以不标明数据流名。

③ 加工处理。又称为变换，表示对数据进行的操作，可以用圆“○”表示，并在其内标明加工处理的名称。

④ 数据的源点和终点。数据的源点和终点表示数据的来源和去处，代表系统的边界，用矩形“□”表示。

例如，公司销售管理的数据流程如图 7-5 所示。

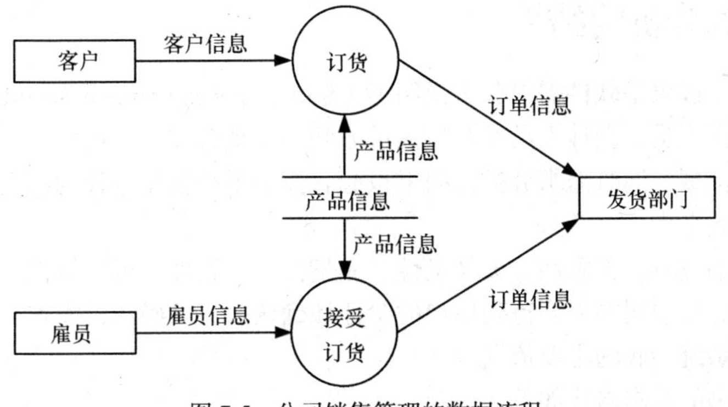

图 7-5　公司销售管理的数据流程

对于复杂系统，一张数据流图难以描述且难以理解，往往采用分层数据流图。

2. 数据字典

数据字典（Data Dictionary）是关于数据信息的集合，它对数据流图中的数据进行定义和说明。数据字典是关于数据库中数据的描述，是元数据，而不是数据本身。数据字典通常包括数据项、数据流、数据存储和处理 4 个部分。

（1）数据项。数据项描述={数据项的名称、数据项含义、别名、数据类型、数据长度、取值范围、说明，与其他数据项之间关系等}。数据项是不可再分的数据单位。在关系数据库中，数据项对应于表中的一个字段。

在公司销售管理系统中，产品实体含有 5 个数据项，各数据项描述见表 7-1。

表 7-1 产品实体各数据项描述

数据项名	含义	别名	数据类型	长度	说明
产品编号	统一商品编码	UPC 码	定长字符	12	采用一维条形码
产品名	产品名称	品名	可变长字符	128	
类别名	产品所属类别	分类名	可变长字符	64	
单价	产品价格	价格	浮点数	默认	单位元，保留 2 位小数
库存量	仓库剩余量	库存	整数	默认	

（2）数据流。数据流描述={数据流名，组成数据流的所有数据项名，数据流的来源，数据流的去向，平均流量，高峰期流量}。其中，“数据流的来源”是指来自哪个加工处理过程；“数据流的去向”是指数据流将去到哪个加工过程中去；“平均流量”是指在单位时间里的传输次数；“高峰期流量”是指在高峰时期的数据流量。

（3）数据存储。数据存储描述={数据存储名、描述、别名、输入的数据流，输出的数据流，组成数据存储的所有数据项名，数据量，存取频率，存取方式}。数据存储是数据流中数据存储的地方，也是数据流的来源和去向之一。对于关系数据库系统来说，数据存储一般是指一个数据库文件或一个表文件。

（4）处理。处理描述={处理过程名，说明}。

数据流图和数据字典共同构成数据库应用系统的逻辑模型，没有数据字典，数据流图就不严格；没有数据流图，数据字典也发挥不了作用，只有数据流图和相对应的数据字典结合在一起，才能共同构成应用系统的说明文档。

7.2.3 需求分析的结果

需求分析的主要成果是软件需求分析说明书（Software Requirement Specification），需求分析说明书为用户、分析人员、设计人员及测试人员之间相互理解和交流提供了方便，是系统设计、测试和验收的主要依据，同时需求分析说明书也起着控制系统演化过程的作用，追加需求应结合需求分析说明书一起考虑。

需求分析说明书应具有正确性、无歧义性、完整性、一致性、可理解性、可修改性、可追踪性和注释等。需求分析说明书需要得到用户的验证和确认。一旦确认，需求分析说明书就变成了开发合同，也成了系统验收的主要依据。

需求分析说明书的基本格式如下。

"公司销售管理系统"需求分析说明书

1 前言

1.1 编写目的

1.2 背景

1.3 名词定义

1.4 参考资料

2 数据关系分析

2.1 数据边界分析

2.2 数据内部关系分析

2.3 数据环境分析

3 数据字典

3.1 数据流图

3.2 数据项分析

3.3 数据类分析

3.4 数据性能需求分析

4 原始资料汇编

4.1 原始资料汇编之 1

…………………………

4. *n* 原始资料汇编之 *n*

编写人员：__________　　审核人员：__________

审批人员：__________　　日　　期：__________

7.2.4 实例——教学管理系统（需求分析）

教学管理系统主要实现对一般高校的教学工作的信息化管理。在第 5 章为了介绍关系数据库规范化理论，我们设计了一个简化版的教学管理系统，本章对前面介绍的教学管理系统进行扩充。主要实现 3 部分功能：实现对教师的基本档案信息和教师的授课信息的增加、修改、删除、查询和统计等功能；实现对学生的基本档案信息、学习成绩等信息的增加、修改、删除、查询和统计；实现对课程信息和学生选课信息的管理。本系统很大程度地实现了学校教学工作的信息化管理。

1. 系统需求分析

教学管理系统从功能上来说，主要是实现对普通高校的信息进行管理。用户的需求如下。

（1）一个大学有若干个系，每个系有多名学生，一个学生只属于一个系；每个系有若干门课程，不同系可能有相同的课程；每个学生可以选修多门课程，每门课程可有多个学生选修；每个学生学习每一门课程仅有一份成绩；每个系有若干名教师，一个教师只能属于一个系；每个教师可以讲授多门课程，但是每个学期对每个系的每门课程只能被一名教师讲授。

（2）教学管理人员通过该系统录入系、学生、教师和课程的有关信息。

（3）教师可以通过该系统来设置课程信息和录入学生的成绩，实现对学生成绩的管理。

（4）学生可以通过该系统进行选课。

（5）教学管理人员、教师和学生通过该系统对学生成绩进行查询和统计分析。

具体地说，在教学事务管理过程中，管理人员对新调入的教师登记教师档案，对新入学的学生登记学生档案，每个学期考试结束后登记学生成绩。每个学期末，学生根据系里提供的下一学期所开课程选课。教师接受了一学期任务，并将选课结果和分配的教学任务等信息登记保存。教学管理系统应具有以下功能模块。

教师信息管理：完成对教师档案和教师授课情况的管理（增加、修改、删除、查询）。

学生信息管理：完成对学生档案和学生成绩的管理（增加、修改、删除、查询）。

选课信息管理：完成对课程信息和学生选课信息的管理（增加、修改、删除、查询）。

系信息管理：完成对系信息的管理（增加、修改、删除、查询）。

2. 可行性分析

可行性分析是要分析建立新系统的可能性，主要包括经济可行性分析、技术可行性分析和社会可行性分析。

通过对学校的教学管理工作进行详细调查，在熟悉了教学业务流程后，分析如下。教学管理是一个教学单位不可缺少的部分，教学管理的水平和质量至关重要，直接影响到学校的发展。但传统的手工管理方式效率低，容易出错，保密性差。此外，随着时间的推移，将产生大量的文件和数据，给查找、更新和维护都带来不少困难。使用计算机进行教学管理，优点是检索迅速、检查方便、可靠性高、存储量大、保密性好、减少错误发生率，极大地提高了教学管理的效率和质量。因此开发“教学管理系统”势在必行，同时从经济、技术、社会三方面分析也是可行的。

3. 模块设计分析

根据前面对用户需求的分析，依据系统功能设计原则，对整个系统进行了模块划分，得到了图 7-6 所示的功能模块图。

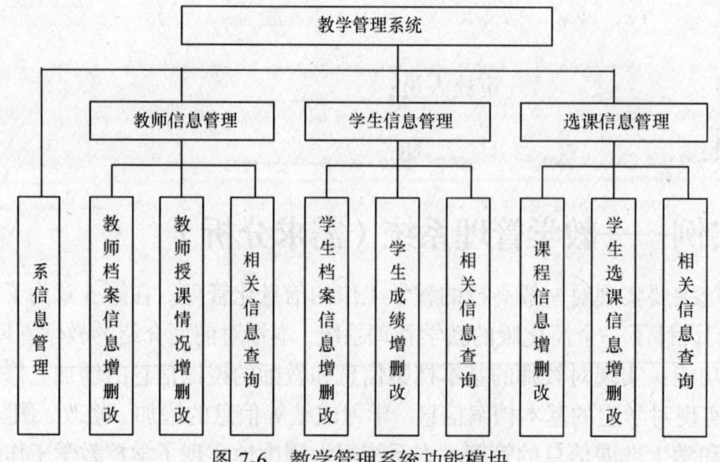

图 7-6　教学管理系统功能模块

教师信息管理模块用于实现教师档案信息（教师编号，姓名，性别，出生日期，政治面貌，学历，职称，系编号，联系电话）和教师授课信息（课程编号，教师编号，系编号，学年，学期，授课地点，授课时间）的登记。如果有调入学校的新教师，则为其建立档案并将其基本信息输入到计算机中。同时，该模块还包括了对教师档案信息增删改、授课信息增删改、教师相关信息浏览等功能。

学生信息管理模块实现学生档案信息（学号，姓名，性别，出生日期，入学年份，系编号，籍贯，家庭住址）和学生成绩（学号，学年，学期，课程编号，平时成绩，期末成绩，总评成绩）的登记，可将新入学的学生基本信息输入到计算机中，还可以将每一学期所选课的考试成绩录入到计算机中。另外该模块还提供了对学生档案、成绩等信息统计、查询和浏览的功能。该功能模块包括学生档案增删改、学生信息增删改和学生相关信息浏览等功能。

选课信息管理模块用于实现课程信息（课程编号，课程名，课程类别，学分，学时）和学生选课信息（课程编号，学号）的管理。管理学生选课信息增删改、课程信息增删改以及有关课程等情况的查询等功能。

在这些表中，教师档案实体和教师授课实体通过“教师编号”相关联；学生档案实体和学生成绩实体通过“学号”相关联；课程实体、教师授课实体和学生选课实体通过“课程编号”相关联。

4. 系统化分析

以教学管理系统为例，教学管理系统主要用于普通高校，教学管理人员通过该系统可以实现对全校教师、学生信息以及学生选课信息的增加、删除、修改和查询等操作；同时可以通过该系统对学生课程成绩进行登录和汇总分析等。根据这些要求可以得到教学管理系统的数据流图，如图 7-7 所示。

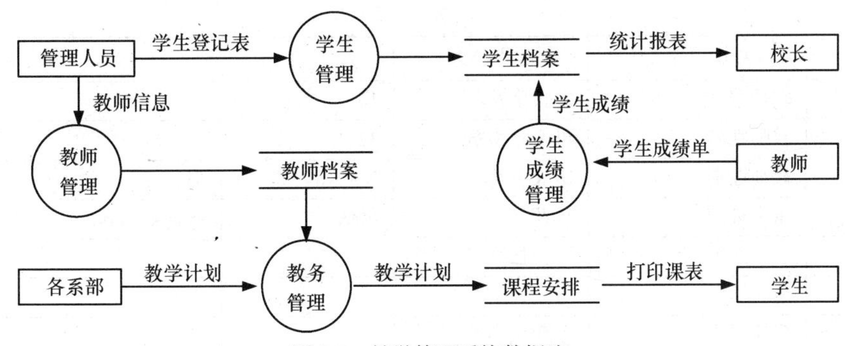

图 7-7 教学管理系统数据流

5. 数据字典

在系统数据流图的基础上，进一步描述所有数据，包括一切动态数据和静态数据的数据结构和相互关系的说明，是数据分析和数据管理的重要工具，也是数据库设计与实施的参考依据。涉及的数据字典见表 7-2～表 7-7。

表 7-2 涉及系的数据字典

数据项名	数据项含义	数据类型	长度	说明
系编号	系编号	定长字符	8	
系名	系的名称	可变长字符	32	
系主任	系负责人	可定长字符	32	
电话	联系电话	可变长字符	16	

表 7-3　　涉及学生的数据字典

数据项名	数据项含义	数据类型	长度	说明
学号	学号	定长字符	16	系编号+顺序号
姓名	学生姓名	可变长字符	32	
性别	学生性别	定长字符	2	男、女
身份证	身份证号	定长字符	18	
生日	出生日期	日期	默认	yyyy-mm-dd
入学年份	入学年份	整数	默认	4 位年度
所属院系	系编号	定长字符	8	与系信息中的系编号关联
籍贯	籍贯	可变长字符	64	
地址	家庭住址	可变长字符	128	

表 7-4　　涉及课程的数据字典

数据项名	数据项含义	数据类型	长度	说明
课程号	课程编号	定长字符	16	
课程名	课程名称	可变长字符	32	
课程类别	课程类别	可变长字符	32	
学分	学分	整数	默认	
学时	学时数	整数	默认	为 16 的倍数

表 7-5　　涉及教师的数据字典

数据项名	数据项含义	数据类型	长度	说明
编号	教师编号	定长字符	16	
姓名	教师姓名	可变长字符	32	
性别	教师性别	定长字符	2	男、女
生日	出生日期	日期	默认	yyyy-mm-dd
政治面貌	政治面貌	可变长字符	16	
学历	最高学历	可变长字符	16	
职称	现任职称	可变长字符	16	
所属院系	系编号	定长字符	8	与系信息中的系编号关联
电话	联系电话	可变长字符	16	

表 7-6　　成绩信息数据字典

数据项名	数据项含义	数据类型	长度	说明
学号	学号	定长字符	16	与学生信息中的学号关联
课程编号	课程编号	定长字符	16	与课程信息中的课程号关联
学年	学年	整数	默认	4 位年度
学期	学期	整数	默认	
平时成绩	平时成绩	浮点数	默认	保留 2 位小数
期末成绩	期末成绩	浮点数	默认	保留 2 位小数
总评成绩	总评成绩	浮点数	默认	保留 2 位小数

表 7-7　　授课信息数据字典

数据项名	数据项含义	数据类型	长度	说明
课程编号	课程编号	定长字符	16	与学生信息中的学号关联
教师编号	教师编号	定长字符	16	与教师信息中的教师编号关联
系编号	系编号	定长字符	8	与系信息中的系编号关联
学年	学年	整数	默认	4 位年度
学期	学期	整数	默认	
授课时间	授课时间	日期	默认	yyyy-mm-dd hh:mm:ss
授课地点	教室名称	可变长字符	64	

7.3　概念结构设计

概念结构设计的目的是获取数据库的概念模型，将现实世界转化为信息世界，形成一组描述现实世界中的实体及实体间联系的概念。它通过对用户需求进行综合、归纳与抽象，确定实体、属性及它们之间的联系，形成一个独立于具体 DBMS 并反映用户需求的概念模型，一般可以用 E-R 图表示。概念结构独立于数据库逻辑结构，也独立于支持数据库的 DBMS。

7.3.1　概念结构设计概述

概念结构设计是将现实世界的用户需求转化为概念模型。概念模型不同于需求分析说明书中的业务模型，也不同于机器世界的数据模型，是现实世界到机器世界的中间层，是数据模型的基础。概念模型独立于机器，比数据模型更抽象、更稳定。概念模型是现实世界到信息世界的第一层抽象，是数据库设计的工具，也是数据库设计人员和用户进行交流的语言。因此建立的概念模型要有如下的特点。

（1）反映现实。能准确、客观地反映现实世界，包括事物及事物之间的联系，能满足用户对数据的处理要求，是现实世界的真实模型，要求具有较强的表达能力。

（2）易于理解。不仅让设计人员能够理解，开发人员能够理解，不熟悉计算机的用户也要能理解，所以要求简洁、清晰、无歧义。

（3）易于修改。当应用需求和应用环境改变时，容易对概念模型进行更改和扩充。

（4）易于转换。能比较方便地向机器世界的各种数据模型转换，如层次模型、网状模型、关系模型，主要是关系模型。

概念结构设计在整个数据库设计过程中是最重要的阶段，通常也是最难的阶段。概念结构设计通常采用数据库设计工具辅助进行设计。通常采用 E-R 图表示概念模型。

7.3.2　概念结构设计的方法

概念结构设计通常采用如下 4 种方法。

（1）自顶向下。先定义全局概念结构的框架，然后逐步分解细化。

（2）自底向上。先定义每个局部应用的概念结构，然后按一定的规则将局部概念结构集成全局的概念结构。

（3）逐步扩张。首先定义核心的概念结构，然后以核心概念结构为中心，向外部扩充，逐步形成其他概念结构，直至形成全局的概念结构。

（4）混合策略。将自顶向下和自底向上方法相结合，用自顶向下的方法设计一个全局概念结构的框架，用自底向上方法设计各个局部概念结构，然后形成总体的概念结构。

具体采用哪种方法，与需求分析方法有关。其中比较常用的方法是自底向上的设计方法，即用自顶向下的方法进行需求分析，用自底向上的方法进行概念结构的设计，如图 7-8 所示。

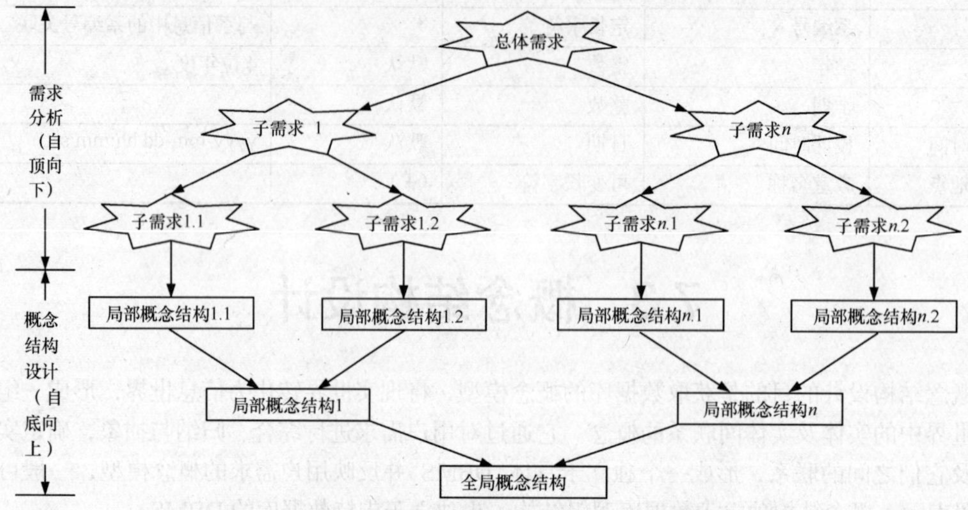

图 7-8　自顶向下的需求分析与自底向上的概念结构设计

7.3.3　采用自底向上的概念结构设计

由图 7-8 可知，采用自底向上的概念结构设计的步骤如下。根据需求分析的结果（数据流图、数据字典等）对现实世界的数据进行抽象，设计各个局部概念结构（E-R 图），内容包括确定各局部概念结构的范围，定义各局部概念结构的实体、联系及其属性；集成全局概念结构模型；优化全局概念结构模型。

1. 设计局部 E–R 图

按照自底向上的设计方法，局部 E-R 图设计以需求分析的数据流图和数据字典为依据，设计局部的 E-R 图，主要采用数据抽象方法。

所谓抽象，是在对现实世界有一定认识的基础上，对实际的人、物、事进行人为的处理，抽取人们关心的本质特性，忽略非本质的细节，并把这些特性用各种概念精确地加以描述。常用的抽象方法有 3 种。

（1）分类（Classification）。定义一组对象的类型，这些对象具有共同的特征和行为，定义了对象值和型之间的“is a member of”的语义，是从具体对象到实体的抽象。

例如，在公司销售管理系统中，牛奶是产品，打印纸也是产品，它们都是产品的一员（is a member of 产品），如图 7-9 所示，它们具有共同的特征，通过分类可得出“产品”这个实体。

（2）聚集（Aggregation）。聚集定义某一类型的组成部分，抽象了类型和成分之间的“is a part of”的语义。若干属性组成实体就是这种抽象。例如，产品实体是由产品编号、产品名、单价等属性组成，如图 7-10 所示。

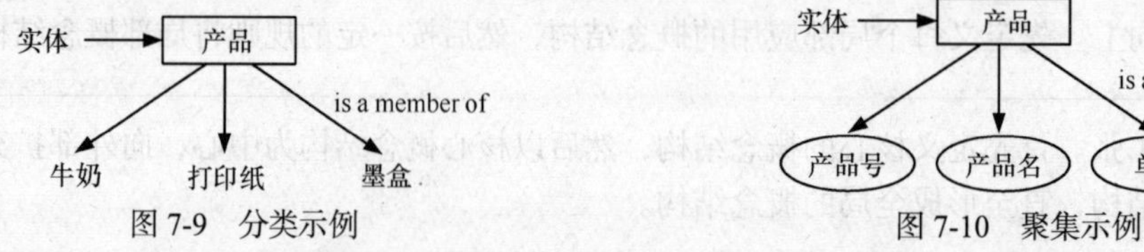

图 7-9　分类示例　　　图 7-10　聚集示例

（3）概括（Generalization）。概括定义类型之间的一种子集联系，抽象了类型之间的"is a subset of"的语义，是从特殊实体到一般实体的抽象。

例如，在公司销售管理系统中，雇员、客户可以进一步抽象为"用户"，其中雇员和客户是子实体，用户是超实体，如图 7-11 所示。概括与分类类似，但分类是对象到实体的抽象，概括是子实体到超实体的抽象。

局部 E-R 图的设计，一般包括 4 个步骤：确定范围、识别实体、定义属性、确定联系。

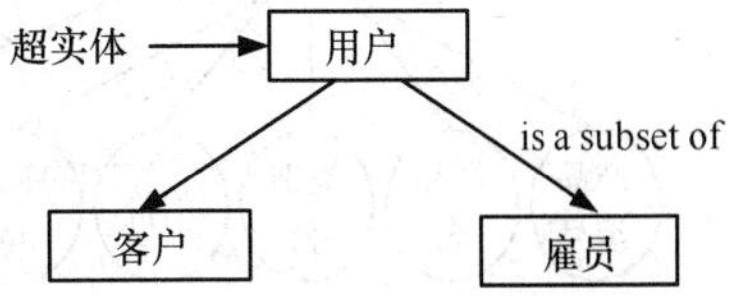

（1）确定范围。范围是指局部 E-R 图设计的范围。范围划分要自然、便于管理，可以按业务部门或业务主题划分。与其他范围界限比较清晰，相互影响比较小。范围大小要适度，实体控制在 10 个左右。

图 7-11 概括示例

（2）识别实体。在确定的范围内，寻找和识别实体，确定实体的码。在数据字典中按人员、组织、物品、事件等寻找实体。实体找到后，给实体一个合适的名称，给实体正确命名时，可以发现实体之间的差别。

（3）定义属性。属性是描述实体的特征和组成，也是分类的依据。相同实体应该具有相同数量的属性、名称、数据类型。在实体的属性中，有些是系统不需要的属性，要去掉；有的实体需要区别状态和处理标识，要人为增加属性。实体的码是否需要人工定义，实体和属性之间没有截然的划分，能作为属性对待的，尽量作为属性对待。基本原则是属性是不可再分的数据项，属性中不能包含其他属性；属性不能与其他实体有联系，联系是实体之间的联系。

（4）确定联系。对于识别出的实体，进行两两组合，判断实体之间是否存在联系，联系的类型是 1∶1，1∶n，m∶n。如果是 m∶n 的实体，增加关联实体，使之成为 1∶n 的联系。

下面以公司销售管理系统为例说明局部 E-R 图的设计步骤。

（1）确定范围。选择以产品销售为核心的范围，根据分层数据流图和数据字典来确定局部 E-R 图的边界。

（2）识别实体。雇员、客户、订单、产品。

（3）定义属性。

雇员（雇员编号，姓名，性别，出生日期，雇佣日期，特长，薪水）

客户（客户编号，姓名，联系方式，地址，邮编）

订单（订单编号，产品编号，产品名，数量，雇员编号，客户编号，订货日期）

产品（产品编号，产品名，类别名，单价，库存量）

（4）确定联系。客户与订单（1∶n）、雇员与订单（1∶n）、订单与产品（1∶n）。

公司销售管理系统的局部 E-R 图设计实例如图 7-12 所示。

2. 设计全局 E-R 图

局部 E-R 图设计好后，下一步就是将所有的局部 E-R 图集成起来，形成一个全局 E-R 图。集成方法有 2 种，一种是将所有的局部 E-R 图一次集成；另一种是逐步集成，一次将一个或几个局部 E-R 图综合，逐步形成总的 E-R 图。

无论采用哪种集成方式，一般都需要 2 步，一是合并，解决各 E-R 图之间的冲突，生成初步的 E-R 图；二是修改与重构，消除不必要的冗余，生成基本的 E-R 图。下面分别讨论。

（1）合并局部 E-R 图，消除冲突，生成初步 E-R 图。

各个局部 E-R 图面向不同的应用，由不同的人进行设计或同一个人不同时间进行设计，各个局部 E-R 图存在许多不一致的地方，称为冲突，合并局部 E-R 图时，消除冲突是工作的关键。E-R 图之间的冲突主要有 3 类：属性冲突、命名冲突和结构冲突。

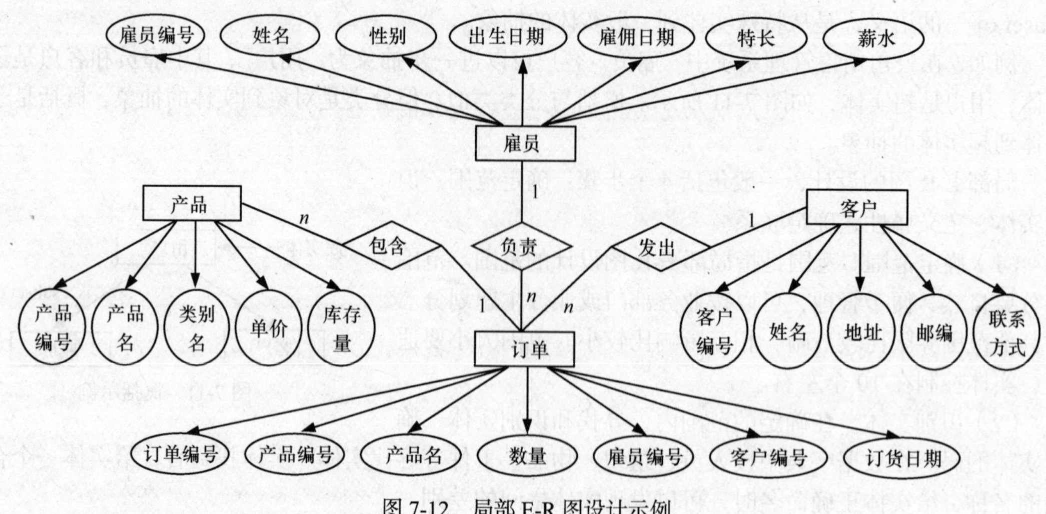

图 7-12　局部 E-R 图设计示例

① 属性冲突。包括属性域冲突和属性取值单位冲突。

属性域冲突是指同一属性在不同的局部 E-R 图中的数据类型、取值范围或取值集合不同。例如，"产品编号" 属性有的部门定义为整数型，有的部门定义为字符型。属性取值单位冲突是指同一属性在不同的局部 E-R 图中具有不同的单位。例如，对于产品库存量，有的部门使用箱为单位，有的部门使用个或盒为单位。在合并过程中，要消除属性的不一致。

② 命名冲突。实体名、属性名、联系名之间存在同名异义或异名同义的情况。

同名异义是指相同的实体名称或属性名称，而意义不同。异名同义是指相同的实体或属性使用了不同的名称。在合并局部 E-R 图时，要消除实体命名和属性命名方面不一致的地方。

③ 结构冲突。结构冲突的表现主要是 4 种：同一对象在不同的局部 E-R 图中，有的作为实体，有的作为属性；同一实体在不同的局部 E-R 图中，属性的个数或顺序不一致；同一实体的在局部 E-R 图中码不同；实体间的联系在不同的局部 E-R 图中联系的类型（1：1、1：n、m：n）不同。

（2）修改与重构 E-R 图，消除冗余，生成基本 E-R 图。

在初步 E-R 图中，可能存在一些冗余的数据和冗余的实体联系。冗余数据是指可以用其他数据导出的数据；冗余的实体联系是指可以通过其他实体导出的联系。冗余数据和冗余实体联系容易破坏数据库的完整性，给数据库的维护增加困难，应该予以消除。消除冗余后的 E-R 图称为基本 E-R 图。

例如，雇员的年龄可从雇员的出生日期减去系统年月导出生成，如果存在雇员出生日期属性，则年龄属性是冗余的，应该予以消除。

在消除冗余时，有时候为了查询的效率，人为保留了一些冗余，应根据处理需求和性能要求作出取舍。

E-R 图的设计过程如图 7-13 所示。

7.3.4　实例——教学管理系统（概念模型）

1. 确定实体

为了利用计算机完成复杂的教学管理任务，必须存储系别、教师、学生、课程、授课、成绩、选课等大量信息，因此教学管理系统中的实体应包含系、教师、课程、学生。

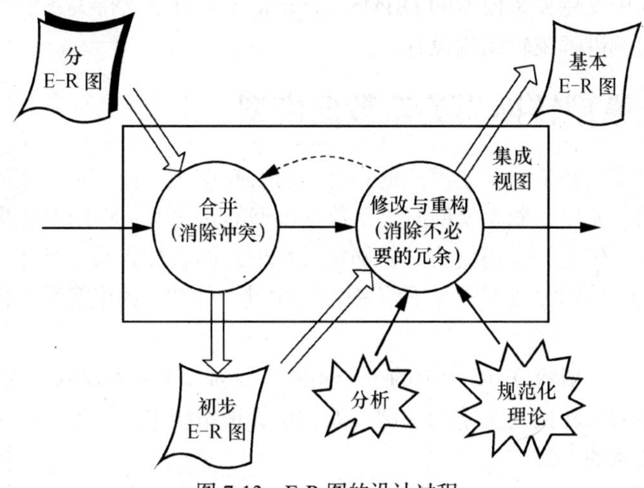

图 7-13　E-R 图的设计过程

2. 概念模型

经过优化后的教学管理系统的 E-R 图设计实例如图 7-14 所示。

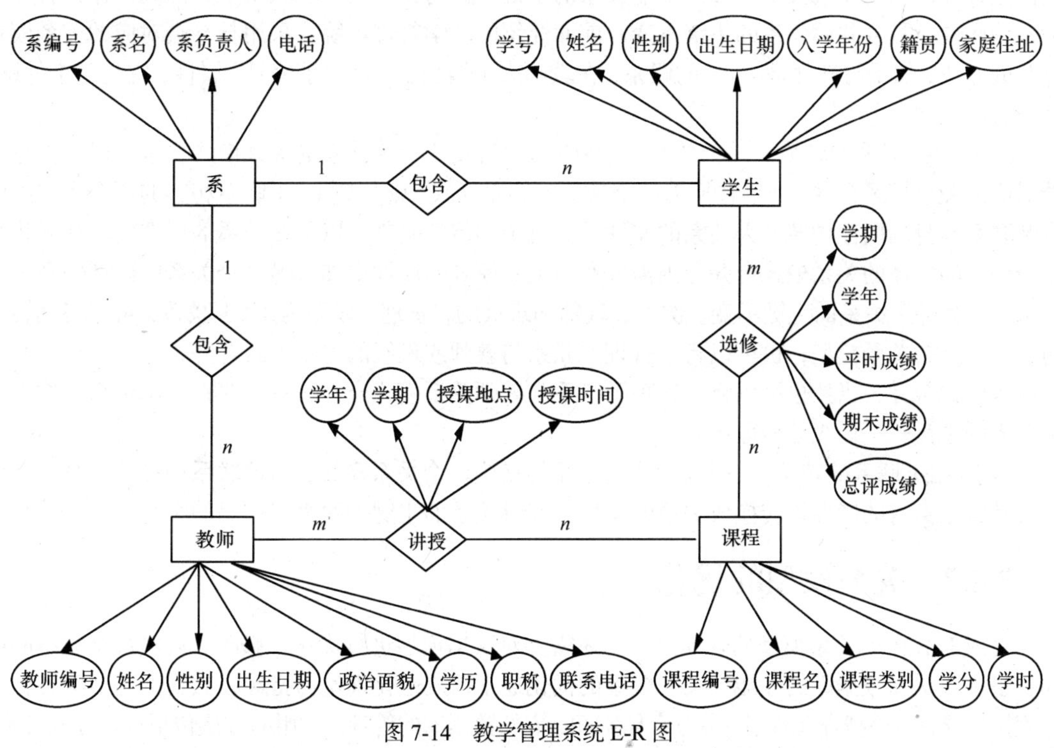

图 7-14　教学管理系统 E-R 图

7.4　逻辑结构设计

概念结构设计所得的概念模型，是独立于任何一种 DBMS 的信息结构，与实现无关。逻辑结构设计的任务就是将概念结构设计阶段产生的 E-R 图转化为选用的 DBMS 所支持的数据模型相符的逻辑结构，形成逻辑模型。DBMS 产品可以支持关系、网状、层次三种模型中的某一种，目前大多数应用系统都选用支持关系模型的 DBMS。Oracle 11g 也是支持关系模型的 DBMS，所以本节以关系数据模型为例讲解逻辑结构设计。

7.4.1 概念模型转换为关系数据模型

关系模型的逻辑结构是一组关系模式的集合，而 E-R 图则是由实体、实体属性和实体之间的联系 3 个要素组成的。所以，概念模型向关系数据模型的转化就是将用 E-R 图表示的实体、实体属性和实体之间的联系转化为关系模式，并确定关系模式的属性和码。具体而言就是转化为选定的 DBMS 支持的数据库对象，如表、字段、视图、主键、外键、约束等数据库对象。一般转换原则如下。

（1）实体的转换。一般将 E-R 图中的一个实体转换为一个关系模式（表），实体的属性转换为关系的属性，实体的码转换为关系的主键。如教学管理系统中，学生实体可以转换为一个关系模式，学号为学生关系的主键。

（2）1∶*n* 联系的转换。一个 1∶*n* 的联系可以转换为一个独立的关系模式，也可以与 *n* 端对应的关系模式合并。如果转换成一个独立的关系模式，则与该联系相连的两个实体的码以及联系本身的属性均转换为关系的属性，同时关系的主键为 *n* 端实体的码。若将联系与 *n* 端的实体的关系模式合并，则在 *n* 端关系中加入 1 端关系的主键（作为其外键）和联系本身的属性作为合并后关系的属性，且合并后关系的主键不变。前面介绍的教学管理系统均采用与 *n* 端对应的关系模式合并的方法，如系与教师是 1∶*n* 的联系，在教师表中增加了一个“系编号”属性，它是一个外键，是系表的主键。

（3）1∶1 联系的转换。一个 1∶1 的联系可以转换为一个独立的关系模式，也可以与任意一端对应的关系模式合并。如果转换为一个独立的关系模式，则与该 1∶1 联系相连的两个实体的码以及联系本身的属性均转换为关系的属性。而每个实体的码都可以是该关系的候选码。如果将联系与一端的实体的关系模式合并，则需要在该关系模式的属性中加入另一个关系的码和联系本身的属性，合并后关系的主键不变。例如，教师和班级的“管理”联系为 1∶1 联系，可以将其转换为一个独立的关系模型；也可以将“管理”联系与教师或班级的关系模式合并，将“管理”联系与班级模式合并；当然也可以将“管理”联系与教师关系模式合并，只需要在教师关系中加入班级关系的主键——班级编号即可。

（4）*m*∶*n* 联系的转换。一个 *m*∶*n* 的联系转换为一个关系模式，与该联系相连的两个实体的码以及联系本身的属性均转换成关系的属性，同时关系的主键为两个实体码的组合。

7.4.2 关系模型的优化

完成 E-R 图向关系模型的转换之后，还需要对数据模型进行优化，修改、调整数据模型的结构，进一步提高数据库的性能。关系模型的优化通常以规范化理论为指导，其目的是消除各种数据库操作异常，提高查询效率，节省存储空间，方便数据库的管理。常用的方法包括规范化和分解。

（1）规范化。规范化就是确定表中各个属性之间的数据依赖，并逐一进行分析，考察是否存在部分函数依赖、传递函数依赖、多值依赖等，确定属于哪种范式。根据需求分析的处理要求，分析是否合适从而进行分解。一般情况下，判断设计的关系模式是否符合 3NF，如果不符合要进行分解，使其满足 3NF。

（2）分解。分解的目的是为了提高数据操作的效率和存储空间的利用率。常用的分解方式是水平分解和垂直分解。水平分解是指按一定的原则，将一个表横向分解成两个或多个表。垂直分解是通过模式分解，将一个表纵向分解成两个或多个表。垂直分解也是关系模式规范化的途径之一，同时，为了应用和安全的需要，垂直分解将经常一起使用的数据或机密的数据分离。当然，通过视图的方式可以达到同样的效果。

7.4.3　设计外模式

概念模型通过转换、优化后成为全局逻辑模型，此外，还应该根据局部应用的需要，结合 DBMS 的特点设计外模式。

外模式也称为用户子模式，是全局逻辑模式的子集，是数据库用户（包括程序用户和最终用户）能够看见和使用的局部数据的逻辑结构和特征。

目前，关系数据库管理系统一般都提供了视图的概念，可以通过视图功能设计外模式。此外，也可以通过垂直分解的方式来实现。

定义外模式的主要目的是符合用户的使用习惯；为不同的用户级别提供不同的用户模式，保证数据的安全；简化用户对系统的使用，如某些查询比较复杂，为了方便用户使用，并保证查询结果的一致性，将这些复杂的查询定义为视图，简化用户的使用。

逻辑结构设计的步骤如图 7-15 所示。

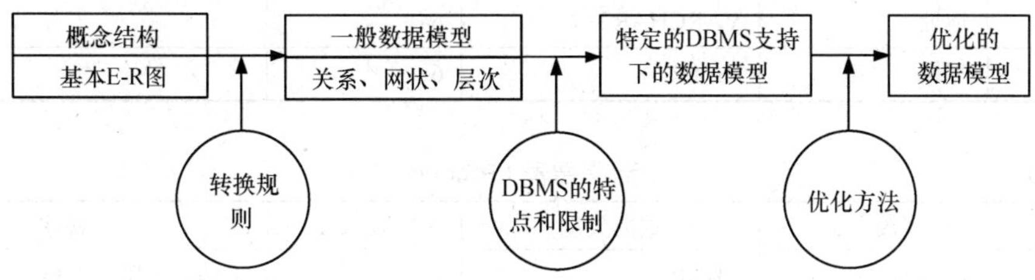

图 7-15　逻辑结构设计的步骤

【例 7.1】先将图 7-12 所示的公司销售管理系统的 E-R 图转换成关系模型，然后转换成 Oracle 11g 数据库管理系统所支持的实际数据模型。

根据 E-R 图向关系模型的转换规则以及优化方法，得出公司销售管理系统的关系模型，其中主键用单下划线标出，外键用双下划线标出。

雇员（雇员编号，姓名，性别，出生日期，雇佣日期，特长，薪水）

客户（客户编号，联系人姓名，联系方式，地址，邮编）

订单（订单编号，产品编号，数量，雇员编号，客户编号，订货日期）

产品（产品编号，产品名，类别编号，单价，库存量）

产品类别（类别编号，类别名，说明）

通过分析，当产品表中包含“类别名”属性时，每一个产品都要存储相应的“类别名”，这样就会造成数据冗余、更新异常和插入异常等。于是，根据关系模型的优化方法将产品表分解为产品表和产品类别表，如上所示，可以解决以上问题。同时，原来的订单实体包含的“产品名”并不函数依赖于订单编号，而是仅函数依赖于产品编号，所以不符合第二范式，故在转换为订单关系表时已将“产品名”删除。

这样，根据范式理论，转换成 Oracle 11g 数据库管理系统所支持的实际数据模型见表 7-8～表 7-12。

表 7-8　雇员信息表（Employee）

字段名	字段含义	数据类型	字段长度	备注
GYBH	雇员编号	CHAR	6	主键
GYXM	雇员姓名	VARCHAR2	32	

续表

字段名	字段含义	数据类型	字段长度	备注
GYXB	雇员性别	VARCHAR2	2	默认值“男”
CSRQ	出生日期	DATE	默认	
GYRQ	雇佣日期	DATE	默认	
TC	特长	VARCHAR2	256	
XS	薪水	NUMBER(8,2)	默认	单位元，保留 2 位小数

表 7-9　　客户信息表（Customer）

字段名	字段含义	数据类型	字段长度	备注
KHBH	客户编号	NUMBER(10)	默认	主键，自动增加 1
LXRXM	联系人姓名	VARCHAR2	32	
LXFS	联系方式	VARCHAR2	32	优先存储移动电话号
DZ	地址	VARCHAR2	64	
YB	邮编	CHAR	6	

表 7-10　　产品信息表（Product）

字段名	字段含义	数据类型	字段长度	备注
CPBH	产品编号	CHAR	12	主键，采用一维条形码
CPMC	产品名称	VARCHAR2	128	
LBBH	类别编号	CHAR	8	外键，引用“产品类别”表
DJ	单价	NUMBER(8,2)	默认	单位元，保留 2 位小数
KCL	库存量	NUMBER(8)	默认	默认值为 0

表 7-11　　产品类别表（Category）

字段名	字段含义	数据类型	字段长度	备注
LBBH	类别编号	CHAR	8	主键
LBMC	类别名称	VARCHAR2	32	
LBSM	类别说明	VARCHAR2	256	

表 7-12　　订单信息表（Order）

字段名	字段含义	数据类型	字段长度	备注
DDBH	订单编号	NUMBER(10)	默认	主键，自动增加 1
CPBH	产品编号	CHAR	12	主键，引用“产品”表
SL	数量	NUMBER(10)	默认	
GYBH	雇员编号	CHAR	6	外键，引用“雇员”表
KHBH	客户编号	NUMBER(10)	默认	外键，引用“客户”表
DHRQ	订货日期	DATE	默认	默认值为 SYSDATE

7.4.4　实例——教学管理系统（关系模型）

将上一节所建立的图 7-14 所示的 E-R 图中的实体和联系转换为关系模式，得出教学管理系统的关系模型，其中主键用单下划线标出，外键用双下划线标出。

系（系编号，系名，系负责人，电话）

学生（学号，姓名，性别，出生日期，入学年份，系编号，籍贯，家庭住址）

课程（课程编号，课程名，课程类别，学分，学时）

教师（教师编号，姓名，性别，出生日期，政治面貌，学历，职称，系编号，联系电话）

授课（授课编号，课程编号，教师编号，系编号，学年，学期，授课地点，授课时间）

成绩（学号，学年，学期，课程编号，平时成绩，期末成绩，总评成绩）

选课（课程编号，学号）

系实体、学生实体、教师实体、课程实体均单独转换成一个关系模式，其中在学生关系和教师关系中增加了“系编号”，表示 1∶n 关系。学生与课程是多对多的关系，因此单独转换成一个关系模式“选课”，并加入两端的键，作为关系的主键。同时学生与课程成绩是多对多的关系，因此单独转换成一个关系模式“成绩”，并加入两端的键，作为关系的主键。在授课关系中，“教师编号”、“课程编号”、“系编号”是外键，为了保证记录的唯一性，增加了“授课编号”作为主键。这样，根据范式理论，转换成 Oracle 11g 数据库管理系统所支持的实际数据模型见表 7-13～表 7-18。

表 7-13　系信息表（Department）

字段名	字段含义	数据类型	字段长度	备注
DNo	系编号	CHAR	8	主键
DName	系的名称	VARCHAR2	32	
MName	系负责人	VARCHAR2	32	
Telphone	联系电话	VARCHAR2	16	

表 7-14　学生信息表（Student）

字段名	字段含义	数据类型	字段长度	备注
StuNo	学号	CHAR	16	系编号+顺序号，主键
StuName	学生姓名	VARCHAR2	32	
Sex	学生性别	CHAR	2	男、女
IdCard	身份证号	CHAR	18	
Birthday	出生日期	DATE	默认	yyyy-mm-dd
EDate	入学年份	NUMBER(4)	默认	4 位年度
DNo	所属院系	CHAR	8	外键
BirthAddress	籍贯	VARCHAR2	64	
Address	家庭住址	VARCHAR2	128	

表 7-15　课程信息表（Course）

字段名	字段含义	数据类型	字段长度	备注
CNo	课程编号	定长字符	16	主键
CName	课程名称	可变长字符	32	
CKind	课程类别	可变长字符	32	

续表

字段名	字段含义	数据类型	字段长度	备注
Credit	学分	整数	默认	
ClassHour	学时数	整数	默认	为 16 的倍数

表 7-16 教师信息表（Teacher）

字段名	字段含义	数据类型	字段长度	备注
TNo	教师编号	定长字符	16	主键
TName	教师姓名	可变长字符	32	
Sex	教师性别	定长字符	2	男、女
Birthday	出生日期	日期	默认	yyyy-mm-dd
Kind	政治面貌	定长字符	16	
Education	最高学历	可变长字符	16	
Position	现任职称	可变长字符	16	
DNo	所属院系	可变长字符	8	外键
Telephone	联系电话	可变长字符	16	

表 7-17 成绩信息表（Score）

字段名	字段含义	数据类型	字段长度	备注
StuNo	学号	定长字符	16	主键
CNo	课程编号	定长字符	16	主键
TermYear	学年	整数	默认	4 位年度
Semester	学期	整数	默认	
MidScore	平时成绩	浮点数	默认	保留 2 位小数
EndScore	期末成绩	浮点数	默认	保留 2 位小数
TotalScore	总评成绩	浮点数	默认	保留 2 位小数

表 7-18 授课信息表（Teaching）

字段名	字段含义	数据类型	字段长度	备注
TeachNo	授课编号	定长字符	16	主键
CNo	课程编号	定长字符	16	外键
TNo	教师编号	定长字符	16	外键
DNo	系编号	定长字符	8	外键
TermYear	学年	整数	默认	4 位年度
Semester	学期	整数	默认	
TTime	授课时间	日期	默认	yyyy-mm-dd hh:mm:ss
Classroom	授课地点	可变长字符	64	

7.5 物理结构设计

数据库在物理设备上的存储结构与存储方法称为数据库的物理结构(内模式),它依赖于选择的 DBMS 和计算机系统。为一个给定的逻辑结构选取一个最适合应用要求的物理结构的过程就是数据库的物理结构设计。逻辑数据库设计工作完成后,需要为给定的逻辑数据模型选取一个适合应用环境的物理结构,选择合适的存储结构和存取方法,使数据库的事务能够高效率的运行,这就进入数据库物理设计阶段。

7.5.1 物理结构设计概述

物理结构设计的目的主要有两点,一是提高数据库的性能,满足用户的性能需求;二是有效地利用存储空间。总之,是为了使数据库系统在时间和空间上最优。

数据库的物理结构设计包括如下两个步骤。

(1)确定数据库的物理结构,在关系数据库中主要是确定存储结构和存储方法。

(2)对物理结构进行评价,评价的重点是时间和空间的效率。如果评价结果满足应用要求,则可进入到物理结构的实施阶段,否则要重新进行物理结构设计或修改物理结构设计,有时甚至需要返回到逻辑结构设计阶段,修改逻辑结构。

由于物理结构设计与具体的 DBMS 有关,各种产品提供的物理环境、存取方法和存储结构不同,能供设计人员使用的设计变量、参数范围都有很大差别,因此物理结构设计没有通用的方法。在进行物理设计前,需注意如下两个方面的问题。

(1)DBMS 的特点。物理结构设计只能在特定的 DBMS 下进行,必须了解 DBMS 的功能和特点,充分利用其提供的环境和工具,了解其限制条件。

(2)应用环境。需要了解应用环境的具体要求,如各种应用的数据量、处理频率和响应时间等。特别是计算机系统的性能,数据库系统不仅与数据库设计有关,还与计算机系统有关。比如,是单任务系统还是多任务系统,是单磁盘还是磁盘阵列,是数据库专用服务器还是多用途服务器等。还要了解数据的使用频率,对于使用频率高的数据要优先考虑。此外,数据库的物理结构设计是一个不断完善的过程,开始只能是一个初步设计,在数据库系统运行过程中要不断检测并进行调整和优化。

对于关系数据库的物理结构设计主要内容包括以下两个方面。

(1)为关系模式选取存取方法。

(2)设计关系、索引等数据库文件的物理存储结构。

7.5.2 关系模式的存取方法选择

数据库系统是多用户共享的系统,为了满足用户快速存取的要求,必须选择有效的存取方法。对同一个关系要建立多条存取路径才能满足多用户的多种应用需求。一般数据库系统均为关系、索引等数据库对象提供了多种存取方法,主要有索引方法、聚簇方法、Hash 方法。

1. 索引存取方法的选择

索引是数据库表的一个附加表,存储了建立索引列的值和对应的记录地址。查询数据时,先在索引中根据查询的条件值找到相关记录的地址,然后在表中存取对应的记录,所以能加快查询速度。索引是系统自动维护的,但索引本身占用存储空间。B*树索引和位图索引是常用的两种索引。建立索引的一般原则如下。

(1)如果某个属性或属性组经常出现在查询条件中,则考虑为该属性或属性组建立索引。

（2）如果某个属性经常作为最大值和最小值等聚集函数的参数，则考虑为该属性建立索引。

（3）如果某个属性和属性组经常出现在连接操作的连接条件中，则考虑为该属性或属性组建立索引。

注意

关系上定义的索引数并不是越多越好，原因是索引本身占用磁盘空间，而且系统为索引的维护要付出代价，特别是对于更新频繁的表，索引不能定义太多。

2. 聚簇存取方法的选择

在关系数据库管理系统中，连接查询是影响系统性能的重要因素之一，为了改善连接查询的性能，很多关系数据库管理系统提供了聚簇存取方法。

聚簇主要思想是将经常进行连接操作的两个或多个数据表，按连接属性（聚簇码）相同的值存放在一起，从而极大地提高连接操作的效率。一个数据库中可以建立很多簇，但一个表只能加入一个聚簇中。设计聚簇的原则如下。

（1）经常在一起连接操作的表，考虑存放在一个聚簇中。

（2）在聚簇中的表，主要用来查询的静态表，而不是频繁更新的表。

3. Hash 存取方法的选择

有些数据库管理系统提供了 Hash 存取方法。Hash 存取方法的主要原理是，根据查询条件的值，按 Hash 函数计算查询记录的地址，减少了数据存取的 I/O 次数，加快了存取速度。并不是所有的表都适合 Hash 存取，选择 Hash 方法的原则如下。

（1）主要是用于查询的表（静态表），而不是经常更新的表。

（2）作为查询条件列的值域（Hash 键值），具有比较均匀的数值分布。

（3）查询条件是相等比较，而不是范围（大于或小于比较）。

7.5.3 数据库存储结构的确定

确定数据库的存储结构包括确定数据库中数据的存放位置以及合理设置系统参数。数据库中的数据主要是指表、索引、聚簇、日志、备份等数据。存储结构选择的主要原则是数据存取时间上的高效性、存储空间的利用率、存储数据的安全性。

1. 数据的存放位置

在确定数据存放位置之前，要将数据中易变部分和稳定部分进行适当的分离，并分开存放；要将数据库管理系统文件和数据库文件分开。如果系统采用多个磁盘和磁盘阵列，可将表和索引存放在不同的磁盘上，查询时，两个驱动器并行工作，可以提高 I/O 读写速度。为了系统的安全性，一般将日志文件和重要的系统文件存放在多个磁盘上，互为备份。另外，数据库文件和日志文件的备份，由于数据量大，并且只在数据库恢复时使用，所以一般存储在磁带上。

2. 确定系统的配置参数

DBMS 产品一般都提供了大量的系统配置参数，供数据库设计人员和 DBA 进行数据库的物理结构设计和优化。如用户数、缓冲区、内存分配、物理块的大小、时间片的大小等。一般在建立数据库时，系统都提供了默认参数，但是默认参数不一定适合每一个应用环境，要做适当的调整。此外，在物理结构设计阶段设计的参数，只是初步的，要在系统运行阶段根据实际情况进一步调整和优化。

7.5.4 物理结构设计的评价

数据库物理设计过程中需要对时间效率、空间效率、维护代价和各种用户需要进行权衡，其结果可以产生多种方案。数据库设计人员必须对这些方案进行细致的评价，从中选择一个最优的方案作为数据库的物理结构。

评价物理数据库的方法完全依赖于所选用的 DBMS，主要是从定量估算各种方案的存储空间、存取时间和维护代价入手，选择一个最优方案。

7.5.5　实例——教学管理系统（物理结构设计）

从逻辑模型转向物理模型设计，遵循传统的数据库设计方法。这个阶段主要完成以下任务。

（1）选择开发工具。

（2）创建数据库及其基本表。首先利用数据库管理系统创建数据库，然后在数据库中根据逻辑模型所设计的表来创建数据表。这些数据库表分别是系信息表、学生表、教师表、课程表、成绩表、教师授课表和学生选课表。

（3）创建索引。数据库的数据量巨大，但数据稳定，很少更改，因此可以创建索引来加快信息的检索速度，优化查询的响应时间。在创建数据表时，可以对每一个表都设置主键索引。

7.6　数据库的实施

完成数据库物理设计后，就可以根据逻辑结构和物理结构设计，采用符合 Oracle 11g 提供的数据定义语言（如 PL/SQL 语言）建立数据库和数据库对象。数据库定义语言可以通过手工编写脚本，也可以使用建模工具（如 Oracle Designer）根据逻辑结构和物理结构设计自动生成。

数据库建立之后，可以组织数据库入库。经过调试、试运行之后可以正式运行。正式运行时，还需要不断进行维护。数据库实施主要包括建立实际的数据库结构、编制与调试应用程序、数据载入以及数据库试运行。

7.6.1　建立实际的数据库结构

根据逻辑结构和物理结构设计，使用 Oracle 11g 提供的命令，创建数据库、建立数据库中所包含的各种数据对象，包括表、视图、索引、触发器等。这部分的工作可以用 PL/SQL 中的 CREATE DATABASE、CREATE TABLE、CREATE VIEW 等命令手工编写。这些 PL/SQL 语句一般都需要保存，形成建立数据库的脚本，一方面方便修改调试，另一方面可以在不同时间或计算机上多次创建数据库。

7.6.2　数据载入

数据库建立之后，就需要组织数据，并将这些数据导入数据库中。这些数据原来可能以不同的方式存储，这些不同来源的数据需要不同的导入方式。实际情况中，主要有以下几类数据来源。

1．手工（纸质）数据

用户以前没有使用任何计算机系统协助业务工作，所有的数据都存储在一些报表、档案、凭证、单据、台账中。组织这类数据入库的工作非常艰辛。一方面需要用户按照数据库要求配合整理手工数据，确保手工数据的正确性、一致性、完整性。另一方面需要提供简单有效的录入工具，通过手工录入的方式，将手工数据导入数据库。录入时，需要验证数据，确保数据录入的准确性。

2．文件型数据

用户已经使用计算机系统协助业务工作，但是没有使用特定的数据库应用系统。数据存在一些文档中，如 Excel、Word 文件。这类数据也需要一些转换工具半自动后自动导入。导入之前也需要用户进行核对。

3. 数据库数据

用户已经使用数据库应用系统协助业务工作，新系统是旧系统的改版或升级，甚至采用的DBMS也不同。数据库实施时，需要在了解原系统的逻辑结构的基础上进行数据迁移。

总之，这三种不同来源的数据都需要数据库转移工具或录入工具进行导入，导入时必须保证数据的准确性，都需要用户配合前期的数据整理。

7.6.3 编制与调试应用程序

仅仅有数据库是不能提供给普通用户使用的，必须以数据库为基础，开发出数据库应用程序。数据库应用程序应该与数据库设计同时进行，因此在组织数据入库的同时还要同时调试应用程序。

在数据库实施阶段，当数据库结构建立好后，就可以开始编制与调试数据库的应用程序。调试应用程序时由于数据入库尚未完成，可先使用模拟数据。

7.6.4 数据库试运行

数据库系统在正式运行前，要经过严格的测试。数据库测试一般与应用系统测试结合起来，通过试运行，参照用户需求说明，测试应用系统是否满足用户需求，查找应用程序的错误和不足，核对数据的准确性。如果功能不满足或数据不准确，则要对应用程序部分进行修改、调整，直到满足设计要求为止。

对数据库的测试，重点在两个方面，一是通过应用系统的各种操作，数据库中的数据能否保持一致性，完整性约束是否有效实施；二是数据库的性能指标是否满足用户的性能要求，分析是否达到设计目标。在对数据库进行物理结构设计时，已经对系统的物理参数进行了初步设计。但一般情况下，设计时的考虑在许多方面还只是对实际情况的近似估计，和实际系统的运行总有一定的差距，因此必须在试运行阶段实际测量和评价系统性能指标。事实上，有些参数的最佳值往往是经过运行调试后找到的。如果测试的物理结构参数与设计目标不符，则要返回到物理结构设计阶段，重新调整物理结构，修改系统物理参数。有些情况下要返回到逻辑结构设计，修改逻辑结构。

在试运行的过程中，要注意的是，在数据库试运行阶段，由于系统还不稳定，硬件、软件故障随时都可能发生，且系统的操作人员对新系统还不熟悉，误操作也不可避免，因此应首先调试DBMS的恢复功能（Oracle 11g 提供了一个功能强大的工具RMAN，将在第11章介绍），做好数据库的转储和恢复工作。一旦发生故障，能使数据库尽快恢复，减少对数据库的破坏。

7.7 数据库的运行与维护

在数据库实施后，对数据库进行测试，测试合格后，数据库进入运行阶段。在运行的过程中，要对数据库进行维护。但是，由于应用环境不断变化，数据库运行过程中物理存储也会不断变化，因此对数据库设计的评价、调整、修改等维护工作是一个长期的任务，也是设计工作的继续和提高。

在数据库运行阶段，对数据库经常性的维护工作是由DBA完成的。主要包括以下几项。

1. 数据库的转储和恢复

数据库的转储和恢复工作是系统正式运行后最重要的维护工作之一。DBA要针对不同的应用要求制定不同的转储计划，以保证一旦发生故障能尽快地将数据库恢复到某种一致的状态，并尽可能减少对数据库的损失和破坏。

2. 数据库的安全性和完整性控制

在数据库的运行过程中，由于应用环境的变化，对数据库安全性的要求也会发生变化。比如有的数据原来是机密的，现在可以公开查询了，而新增加的数据又可能是机密的了。系统中用户的级别也会发生变化。这些都要 DBA 根据实际情况修改原来的安全性控制。同样，数据库的完整性约束条件也会变化，也需要 DBA 不断修正，以满足用户需要。

3. 数据库性能的监控、分析和改造

在数据库运行过程中，监控系统运行，对检测数据进行分析，找出改进系统性能的方法，是 DBA 的又一重要任务。目前有些 DBMS 产品提供了检测系统性能的工具，DBA 可以利用这些工具方便地得到系统运行过程中一系列参数的值。DBA 应仔细分析这些数据，判断当前系统运行状况是否最优，应当做哪些改进，找出改进的方法。例如调整系统物理参数，或对数据库进行重组织或重构造等。

4. 数据库的重组和重构

数据库运行一段时候后，由于记录不断增加、删除、修改，会使数据库的物理存储结构变坏，降低了数据的存取效率，数据库性能下降，这时 DBA 就要对数据库进行重组，或部分重组（只对频繁增加、删除的表进行重组）。DBMS 系统一般都提供了对数据库重组的实用程序。在重组的过程中，主要是按原设计要求重新安排存储位置、回收垃圾、减少指针链等，提高系统性能。

数据库的重组，并不修改原来的逻辑和物理结构，而数据库的重构则不同，它是指部分修改数据库模式和内模式。

系统运行一段时间后，用户的需求有可能改变，增加了新的应用或新的实体，取消了某些应用，有的实体和实体间的联系也发生了变化等，使原有的数据库模式不能满足新的需求，需要调整数据库的模式和内模式。例如在表中增加或删除了某些数据项，改变数据项的类型；增加或删除了某个表，改变了数据库的容量；增加或删除了某些索引等。当然，数据库的重构是有限的，只能做部分修改。如果应用变化太大，重构也无济于事，说明此数据库应用系统的生命周期已经结束，应该设计新的数据库。

本章知识点小结

本章按照规范化的设计方法讲述了数据库设计的 6 个阶段，包括需求分析、概念结构设计、逻辑结构设计、物理结构设计、数据库实施、数据库的运行和维护。每一阶段都有各自的特点和任务。详细介绍了数据库设计的各个阶段的目标、方式、工具以及注意事项。其中重要的是概念结构设计和逻辑结构设计，也是数据库设计过程中最重要的两个环节。数据库设计的这 6 个阶段并不是由一个人顺序单向完成的，而是需要多人合作、循环渐进地完成。各阶段都需要在前一阶段设计的基础上，理解前阶段的设计结果，从而进行本阶段的设计，并验证前阶段设计的合理性。如果存在问题，还需要返回前面的步骤，重新设计。

数据库设计是属于方法学的范畴，主要需要掌握基本方法和一般原则，并能在数据库设计过程中加以灵活运用，以设计出符合实际需求的数据库。

习　　题

1. 简述数据库的设计过程。
2. 试述数据库设计过程中形成的数据库模式。

3. 试述数据库设计的特点。
4. 简述数据库设计的主要方法。
5. 数据库设计的主要工具有哪些？
6. 需求分析阶段的设计目标是什么？调查的内容是什么？调查方法有哪些？
7. 数据字典的内容和作用是什么？
8. 什么是数据库的概念结构？试述其特点和设计策略。
9. 为什么说数据库概念结构设计是数据库设计的关键阶段？
10. 什么是 E-R 图，组成 E-R 图的基本要素是什么？
11. 如何将 E-R 图转换为关系数据模型？
12. 什么是数据库的逻辑结构设计？试述其设计步骤。
13. 简述数据库物理结构设计的内容和步骤。
14. 数据库物理结构优化包括哪些内容？
15. 数据库实施包括哪些工作？
16. 规范化理论对数据库设计有什么指导意义？
17. 使用 Oracle 11g 设计“点歌系统”的数据库。

第 8 章 C#与 Oracle 11g 编程实例

C#是 Microsoft 公司发布的一种面向对象的、运行于.NET Framework（框架）之上的高级程序设计语言。虽然 C#看起来与 Java 很相似，它包括了诸如单一继承、接口、与 Java 几乎同样的语法和编译成中间代码再运行的过程。但实际上 C#与 Java 是不同的，它借鉴了 Delphi 的一个特点，与 COM（组件对象模型）是直接集成的，而且它是 Microsoft 公司.NET Framework 网络框架的主角。C#是目前十分流行的高级程序设计语言，尤其适合网络应用程序的开发。

【本章要点】

- .NET Framework 数据提供程序
- ADO.NET 对象模型：Connection、Command、DataReader、DataAdapter、DataSet
- 使用 ADO.NET 操作数据库的步骤
- 连接数据库的实例

8.1 .NET Framework 体系结构

.NET Framework 是 Microsoft.NET 一个开发、部署和运行.NET 应用的集成环境，其简化了高度分布式 Internet 环境中的应用程序开发，其体系结构如图 8-1 所示。

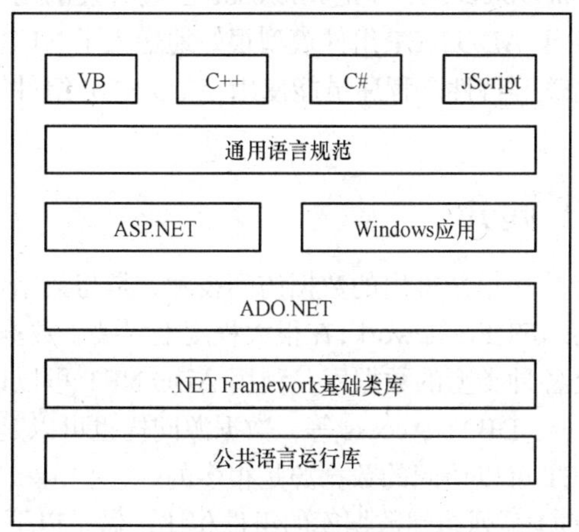

图 8-1 .NET Framework 体系结构

最底下的两层分别为公共语言运行库和.NET Framework 基础类库，它们是.NET 框架的最主要的组件。公共语言运行库是.NET 框架的基础，负责管理内存、线程执行、代码执行、代码安全验证、编译以及其他系统服务。这些功能是在公共语言运行库上运行的托管代码所固有的。.NET

Framework 类库是一个与公共语言运行库紧密集成的可重用的类型集合，该类库是面向对象的，并提供用户自己的托管代码可从中导出功能的类型。此外，第三方组件可与.NET 框架无缝集成。

基于.NET Framework 基础类库之上的是 ADO.NET，即数据访问层。在这一层中，ADO.NET 为数据库的访问提供了相应的接口类，以便于开发人员进行数据库操作。

再往上就是客户端应用程序开发和服务器应用程序开发。客户端应用程序在基于 Windows 的编程中最接近于传统风格的应用程序。这些是在桌面上显示窗口或窗体从而使用户能够执行任务的应用程序类型。在托管领域中，服务器端应用程序是通过运行库宿主实现的。非托管应用程序承载公共语言运行库，后者使用户的自定义托管代码可以控制服务器的行为。此模型在获得主服务器的性能和可伸缩的同时提供给用户公共语言运行库和类库的所有功能。

位于体系结构顶层的是编程语言，.NET 框架支持 4 种语言开发环境，即 VB、C++、C#、JScript，其中，C#是一种比较新的编程语言，它是专门为生成运行在.NET Framework 的、广泛的企业级应用程序而设计的。C#从 Microsoft C 和 Microsoft C++演变而来，是一种简便、一致、现代和完全面向对象的语言。简便性是指在 C#中，不管是成员、类、名字空间还是引用，都统一简化到用点操作符来表示，而且字符型都统一成 char 型，还有，C#把布尔型和整型分开了，设立了一个独立的布尔型。一致性是指 C#把语言中的每种数据类型都视为一个对象，以此统一了类型系统。现代性是指 C#中增加了垃圾回收和新的错误处理机制，对 throw，try...catch 和 try...finally 等语言元素提供整体性的支持。完全面向对象是指 C#抛弃了全局函数、变量和常量的概念，而采用静态类成员的概念，使得代码更易读，也不容易出现命名冲突。

C#是一种安全的、稳定的、简单的、优雅的，由 C 和 C++衍生出来的面向对象的编程语言。它在继承 C 和 C++强大功能的同时去掉了一些它们的复杂特性（例如没有宏和模版，不允许多重继承）。C#综合了 VB 简单的可视化操作和 C++的高运行效率，以其强大的操作能力、优雅的语法风格、创新的语言特性和便捷的面向组件编程的支持成为.NET 开发的首选语言。

8.2 ADO.NET 概述

ADO.NET（ActiveX Data Object.NET）是 Microsoft 公司开发的用于数据库连接的一套组件模型，是 ADO 的升级版本。由于 ADO.NET 组件模型很好地融入了.NET Framework，所以拥有.NET Framework 的平台无关、高效等特性。程序员能使用 ADO.NET 组件模型方便、高效地连接和访问几乎所有的数据库。

8.2.1 ADO.NET 简介

ADO.NET 是 Microsoft 公司最新推出的数据访问技术，是与数据库访问操作有关的对象模型的集合，它基于 Microsoft 的.NET Framework，在很大程度上封装了数据库访问和数据操作的动作。通常情况下，数据源可以是各种类型的数据库，利用 ADO.NET 可以访问目前几乎所有的主流数据库，如 Oracle、SQL Server、DB2、Access 等，数据源同样也可以是文本文件、Excel 文件或者 XML 文件，因此，ADO.NET 可以访问的数据源是很多的。

ADO.NET 同其前身 ADO 系列访问数据库的组件相比，做了以下两点重要改进。

（1）ADO.NET 引入了离线的数据结果集（Disconnected DataSet）这个概念，通过使用离线的数据结果集，程序员可以在数据库断开的情况下访问数据库。

（2）ADO.NET 还提供了对 XML 格式文档的支持，所以通过 ADO.NET 组件可以方便地在异构环境的项目间读取和交换数据。

8.2.2　ADO.NET 体系结构

ADO.NET 的表现形式是.NET 的类库，ADO.NET 由两部分组成：.NET Framework 数据提供程序（Data Provider）和数据集（DataSet），用于实现数据操作和数据访问的分离。ADO.NET 的体系结构如图 8-2 所示。

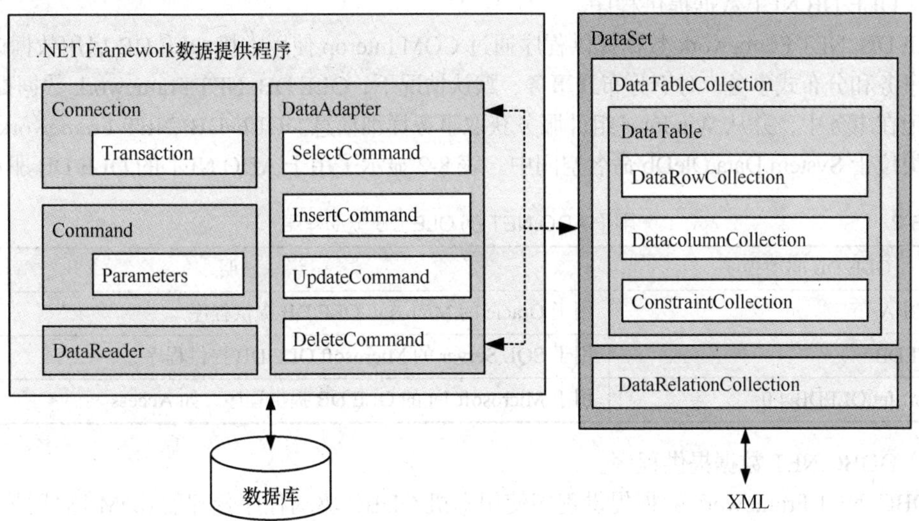

图 8-2　ADO.NET 体系结构

1. .NET Framework 数据提供程序

.NET Framework 数据提供程序用于实现数据操作和对数据的快速读写访问。它是专门为数据处理以及快速地只进、只读访问数据而设计的组件，包括 Connection、Command、DataReader 和 DataAdapter 四大类对象，其主要功能是在应用程序里连接数据源，连接 Oracle 数据库服务器；通过 SQL 语句的形式执行数据库操作，并能以多种形式把查询到的结果集填充到 DataSet 对象里。

具体来说，ADO.NET 提供了与常用的各种数据源进行交互的一些公共方法，但是对于不同的数据源，由于它们采用的协议不同，所以会采用不同的类库，这些类库称为数据提供程序。主要的数据提供程序见表 8-1。

表 8-1　数据提供程序及其说明

数据提供程序	说　明	对应的命名空间
Oracle.NET	访问 Oracle 数据库	System.Data.OracleClient
OLE DB.NET	访问基于 OLE DB 协议构建的数据源	System.Data.OleDb
ODBC.NET	访问基于 ODBC 协议构建的数据源	System.Data.Odbc
SQL Server.NET	提供对 Microsoft SQL Server 7.0 版或更高版本的数据访问。由于是针对 SQL Server 数据源而设计，所以采用本提供程序访问 SQL Server 数据源时要比采用其他的提供程序，如 OLE DB.NET 访问 SQL Server 数据源，要快速得多	System.Data.SqlClient

（1）Oracle.NET 数据提供程序。

Oracle .NET Framework 数据提供程序通过 Oracle 客户端连接软件启用对 Oracle 数据源的数据访问；支持 Oracle 客户端软件 8.1.7 版或更高版本；支持本地事务和分布式事务。本书主要介绍 Oracle.NET 数据提供程序。

Oracle .NET Framework 数据提供程序要求必须先在系统上安装 Oracle 客户端软件（8.1.7 版或更高版本），才能连接到 Oracle 数据源。

Oracle .NET Framework 数据提供程序类位于 System.Data.OracleClient 命名空间中，并包含在 System.Data.OracleClient.dll 程序集中。在编译使用该数据提供程序的应用程序时，需要同时引用 System.Data.dll 和 System.Data.OracleClient.dll。

（2）OLE DB.NET 数据提供程序。

OLE DB .NET Framework 数据提供程序通过 COM Interop 使用本机 OLE DB 启用数据访问，支持本地事务和分布式事务。对于分布式事务，默认情况下，OLE DB .NET Framework 数据提供程序自动登记在事务中，并从 Windows 组件服务获取事务详细信息。OLE DB .NET Framework 数据提供程序类位于 System.Data.OleDb 命名空间中。表 8-2 显示了用于 ADO.NET 的 OLE DB 驱动程序。

表 8-2　　用于 ADO.NET 的 OLE DB 驱动程序

OLE DB 驱动程序	说　明
MSDAORA	用于 Oracle 的 Microsoft OLE DB 提供程序
SQLOLEDB	用于 SQL Server 的 Microsoft OLE DB 提供程序
Microsoft.Jet.OLEDB.4.0	用于 Microsoft Jet 的 OLE DB 提供程序，如 Access

（3）ODBC.NET 数据提供程序。

ODBC .NET Framework 数据提供程序使用本机 ODBC 驱动程序管理器（DM）启用数据访问，支持本地事务和分布式事务。对于分布式事务，默认情况下，ODBC 数据提供程序自动登记在事务中，并从 Windows 组件服务获取事务的详细信息。ODBC .NET Framework 数据提供程序类位于 System.Data.Odbc 命名空间中。表 8-3 显示了用于 ADO.NET 操作不同数据库的 ODBC 驱动程序。

表 8-3　　用于 ADO.NET 的 ODBC 驱动程序

ODBC 驱动程序	说　明
Microsoft ODBC for Oracle	连接 Oracle 数据库
SQL Server (SQL2000)/SQL Native Client（SQL2005）	连接 SQL Server 数据库
Microsoft Access Driver (*.mdb)	连接 Access 数据库

DSN（数据源）是在 ODBC 里设置的，用于连接数据库，但 ODBC 只能用于关系型数据库。作为 DSN 的数据库连接可分为以下 3 种。

（1）用户 DSN。数据源对计算机来说是本地的，并且只能被当前用户访问，所以只有建立该数据源的用户才能访问该数据源，而且不能从网络上访问该数据源。

（2）系统 DSN。数据源对于计算机来说是本地的，但并不是用户专用的，任何具有权限的用户都可以访问“系统 DSN”，不能从网络上访问该数据源。

（3）文件 DSN。与前两者不同，它们可以在所有安装了相同驱动程序的用户中共享，这些数据源对于计算机来说都是本地的，也就是说可以通过网络来访问。

2. DataSet 对象

DataSet 对象是支持 ADO.NET 的断开式、分布式数据方案的核心对象，它在与数据源断开的缓存中存储数据，从而实现了独立于任何数据源的数据访问。DataSet 包含一个或多个 DataTable 对象的集合，每个 DataTable 对象包含 DataRow 对象、DataColumn 对象和 Constraint 对象，分别存放数据表的行信息、列信息及约束信息。此外，DataSet 对象还包含 DataRelation 对象，用于表示表间关系。DataSet 是数据的内存驻留表示形式，是具有丰富功能的记录集缓冲区。无论数据源是什么，它都会提供一致的关系编程模型。它是专门为独立于任何数据源的数据访问而设计的。DataSet 对象的主要功能是用其中的 DataTable 和 DataRelation 对象来容纳.NET Data Provider 对象传递过来的数据库访问结果集，以便应用程序访问；把应用代码里的业务执行结果更新到数据库中；DataSet 对象能在离线的情况下管理存储数据，这在海量数据访问控制的场合是非常有利的。

8.2.3　ADO.NET 对象模型

ADO.NET 对象模型中有 5 个主要的数据库访问和操作对象，分别是 Connection、Command、DataReader、DataAdapter 和 DataSet 对象。

其中，Connection 对象主要负责建立与特定数据源的连接，所有 Connection 对象的基类均为 DbConnection 类；Command 对象主要负责生成并执行 SQL 语句，能够访问用于返回数据、修改数据、运行存储过程以及发送或检索参数信息的数据库命令，所有 Command 对象的基类均为 DbCommand；DataReader 对象主要负责读取数据库中的数据，所有 DataReader 对象的基类均为 DbDataReader 类；DataAdapter 对象提供连接 DataSet 对象和数据源的桥梁，主要负责在 Command 对象执行完 SQL 语句后生成并填充 DataSet 和 DataTable，并使对 DataSet 中数据的更改与数据源保持一致，所有 DataAdapter 对象的基类均为 DbDataAdapter 类；而 DataSet 对象主要负责存取和更新数据，包含一个或多个 DataTable 对象的集合，这些对象由数据行和数据列以及有关 DataTable 对象中数据的主键、外键、约束和关系信息组成。

每种.NET Framework 数据提供程序都包含以下 4 种对象，Connection、Command、DataReader 和 DataAdapter。每种.NET Framework 数据提供程序的命名空间里都有一套对象，它们是通过前缀名进行区别的，例如，OracleClient 命名空间包含的对象有 OracleConnection、OracleCommand、OracleDataReader、OracleDataAdapter 等；OLEDB 命名空间包含的对象有 OleDbConnection、OleDbCommand、OleDbDataReader、OleDbDataAdapter 等。在使用这些类时，除了基础类 DataSet 外，其他类要统一使用同一种数据提供程序的类。上述 4 种对象的类名是不同的，而它们连接访问数据库的过程却大同小异。这是因为它们以接口的形式，封装了不同数据库的连接访问动作。正是由于这些.NET Framework 数据提供程序使用数据库访问驱动程序屏蔽了底层数据库的差异，所以从用户的角度来看，它们的差别仅仅体现在命名上。

本书仅介绍使用 Oracle.NET 数据提供程序访问 Oracle 11g 数据库。需要在程序开始前引用 OracleClient 命名空间，如下所示。

```
using System.Data;
using System.Data.OracleClient;
```

System.Data.OracleClient 命名空间的主要内容见表 8-4。

表 8-4　　System.Data.OracleClient 命名空间的主要类

类 名 称	类 功 能
OracleCommand	对数据源执行的 SQL 语句或存储过程
OracleConnection	连接数据源
OracleDataAdapter	数据命令集和到数据源的连接，它们用于填充 DataSet 以及更新该数据源
OracleDataReader	从数据源提取只读、向前的数据
OracleError	从数据源返回的错误或者警告信息
OracleException	数据源引发的异常
OracleParameter	设置 OracleCommand 对象的参数
OracleTransaction	设置事务

System.Data 命名空间的核心内容是 DataSet 对象及相关的类，见表 8-5。

表 8-5　System.Data 命名空间的主要类

类名称	类功能
DataSet	数据在内存中的缓存
DataTable	内存中的数据表
DataTableCollection	内存中的 DataTable 集合
DataView	内存中某个 DataTable 的视图
DataRow	DataTable 中的某行数据
DataRowCollection	DataTable 中行的集合
DataRowView	DataRow 的视图
DataColumn	DataTable 的列结构
DataColumnCollection	某个 DataTable 对象的 DataColumn 集合
DataRelation	两个 DataTable 之间的关系
DataRelationCollection	DataSet 中所有的 DataRelation 对象的集合
Constraint	DataColumn 对象上的约束
ConstraintCollection	某个 DataTable 上所有的 Constraint 对象的集合
DataTableReader	以一个或多个只读、只进结果集的形式获取 *N* 个 DataTable 对象的内容
DataException	使用 ADO.NET 时发生的意外

System.Data.Common 命名空间的核心内容是各种.NET Framework 数据提供程序共享的类，见表 8-6。

表 8-6　System.Data.Common 命名空间的主要类

类名称	类功能
DataAdapter	一组 SQL 命令和一个数据库连接，用于填充 DataSet 和更新数据源
DbCommand	表示要对数据源执行的 SQL 语句或存储过程
DbConnection	表示到数据库的连接
DbDataAdapter	继承 DataAdapter 的大部分功能
DbDataReader	从数据源返回只读的、向前的数据
DbException	数据源引发的异常
DbParameter	为 DbCommand 对象设置参数
DbTransaction	事务

8.3　使用 ADO.NET 操作 Oracle 数据库

使用 ADO.NET 操作数据库一般需要 4 个步骤。

（1）使用 Connection 对象连接数据库。ADO.NET 处理数据库数据的第一步是连接到数据库，只有先连接上数据库才能进行后续操作。该步骤用到 Connection 对象，该对象负责建立和控制用户应用程序与数据库之间的连接。一个 Connection 对象表示到数据源的一个唯一的连接，在客户

/服务器（即 C/S）数据库系统中，它等效于一个到服务器的网络连接。

（2）使用 Command 对象操作数据库。Command 对象的任务就是执行 SQL 语句，然后把执行的结果传给下一级对象，即 DataAdapter 或 DataReader 对象。它有 3 种执行方式：ExecuteNonQuery、ExecuteReader、ExecuteScalar。

（3）读取数据。Command 对象执行后，由数据读取对象 DataReader 和数据适配对象 DataAdapter 接收数据，DataReader 对象里的数据可以直接为应用程序使用，而 DataAdapter 对象则建立和初始化数据表，然后填充给 DataSet 对象为应用程序使用，因此 DataAdapter 对象是 DataSet 对象与数据库的桥梁。

（4）对数据进行处理。读取数据时有 3 种方法，使用 DataReader 对象读取；使用 DataAdapter 对象读取数据再传给 DataSet 对象，然后再处理；使用 Command 对象直接修改数据库。

这个过程如图 8-3 所示。下面将详细介绍这些步骤中各个对象的使用方法。

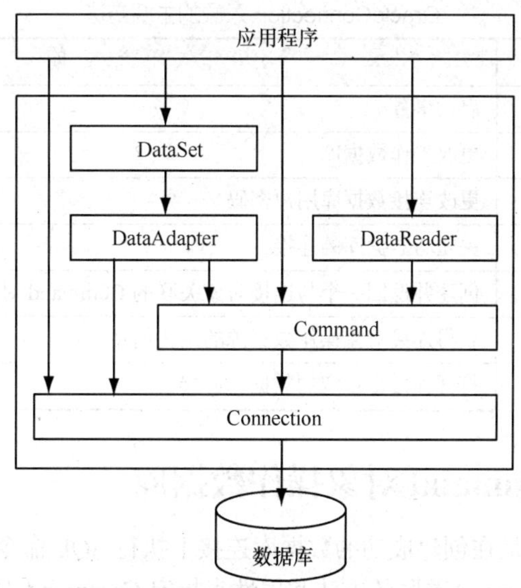

图 8-3　使用 ADO.NET 操作数据库的过程

8.3.1　使用 Connection 对象连接数据库

ADO.NET 中的 Connection 对象属于连接对象，是 ADO.NET 技术中最重要的对象，因为几乎所有和数据库关联的操作都要建立连接成功后方能进行，即使要使用断开数据库操作也要通过连接把数据库信息填充到 DataSet 数据集中方能进行，可见连接对象的重要性。当然，该对象的功能就是创建与指定数据库的连接并完成初始化工作。所有的连接都要用到连接字符串 ConnectionString，该字符串是使用分号隔开的多项信息，其内容随着数据库类型和访问内容的变化而变化。下面给出在程序中声明 Connection 对象实例的代码。

使用 System.Data.OracleClient 命名空间，连接 Oracle 11g 数据库。

```
OracleConnection conn = new OracleConnection();
Conn.ConnectionString="Data Source=StudentMIS; User ID =sys; Password=ustb2012";
conn.Open();
```

其中，连接字符串中的 Data Source 后面填写需要连接的数据库实例名称，User ID 为用户名，Password 为密码，使用 Open 方法打开数据库。

OracleConnection 对象的主要属性和方法见表 8-7 和表 8-8。

表 8-7　　OracleConnection 对象的主要属性

属　性	说　明
ConnectionString	设置数据库连接字符串
ConnectionTimeOut	建立连接等待的时间
DataBase	获得要使用的数据库名称
DataSource	获得连接服务器的数据库实例名
PacketSize	获得客户机和数据库服务器之间通信的数据包大小
WorkstationId	获得客户机的标识信息（计算机名）
StatisticsEnabled	设置是否收集客户机和服务器之间的统计信息

表 8-8　　OracleConnection 对象的主要方法

方　法	说　明
BeginTransaction	启动事务
ChangeDatabase	更改工作数据库
ChangePassword	更改连接数据库用户密码
Close	关闭与数据库的连接
CreateCommand	创建并返回一个与连接对象关联的 Command 对象
GetSchema	获得连接对象操作数据源的结构信息
Open	打开连接串指定的数据库连接

8.3.2　使用 Command 对象操作数据库

Command 对象的功能是在创建成功的数据库连接上执行 SQL 命令（包括普通的 SQL 语句、存储过程）。可以使用 Command 关联的方法和属性来指定 Command 对象的工作方式。

在定义 Command 对象时，一般要有 Connection 对象支持，创建 Command 对象的方法如下。

（1）用构造函数创建。

```
OracleCommand Mycom = new OracleCommand();
```

（2）用 Connection 对象的 CreateCommand 方法创建。

```
String Strconn="Data Source=myorcl; User ID=scott; Password= ustb2012";
OracleConnection Conn = new OracleConnection(Strconn);
OracleCommand Mycom = Conn.CreateCommand();
```

OracleCommand 对象的主要属性和方法见表 8-9 和表 8-10。

表 8-9　　OracleCommand 对象的主要属性

属　性	说　明
Connection	读取或设置 Command 对象使用的 OracleConnection 对象
CommandText	读取或设置 Command 对象使用的 SQL 语句或存储过程
CommandTimeOut	读取或设置命令执行的最大等待时间
CommandType	读取或设置用于解释 CommandText 属性，默认为“Text”
Transaction	读取或设置 Command 对象的 OracleTransaction 对象

表 8-10　　　　　　　　OracleCommand 对象的主要方法

方　法	说　　明
BeginExecuteNonQuery	启动 Command 封装的 SQL 语句或存储过程的异步执行，不返回任何结果
BeginExecuteReader	启动 Command 封装的 SQL 语句或存储过程的异步执行，并返回结果集
BeginExecuteXmlReader	启动 Command 封装的 SQL 语句或存储过程的异步执行，并将结果作为 XMLReader 对象返回
Cancel	取消 Command 对象执行
Clone	“克隆”一个当前 Command 对象的副本
Dispose	释放 Command 对象的资源
EndExcuteNonQuery	完成 SQL 语句的异步执行
EndExcuteReader	完成 SQL 语句的异步执行，将结果返回给 DataReader 对象
EndExcuteXmlReader	完成 SQL 语句的异步执行，将结果返回给 XmlReader 对象
ExcuteNonQuery	启动 Command 对象执行非 SELECT 语句，不需要返回结果
ExcuteScalar	启动 Command 对象执行，从结果集返回单个值，常用于聚合查询值的返回
ExcuteXmlReader	启动 Command 对象执行，将结果返回为 XmlReader 对象
Prepare	预编译命令对象

主要方法介绍：

（1）使用 ExecuteScalar 方法返回单个值。

```
string StrConn = @"Data Source=myorcl; User ID=scott; Password= ustb2012";
string StrCom = @"SELECT COUNT(*) FROM emp";
OracleConnection Conn = new OracleConnection(StrConn);
OracleCommand MyCom = new OracleCommand();
MyCom.CommandTimeOut = 15;
MyCom.CommandText = StrCom;
Conn.open();
Console.Write( “表中行数为:” +MyCom.ExecuteScalar().ToString();
Conn.Close();
```

（2）使用 ExecuteReader 方法返回多行数据。

```
string StrConn = @"Data Source=myorcl; User ID=scott; Password= ustb2012";
string StrCom = @"SELECT * FROM emp";
OracleConnection Conn = new OracleConnection(StrConn);
OracleCommand  MyCom = new OracleCommand();
MyCom.CommandTimeOut = 15;
MyCom.CommandText = StrCom;
Conn.open();
OracleDataReader  MyReader = MyCom.ExecuteReader();
……
Conn.Close( );
```

（3）使用 ExecuteNonQuery 方法不返回结果集。

```
string StrConn = @"Data Source=myorcl; User ID=scott; Password= ustb2012";
string StrCom = @"DELETE FROM emp WHERE empno=7369";
OracleConnection Conn = new OracleConnection(StrConn);
OracleCommand  MyCom = new OracleCommand();
MyCom.CommandTimeOut = 15;
MyCom.CommandText = StrCom;
```

```
Conn.open();
Console.Write("删除操作影响的行数为:"+MyCom.ExecuteNonQuery().ToString();
……
Conn.Close();
```

8.3.3 使用只读、向前 DataReader 对象读取数据

DataReader 对象用于从数据库中读取由 SELECT 命令返回的只读、向前的数据流，它仅对数据库检索的数据提供向前的只读指针。采取这种方式每次处理时在内存中只有一行内容，所以不仅提高了应用程序的性能，还有助于减少系统的开销。在下列情况下，要在应用程序中使用 DataReader：不需要缓存数据；要处理的结果集太大，内存中放不下；需要以仅向前、只读方式快速访问数据。

OracleDataReader 对象的主要属性和方法见表 8-11 和表 8-12。

表 8-11　　OracleDataReader 对象的主要属性

属　性	说　明
Depth	指示当前行的嵌套深度
FieldCount	获取当前行的列数
HasRows	指示是否包含一行或多行
IsClosed	是否已关闭指定的 DataReader 对象
Item	以本机格式表示的列值
RecordAffected	获取执行 SQL 语句所更改、插入、删除的行数
Connection	获取 DataReader 对象使用的 Connection 对象

表 8-12　　OracleDataReader 对象的主要方法

方　法	说　明
Close	关闭 DataReader 对象
GetName	获得列名称
GetString	获得指定列字符串型的值
GetInt32	获得指定列整数型的值
GetValue	获得以本机格式表示的指定列的值
GetDateTime	如果要返回的列为日期时间型，则选择该方法获得值
Read	向前至下一行
Dispose	释放 DataReader 对象占用的资源

使用 DataReader 的基本过程是先建立与数据库的连接，再设定好 Command 对象并执行 SQL 命令，以连接 Oracle 11g 为例，要定义一个 OracleDataReader 对象来接收 OracleCommand 对象执行 ExecuteReader 方法的返回数据集。然后就可以调用 DataReader 的 GetValue 或者 GetInt32 等方法来获取某列的值了。如果需要读取下一条数据，则使用 DataReader 对象的 Read 方法。最后，调用 Close 方法关闭 DataReader 对象。

使用 DataReader 对象的代码如下。

```
string StrConn = @"Data Source=myorcl; User ID=scott; Password= ustb2012";
string StrCom = @"SELECT * FROM emp";
```

```
OracleConnection conn = new OracleConnection(StrConn);
OracleCommand MyCom = conn.CreateCommand();
MyCom.CommandTimeOut = 15;
MyCom.CommandText = StrCom;
Conn.open();
OracleDataReader  MyReader = MyCom.ExecuteReader();
while (MyReader.Read())
Console.WriteLine("\t{0}\t{1}\t{2}", MyReader[0], MyReader[1], MyReader[2]);
MyReader.Close();
```

8.3.4　使用 DataSet 对象读取数据

由于 DataReader 对象仅仅用于从数据库中读取数据，且生成的记录集是一个只读、向前的记录集。若要对生成的记录集做复杂的处理如分页、排序、更新、删除等，就必须使用 DataAdapter 对象结合 DataSet 对象来完成。

可以说 ADO.NET 中技术的最大飞跃就是引入了 DataSet 技术，使用该技术可以把数据库的访问转换到 DataSet 数据集中，以此减轻了数据库的访问负担，传统 ADO 技术访问数据库就是每次与数据库相关的操作都要直接访问数据库，特别是在 Web 环境下，多个终端访问服务器系统，会导致系统资源竞争变得更加激烈。而 ADO.NET 技术中 DataSet 技术的引入，使用户要访问数据库中的信息时，不需要直接和数据库交互，而是直接和 DataSet 交互访问即可，最后 DataSet 再集中一次把所有引起数据变化的信息更新到数据库，实际上就是给出了一个数据访问的缓冲机制。

在决定应用程序使用 DataReader 还是使用 DataSet 时，应考虑应用程序所需的功能类型。DataSet 用于执行以下功能。

（1）在应用程序中将数据缓存在本地，以便可以对数据进行处理。如果只需要读取查询的结果，DataReader 是更好的选择，有更好的性能。

（2）在层间或从 XML Web 服务对数据进行远程处理。

（3）与数据进行动态交互，例如绑定到 Windows 窗体控件或组合并关联来自多个源的数据。

（4）对数据执行大量的处理，而不需要与数据源保持打开的连接，从而将该连接释放给其他客户端使用。

DataSet 的结构和关系型数据库很类似，具有表、行、列等属性。主要用于在内存中存放数据，可以一次读取整张数据表的内容。DataSet 对象是一个用于存放数据的大集合。DataSet 对象当中可以存放若干个 DataTable 数据表对象，而每个 DataTable 数据表中的数据则是由 DataAdapter 对象来填充的。因此从使用角度来看，DataSet 对象就像一个内存中处于活动状态的数据库，由许多 DataTable 对象组成，应用程序可以通过 DataTable 对象和 DataTable 对象内的 DataColumn 对象（列数据对象）、DataRow 对象（行数据对象）的操作读取数据。下面简要介绍这几种对象的常用属性和方法。

DataTable 对象的常用属性及常用方法见表 8-13 和表 8-14。

表 8-13　　DataTable 对象的常用属性

属　性	说　　明
TableName	对象名称
Rows	对象中的记录集合
Name	数据表的名称
Column	对象中的字段集合

表 8-14　　　　DataTable 对象的常用方法

方　法	说　明
NewRow	增加一条记录
Clear	清除所有数据

Column 对象的常用属性有 Count 属性（DataTable 对象中的字段数）；DataType 属性（该列的数据类型）；ColumnName 属性（该列的名称）；AllNull 属性（该表字段是否接受空值）。

Row 对象的常用属性有 RowState 属性（行对象的状态）；ItemArray 属性（以数组方式读取行内数据）；Item 属性（读取行内的数据，如 Item(2)，就是读取第 3 个数据）。

使用 DataSet 对象的方法如下。

（1）创建一个空 DataSet 对象。

```
DataSet ds = new DataSet();
```

这样创建的 DataSet 对象的 DataSetName 属性被设置为 NewDataSet。该属性描述 DataSet 的内部名称，以便以后引用。

（2）也可以在构造函数中指定，它以字符串的形式接受名称。

```
DataSet ds = new DataSet("MyDataSet");
```

或者可以如下这样简单地设置属性。

```
DataSet ds = new DataSet();
ds.DataSetName = "MyDataSet";
```

在 DataSet 中添加数据要使用到下一节将讲到的 DataAdapter，这里不做过多叙述。

8.3.5　数据适配器对象 DataAdapter

DataAdapter 用于从数据源检索数据并填充 DataSet 中的表。DataAdapter 还可以将对 DataSet 所做的更改解析回数据源。DataAdapter 使用.NET Framework 数据提供程序的 Connection 对象连接到数据源，并使用 Command 对象从数据源检索数据以及将更改解析回数据源。

由于 DataSet 对象本身不具备和数据源沟通的能力，要修改数据并更新回数据源，需要使用 DataAdapter 对象，即数据适配器对象。

数据适配器对象类似于“搬运工”，经常和 DataSet 结合使用。DataAdapter 对象提供的是对数据集的填充和对更新的回传任务。对于 DataSet 来讲，它把数据从数据库中“搬运”到 DataSet 中，DataSet 中的数据有了改变，就可以把改变“反映”给数据库。DataAdapter 对象做这些事情主要靠的是它所包含的 4 个 Command 对象：SelectCommand、InsertCommand、UpdateCommand、DeleteCommand。

使用 DataAdapter 对象的方法如下。

（1）定义 SQL 查询，创建数据库连接，然后创建和初始化数据适配器。

```
OracleDataAdapter da = new OracleDataAdapter(SQL,oracleConn);  //SQL 是查询语句
```

（2）创建 DataSet 对象。

```
DataSet ds = new DataSet();
```

（3）此时，得到的只是空 DataSet。关键代码行是使用数据适配器的 Fill()方法执行查询，检索数据，填充 DataSet。

```
da.Fill(ds, "Products");
```

Fill()方法从内部使用 DataReader 访问数据库数据和表达式，然后使用它填充 DataSet。这里 Products 是 DataSet 中要填充数据的表名（如果未显式给出，自动命名为 Tablen，*n* 从空开始）。

下面的代码显示了使用 OracleDataAdapter 的另一种方法，为此，将其 SelectCommand 属性设置为 OracleCommand 对象。我们可以使用 SelectCommand 得到或设置 SQL 语句或存储过程。

```
OracleDataAdapter da = new OracleDataAdapter();
da.SelectCommand = new OracleCommand(SQL, oracleConn); //SQL 是查询字符串
DataSet ds = new DataSet();
da.Fill(ds, "Products");
```

（4）以 DataTable 对象的形式提取 DataSet 中每个表数据，并使用该对象访问表中实际数据。如前面 DataSet 含有一个表。

```
DataTable dt = ds.Tables["Products"];
```

（5）使用嵌套的 foreach 循环，从每个行访问列数据，并且把结果输出到屏幕。

```
foreach(DataRow dRow in dt.Rows)
{
    foreach(DataColumn dCol in dt.Columns)
    Console.WriteLine(dRow[dCol].ToString());  //输出到屏幕
}
```

除了可以进行数据查询外，使用 DataSet 还可对数据库进行添加、删除和修改等操作，修改以后的数据可以被接受，也可以不被接受，即取消修改。

（1）修改。当修改某一条记录中的某一个数据时，首先对 DataRow 对象使用 BeginEdit()方法，表示要对该行进行编辑操作，在编辑中禁止约束检查；然后编辑，修改数据；最后使用 EndEdit()方法，结束编辑，把编辑的结果通过 DataSet 传给数据库。具体代码如下。

```
OracleDataAdapter da = new OracleDataAdapter(SQL,oracleConn);  //SQL 是查询语句
DataSet ds = new DataSet();
da.Fill(ds, "Products");
DataRow row1 = ds.Tables[0].Rows[0];
row1.BeginEdit();
row1[2]=****;          //修改 row1 对象的第 3 个数据
row1.EndEdit ();
```

（2）添加。当需要为某一个关系表添加一行数据时，首先调用 DataTable 对象的 NewRow()方法，创建一个新的空行，然后对该行中的每一个字段进行必要的赋值，最后调用 DataRow 对象的 Add()方法将该行添加到表中。具体代码如下。

```
OracleDataAdapter da = new OracleDataAdapter(SQL,oracleConn);  //SQL 是查询语句
DataSet ds = new DataSet();
da.Fill(ds, "Products ");
DataRow row2 = ds.Tables[0].Rows[0];
row2[1]= "aaa ";
row2[2]= "bbb ";
row2[3]= "ccc ";
ds.Tables[0].Rows.Add(row2);
```

（3）删除。当需要删除表中的某一行数据时，调用 DataRow 对象的 Delete()方法来实现，也可以调用 DataRowCollection 的 Remove()方法。Remove 方法是从 DataRowCollection 中删除 DataRow 对象；而 Delete()方法只是将该行的标记删除，在数据库中并没有删除。当应用程序调用 AcceptChanges()方法时，才会发生实际上的删除。通常是使用 DataRow 对象的 Delete()方法。具体代码如下。

```
OracleDataAdapter da = new OracleDataAdapter(SQL,oracleConn);  //SQL 是查询语句
DataSet ds = new DataSet();
```

```
da.Fill(ds, "Products ");
DataRow row3 = ds.Tables[0].Rows[0];
row3.Delete();
ds.AcceptChanges();
```

（4）保存。当接受了数据的修改后，如果想保存到数据库，则需要调用 DataAdapter 对象的 Update()方法。这些更改是用 SQL 语句发回到数据库的，必须要用一个 Command 对象来执行 SQL 语句，所以一般在创建 DataAdapter 对象后就创建一个 Command 对象。具体代码如下。

```
OracleDataAdapter da = new OracleDataAdapter(SQL,oracleConn);  //SQL 是查询语句
DataSet ds = new DataSet();
da.Fill(ds, "Products");
……      //增加或修改 DataSet 的代码
da.Update(ds);
```

8.4 数据库连接实例

由于在 Oracle 11g 中读取或写入 LOB 类型的数据比较复杂，本节列举两个实例，第一个实例不包含 LOB 类型的数据，便于读者快速掌握 C#中操作 Oracle 的具体流程。第二个实例详细叙述了操作 LOB 类型数据的过程。

8.4.1 实例一：C#中操作 Oracle 数据库一般过程

Oracle 所提供的 scott 模式可以提供一些示例表和数据，该模式演示了一个很简单的公司人力资源管理。以 scott 模式中的 emp 表为例，员工信息 emp 的表结构如下。

名称	是否为空?	类型
EMPNO	NOT NULL	NUMBER(4)
ENAME		VARCHAR2(10)
JOB		VARCHAR2(9)
MGR		NUMBER(4)
HIREDATE		DATE
SAL		NUMBER(7, 2)
COMM		NUMBER(7, 2)
DEPTNO		NUMBER(2)

这 8 个字段的含义分别是部门员工编号、员工姓名、工作、上级领导编号、雇佣日期、工资、奖金、所在部门编号。

首先在 vs2008 中引入 System.Data.OracleClient;命名空间并添加引用，在窗体类中实现如下函数。

```
using System;
using System.Data;
using System.Data.OracleClient;
//添加功能
public int Insert(int v_empno, string v_ename)
{
    OracleConnection conn = new OracleConnection();
    Conn.ConnectionString="Data Source=StudentMIS; User ID =sys; Password=ustb2012";
    conn.Open();
    string sql = "insert into emp(empno,ename) values(" + v_empno + ",'" & v_ename &
"')";
    OracleCommand cmd = new OracleCommand(sql, conn);
    int result = cmd.ExecuteNonQuery();//result 接收受影响行数，若 result>0 就表示添加成功
```

```
        conn.Close();
        cmd.Dispose();
        return result;
    }
```

//删除功能

```
    public int Delete(int v_empno)
    {
        OracleConnection conn = new OracleConnection();
        Conn.ConnectionString="Data Source=StudentMIS; User ID =sys; Password=ustb2012";
        conn.Open();
        string sql = "delete from users where empno=" + v_empno;
        OracleCommand cmd = new OracleCommand(sql, conn);
        int result = cmd.ExecuteNonQuery();
        conn.Close();
        cmd.Dispose();
        return result;
    }
```

//修改功能

```
    public int Update(int v_empno, string v_ename)
    {
        OracleConnection conn = new OracleConnection();
        Conn.ConnectionString="Data Source=StudentMIS; User ID =sys; Password=ustb2012";
        conn.Open();
        string sql = "update emp set ename='" + v_ename + "' where empno=" + v_empno;
        OracleCommand cmd = new OracleCommand(sql, conn);
        int result = cmd.ExecuteNonQuery();
        conn.Close();
        cmd.Dispose();
        return result;
    }
```

//查询

```
    public DataTable Select()
    {
        OracleConnection conn = new OracleConnection();
        Conn.ConnectionString="Data Source=StudentMIS; User ID =sys; Password=ustb2012";
        conn.Open();
        string sql = "SELECT * FROM emp";
        OracleCommand cmd = new OracleCommand(sql, conn);
        OracleDataAdapter oda = new OracleDataAdapter(cmd);
        DataTable dt = new DataTable();
        oda.Fill(dt);
        conn.Close();
        cmd.Dispose();
        return dt;
    }
```

方法写好后，下面举一个查询的例子，在 form 窗体中添加一个 DataGridView 控件，然后在 Load 方法中添加如下代码。

```
    private void Form1_Load(object sender, EventArgs e)
    {
        dataGridView1.DataSource = Select();
    }
```

运行程序，DataGridView 中就会显示相关数据，如图 8-4 所示。

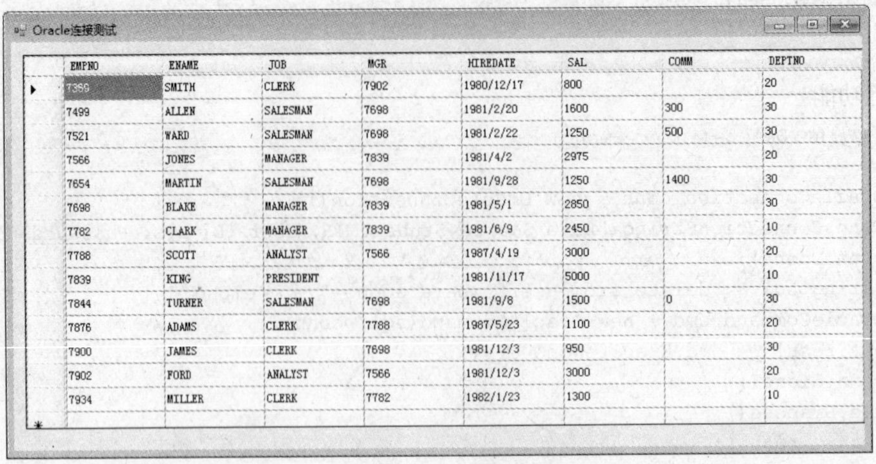

Oracle连接测试

EMPNO	ENAME	JOB	MGR	HIREDATE	SAL	COMM	DEPTNO
7369	SMITH	CLERK	7902	1980/12/17	800		20
7499	ALLEN	SALESMAN	7698	1981/2/20	1600	300	30
7521	WARD	SALESMAN	7698	1981/2/22	1250	500	30
7566	JONES	MANAGER	7839	1981/4/2	2975		20
7654	MARTIN	SALESMAN	7698	1981/9/28	1250	1400	30
7698	BLAKE	MANAGER	7839	1981/5/1	2850		30
7782	CLARK	MANAGER	7839	1981/6/9	2450		10
7788	SCOTT	ANALYST	7566	1987/4/19	3000		20
7839	KING	PRESIDENT		1981/11/17	5000		10
7844	TURNER	SALESMAN	7698	1981/9/8	1500	0	30
7876	ADAMS	CLERK	7788	1987/5/23	1100		20
7900	JAMES	CLERK	7698	1981/12/3	950		30
7902	FORD	ANALYST	7566	1981/12/3	3000		20
7934	MILLER	CLERK	7782	1982/1/23	1300		10

图 8-4　scott 用户 emp 表数据查询结果

8.4.2　实例二：C#中处理 Oracle Lob 类型数据

本实例以 BLOB 数据为例，介绍 Oracle 对 BLOB 数据的操作，其他 LOB 类型的数据都类似。在 Oracle 中新建一个 student 表，如下。

```
Create table student(
   stuno NUMBER(8),              --学生 ID
   stuphoto BLOB) ;               --照片
```

新建一个存储过程，如下。

```
CREATE OR REPLACE PROCEDURE update_student_clob(
   v_stuid IN NUMBER,
   v_photo IN BLOB)
IS
   lobloc  BLOB;
   query_str  VARCHAR2(1000);
BEGIN
   --取出 BLOB 对象
   query_str :='SELECT stuphoto FROM student WHERE stuno = : v_stuid for update ';
   EXECUTE IMMEDIATE query_str INTO lobloc USING v_stuid;
   --更新
   dbms_lob.write(lobloc, utl_raw.length(v_photo),1, v_photo);
   commit;
END;
```

参数化的查询能够对性能有一定的优化，因为带参数的 SQL 语句只需要被 SQL 执行引擎分析一次。Command 的 Parameters 能够为参数化查询设置参数值。Parameters 是一个实现 IDataParamterCollection 接口的参数集合。

不同的数据提供程序的 Command 对参数传递的用法不太一样，其中，SqlClient 和 OracleClient 只支持 SQL 语句中命名参数而不支持问号占位符，必须使用命名参数；而 OleDb 和 Odbc 数据提供程序只支持问号占位符，不支持命名参数。

对于查询语句 SqlClient 必须使用命名参数，类似于下面的写法。

```
String sql = SELECT * FROM emp WHERE empno = @ empno;
```

而 Oracle 的命名参数前面不用@，使用(:)，写为(:empno)。对于 OleDb 或者 Odbc 必须使用?占位符，类似于下面的写法。

```
String sql = SELECT * FROM emp WHERE empno = ?;
```

下面将会使用到 Parameters 对象。

打开 vs2008 新建一个 Windows 应用程序，在 Form1 窗体中添加一个 PictureBox，在 Form1.cs 类中添加如下函数。

//此函数用于在数据库中添加一个空的 BLOB 对象，并生成照片对应的字节数组。参数 imgPhoto 表示一个 Image 对象，可以从 PictureBox 控件的 BackgroundImage 属性获取。

```
public void AddStudentPhoto(System.Drawing.Image imgPhoto)
{
   OracleConnection conn = new OracleConnection();
   Conn.ConnectionString="Data Source=StudentMIS; User ID =sys; Password=ustb2012";
   conn.Open();
   try
   {
      //将 Image 转换成流数据，并保存为 byte[]
      MemoryStream mstream = new MemoryStream();
      imgPhoto.Save(mstream, System.Drawing.Imaging.ImageFormat.Bmp);
      //创建了二进制数组
      byte[] blob = new Byte[mstream.Length];
      mstream.Position = 0;
      mstream.Read(blob, 0, blob.Length);
      mstream.Close();
      string sql = "UPDATE student SET stuphoto=empty_blob() WHERE stuno=1";
      OracleCommand cmd = new OracleCommand(sql, conn);
      cmd.ExecuteNonQuery();
      SpExeFor(1, blob);
      //将学号为 1 的学生的照片添加到数据库中，这里为了简化过程，将 ID 固定为 1 了，读者可根据需要自行
修改相应代码，此处不再赘述
   }
   catch (Exception ex)
   {
      throw ex;
   }
   finally
   {
       conn.Close();
   }
}
```

//此函数执行存储过程，通过参数学生编号和存储照片的字节数组将照片插入数据库中。

```
public void SpExeFor(int p_Stuid, byte[] p_Blob)
{
   OracleConnection conn = new OracleConnection();
   Conn.ConnectionString="Data Source=StudentMIS; User ID =sys; Password=ustb2012";
   conn.Open();
   try
   {
      //存储过程的参数声明
      OracleParameter[] parameters ={
         new OracleParameter("v_stuid",OracleType.Int32),
         new OracleParameter("v_photo",OracleType.Blob,p_Blob.Length),
      };
```

```
        parameters[0].Value = p_Studid;
        parameters[1].Value = p_Blob;
        OracleCommand cmd = new OracleCommand();
        cmd.CommandType = CommandType.StoredProcedure;
        cmd.CommandText = "update_student_clob";  //存储过程名
        cmd.Connection = conn;
        cmd.Parameters.Add(parameters[0]);
        cmd.Parameters.Add(parameters[1]);
        cmd.ExecuteNonQuery();   //执行存储过程将照片存入数据库
      }
      catch (Exception e)
      {
        throw e;
      }
      finally
      {
        conn.Close();
      }
    }
```

//读取数据库中 Blob 数据到字节数组中

```
    public byte[] ReadStudentPhoto()
    {
      OracleConnection conn = new OracleConnection();
      Conn.ConnectionString="Data Source=StudentMIS; User ID =sys; Password=ustb2012";
      conn.Open();
      try
      {
        string mSql = "SELECT stuphoto FROM student WHERE DBMS_LOB.getlength (stuphoto)>0
and stuno=1";
        OracleDataReader m_Read = null;
        OracleCommand mCmd = new OracleCommand();
        mCmd.Connection = mConn;
        mCmd.CommandText = mSql;
        m_Read = mCmd.ExecuteReader();
        m_Read.Read();
        byte[] mBlob = (byte[])m_Read["stuphoto "];
        return mBlob;
      }
      catch (Exception ex)
      {
        throw ex;
      }
      finally
      {
        mConn.Close();
      }
    }
```

//字节数组转换成 Image 对象

```
    public System.Drawing.Image ReturnPhoto(byte[] streamByte)
    {
      System.IO.MemoryStream ms = new System.IO.MemoryStream(streamByte);
      System.Drawing.Image img = System.Drawing.Image.FromStream(ms);
      return img;
    }
```

最后将上述函数返回的 Image 对象赋给 PictureBox 的 BackgroundImage 属性，就可以看到数据库中的图片输出到 PictureBox 中了，结果如图 8-5 所示。

图 8-5　数据库中 BLOB 类型数据输出到 PictureBox 中

本章知识点小结

本章介绍了使用 ADO.NET 访问 Oracle 11g 数据库的技术，ADO.NET 技术是新一代的数据存取技术，它采用离线的方式从数据库中存取数据，提高了分布式应用程序的效率和扩展性。ADO.NET 的关键技术是 DataSet 数据模型，在 ADO.NET 里，所有程序是以数据为中心的，通过对 XML 的支持，使得 ADO.NET 具有良好的扩展性和兼容性。通过 DataSet 类的内存数据库技术，使得对服务器资源的开销降到了最低。

在使用 ADO.NET 连接 Oracle 数据库时，有多种连接方案可供选择（使用不同的数据提供程序），本章选择使用 Oracle.NET 数据提供程序访问 Oracle 数据库，使用时要引用 System.Data.OracleClient 命名空间，另外，在编译使用该数据提供程序的应用程序时，需要同时引用 System.Data.dll 程序集和 System.Data.OracleClient.dll 程序集。

ADO.NET 对象模型中有 5 个主要的数据库访问和操作对象，分别是 Connection、Command、DataReader、DataAdapter 和 DataSet 对象。使用 ADO.NET 操作数据库一般需要 4 个步骤：使用 Connection 对象连接数据库；使用 Command 对象操作数据库；读取数据；对数据进行处理。

习　　题

1. 简述数据提供程序的作用。
2. 简述 Command 对象的常用方法及功能。
3. 简述使用 Oracle.Net 连接 Oracle 数据库的步骤。
4. 试描述.NET Framework 数据提供程序与 DataSet 之间的关系。
5. 简述 DataAdapter 的作用以及工作过程。
6. 简述 DataSet 的工作原理。

第 9 章 Oracle 11g 的体系结构

本章将对 Oracle 11g 数据库系统的体系结构和基本理论进行详细介绍。研究数据库的体系结构即是从某一角度来分析数据库的组成和工作过程，以及数据库如何管理和组织数据，因此，这部分内容对全面深入地掌握 Oracle 11g 数据库系统是至关重要的。对于初学者而言，体系结构与基本理论的学习会涉及大量新的概念和术语，掌握这些概念和术语对于以后的学习会有许多益处。

【本章要点】

- Oracle 实例与数据库
- Oracle 数据库的逻辑存储结构
- Oracle 数据库的物理存储结构
- 逻辑存储结构与物理结构的关系
- Oracle 实例的内存结构
- Oracle 实例的进程结构
- 了解主要后台进程的作用
- 理解 Oracle 数据库中数据字典的作用

9.1 Oracle 11g 体系结构概述

完整的 Oracle 数据库系统通常由两部分组成：实例（INSTANCE）和数据库（DATABASE）。数据库是一系列物理文件的集合（数据文件、控制文件、日志文件、参数文件等），主要功能是保存数据，可以看作是存储数据的容器；实例则是一组 Oracle 后台进程/线程以及在服务器分配的共享缓冲区，如图 9-1 所示。

实例和数据库有时可以互换使用，不过两者的概念完全不同。实例和数据库之间的关系是数据库可以由多个实例装载和打开，而实例可以在任何时间装载和打开一个数据库。但是，一个实例在其生存期最多只能装载和打开一个数据库。

在启动 Oracle 数据库服务器时，实际上是在服务器的内存中创建一个 Oracle 实例，然后由这个实例来访问和控制磁盘中的相关文件。Oracle 有一个很大的内存块，称为系统全局区（SGA）。当用户连接到数据库时，实际上是连接到实例中，由实例负责与数据库通信，然后再将处理结果返回给用户。

Oracle 体系结构由存储（逻辑、物理）结构、内存结构、进程结构组成。其中，内存结构由 SGA、PGA 组成。进程结构由用户进程和 Oracle 进程组成，用户进程是根据实际需要而运行的，

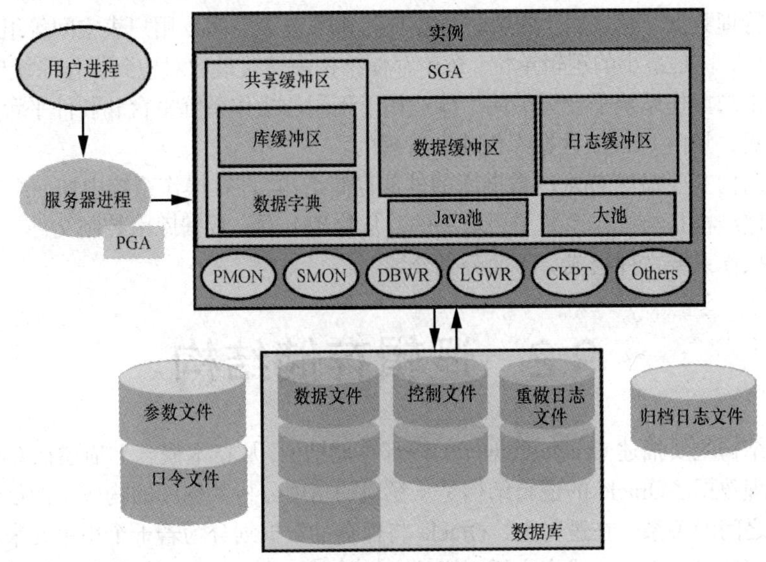

图 9-1 Oracle 的总体结构

并在需要结束后立刻结束。Oracle 进程又包括服务器进程和后台进程，是指在 Oracle 数据库启动后，自动启动的几个操作系统进程。

Oracle 数据库的存储结构分为逻辑存储结构和物理存储结构，这两种存储结构既相互独立又相互联系，如图 9-2 所示。

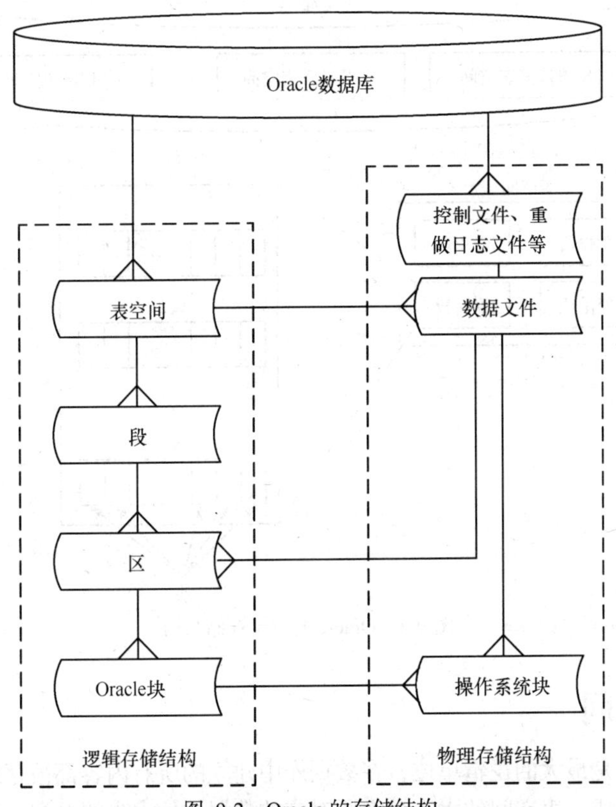

图 9-2 Oracle 的存储结构

逻辑存储结构主要描述 Oracle 数据库的内部存储结构，即从技术概念上描述在 Oracle 数据库中如何组织、管理数据。从逻辑上来看，数据库是由系统表空间、用户表空间等组成。表空间是最大的逻辑单位，块是最小的逻辑单位。逻辑存储结构中的块最后对应到操作系统中的块。因此，逻辑存储结构是与操作系统平台无关的，能适用于不同的操作系统平台和硬件平台，而不需要考虑物理实现方式，是由 Oracle 数据库创建和管理的。

物理存储结构主要描述 Oracle 数据库的外部存储结构，即在操作系统中如何组织、管理数据。因此，物理存储结构是与操作系统平台有关的。从物理上看，数据库由控制文件、数据文件、重做日志文件等操作系统文件组成。下面分别介绍。

9.2 逻辑存储结构

逻辑存储结构主要描述 Oracle 数据库的内部存储结构，从技术概念上描述在 Oracle 数据库中如何组织、管理数据。Oracle 的逻辑结构是从逻辑的角度分析数据库的构成，即创建数据库后形成的逻辑概念之间的关系。在逻辑上，Oracle 将保存的数据划分为若干个小单元来进行存储和维护，高一级的存储单元由一个或多个低一级的存储单元组成。Oracle 的逻辑存储单元从大到小依次为表空间（Table Space）、段（Segment）、区（Extent）、数据块（Data Block），逻辑存储结构示意如图 9-3 所示。

由图 9-3 可知，Oracle 的逻辑存储结构是由一个或多个表空间组成，一个表空间由多个段组成，一个段由多个区组成，一个区由多个数据块组成，一个数据块对应一个或多个物理块。

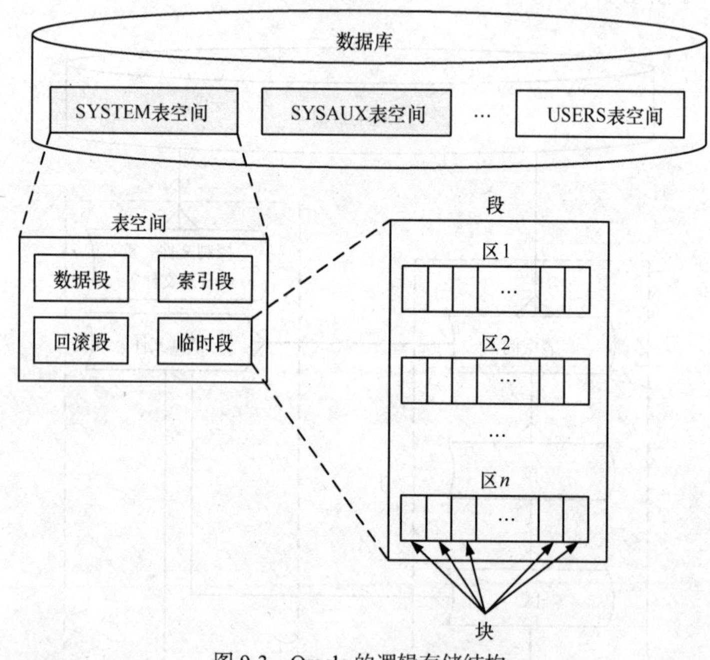

图 9-3 Oracle 的逻辑存储结构

9.2.1 表空间

Oracle 的表空间是最大的逻辑单位，在数据库中建立的所有内容都被存储在表空间中，由一个或多个数据文件组成，表空间的大小是它所对应的数据文件大小的总和；数据文件必须正好是一个表空间的一部分。Oracle 11g 的安装会至少创建 2 个表空间：系统（SYSTEM）表空间和系统辅助（SYSAUX）表空间。Oracle 11g 的默认安装创建 6 个表空间，具体如下。

（1）系统（SYSTEM）表空间。存放关于表空间的名称、控制文件、数据文件等管理信息，是最重要的表空间。它属于 SYS 和 System 这 2 个模式（Schema），仅被这 2 个或其他具有足够权限的用户使用，但是均不可删除或者重命名 System 表空间。

（2）系统辅助（SYSAUX）表空间。用于减少系统负荷，提高系统的作业效率。

（3）临时（TEMP）表空间。存放临时表和临时数据，用于排序。

（4）用户（USERS）表空间。永久存放用户对象和私有信息，也被称为数据表空间。

（5）撤销（UNDO）表空间。用于在自动撤消管理方式下存储撤消（回退）信息。

（6）示例（EXAMPLE）表空间。用于存放 Oracle 发布时提供的示例数据库。

一般地，系统用户使用 SYSTEM 表空间，非系统用户使用 USERS 表空间。

Oracle 11g 允许创建名为“大文件（LOB）表空间”的特殊类型的表空间，此表空间的大小可达 128TB（百万兆字节）。使用大文件后，表空间管理对于数据库管理员完全透明。也就是说，数据库管理员可将表空间作为一个单元进行管理，而无需考虑底层数据文件的大小和结构。

同一模式中的对象可以存储在不同的表空间中；同时，表空间也可以存储不同模式中的对象。

9.2.2　段

段是一组数据区，这些数据区形成 Oracle 视为一个单元的数据库对象，如表或索引，与这些数据库对象是一一对应的，但段是从数据库存储的角度而言的。因此，段通常是数据库最终用户将要处理的最小存储单元。表空间和数据文件是物理存储上的一对多的关系，表空间和段是逻辑存储上的一对多的关系，段不直接与数据文件发生关系。一个段只能属于一个表空间，但一个表空间可以有多个段。Oracle 数据库中的段可分为以下 4 种。

（1）数据段（Data Segment）：存储表中的所有数据。

（2）索引段（Index Segment）：存储表上最佳查询的所有索引数据。

（3）回滚段（Rollback Segment）：存储修改之前的位置和值。

（4）临时段（Temporary Segment）：存储表排序操作期间建立的临时表的数据。

数据库中的每个表保存在单个数据段中，一个数据段由一个或多个区组成；对于分区表或集群表，Oracle 会为表分配多个段。数据段包括 LOB（Large Object，大对象）段，此段存储表段中的 LOB 定位器列引用的 LOB 数据（如果未将 LOB 以内联方式存储在表中）。

每个索引存储在自己的索引段中。与分区表一样，分区索引的每个分区存储在专门的段中，这种类别包括 LOB 索引段。表的非 LOB 列、表的 LOB 列和 LOB 的相关索引均可以保存在不同的表空间（不同的段）中以提高性能。

如果用户的 SQL 语句需要磁盘空间来完成操作，例如内存中容纳不下的排序操作，Oracle 会分配临时段。仅在执行 SQL 语句期间存在临时段。

从 Oracle 10g 开始，只有 SYSTEM 表空间中存在手动回滚段，但 DBA 通常无需维护 SYSTEM 回滚段。在前一 Oracle 版本中，会创建回滚段，以便在回滚事务时保存数据库 DML 操作的旧值，并维护“旧”映像数据，以便为其他访问此表的用户提供表数据的读一致性视图。在恢复数据库期间，为了回滚在数据库实例崩溃或异常终止时处于活动状态的未提交事务，也会使用回滚段。

在 Oracle 11g 中，自动撤消管理处理撤消表空间中的回滚段的自动分配和管理。在撤消表空间中，撤消段的结构与回滚段类似，只是这些段的管理细节由 Oracle 控制，而非由 DBA 管理。在 Oracle 11g 中，会默认启用自动撤消管理；另外，提供了 PL/SQL 过程来帮助调整 UNDO 表空间的大小。

9.2.3 区

区是数据库存储空间分配的逻辑单位，是由一系列物理上连续存放的数据块所构成的 Oracle 存储结构。在一个段中可以存在多个区，区是为数据一次性预留的一个较大的存储空间，直到那个区间被用满，数据库会继续申请一个新的预留存储空间，即新的区，一直到段的最大区间数或没有可用的磁盘空间可以申请。一个区由一个或多个数据库块组成。扩大数据库对象时，为对象添加的空间作为区进行分配。Oracle 在数据文件级别管理区。

9.2.4 数据块

数据块是 Oracle 中的最小存储单元，也是最基本的存储单位，又称逻辑块或 Oracle 块。在操作系统中，执行 I/O 操作是以操作系统块为单位，而在 Oracle 中，执行的 I/O 操作以 Oracle 数据块为单位。块的大小是在建立数据库时指定的，虽然在初始化文件中可见，但是不能修改。为了提高磁盘 I/O 性能效率，块的大小通常是操作系统块大小的整数倍。Oracle 的操作都是以块为基本单位的，一个区可以包含多个块，如果区大小不是块大小的整数倍，Oracle 实际也扩展到块的整数倍。默认块大小由 Oracle 初始化参数 DB_BLOCK_SIZE 指定。

9.3 物理存储结构

物理存储结构主要描述 Oracle 数据库的外部存储结构，即在操作系统中如何组织、管理数据。Oracle 物理存储结构包含 3 种物理文件：控制文件、数据文件和日志文件，另外还包括一些参数文件。由控制文件来管理数据文件和日志文件，用参数文件来寻找控制文件。数据文件的扩展名为.DBF，日志文件的扩展名为.LOG，控制文件的扩展名为.CTL。

9.3.1 数据文件

一个 Oracle 数据库可以拥有一个或多个物理的数据文件。一个 Oracle 数据文件对应于磁盘上的一个物理操作系统文件。Oracle 通过表空间创建数据文件，从硬盘中获取存储数据所需的物理存储空间，一个数据文件只能属于唯一的一个表空间。但是，一个表空间可以包含多个数据文件。大文件表空间是例外情况，这个表空间正好包含一个数据文件。

数据文件具有如下特征。

（1）一个数据库可拥有多个数据文件，但一个数据文件只对应一个数据库。

（2）可以对数据文件进行设置，使其在数据库空间用完的情况下进行自动扩展。

（3）一个表空间可以由一个或多个数据文件组成。

数据文件中的数据在需要时可以读取并存储在 Oracle 的内存储区中。例如，用户要存取数据库一个表的某些数据，如果请求的数据不在数据库的内存存储区中，则从相应的数据文件中读取并存储在内存存储区。当数据被修改或是插入新数据时，不必立刻写入数据文件，而是把数据暂时存储在内存，由 Oracle 的后台进程 DBWR 来决定何时将其写入数据文件中，这是为了减少磁盘 I/O 的次数，提高系统的效率。

数据文件是用于存储数据库数据的文件，如表、索引数据等都物理地存储在数据文件中。这就把数据文件和表空间联系在一起。表空间是一个或多个数据文件在逻辑上的统一组织，而数据文件是表空间在物理上的存在形式。没有数据文件的存在，表空间就失去了存在的物理基础；而离开了表空间，Oracle 就无法获得数据文件的信息，无法访问到对应的数据文件，这样的数据文件就成了垃圾文件。

数据文件的大小可以有两种方式表示，即字节和数据块。数据块是 Oracle 数据库中最小的数据组织单位，它的大小由参数 DB_BLOCK_SIZE 来确定。

9.3.2　控制文件

数据库控制文件是一个很小的二进制文件，它维护着数据库的全局物理结构，用以支持数据库成功地启动和运行。创建数据库时，同时就提供了与之对应的控制文件。在加载数据库时，实例必须首先找到数据库的控制文件。如果控制文件正常，实例才能加载并打开数据库。但是如果控制文件中记录了错误的信息，或者实例无法找到一个可用的控制文件，数据库将无法加载，当然也无法打开。在数据库使用过程中，Oracle 不断地更新控制文件，所以只要数据库是打开的，控制文件就必须处于可写状态。

每一个 Oracle 数据库有一个控制文件，它记录着数据库的物理结构，其中主要包含下列信息类型：数据库名称、数据库数据文件和日志文件的名称和位置、数据库建立日期、日志历史、归档日志信息、表空间信息、数据文件脱机范围、数据文件拷贝信息、备份组和备份块信息、备份数据文件和重做日志信息、当前日志序列数、检查点信息等。

Oracle 数据库的控制文件是在数据库创建的同时创建的。默认情况下，在数据库创建期间至少有一个控制文件副本，如在 Windows 平台下，将创建 3 个控制文件的副本。

每一次 Oracle 数据库的实例启动时，它的控制文件都要用于标识数据库和日志文件。当进行数据库操作时，它们必须被打开。当数据库的物理组成更改时，Oracle 自动更改该数据库的控制文件。数据恢复时，也要使用控制文件。如果数据库的物理结构发生了变化，用户应该立即备份控制文件。一旦控制文件出现错误，数据库便无法顺利启动。也因为如此，控制文件的管理与维护工作显得格外重要。

9.3.3　日志文件

Oracle 的日志文件包括重做日志文件、归档日志文件、警报和跟踪日志文件。

1. 重做日志文件

重做日志文件用于记录对数据库的所有修改信息，修改信息包括用户对表、索引或其他 Oracle 对象进行的添加、修改或删除，以及管理员对数据库结构的修改。重做日志文件是保证数据库安全和数据库备份与恢复的文件。

在理想状况下，永远都不会使用重做日志文件中的信息。但是，如果发生了停电故障或其他一些服务器故障，从而导致 Oracle 实例失败，那么数据库缓冲区缓存中的新数据块或更新的数据块可能尚未写入到数据文件中。重新启动 Oracle 实例时，会在回滚操作中将重做日志文件中的条目应用于数据库数据文件，以便将数据库的状态恢复到发生故障前的状态。为了能够在一个重做日志组的一个重做日志文件丢失时执行恢复，可以在不同的物理磁盘上保存重做日志文件的多个副本，确保 Oracle 数据库的可用性和数据完整性。

2. 归档日志文件

Oracle 数据库可按以下两种模式运行：归档模式（ARCHIVELOG）和非归档模式（NOARCHIVELOG）。如果数据库处于非归档模式，则循环重用重做日志文件（又称联机重做日志文件）将意味着在出现硬盘故障或其他与介质相关的故障时，重做条目（以前事务的内容）不再可用。以非归档模式运行可以在实例发生故障或系统崩溃时保护数据库的完整性，因为只能在联机重做日志文件中使用已经提交但尚未写入数据文件的所有事务。因此，崩溃恢复的范围仅限于联机重做日志中的当前条目。如果在最早的重做日志文件之前数据文件最近一次备份发生故障，将无法恢复数据库。

与此相反，归档模式将填满的重做日志文件发送到一个或多个指定目标，可以在数据库介质发生故障时，在任何特定的时间点使用备份文件重新构造数据库。例如，如果包含数据文件的硬盘发生崩溃，有了最新的备份数据文件、重做日志文件和归档日志文件，可将数据库的内容恢复到崩溃前的一个时间点。

3. 警报和跟踪日志文件

出现故障时，Oracle 可以而且经常会将消息写入警报日志文件，对于后台进程或用户会话，则会写入跟踪日志文件。

警报日志文件位于 BACKGROUND_DUMP_DEST 初始化参数指定的目录中，包含最重要的例行状态消息以及重要错误条件。在启动或关闭数据库时，会将消息以及一系列未采用默认值的初始化参数记录到警报日志中，还会记录 DBA 发送的任何 ALTER DATABASE 或 ALTER SYSTEM 命令。此处还会记录涉及表空间及其数据文件的操作，例如，添加表空间、删除表空间以及将数据文件添加到表空间中。

Oracle 实例后台进程的跟踪文件也位于 BACKGROUND_DUMP_DEST 中。例如，PMON（进程监视进程）和 SMON（系统监视进程）的跟踪文件包含错误发生时间的条目，或 SMON 需要执行实例恢复操作的时间的条目。

同时，也为各个用户会话或数据库连接创建跟踪文件，这些跟踪文件位于初始化参数 USER_DUMP_DEST 指定的目录中。在以下两种情况下为用户进程创建跟踪文件：由于权限问题，用户会话发生了一些类型的错误或用户进程的运行空间不足。

可以随时删除或重命名警报日志文件；下次生成警报日志消息时会重新创建此文件。DBA 经常通过操作系统机制（Oracle Database 内部调度机制）或 Oracle Enterprise Manager 的调度程序，设置一项日常批处理作业，在日常工作中重命名和归档警报日志。

从 Oracle Database 11g 开始，实例的诊断信息被集中到初始化参数 DIAGNOSTIC_DEST 指定的单个目录中，并且忽略 USER_DUMP_DEST 和 BACKGROUND_DUMP_DEST。

9.3.4 参数文件

当 Oracle 实例启动时，它从一个初始化参数文件中读取初始化参数。初始化文件记载了许多数据库的启动参数，如内存、控制文件、进程数等，对数据库的性能影响很大，如果不是很了解，不要轻易改写，否则会引起数据库性能下降。这个初始化参数文件可以是一个只读的文本文件，或者是可以读/写的二进制文件。这个二进制文件被称作服务器参数文件（Sever Parameter File），它总是存储在服务器上。通过服务器参数文件，管理员能用 alter system 命令把对数据库所作的改变保存起来，即使重新启动数据库，改变也不会丢失。因此 Oracle 建议用户使用服务器参数文件。可以通过编辑过的文本初始化文件，或者使用 DBCA 来创建服务器参数文件。

9.4 内存结构

Oracle 使用服务器的物理内存来保存 Oracle 实例的很多信息：Oracle 可执行代码本身、会话信息、与数据库关联的各个进程以及进程之间共享的信息（例如数据库对象上的锁）。Oracle 内存结构主要可以分为 SGA（System Global Area，系统全局区）与 PGA（Program Global Area，程序全局区）。SGA 位于系统的共享内存段中，是由所有用户进程共享的一块内存区域。PGA 中保存的是某个服务器进程私有的数据和控制信息，它是非共享内存，Oracle 为每个用户会话或服务器进程分配一个 PGA。Oracle 可执行文件位于软件代码区域。图 9-4 所示为这些 Oracle 内存结构之间的关系。

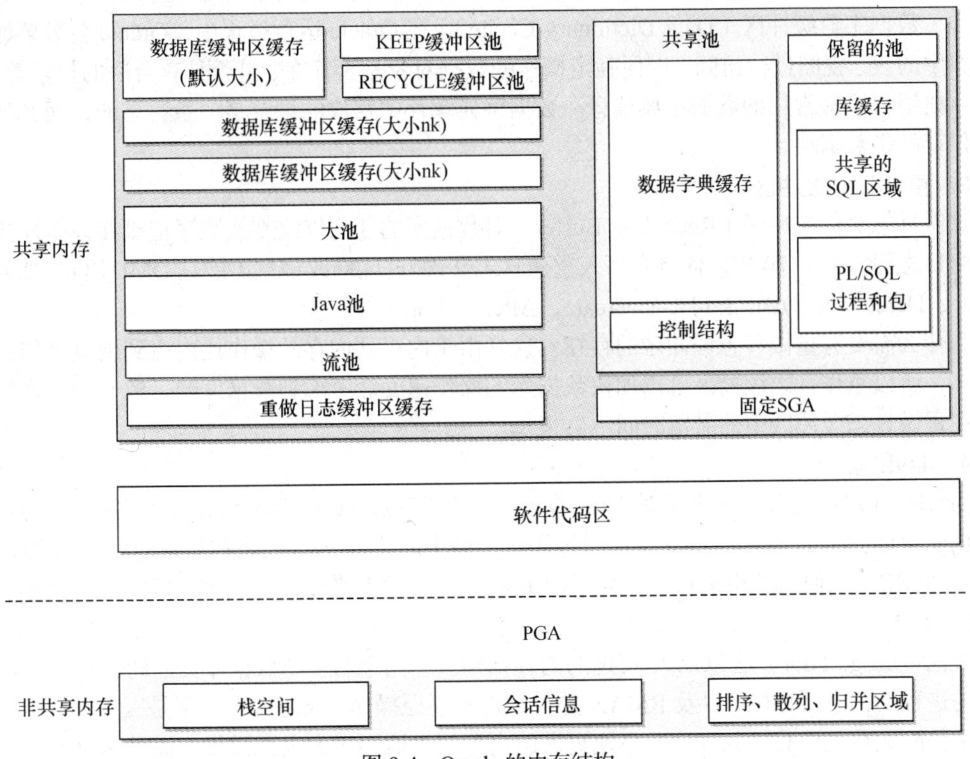

图 9-4 Oracle 的内存结构

9.4.1 系统全局区

系统全局区 SGA 被看作是 Oracle 数据库的一个大缓冲池，这里的数据可以被 Oracle 的各个进程共享。

SGA 是由一组内存结构组成，是一块巨大的共享内存区域，它是所有用户进程共享的一块内存区域。如果多个用户连接到同一个数据库实例，则实例的 SGA 区中的数据可被多个用户共享。在数据库实例启动时，SGA 的内存被自动分配；当数据库实例关闭时，SGA 被回收。SGA 主要包括以下几个部分：数据缓存区、共享池、重做日志缓冲区、Java 池和大池等结构。

1. 数据缓存区

该缓存区保存最近从数据文件中读取的数据块，其中的数据被所有用户共享。该缓存又可以细分为以下 3 个部分：Default Pool、Keep Pool、Recycle Pool。如果不是人为设置初始化参数（Init.ora），Oracle 将默认为 Default Pool。由于操作系统寻址能力的限制，不通过特殊设置，在 32 位的操作系统上，块缓冲区高速缓存最大可以达到 1.7GB，在 64 位的操作系统上，块缓冲区高速缓存最大可以达到 10GB。

2. 共享池

共享池（Shared Pool）保存了最近执行的 SQL 语句、PL/SQL 程序和数据字典信息，是对 SQL 语句和 PL/SQL 程序进行语法分析、编译、执行的内存区。共享池主要又可以分为库高速缓存区和数据字典高速缓冲区两个部分。

（1）库缓存区（Library Cache）。解析用户进程提交的 SQL 语句或 PL/SQL 程序和保存最近解析过的 SQL 语句或 PL/SQL 程序。Oracle DBMS 执行各种 SQL、PL/SQL 之前，要对其进行语法上的解析、对象上的确认、权限上的判断、操作上的优化等一系列操作，并生成执行计划。因为库高速缓存区保存了已经解析的 SQL 和 PL/SQL，所以，应尽量使用预处理查询。

（2）数据字典缓冲区（Data Dictionary Cache）。在 Oracle 运行过程中，Oracle 会频繁地对数据字典中的表、视图进行访问，以便确定操作的数据对象是否存在、是否具有合适的权限等信息。数据字典缓存了最常用的数据字典信息。数据字典缓存中存放的记录是一条一条的，而其他缓存区中保存的是数据块。

3. 重做日志缓冲区

重做日志文件缓冲区（Redo Log Buffer）对数据库的任何修改都按顺序记录在该缓冲区中，然后由日志写入器 LGWR 进程将它写入重做日志文件。这些修改信息可能是 DML 语句（如 Insert、Update、Delete）或 DDL 语句（如 Create、Alter、Drop）等。

为什么需要有重做日志缓冲区的存在？这是由于内存到内存的操作比内存到硬盘操作的速度快很多，所以重作日志缓冲区可以加快数据库的操作速度。考虑到数据库的一致性与可恢复性，数据在重做日志缓冲区中的滞留时间不会很长。

4. Java 池

Oracle 8i 以后的版本提供了对 Java 的支持，用于存放 Java 代码、Java 程序等，目的是支持在数据库中运行 Java 程序。Java 虚拟机为用户会话中的所有 Java 代码和数据使用 Java 池，一般不小于 20MB，以便虚拟机运行。如果不用 Java 程序，没有必要改变该缓冲区的默认大小。

5. 大池

大池（Large Pool）是 SGA 中可选的内存结构。它用于与多个数据库交互的事务、执行并行查询的进程的消息缓冲区，以及 RMAN 并行备份和还原操作。大池的得名不是因为大，而是因为它用来分配大块的内存，处理比共享池更大的内存。大池用于大内存操作，提供相对独立的内存空间，以便提高性能。DBA 可以决定是否需要在 SGA 中创建大池。需要大池的操作有数据库的备份和恢复、大量排序的 SQL 语句、并行化的数据库操作。

6. 流池

流池（Streams Pool）是 Oracle 10g 中的一种新池，通过初始化参数 STREAMS_POOL_SIZE 来设置其大小。流池保存数据和控制结构，以便支持 Oracle Enterprise Edition 的 Oracle 流功能。Oracle 流管理分布式环境中数据和事件的共享。如果未初始化 STREAMS_POOL_SIZE 初始化参数或将其设置为 0，则从共享池分配流操作使用的内存，内存占用量最多可达共享池的 10%。

9.4.2 程序全局区

PGA 是用户进程连接到数据库并创建一个对应的会话时，由 Oracle 为服务进程分配的，专门用于当前用户会话的内存区，属于非共享的内存区域。PGA 的配置取决于 Oracle 数据库的连接配置，即共享服务器或专用服务器。

在共享服务器配置中，多个用户进程共享与数据库的连接，共同占用一块内存区，此时，对服务器的内存使用量降低，但用户请求的响应时间延长。如果同时有多个用户连接到数据库，请求频率高且时间短，那么共享服务器环境就是理想环境。

在专用服务器环境中，每个用户进程独自连接到数据库，PGA 中包含此配置的会话信息。PGA 中还包含一个排序区域，如果用户请求需要排序、位图归并或 Hash 连接操作，将使用此区域。

从 Oracle 9i 开始，PGA_AGGREGATE_TARGET 参数连同 WORKAREA_SIZE_POLICY 初始化参数一起允许 DBA 选择所有工作区的总大小，并使 Oracle 在所有用户进程间分配和管理内存，以此来简化系统管理工作。PGA 在 Oracle 9i 中实现了自动化，而 SGA 在 10g 中实现了自动化。

现在到了 11g 时代，SGA 和 PGA 作为一个整体实现了自动化。即使经验丰富的 DBA 也会发现，使用自动化的内存结构可以更有效地管理内存分配。

9.4.3 软件代码区

软件代码区存储作为 Oracle 实例一部分运行的 Oracle 可执行文件。这些代码区域本质是静态的，只有在安装新软件版本时才会发生变化。Oracle 软件代码区通常位于享有特权的内存区，此内存区与其他用户程序分开放置。

Oracle 软件代码完全是只读的，可按共享或不共享形式进行安装。如果以共享形式安装 Oracle 软件代码，当多个 Oracle 实例在同一软件版本级别和相同服务器上运行时，可以节省内存。

9.5 进程结构

进程是操作系统中的一个概念，是一个独立的可以调度的活动，用于完成指定的任务。进程与程序的区别在于，进程是一个动态概念，可以动态地创建，当完成任务后即会消亡，程序是一个静态实体，可以复制、编辑；进程强调执行过程，程序仅仅是指令的有序集合；进程在内存中，程序在外存中。

Oracle 包括用户进程和 Oracle 进程两类。Oracle 进程又包括服务器进程和后台进程。

（1）用户进程。当用户运行一个应用程序或启动一个 Oracle 工具（如 SQL *Plus）时，就建立了一个用户进程，其主要作用是在客户端将用户的 SQL 语句传递给服务器进程。用户进程不是实例的组成部分。

（2）服务器进程。该进程用于处理用户进程的请求，其处理过程为首先分析 SQL 命令并生成执行方案，然后从数据缓冲存储区中读取数据，最后将执行结果返回给用户。在 Oracle 数据库中可以同时存在两种类型的服务器进程，一种类型是专用服务器进程，一个专用服务进程只能为一个用户进程提供服务；另一种是共享服务进程，一个共享服务进程可以为多个用户进程提供服务。

（3）后台进程。Oracle 实例包括两部分，即 SGA 和一组后台进程。在任意时候，Oracle 数据库均可以处理多个并发用户请求，进行复杂的数据操作，同时还要维护数据库系统使其始终具有良好的性能。为了完成这些任务，Oracle 具有一组后台进程保证数据库运行所需的实际维护任务。

图 9-5 所示为服务器进程、用户进程和后台进程之间的关系。

主要的后台进程有数据库写进程（DBWR）、日志写进程（LGWR）、系统监控进程（SMON）、进程监控进程（PMON）、检查点写进程（CKPT）、归档进程（ARCn）、恢复进程（RECO）和封锁进程（LCKn）。详细介绍如下。

1. 数据库写进程（DBWR）

其主要作用是将修改过的数据缓冲区的数据写入对应数据文件，并且维护系统内的空缓冲区。DBWR 是一个很底层的管理缓冲区的后台进程，它批量地把缓冲区的数据写入磁盘，不受前台进程的控制。使用 LRU（Least Recently Used，最近最少使用）算法，DBWR 首先写入时间最早、活动性最差的块，最常请求的块会在内存中。

1 个 Oracle 实例至少要有 1 个 DBWR 进程，初始化参数 DB_WRITER_PROCESSES 可以设置 DBWR 进程的个数。如果仅使用 1 个 DBWR 进程无法满足系统的需要，可以设置多个 DBWR 进程，记为 DBWn，最多可以启动 20 个 DBWR 进程，即 DBW0 到 DBW9 和 DBWa 到 DBWj。

以下条件会触发 DBWR 进程的工作。

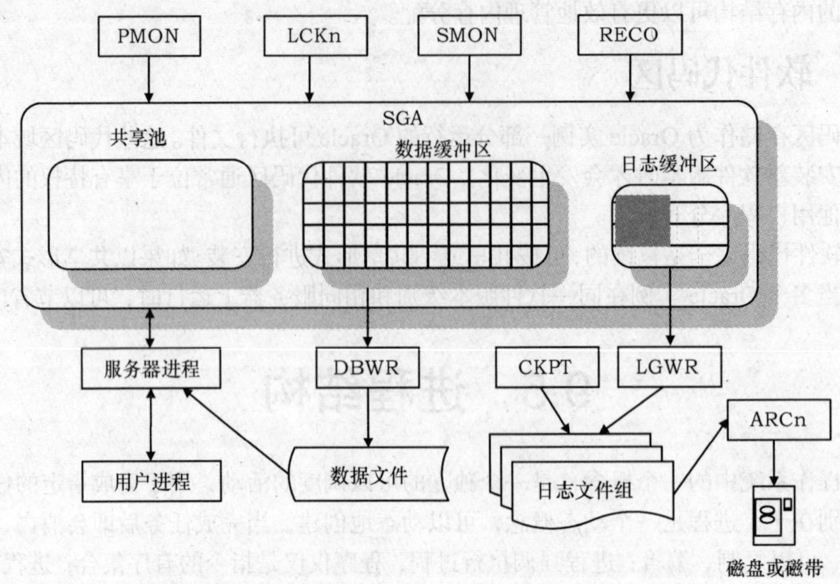

图 9-5 服务器进程、用户进程和后台进程之间的关系

（1）系统中没有多的空缓冲区用来存放数据。

（2）CKPT 进程触发 DBWR 等。

2. 日志写进程（LGWR）

该进程将重做日志缓冲区的数据写入重做日志文件，LGWR 是一个必须和前台用户进程通信的进程。当数据被修改的时候，系统会产生一个重做日志并记录在重做日志缓冲区内。提交的时候，LGWR 必须将被修改的数据的重做日志缓冲区内的数据写入日志数据文件，然后再通知前台进程提交成功，并由前台进程通知用户。LGWR 承担了维护系统数据完整性的任务。

触发 LGWR 工作的主要条件如下。

（1）用户提交。

（2）有 1/3 重做日志缓冲区未被写入磁盘。

（3）有大于 1MB 的重做日志缓冲区未被写入磁盘。

（4）DBWR 需要写入的数据的 SCN 号大于 LGWR 记录的 SCN 号，DBWR 触发 LGWR 写入。

3. 系统监控进程（SMON）

该进程的工作主要包含清除临时空间；在系统启动时，完成系统实例恢复；聚结空闲空间；从不可用的文件中恢复事务的活动；OPS 中失败结点的实例恢复；清除 OBJ$表；缩减回滚段；使回滚段脱机。

4. 进程监控进程（PMON）

主要用于清除失效的用户进程，释放用户进程所用的资源。如 PMON 将回滚未提交的工作，释放锁，释放分配给失败进程的 SGA 资源。

5. 检查点进程（CKPT）

检查点进程负责执行检查点，并更新控制文件，启用 DBWR 进程将“脏”缓存块中的数据写入数据文件（该任务一般由 LGWR 执行）。CKPT 对于许多应用情况都不是必需的，只有当数据库数据文件很多，LGWR 在检查点时明显降低性能的情况下才使用 CKPT。

CKPT 的作用主要就是同步数据文件、日志文件和控制文件。DBWR/LGWR 的工作原理造成了数据文件、日志文件、控制文件的不一致，这就需要 CKPT 进程来同步。CKPT 会更新数据文件/控制文件的头信息。当一个 checkpoint 发生时，Oracle 必须更新所有数据文件的文件头，记录这个 checkpoint 的详细信息。这个动作是由 CKPT 进程完成的，但是 CKPT 进程并不将数据块写入磁盘，写入的动作总是由 DBWR 进程完成的。

以下条件会触发 CKPT 工作。

（1）在日志切换的时候。

（2）数据库用 immediate、transaction、normal 选项 shutdown 数据库的时候。

（3）根据 init<sid>.ora 文件中 LOG_CHECKPOINT_INTERVAL、LOG_CHECKPOINT_TIMEOUT、FAST_START_IO_TARGET 设置的参数值来确定。

（4）用户触发 alter system checkpoint。

6. 归档进程（ARCn）

归档进程在发生日志切换（Log Switch）时，将重做日志文件复制到指定的存储设备中。只有当数据库运行在 ARCHIVELOG 模式下，且自动归档功能被开启时，系统才会启动 ARCn 进程。

1 个 Oracle 实例中最多可以运行 10 个 ARCn 进程。若当前的 ARCn 进程还不能满足工作负载的需要，则 LGWR 进程将启动新的 ARCn 进程。Alert Log 会记录 LGWR 启动 ARCn 进程。

如果预计系统存在繁重的归档任务，例如将进行大批量数据装载，可以通过设置初始化参数 LOG_ARCHIVE_MAX_PROCESSES 来指定多个归档进程，通过 ALTER SYSTEM 语句可以动态地修改该参数，增加或减少归档进程的数量。

然而，通常不需要去改变该参数，该参数默认值为 1，因为当系统负载增大时，LGWR 进程会自动启动新的 ARCn 进程。

7. 恢复进程（RECO）

恢复进程用于分布式数据库结构，自动解决分布式事务的错误。一个结点的 RECO 进程会自动地连接到一个有疑问的分布式事务的相关其他数据库。当 RECO 重新连接到相关的数据库服务时，它会自动解决有疑问的事务。并从相关数据库的活动事务表（Pending Transaction Table）中移除与此事务有关的数据。

如果 RECO 进程无法连接到远程服务，RECO 会在一定时间间隔后尝试再次连接。但是每次尝试连接的时间间隔会以指数级的方式增长。只有实例允许分布式事务时才会启动 RECO 进程。实例中不会限制并发的分布式事务的数量。

8. 封锁进程（LCKn）

在并行服务器中用于多个实例间的封锁。

9.6 数据字典

数据字典（Data Dictionary）是 Oracle 数据库的核心组件，它是由一系列对于用户而言是只读的基础表和视图组成，它保存了关于数据库本身以及其中存储的所有对象的基本信息。数据字典中的表和视图在创建数据库时由 Oracle 自动创建，并存放在 System 表空间中，当数据库启动时，System 表空间将自动在线（Online）。这些表和视图的拥有者是用户 SYS。可以认为数据字典记录了数据库实例自身的重要信息。

数据字典主要有 3 个用处。

（1）Oracle 访问数据字典来查找关于用户、模式对象和存储结构的信息。

（2）Oracle 每次执行一个数据定义语句（DDL）时都会修改数据字典。

（3）任何 Oracle 用户都可以将数据字典作为数据库的只读参考信息。

数据字典由一系列拥有数据库元数据（Meta Data）信息的数据字典基表和用户可以读取的数据字典视图组成。

（1）数据字典基表。数据字典基表属于 SYS 用户，只有 Oracle 能够读写这些表，用户不能直接访问这些表；大部分数据字典基表的名称中都包含$这样的特殊符号，这些表中的数据以加密的形式存在。

（2）数据字典视图。数据字典表中的信息经过解密和一些加工处理后，以视图的方式呈现给用户。大多数用户都可以通过数据字典视图查询所需要的与数据库相关的系统信息。用户可以查看以下几种形式的数据字典视图：以 USER_开始的视图、以 ALL_开始的视图和以 DBA_开始的视图。

从 USER_视图中可以查看当前用户所创建的某类数据库对象，如在 USER_TABLES 中可以查看当前用户所创建的任何一个表的信息。从 ALL_视图中可以查看当前用户有权限访问的某类数据库对象，如在 ALL_TABLES 中可以查看当前用户有权限的任何一个表的信息。在 DBA_视图中可以查看当前数据库中所有的某类对象的信息，如在 DBA_TABLES 中可以查看当前数据库中所有的表。DBA_视图只能由数据库管理员（一般是 SYS 用户）查看。

数据字典的主要内容如下。

（1）系统的空间信息，即分配了多少空间、当前使用了多少空间等。

（2）数据库中所有模式对象的信息，如表、视图、簇、同义词及索引等。

（3）例程运行的性能和统计信息。

（4）所有 Oracle 用户的信息。

（5）用户访问或使用的审计信息。

（6）用户及角色被授予的权限信息。

（7）列的约束信息的完整性。

（8）列的默认值。

在 Oracle 数据库中，数据字典可以看作是一组表和视图结构。它们存放在 SYSTEM 表空间中。在数据库系统中，数据字典不仅是每个数据库的核心，而且对每个用户也是非常重要的信息。用户可以用 SQL 语句访问数据库数据字典。

通过数据字典可实现如下功能。

（1）当执行 DDL 语句修改模式和对象后，Oracle 都会将本次修改的信息记录在数据字典中。

（2）用户可以通过数据字典视图获得各种模式对象和对象的相关信息。

（3）Oracle 通过查询数据字典表或数据字典视图来获取有关用户、模式、对象的定义信息以及其他存储结构的信息。

（4）DBA 可以在数据字典的动态性能视图中监视例程的状态，以将其作为性能调整的依据。

本章知识点小结

完整的 Oracle 数据库系统通常由实例和数据库两部分组成。数据库是一系列物理文件的集合（数据文件、控制文件、日志文件、参数文件等），主要功能是保存数据，可以看作是存储数据的容器；实例则是一组 Oracle 后台进程/线程以及在服务器分配的共享缓冲区。

Oracle 体系结构由存储结构、内存结构、进程结构组成。其中，内存结构由 SGA、PGA 组成。

进程结构由用户进程和 Oracle 进程组成，用户进程是根据实际需要而运行的，并在需要结束后立刻结束。Oracle 进程又包括服务器进程和后台进程，是指在 Oracle 数据库启动后，自动启动的几个操作系统进程。

Oracle 数据库的存储结构分为逻辑存储结构和物理存储结构，这两种存储结构既相互独立又相互联系。逻辑存储结构主要描述 Oracle 数据库的内部存储结构，即从技术概念上描述在 Oracle 数据库中如何组织、管理数据。在逻辑上，Oracle 将保存的数据划分为若干个小单元来进行存储和维护，高一级的存储单元由一个或多个低一级的存储单元组成。Oracle 的逻辑存储单元从大到小依次为表空间、段、区、数据块。物理存储结构主要描述 Oracle 数据库的外部存储结构，即在操作系统中如何组织、管理数据。从物理上看，数据库由控制文件、数据文件、重做日志文件等操作系统文件组成。

数据字典是 Oracle 数据库的核心组件，它是由一系列对于用户而言是只读的基础表和视图组成，它保存了关于数据库本身以及其中存储的所有对象的基本信息。

习 题

一、选择题

1. Oracle 11g 不具备的版本是（ ）。

   A. 个人版　B. 标准版　C. 扩展版　D. 企业版

2. Oracle 数据库的数据字典不能做的工作有（ ）。

   A. 查找 Oracle 数据库用户的信息　B. 查找 Oracle 数据库表中数据信息

   C. 查找 Oracle 数据库模式对象的信息　D. 查找 Oracle 数据库存储结构的信息

3. 在数据库逻辑结构中，按从大到小的次序排列正确的是（ ）。

   A. 表空间、区、段、块　B. 表空间、段、区、块

   C. 段、表空间、区、块　D. 区、表空间、段、块

二、填空题

1. Oracle 体系结构由________、________和________组成。
2. Oracle 数据库中，段包括________、________、________和________四种。
3. Oracle 物理存储结构包含三类文件，分别为________、________和________。
4. 在物理上，1 个表空间对应一个或多个________。

三、简答题

1. 名词解释：数据块、区、段、表空间。
2. Oracle 的物理结构主要包括哪些类型的文件？
3. 简述表空间和数据文件之间的关系。
4. 简述 Oracle 中各个后台进程的作用。
5. 简述 Oracle 的内存结构。
6. 简述 Oracle 数据库中数据字典的作用。

第10章 用户权限与安全

数据库安全性问题一直是人们关注的焦点，数据库数据的丢失以及数据库被非法用户的侵入对于任何一个应用系统来说都是至关重要的问题。确保信息安全的重要基础在于数据库的安全性能。当储户到银行存款、取款时，出于安全方面的考虑，储户必须提供账号和口令，只有账号和口令正确时才能取款。同样，当访问 Oracle 数据库时，为了确保数据库的安全性，用户也必须提供用户名和口令，然后才能连接到数据库。另外，为了防止合法用户的非法访问，Oracle 提供了权限、角色机制，以防止用户非法对数据库进行非法操作。所有这些，共同构成了 Oracle 数据库的安全机制。本章主要介绍 Oracle 用户、权限及角色管理。对于这些管理工作可以使用图形化的 OEM 或第三方的管理工具进行，本书主要介绍使用 SQL 语句进行管理，使用 OEM 管理的方法请自行参阅联机帮助文档。

【本章要点】

- 用户和模式
- 创建与管理用户
- 用户配置文件管理
- 管理系统权限
- 管理对象权限
- 预定义角色
- 管理自定义角色

10.1 用户和模式

由于 Oracle 中的对象是一种基于模式的管理方式，每个数据库对象都显式地属于一个用户，属于这个用户的对象的集合称为模式（Schema），通过灵活地控制用户的权限，即可灵活地控制用户模式对象的安全性。

1. 用户（User）

这里所说的用户并不是数据库的操作人员，而是能够连接到数据库的用户账号。要使用户可以访问数据库，必须创建用户账号并为这些账号授予适当的数据库访问权限。

用户是定义在数据库中的一个名称，它是 Oracle 数据库的基本访问控制机制，用来连接和访问数据库对象。每个 Oracle 数据库都有一个有效数据库用户列表。当连接和访问某个 Oracle 数据库时，为了确保数据库的安全性，用户必须使用该数据库中定义的有效用户名和口令，然后才能连接到该数据库实例。这和在银行存取款时需要账户和口令的道理一样。每个用户名都具有关联口令，以防止未经授权的使用。例如，运行 SQL * Plus 时，弹出图 10-1 所示的对话框。只有输入了正确的用户名和口令之后，才能够连接到数据库，并执行各种管理操作和数据访问操作。

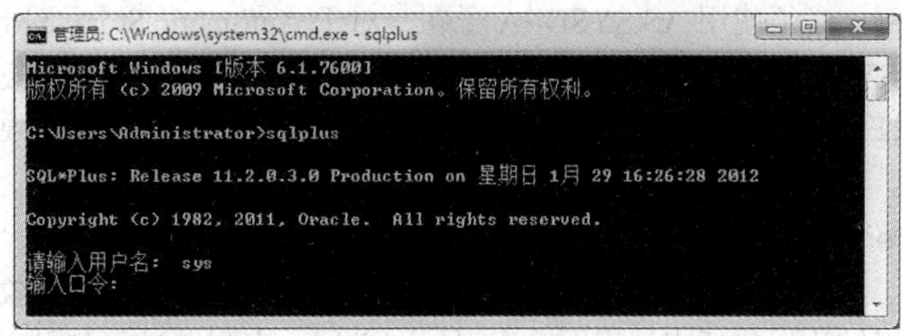

图 10-1 登录 SQL * Plus 时要求输入用户名和口令

"数据库用户账户"是一种组织数据库对象的所有权和访问权限的方法，简称用户。要访问数据库，用户必须指定有效的数据库用户账户，而且还要根据该用户账户的要求成功通过验证。每个数据库用户都有一个唯一的数据库账户。

Oracle 建议采用这种做法，从而避免潜在的安全漏洞，并为特定的审计活动提供有意义的数据。但是，有时候若干用户会共享一个公用数据库账户。在这些罕见的情况下，操作系统和应用程序必须为数据库提供足够的安全性。每个数据库用户账户都由用户名标识和用户的属性（包括认证方式、用于数据库认证的口令、用于永久和临时数据存储的默认表空间、表空间限额、账户状态、口令状态（已失效或未失效）组成。

唯一的用户标识。用户名不能超过 30 个字节，不能包含特殊字符，而且必须以字母开头。

认证方式。最常见的认证方式是口令，但是 Oracle Database 11g 支持其他多种认证方式，包括生物统计学认证、证书认证和标记认证，本书主要讲解口令认证。

默认表空间。如果用户未指定其他表空间，则可在这个位置创建对象。注意，具有默认表空间并不意味着用户在该表空间具有创建对象的权限，也不意味着用户在该表空间中具有用于创建对象的空间限额。这两项需要另外单独授权。

临时表空间。这是实例代表用户创建临时对象（如排序和临时表）的位置。临时表空间没有限额。

用户配置文件。分配给用户的一组资源与口令的限制。

初始使用者组。由资源管理器使用。

账户状态。已锁定或未锁定。用户只可访问"未锁定"账户。

注意

数据库用户不一定是人员。常见的作法是创建一个拥有特定应用程序的数据库对象的用户，例如 HR。数据库用户可以是设备、应用程序或只是一种出于安全目的而对数据库对象进行分组的方法。数据库用户不需要具有个人身份信息。

在 Oracle 中，用户又可以分为 2 种类型：普通用户和预定义管理用户。

（1）普通用户。这类用户管理数据对象，拥有对自己创建的对象的所有权限，比如 scott 用户就是一个普通用户，它不能进行一系列的数据库管理工作。

（2）预定义管理用户。Oracle 数据库在安装时自动创建的用户账户。所有数据库都包括管理账户 SYS、SYSTEM、SYSMAN 和 DBSNMP。管理账户是高权限账户，并且只有被授权执行管理任务（如启动和停止数据库、管理数据库内存和存储、创建和管理数据库用户等）的用户才需要此账户。默认情况下，SYS 和 SYSTEM 账户被授予了数据库管理员（DBA）角色，而不是 SYSDBA 权限。用户可以使用 SYS、SYSTEM 或 SYSMAN 账户登录到 Oracle Enterprise Manager Database Control（Database Control）。Database Control 的管理代理使用 DBSNMP 账户监视和管理数据库。可在使用 Oracle Database Configuration Assistant（DBCA）创建数据库时为这些账户分配口令。不能删除这些账户。

此外，SYS 账户还具有 ADMIN OPTION 的所有权限，而且拥有数据字典。要连接到 SYS 账户，对于数据库实例，必须使用 AS SYSDBA 子句；对于 Automatic Storage Management（ASM）实例,必须使用 AS SYSASM 子句。被授予了 SYSDBA 权限的任何用户均可通过使用 AS SYSDBA 子句连接到 SYS 账户。只有被授予了 SYSDBA、SYSOPER 或 SYSASM 权限的“授权”用户才能启动或关闭实例。

2. 模式（Schema）

对 Oracle 来说，模式是指数据库对象的集合，是对用户所创建的数据对象的总称。模式对象是数据库数据的逻辑结构，包括表、视图、索引、同义词、序列、过程和程序包等。

从定义中可以看出，模式是数据库对象的集合，为了区分各个集合，需要给这个集合起个名字，这些名字就是我们在 OEM 的模式下看到的许多类似用户名的节点，这些节点其实就是一个模式，模式里包含了各种对象，如表、视图、索引、同义词、序列、过程和程序包等。

一个用户一般对应一个模式，该用户的模式名等于用户名，并作为该用户缺省的模式。这也就是我们在 OEM 的模式下看到模式名都为数据库用户名的原因。Oracle 数据库中不能新创建一个模式，要想创建一个模式，只能通过创建一个用户的方法解决（Oracle 中虽然有 Create Schema 语句，但是它并不是用来创建一个 Schema 的），在创建一个用户的同时为这个用户创建一个与用户名同名的模式，并作为该用户的缺省模式。即模式的个数同用户的个数相同，而且模式名同用户名一一对应并且相同。

一个用户有一个缺省的模式，当然，一个用户还可以使用其他的模式。当我们访问一个表但没有指明该表属于哪一个模式时，系统就会自动在表上加上缺省的模式名。例如，访问 scott 用户下的 emp 表，需要通过 SELECT * FROM emp，该 SQL 语句的完整写法为 SELECT * FROM scott.emp。在数据库中一个对象的完整名称为 schema.object，而不是 user.object。

10.2 管理用户

Oracle 数据库的安全保护流程可以总结为 3 个步骤。首先，用户向数据库提供身份识别信息，即提供一个数据库账号；其次，用户需要证明他们所给出的身份识别信息是有效的，这是通过输入口令实现的；最后，假设口令是正确的，那么数据库认为身份识别信息是可信赖的。此时，数据库将会在基于身份识别信息的基础上决定用户所拥有的权限，即用户可以对数据库执行什么操作。

Oracle 数据库提供了对用户非常有效的管理方式。管理员可以对用户账户设置各种安全参数，以防止授权用户、非授权用户对数据库进行非法的访问。本节将讲述有关用户管理的内容，包括数据库的存取控制、创建用户、修改用户、删除用户和显示用户信息。

10.2.1 数据库的存取控制

数据库的存取控制包括用户认证、用户的表空间设置和配额、用户资源限制和配置文件 3 个部分。

1. 用户认证

为了防止非授权的数据库用户的使用，Oracle 提供 3 种认证方法：操作系统认证、Oracle 数据库认证、网络服务认证。

操作系统认证用户的优点是用户能更快、更方便地联入数据库；通过操作系统对用户身份确认进行集中控制，如果操作系统与数据库用户信息一致，那么 Oracle 无须存储和管理用户名以及口令；用户进入数据库和操作系统审计信息一致。

数据库认证是指使用数据库来检查用户口令以及用户身份的方式，该方式是最常用的用户认证方式，本节主要介绍数据库认证。采用数据库认证具有以下优点，用户账户及其身份验证全部由数据库控制，不需要借助数据库外的任何控制；当使用数据库认证时，Oracle 提供了严格的口令管理特征以加强口令的安全性，例如账户锁定、口令有效期以及口令验证等；如果要使用数据库认证，建立用户时必须提供口令，并且口令必须用单字节字符。

2. 用户的表空间设置和配额

关于表空间的使用有几种设置选择：用户的缺省表空间、用户的临时表空间、数据库表空间的空间使用配额。

3. 用户资源限制和配置文件

用户可用的各种系统资源总量的限制是用户安全域的部分。利用显式的方式设置资源限制，管理员可防止用户无控制地消耗宝贵的系统资源。资源限制由用户配置文件管理。用户配置文件是指定资源限制的命名集，可赋给 Oracle 数据库的有效用户。利用用户配置文件可容易地管理资源限制。

10.2.2 创建用户

创建用户就是在 Oracle 11g 数据库中增加一个用户账户，用户可以使用该用户账户访问数据库。在 Oracle 11g 系统中，使用 CREATE USER 语句创建用户，该语句一般由 DBA 用户执行。如果要以其他用户身份建立用户，则要求用户必须具有 CREATE USER 系统权限。

CREATE USER 语句的语法如下。

```
CREATE USER 用户名 IDENTIFIED BY 口令
[DEFAULT TABLESPACE 缺省表空间名]
[TEMPORARY TABLESPACE 临时表空间名]
[QUOTA 存储空间配额 [ K | M ] | UNLIMITED ON 缺省表空间名]
[PROFILE 配置文件名] [PASSWORD EXPIRE] [ACCOUNT LOCK | UNLOCK];
```

其中，使用 IDENTIFIED BY 子句为用户设置口令，这时用户将通过数据库认证方式来进行身份确认。如果要通过操作系统认证方式，则必须使用 IDENTIFIED EXTERNAL BY 子句。使用 DEFAULT TABLESPACE 子句为用户指定默认表空间。如果没有指定默认表空间，Oracle 会把 SYSTEM 表空间作为用户的默认表空间。为用户指定了默认表空间之后，还必须使用 QUOTA 子句来为用户在默认表空间中分配空间配额。TEMPORARY TABLESPACE 子句为用户指定临时表空间。PROFILE 子句为用户指定一个配置文件。如果没有为用户显式地指定配置文件，Oracle 将自动为它指定 DEFAULT 配置文件。此外，还有常用的一些子句如下。

① DEFAULT ROLE 子句。为用户指定默认的角色。

② PASSWORD EXPIRE 子句。设置用户口令的初始状态为过期，最终强制用户在登录时必须修改其口令。

③ ACCOUNT LOCK 子句。设置用户账户的初始状态为锁定，缺省为 ACCOUNT UNLOCK。锁定的用户无法进行登录。

执行 CREATE USER 创建了用户之后，需要注意以下事项。

（1）初始建立的数据库用户没有任何权限，不能执行任何数据库操作。通常会需要使用 GRANT 语句为他授予 CREATE SESSION 系统权限，使他具有连接到数据库中的能力。或为新用户直接授予 Oracle 中预定义的 CONNECT 角色。

（2）如果建立用户时不指定 DEFAULT TABLESPAGE 子句，Oracle 会将 SYSTEM 表空间作为用户的默认表空间。

（3）如果建立用户时不指定 TEMPORARY TABLESPACE 子句，Oracle 会将数据库默认临时表空间作为用户的临时表空间。

（4）如果建立用户时没有为表空间指定 QUOTA 子句，那么用户在特定表空间上的存储空间配额为 0，用户将不能在相应表空间上建立数据对象。

因此，创建用户时，不仅必须为用户分配用户名、口令和默认表空间，还必须执行以下操作。为账户授予适当的系统权限、对象权限和角色。如果用户将要创建数据库对象，则针对要在其中创建对象的每个表空间为该用户指定一个存储空间配额。

【例 10.1】 以 system/ustb2012 身份创建一个用户 tom，其口令是 ustb2012，默认的表空间是 users，零时表空间是 temp，并授予其 CREATE SESSION 权限。

```
SQL> CONN system/ustb2012
SQL> CREATE USER tom IDENTIFIED BY ustb2012 DEFAULT TABLESPACE users
TEMPORARY TABLESPACE temp QUDTA 3M ON users;
```

用这个新创建的用户登录数据库服务器。

```
SQL> CONN tom/ustb2012
ERROR:
ORA-01045: user tom lack CREATE SESSION Privilege; logon denied。
```

可以看到将会出现错误。因为初始建立的用户 tom 没有任何权限，所以为了使用户 tom 可以连接到数据库，重新使用用户 system 登录，并授予其 CREATE SESSION 权限，为用户 tom 直接授予 Oracle 中预定义的 CONNECT 角色。

```
SQL> CONN system/ustb2012
SQL> GRANT CREATE SESSION to tom;
```

授权成功后，再用 tom 用户登录，SQL *Plus 会显示已经连接，说明拥有了创建会话的权限。

创建用户账户时，还为该用户隐式创建了一个模式。模式是用户所创建的数据库对象（如表、视图、触发器等）的逻辑容器。模式名与用户名相同，可用来明确指代由用户拥有的对象。例如，scott.emp 是指 scott 模式中名为 emp 的表（emp 表由 scott 拥有）。数据库对象和模式对象这两个术语可交换使用。删除用户时，必须同时删除该用户的所有模式对象，或者必须以前已在单独的操作中删除了模式对象。

10.2.3 修改用户

在创建用户之后，可以使用 ALTER USER 语句对用户进行修改，一般由 DBA 或具有 ALTER USER 系统权限的用户来进行用户的修改。对用户的修改包括口令、缺省表空间、临时表空间、表空间配额、配置文件、缺省角色、用户账户的锁定或解锁等。但用户名不能修改，除非删除后重建。角色是 ORACLE 7 的一个新概念，将在“10.4 管理权限”一节讨论。在这里可把角色看成具有某些权限的一个特殊用户。修改用户的缺省角色也就是为用户指明另一个权限的集合。

1. 修改口令

为了防止其他人员窃取用户口令，并以该用户的身份登录到数据库执行非法操作，DBA 或用户应该定期改变用户口令。需要注意，普通用户通过 ALTER USER 仅可以修改自己的口令，但 DBA 或具有 ALTER USER 系统权限的用户可以修改任何用户的口令。

【例 10.2】 以 tom 登录，并使用 ALTER USER 修改自己的口令为 ustb2013。

```
SQL>CONN tom/ustb2012
SQL>ALTER USER tom BY ustb2013;
```

如果用户要更改自己的口令，可以直接在 SQL *Plus 中输入 password，SQL *Plus 将提示用户进行口令的更改，代码如下。

```
SQL>CONN tom/ustb2012
```

```
SQL>password
更改 tom 的口令
旧口令:
新口令:
重新输入新口令:
```

2. 修改用户的默认表空间

修改用户的默认表空间的语法如下。

```
ALTER USER 用户名 [DEFAULT TABLESPACE 新缺省表空间名] [TEMPORARY TABLESPACE 新临时表空间名]
```

用户修改默认表空间后，先前已经创建的表仍然存储在原表空间中。如果新创建表，则存储在新的表空间中。

3. 修改用户的表空间配额

表空间配额用于限制用户对象在表空间上可以使用的最大空间。如果用户对象已经占据了表空间配额所允许的最大空间，将不能在该表空间上为用户对象分配新的空间。此时如果执行了涉及空间分配的 SQL 操作（如 INSERT、UPDATE 和 CREATE 等），将会显示出错信息。为了使用户操作可以继续进行，必须由 DBA 为其分配更多配额。

【例 10.3】 以 system/ustb2012 身份将 tom 用户的 users 表空间的配额修改为 100M。

```
SQL>CONN sysytem/ustb2012
SQL>ALTER USER tom QUOTA 100M ON users;
```

4. 锁定或解锁用户账户

为了禁止特定数据库用户访问数据库，DBA 可以锁定用户账户。为了使数据库用户可以访问数据库，DBA 可以解锁用户账户。示例如下。

```
SQL>ALTER USER tom ACCOUNT LOCK;
SQL>ALTER USER tom ACCOUNT UNLOCK;
```

5. 修改用户的口令失效

为了取消特定数据库用户访问数据库，DBA 可以使其口令临时失效，例如：

```
SQL>ALTER USER tom PASSWORD EXPIRE;
```

6. 设置用户默认角色

将多个角色授予数据库用户后，通过使用 ALTER USER 语句可以设置用户的默认角色。需要注意，指定用户的默认角色时，要求用户必须具有该角色。语法如下。

```
ALTER USER用户名 DEFAULT ROLE 角色名;
```

10.2.4 删除用户

使用 DROP USER 语句可以删除已有的用户，执行该语句的用户必须具有 DROP USER 系统权限。删除用户后，Oracle 会从数据字典中删除用户、模式及其所有模式对象。语法如下。

```
DROP USER 用户名 [CASCADE];
```

如果要删除的用户模式中包含模式对象，必须在 DROP USER 子句中使用 CASCADE 选项，否则 Oracle 将返回错误信息。若不使用 CASCADE 选项，则必须在该用户的模式对象都删除之后，才能删除该用户。

如果用户当前正连接到数据库，则不能删除这个用户。要删除已连接的用户，首先必须使用 ALTER SYSTEM…KILL SESSION 语句终止他的会话，然后再使用 DROP USER 语句将其删除。

【例 10.4】 删除用户 tom，并且同时删除他所拥有的所有表、索引等模式对象。

```
DROP USER tom CASCADE;
```

10.2.5 显示用户信息

1. 显示当前会话用户

在 SQL *Plus 环境中，使用 SHOW USER 命令可以显示当前会话对应的数据库用户。示例如下。

```
SQL> SHOW USER
USER 为"tom"
```

2. 显示 SYSDBA 用户

SYSDBA 用户可用于执行启动、关闭、备份和恢复等数据库维护操作，通过查询动态性能视图 v$pwfile_users，可以显示所有 SYSDBA 用户。

3. 显示用户信息

建立用户时，Oracle 会将用户信息存放到数据字典中。查询数据字典视图 DBA_USERS，可以了解数据库所有用户的详细信息；查询数据字典视图 ALL_USERS，可以了解所有数据库用户的名称和编号；查询数据字典视图 USER_USERS，可以了解当前用户的详细信息。示例如下。

```
SQL> SELECT username, default_tablespace, temporary_tablespace FROM DBA_USERS;
USERNAME                    DEFAULT_TABLESPACE          TEMPORARY_TABLESPACE
-------------               --------------------- -----------------------
MGMT_VIEW                   SYSTEM                      TEMP
SYS                         SYSTEM                      TEMP
SYSTEM                      SYSTEM                      TEMP
……
已选择 36 行
```

10.3 用户配置文件管理

访问 Oracle 数据库时，必须提供用户名和口令才能连接到数据库。DBA 必须充分考虑用户口令的安全性，以防止非法人员连接到数据库执行非法操作。对于大型数据库管理系统而言，数据库用户众多，并且不同用户担负不同的管理任务，为了有效利用服务器资源，还应该限制不同用户的资源占用。

用户配置文件作为 Oracle 安全策略的重要组成部分，可以对数据库用户进行基本的资源限制，还可以对用户的口令进行管理。用户配置文件（PROFILE）是口令限制、资源限制的命名集合。

10.3.1 使用用户配置文件管理口令

为了加强口令的安全性，可以使用用户配置文件管理口令。用户配置文件提供了一些口令管理选项，它们具有强大的口令管理功能，从而确保口令的安全。

创建一个用户账户时，会为该用户账户分配一个默认的口令策略。新安装的数据库的默认口令策略包含以下指令。该用户账户的口令在 180 天后将自动失效；在口令失效 7 天后将锁定该用户账户；在该用户账户尝试登录 10 次均失败后，会将该用户账户锁定 1 天。

默认口令策略通过配置文件的数据库对象分配给用户账户。每个用户账户都会分配有一个配置文件，此配置文件包含若干属性，这些属性描述了一项口令策略。数据库随附了一个默认的配置文件（名为 DEFAULT），除非另外指定配置文件，否则在创建用户账户时，会将此默认配置文件分配给用户账户。

使用配置文件可以实现如下 3 种口令策略。

（1）账户的锁定。账户锁定策略是指用户在连续输入多次错误的口令后，将由 Oracle 自动锁定用户的账户，并且可以设置账户锁定的时间。

（2）口令的过期时间。口令过期策略用于强制用户定期修改自己的口令。当口令过期后，Oracle 将随时提醒用户修改口令。如果用户仍然不修改自己的口令，Oracle 将使口令失效。

（3）口令的复杂度。在配置文件中可以通过指定的函数来强制用户的口令必须具有一定的复杂度。

以下为在配置文件中使用的各种口令参数（所有指定时间的口令参数都以“天”为单位）。

① FAILED_LOGIN_ATTEMPTS。该参数指定允许的输入错误口令的次数，超过该次数后用户账户被自动锁定。

② PASSWORD_LOCK_TIME。该参数指定用户账户由于口令输入错误而被锁定后，持续保持锁定状态的时间。

③ PASSWORD_LIFE_TIME。该参数指定同一个用户口令可以持续使用的时间。如果在达到这个限制之前用户还没有更换另外一个口令，原口令将失效。这时必须由 DBA 为他重新设置新的口令。

④ PASSWORD_GRACE_TIME。该参数指定用户口令过期的时间。如果在达到这个限制之前用户还没有更换另外一个口令，Oracle 将提出警告。口令过期之后，用户在达到 PASSWORD_LIFE_TIME 参数的限制之前有机会主动修改口令。

⑤ PASSWORD_REUSE_TIME。该参数指定用户在能够重复使用一个口令前必须经过的时间。

⑥ PASSWORD_REUSE_MAX。该参数指定用户在能够重复使用一个口令之前必须对口令进行修改的次数。PASSWORD_REUSE_TIME 参数和 PASSWORD_REUSE_MAX 参数只能设置一个，而另一个参数必须指定为 UNLIMITED。

⑦ PASSWORD_VERIFY_FUNCTION。该参数指定用于验证用户口令复杂度的函数。Oracle 通过内置脚本提供了一个默认函数用于验证用户口令的复杂度，使用 Oracle 11g 在口令验证文件 UTLPWDMG.SQL 中提供的 VERIFY_FUNCTION_11G 函数作为模板可创建自己的自定义口令验证。

为提高数据库安全性，用户可能需要实行更为严格的口令策略。例如，希望口令每 70 天失效一次；希望在用户账户尝试登录 3 次均失败后锁定该用户账户；希望口令足够复杂，以防止企图通过猜出口令进入系统的入侵者。用户还可能指定口令必须包含至少一个数字和一个标点符号。所有这些要求都可以通过修改 DEFAULT 配置文件的与口令相关的属性，来更改数据库中每个用户账户的口令策略。示例如下。

```
ALTER PROFILE DEFAULT LIMIT
PASSWORD_LIFE_TIME 70
FAILED_LOGIN_ATTEMPTS 3
PASSWORD_LOCK_TIME 1
PASSWORD_GRACE_TIME 7
PASSWORD_REUSE_TIME UNLIMITED
PASSWORD_REUSE_MAX UNLIMITED
PASSWORD_VERIFY_FUNCTION my_verify_function;
```

10.3.2 使用用户配置文件管理资源

在大而复杂的多用户数据库环境中，因为用户众多，所以系统资源可能会成为影响系统性能的主要“瓶颈”。为了有效地利用系统资源，应根据用户所承担任务的不同为其分配合理的资源。配置文件不仅可用于管理用户口令，还可用于管理用户资源。需要注意，如果使用配置文件管理资源，必须设置 RESOURCE_LIMIT 参数为 TRUE 以使资源限制处于激活状态，在资源限制处于禁用状态时无效。资源参数的值可以是一个整数，也可以是 UNLIMITED（无限制）或 DEFAULT，即使用默认配置文件中的参数设置。

大部分资源限制都可以在两个级别进行：会话级或调用级。会话级资源限制是对用户在一个会话过程中所能使用的资源进行的限制，而调用级资源限制是对一条 SQL 语句在执行过程中所能使用的资源进行的限制。

当会话或一条 SQL 语句占用的资源超过配置文件中的限制时，Oracle 将中止并回退当前的操作，然后向用户返回错误信息。这时用户仍然有机会提交或回退当前的事务。如果受到的是会话级限制，在提交或回退事务后用户会话被中止（断开连接），但是如果受到的是调用级限制，用户会话还能够继续进行，只是当前执行的 SQL 语句被终止。

以下为用户配置文件中使用的各种资源限制参数。

① SESSIONS_PER_USER。该参数限制每个用户所允许建立的最大并发会话数目。当用户的连接数达到这个限制时，用户不能再建立任何数据库连接。

② CPU_PER_SESSION。该参数限制每个会话所能使用的 CPU 时间，单位为百分之一秒。

③ CPU_PER_CALL。该参数限制每条 SQL 语句所能使用的 CPU 时间，单位为百分之一秒。

④ LAGICAL_READS_PER_SESSION。该参数限制每个会话所能读取的数据块数量，包括从内存中读取的数据块和从硬盘中读取的数据块。

⑤ LAGICAL_READS_PER_CALL。该参数限制每条 SQL 语句所能读取的数据块数量，包括从内存中读取的数据块和从硬盘中读取的数据块。

⑥ CONNECT_TIME。该参数限制每个会话能连接到数据库的最长时间。当连接时间达到该参数的限制时，用户会话将自动断开。

⑦ IDLE_TIME。该参数限制每个会话所允许的最大连续空闲时间。如果一个会话持续的空闲时间达到该参数的限制，该会话将自动断开。

⑧ COMPOSITE_LIMIT。该参数用于设置“组合资源限制”。

⑨ PRIVATE_SGA。在共享服务器操作模式下，执行 SQL 语句和 PL/SQL 语句时，Oracle 将在 SGA 中创建私有 SQL 区。该参数限制在 SGA 中为每个会话所能分配的最大私有 SQL 区大小。在专用服务器操作模式下，该参数不起作用。

10.3.3 创建用户配置文件

为了创建自定义的用户配置文件，可以使用 CREATE PROFILE 语句，具体参数限制参考 10.3.1 节和 10.3.2 节。

【例 10.5】 假设现在要为用户 tom 创建一个用户配置文件，口令策略及资源限制如下。每 30 天修改一次登录口令，用户账户尝试登录 3 次均失败后锁定该用户账户，使用 VERIFY_FUNCTION_11G 函数对用户口令进行验证，最多只能建立 5 个数据库会话，每个会话持续连接到数据库的最长时间为 60 分钟，保持 30 分钟的空闲会话被自动断开，会话中每条 SQL 语句最多只能读取 1000 个数据块，会话中每条 SQL 语句最多占用 100 个单位的 CPU 时间。

为了使用函数 VERIFY_FUNCTION_11G 对用户口令进行验证，首先需要以 DBA 的身份连接到数据库，并运行 UTLPWDMG.SQL 文件创建 VERIFY_FUNCTION_11G 函数，如下所示。

```
SQL>CONN system/ustb2012
SQL>@ D:\app\Administrator\product\11.2.0\dbhome_1\RDBMS\ADMIN\utlpwdmg.sql
```

在创建口令复杂度验证函数后，就可以根据上面的口令和资源限制要求，为用户 tom 创建配置文件。

```
SQL>CREATE PROFILE tomProfile LIMIT
    SESSIONS_PER_USER 5
    CPU_PER_SESSION UNLIMITED
    CPU_PER_CALL 100
    CONNECT_TIME 60
    IDLE_TIME 30
    LAGICAL_READS_PER_SESSION UNLIMITED
    LAGICAL_READS_PER_CALL 1000
    PASSWORD_LIFE_TIME 30
    FAILED_LOGIN_ATTEMPTS 3
    PASSWORD_VERIFY_FUNCTION VERIFY_FUNCTION_11G;
```

在上面的配置文件中，有一些限制参数并没有指定，这些参数将自动采用 DEFAULT 配置文件中设置的值。默认情况下，DEFAULT 配置文件中的所有参数都被设置为 UNLIMITED。

需要注意，在使用配置文件设置资源限制时，必须设置 RESOURCE_LIMIT 参数为 TRUE 以使资源限制处于激活状态，在资源限制处于禁用状态时无效，该参数的默认值为 FALSE。可以使用 SHOW PARAMETER RESOURCE_LIMIT 语句查看该参数的状态，使用 ALTER SYSTEM 语句修改参数 RESOURCE_LIMIT 的状态，如下所示。

```
SQL>ALTER SYSTEM SET RESOURCE_LIMIT=TRUE;
```

创建用户配置文件后，使用 CREATE USER 语句创建用户时就可以增加 PROFILE 子句为用户指定配置文件。另外，使用 ALTER USER 语句可以修改用户为其指定配置文件。

【例 10.6】 将配置文件 tomProfile 指定给用户 tom。

```
SQL>ALTER USER tom PROFILE tomProfile;
```

10.3.4　修改用户配置文件

在创建配置文件之后，可以使用 ALTER PROFILE 语句修改其中的资源参数和口令参数。

【例 10.7】 下面的语句对 PROFILE 文件 RESOURCE_LIMIT 进行修改。

```
SQL> ALTER PROFILE RESOURCE_LIMIT LIMIT
  CPU_PER_SESSION 15000
  SESSIONS_PER_USER 5
  CPU_PER_CALL 500
  PASSWORD_LIFE_TIME 30
  FAILED_LOGIN_ATTEMPTS 5;
配置文件已更改
```

10.3.5　删除用户配置文件

使用 DROP PROFILE 语句可以删除配置文件。如果要删除的配置文件已经被指定给了用户，则必须在 DROP PROFILE 语句中使用 CASCADE 关键字。

【例 10.8】 下面的语句将删除上面建立的配置文件 tomProfile。

```
SQL>DROP PROFILE tomProfile CASCADE;
```

如果为用户指定的配置文件被删除，则 Oracle 将自动为用户重新指定 DEFAULT 配置文件。

10.3.6　查看配置文件信息

建立或修改用户时，可以为用户指定配置文件。如果没指定，Oracle 会自动将 DEFAULT 分配给用户。通过查询数据字典视图 DBA_USERS，可以显示用户使用的用户配置文件。

【例 10.9】 下面的语句将显示用户 tom 所使用的 PROFILE 文件。

```
SQL> SELECT profile FROM DBA_USERS WHERE username='tom';
```

通过查询数据字典视图 DBA_PROFILES，可以显示具体的配置文件的信息。

【例 10.10】下面的语句将显示 tomProfile 配置文件的详细信息。

```
SQL>SELECT resource_name, resource_type, limit FROM DBA_PROFILES WHERE profile
='tomProfile';
```

10.4 管理权限

刚建立的用户没有任何权限，这就意味着该用户不能执行任何操作。按照权限所针对的控制对象，可以将权限分为系统权限和对象权限。如果用户要执行特定的数据库操作，则必须具有系统权限；如果用户要访问其他模式中的对象，则必须具有相应的对象权限。

10.4.1 权限简介

权限是指执行特定类型 SQL 语句或访问另一用户的模式对象的权利。权限包括系统权限和对象权限两种类型。

（1）系统权限。执行特定类型 SQL 语句或者在对象类型上执行一种特定动作的权利，它用于控制用户可以执行的一个或一组数据库操作。一般情况下，系统权限需要授予数据库管理人员和应用程序开发人员。数据库管理人员还可以将系统权限授予其他用户，并允许用户将该系统权限再授予另外的用户。同时，也可以将系统权限从被授权用户中收回。例如，当用户具有 CREATE TABLE 权限时，可以在其模式中建表；当用户具有 CREATE ANY TABLE 权限时，可以在任何模式中建表。Oracle 11g 提供了 206 种系统权限，表 10-1 列出了常用的系统权限。更多的系统权限，用户可以查询数据字典视图 SYSTEM_PRIVILEGE_MAP。

表 10-1 Oracle 提供的常用系统权限

系统权限	作　用
CREATE SESSION	允许用户连接到数据库
CREATE TABLE	允许用户建表
CREATE VIEW	允许用户建立视图
CREATE PUBLIC SYNONYM	允许用户建立同义词
CREATE SEQUENCE	允许用户建立序列
CREATE PROCEDURE	允许用户建立过程、函数和包
CREATE TRIGGER	允许用户建立触发器
CREATE CLUSTER	允许用户建立簇
CREATE TYPE	允许用户建立对象类型
CREATE DATABASE LLNK	允许用户建立数据库链

另外，Oracle 还提供了一类 ANY 系统权限，当用户具有该类系统权限时，可以在任何模式中执行相应操作。

系统权限可授权给用户或角色。一般情况下，系统权限只授予管理人员和应用开发人员，终端用户不需要这些相关功能。

（2）对象权限。访问其他模式对象（表、视图、序列、过程、函数和包）的权利，它用于控制用户对其他模式对象的访问。用户可以直接访问自己的模式对象，但如果要访问其他模式的对象，则必须要具有对象权限。表 10-2 列出了所有对象权限。

表 10-2　　Oracle 的对象权限

对象权限	表	视图	序列	过程、函数和包	权限描述
ALTER	✓		✓		允许用户修改表和序列
DELETE	✓	✓			允许用户删除表和视图中的数据
EXECUTE				✓	允许用户执行过程和函数
INDEX	✓				允许用户在表上创建索引
INSERT	✓	✓			允许用户向表或视图中插入记录
REFERENCES	✓				允许用户在表上创建外键
SELECT	✓	✓	✓		允许用户查询表、视图或序列的值
UPDATE	✓	✓			允许用户对表或视图进行更新

10.4.2　管理系统权限

建立数据库对象时，要求用户必须具有执行相应 DDL 命令（如 CREATE TABLE、CREATE VIEW、CREATE PROCEDURE 等）的系统权限。需要注意，在 Oracle 数据库中没有 CREATE INDEX、修改数据库对象（如 ALTER TABLE、ALTER VIEW、ALTER PROCEDURE 等）、删除数据库对象（如 DROP TABLE、DROP VIEW、DROP PROCEDURE 等）等系统权限。如果用户具有 CREATE TABLE 系统权限，就可以在相应表上建立索引；如果用户可以建立数据库对象，就自动可以修改和删除相应的数据库对象。

1. 授予系统权限

一般情况下，授予系统权限是由 DBA 完成的；如果要以其他用户身份授予系统权限，则要求该用户必须具有 GRANT ANY PRIVILEGE 系统权限，或在相应系统权限上具有 WITH ADMIN OPTION 选项。授予系统权限是使用 GRANT 命令完成的，在 GRANT 关键字之后指定系统权限的名称，然后在 TO 关键字之后指定接受权限的用户名，即可将系统权限授予指定的用户。语法如下。

```
GRANT 系统权限[, 系统权限, …]
TO {用户|角色|PUBLIC}[,{用户|角色|PUBLIC}]…
[WITH ADMIN OPTION];
```

如果指定多个系统权限，那么系统权限之间用逗号隔开；如果要指定多个用户或角色，它们之间也用逗号隔开。需要注意，系统权限不仅可以被授予用户和角色，也可以被授予用户组 PUBLIC，当将系统权限授予 PUBLIC 后，所有用户都具有该系统权限。另外，在授予系统权限时可以带有 WITH ADMIN OPTION 选项，带有该选项后，被授权的用户、角色还可以将相应的系统权限授予其他用户、角色。需要注意，系统权限 UNLLMITED TABLESPACE 不能被授予角色。

【例 10.11】 授予用户 tom 如下权限：CREATE USER，ALTER USER，DROP USER。

```
SQL>GRANT CREATE USER, ALTER USER, DROP USER TO tom WITH ADMIN OPTION;
```

因为具有 WITH ADMIN OPTION 选项，所以用户 tom 可以将这 3 个权限授予其他用户。

2. 撤销系统权限

权限的撤销是指取消用户拥有的系统权限或对象权限。使用 REVOKE 语句可以撤销已经授予用户（或角色）的系统权限、对象权限与角色，执行撤销权限操作的用户同时必须具有授予相同权限的能力。语法如下。

```
REVOKE 系统权限[, 系统权限, …]
```

```
FROM {用户|角色|PUBLIC}[,{用户|角色|PUBLIC}]…
```

【例 10.12】 撤销已经授予用户 tom 的 DROP USER 系统权限。

```
SQL>REVOKE DROP USER FROM tom;
```

3. 显示系统权限

（1）显示所有系统权限。通过查询数据字典视图 SYSTEM_PRIVILEGE_MAP，可以显示 Oracle 11g 的所有系统权限（包括 SYSDBA 和 SYSOPER）。

（2）显示用户或角色所具有的系统权限。当为用户或角色授予系统权限时，Oracle 会将它们所具有的系统权限存放到数据字典中。查询数据字典视图 DBA_SYS_PRIVS，可以了解所有用户或角色所具有的系统权限；查询数据字典视图 USER_SYS_PRIVS，可以了解当前用户所具有的系统权限。如果想了解当前会话可以使用的系统权限，可以查询 SESSION_PRIVS 数据字典视图。

10.4.3 管理对象权限

对象权限是指访问其他模式对象（表、视图、序列、过程、函数和包）的权利，它用于控制用户对其他模式对象的访问。

1. 授予对象权限

在 GRANT 关键字之后指定对象权限的名称，然后在 ON 关键字后指定对象名称，最后在 TO 关键字之后指定接受权限的用户名，即可将指定对象的对象权限授予指定的用户。语法如下。

```
GRANT ALL [PRIVILEGES] |对象权限[,对象权限, …] ON [模式名称.]对象名称
TO {用户|角色|PUBLIC}[,{用户|角色|PUBLIC}]…
[WITH GRANT OPTION] [WITH HIERARCHY OPTION];
```

在授予对象权限时，可以使用一次关键字 ALL 或 ALL PRIVILEGES 将某个对象的所有对象权限全部授予指定的用户。使用一条 GRANT 语句可以同时授予用户多个对象权限，各个权限名称之间用逗号分隔。有 3 类对象权限可以授予表或视图中的字段，它们分别是 INSERT、UPDATE 和 REFERENCES 对象权限。如果要指定多个用户或角色，它们之间用逗号隔开。另外，在授予对象权限时可以带有 WITH GRANT OPTION 选项，带有该选项后，被授权的用户还可以将相应对象权限授予其他用户，但不能够授予角色。

【例 10.13】 将 scott.emp 表的 SELECT 和 INSERT 以及 UPDATE 对象权限授予用户 tom。

```
SQL>GRANT SELECT, INSERT(EMPNO, ENAME), UPDATE(DEPTNO) ON scott.emp TO tom WITH GRANT
OPTION;
```

2. 撤销对象权限

撤销对象权限的语法如下。

```
REVOKE ALL [PRIVILEGES] |对象权限[,对象权限, …] ON [模式名称.]对象名称
FROM {用户|角色|PUBLIC}[,{用户|角色|PUBLIC}]…
[CASCADE CONSTRAINTS];
```

在撤销对象权限时，可以使用关键字 ALL 或 ALL PRIVILEGES 将某个对象的所有对象权限全部回收。撤销对象权限时需要注意，授权者只能从自己授权的用户那里撤销对象权限。撤销全体用户对象权限时，要求必须使用 PUBLIC 关键字为全体用户授过权限，否则不得使用 PUBLIC 关键字。CASCADE CONSTRAINTS 子句指定权限是否被级联撤销。

【例 10.14】 撤销已经授予用户 tom 对表 scott.emp 的 SELECT 和 UPDATE 对象权限。

```
SQL>REVOKE SELECT, UPDATE ON scott.emp FROM tom;
```

【例 10.15】 撤销已经授予用户 tom 对表 scott.emp 的所有对象权限。

```
SQL>REVOKE ALL ON scott.emp FROM tom;
```

3. 显示对象权限

如果想查看用户拥有的对象权限，可以查询 DBA_TAB_PRIVS 数据字典视图。该数据字典视图的结构如下。GRANTEE（拥有权限的用户或角色名）、OWNER（对象的拥有者）、TABLE_NAME（对象名）、GRANTOR（对象权限的授予者）、PRIVILEGE（对象权限）、GRANTABLE（对象权限是否可以被授予其他用户）、HIERARCHY（对象权限是否被授予了层次性）。

10.5 管理角色

Oracle 的权限类型多且复杂，这就为 DBA 有效地管理数据库权限带来了困难。另外，数据库的用户经常由几十个、几百个，甚至成千上万个。如果管理员为每个用户授予或者撤消相应的系统权限和对象权限，则这个工作量是非常庞大的。为简化权限管理，Oracle 提供了角色的概念。

10.5.1 角色的概念

角色是具有名称的一组相关权限的组合，即将不同的权限组合在一起就形成了角色。可以使用角色为用户授权，同样也可以从用户中回收角色。由于角色集合了多种权限，所以当为用户授予角色时，相当于为用户授予了多种权限。这样就避免了向用户逐一授权的繁琐，从而简化了用户权限的管理。数据库角色包含下列功能。

（1）一个角色可授予系统权限或对象权限。

（2）一个角色可授权给其他角色，但不能循环授权。

（3）任何角色可授权给任何数据库用户。

（4）授权给用户的每一角色可以是可用的或者不可用的。一个用户的安全域仅包含当前对该用户可用的全部角色的权限。

（5）一个间接授权角色对用户可显式地使其可用或不可用。

在一个数据库中，每一个角色名必须唯一。角色名与用户不同，角色不包含在任何模式中，所以建立角色的用户被删除时不影响该角色。

一般，建立角色服务有两个目的：为数据库应用系统管理权限和为用户组管理权限。相应的角色称为应用角色和用户角色。

应用角色是授予的运行数据库应用所需的全部权限。

用户角色是为具有公开权限需求的一组数据库用户而建立的。用户权限管理是受应用角色或权限授权给用户角色所控制，然后将用户角色授权给相应的用户。

Oracle 利用角色可更容易地进行权限管理。该方式具有下列优点。

（1）减少权限管理。不要显式地将同一权限组授权给几个用户，只需将这权限组授给角色，然后将角色授权给每一用户。

（2）动态权限管理。如果一组权限需要改变，只需修改角色的权限，所有授权给该角色的全部用户的安全域将自动地反映对角色所作的修改。

（3）权限的选择可用性。授权给用户的角色可选择地使其可用或不可用。

（4）应用可知性。当用户经用户名执行应用时，该数据库应用可查询数据字典，将自动地选择使角色可用或不可用。

（5）应用安全性。角色使用可由口令保护，应用可提供正确的口令使用角色，如不知其口令，不能使用角色。

10.5.2 预定义角色

系统预定义角色就是在安装数据库后，由系统自动创建的一些角色，这些角色已经由系统授予了相应的权限。管理员不再需要先创建预定义角色，就可以将它们授予用户。了解这些预定义的角色可以简化角色的创建工作，常见的预定义角色及其组成见表 10-3。

表 10-3 Oracle 预定义角色列表

角色名称	角色组成
CONNECT（是授予最终用户的最基本的权限）	CREATE SESSION：建立会话（用于连接数据库） CREATE TABLE：建立表 CREATE VIEW：建立视图 CREATE SYNONYM：建立同义词 CREATE SEQUENCE：建立序列 CREATE DATABASE LINK：建立数据库链接 CREATE CLUSTER：建立聚簇 ALTER SESSIDN：修改会话参数
RESOURCE（是授予开发人员的权限）	CREATE TABLE：建立表 CREATE PROCEDURE：建立 PL/SQL 程序单元 CREATE SEQUENCE：建立序列 CREATE TRIGGER：建立触发器 CREATE TYPE：建立类型 CREATE CLUSTER：建立聚簇 CREATE INDEXTYPE：建立索引类型 CREATE OPERATOR：建立操作符
DBA	包含大部分系统管理权限，主要用于数据库管理
SELECT_CATALOG_ROLE	表示查询数据字典的权限
EXECUTE_CATALOG_ROLE	表示从数据字典中执行部分过程和函数的权限
DELETE_CATALOG_ROLE	表示删除和重建数据字典的权限
EXP_FULL_DATABASE	用于执行数据库的导出操作的权限
IMP_FULL_DATABASE	用于执行数据库的导入操作的权限
RECOVERY_CATALOG_OWNER	为恢复目录所有者提供了系统权限

10.5.3 创建角色

当预定义的角色无法满足应用程序的权限定义需求时，可以通过创建自定义角色来满足 Oracle 安全性管理的需求。

在角色刚刚创建时，它并不具有任何权限，这时的角色是没有用处的。因此，在创建角色之后，通常会立即为它授予权限。角色不仅可以简化权限管理，还可以通过禁止或激活角色来控制权限的可用性。

使用 CREATE ROLE 语句可以创建一个新的角色，执行该语句的用户必须具有 CREATE ROLE 系统权限。创建角色的语法如下。

```
CREATE ROLE 角色名 [NOT IDENTIFIED | IDENTIFIED {BY | USING | EXTERNALLY | GLOBALLY}]
```

其中，NOT IDENTIFIED 指定不启用角色认证方式，IDENTIFIED 指定启用角色认证方式，BY 指定口令认证，USING 指定通过一个控制授权的包名称来启用或禁用角色，EXTERNALLY 允许进行操作系统或第三方级别的认证，GLOBALLY 允许通过企业目录服务进行认证。

【例 10.16】 创建一个名为 MyRole 的角色，并且为它授予一些对象权限和系统权限。

```
SQL>CREATE ROLE MyRole;
SQL>GRANT SELECT ON Student TO MyRole;
SQL>GRANT INSERT,UPDATE ON SC TO MyRole;
SQL>GRANT CREATE VIEW TO MyRole;
```

在创建角色时必须为角色命名，新建角色的名称不能与任何数据库用户或其他角色的名称相同。给角色授权使用前面介绍的 GRANT 语句。与用户类似，角色也需要进行认证。在执行 CREATE ROLE 语句创建角色时，默认使用 NOT IDENTIFIED 子句，即在激活和禁用角色时不需要进行认证。如果需要确保角色的安全性，可以在创建角色时使用 IDENTIFIED 子句来设置角色的认证方式。

【例 10.17】 创建一个名为 MyRolePWD 的角色，并采用口令认证的方式。

```
SQL>CREATE ROLE MyRolePWD  IDENTIFIED BY ustb2012;
```

当指定了认证方式后，在激活或修改角色时，需要提供口令信息，否则无法完成相应的功能。

10.5.4 授予角色

由于 Oracle 数据库的权限十分繁多且复杂，所以数据库管理员通常通过角色来管理权限，然后将角色授予用户，而不是直接向用户授予权限。通过使用角色，可以减少授权次数，实现动态的权限管理。

在向用户授予角色时，既可以向用户授予系统预定义的角色，也可以自己创建角色，然后再授予用户。在 GRANT 关键字之后指定角色的名称，然后在 TO 关键字之后指定用户名，即可将角色授予指定的用户。语法如下。

```
GRANT 角色名[, 角色名, …]
TO {用户|角色|PUBLIC}[,{用户|角色|PUBLIC}]…
[WITH ADMIN OPTION];
```

如果在向某个用户授予角色时使用了 WITH ADMIN OPTION 选项，该用户将具有如下权利。

（1）将这个角色授予其他用户，使用或不使用 WITH ADMIN OPTION 选项。

（2）从任何具有这个角色的用户那里回收该角色。

（3）删除或修改这个角色。

权限、角色不仅可以被授予用户，也可以被授予用户组（PUBLIC）。当将权限或角色授予 PUBLIC 之后，会使得所有用户都具有该权限或角色。

【例 10.18】 将 DBA 角色授予用户 tom。

```
SQL>GRANT DBA TO tom WITH ADMIN OPTION;
```

使用一条 GRANT 语句可以同时为用户授予系统权限和角色，但不能同时为用户授予对象权限和角色。

10.5.5 管理角色

当角色创建好并分配给用户后，在使用过程中可能需要对角色进行管理，本节将对这些管理性的功能进行介绍。

1. 修改角色

修改角色一般由 DBA 来实现，对于角色本身来说只是一个命名的对象，角色拥有的权限可以通过 GRANT 和 REVOKE 进行分配或撤销，修改角色主要的工作就是更改角色的身份信息。具有 ALTER ANY ROLE 系统权限或者是在角色上具有 WITH ADMIN OPTION 的用户都可以修改角色信息。

使用 ALTER ROLE 语句可以修改角色的口令或认证方式。

【例 10.19】 修改 MyRolePWD 角色的口令。

```
SQL>ALTER ROLE MyRolePWD IDENTIFIED BY ustb;
```

2. 指定用户的默认角色

用户的默认角色是指用户登录到数据库时由 Oracle 自动启用的一种角色。当某一角色成为默认角色后，用户只要一登录数据库，就可以使用该角色进行权限控制。默认角色可以由具有 ALTER USER 权限的用户或者是 DBA 来进行设置，使用 ALTER USER 设置默认角色的语法如下。

```
ATLER USER 用户名 DEFAULT ROLE
[角色名[,角色名,…] | ALL [EXCEPT 角色名[,角色名,…]] | NONE]
```

其中，DEFAULT ROLE 表示默认角色，使用关键字 ALL 可以设置该用户的所有角色，EXCEPT 则可以使某角色以外的其他所有角色生效，NONE 表示不指定默认角色，使得所有角色失效。设置默认角色必须确保这些角色已经分配给了用户。

【例 10.20】 为用户 scott 设置 MyRole 角色，同时设置用户 tom 的所有默认角色失效。

```
SQL>ATLER USER scott DEFAULT ROLE MyRole;
SQL>ATLER USER tom DEFAULT ROLE NONE;
```

3. 启用和禁用角色

可以为数据库用户的会话启用或禁用角色。如果数据库管理员没有为用户撤销所有的默认角色，则该用户的会话将启用所有已经授予的角色。之所以需要启用或禁用角色，是因为当一个用户具有多个角色时，可以有选择地启用或禁用角色。可以通过查询 SESSION_ROLES 数据字典视图，查看当前数据库会话启用了哪些角色。

如果要为当前数据库会话禁用或启用数据库角色，可以使用 SET ROLE 语句。语法如下。

```
SET ROLE 角色名[IDENTIFIED BY 口令][,角色名[IDENTIFIED BY 口令],…] | ALL [EXCEPT 角色名
[,角色名,…]] | NONE
```

其中，使用带 ALL 选项的 SET ROLE 语句时，将启用用户被授予的所有角色，使用 ALL 选项有一个前提条件，即该用户的所有角色不得设置口令。EXCEPT 表示除指定的角色外，启用其他所有角色。NONE 表示使用户的所有角色被禁用。

【例 10.21】 为用户 tom 的当前数据库会话启用 MyRole 角色。

```
SQL>CONN tom/ustb2012
SQL>SET ROLE MyRole;
```

【例 10.22】 为用户 tom 的当前数据库会话禁用所有角色，则该用户的会话将失去所有权限。

```
SQL>SET ROLE NONE;
```

4. 撤消角色

如果某用户的某个角色不再需要，就可以将其撤消。撤消角色的语法如下。

```
REVOKE 角色名 FROM {用户|角色|PUBLIC}
```

【例 10.23】 撤消已经授予用户 tom 的 DBA 角色。

```
SQL>REVOKE DBA FROM tom;
```

5. 删除角色

如果不再需要某个角色或者角色的设置不合理，就需要删除角色。删除角色可以使用语句 DROP ROLE。角色被删除后，使用该角色的用户的权限也同时被回收。

【例 10.24】 删除 MyRole 角色。

```
SQL>DROP ROLE MyRole;
```

10.5.6　查看角色

角色一旦创建，Oracle 会将角色信息存放到数据字典中，同时，为角色分配权限或者是将角色分配给用户时，这些信息也会存放到数据字典的相应表当中。通过查询数据字典视图，可以了解与角色相关的信息，与角色相关的数据字典视图见表 10-4。

表 10-4　　与角色相关的 Oracle 数据字典视图

数据字典视图名称	视图描述
DBA_ROLES	显示当前数据库所包含的所有角色
DBA_ROLE_PRIVS	显示用户或角色所具有的角色信息
ROLE_ROLE_PRIVS	显示角色所具有的其他角色的信息
USER_ROLE_PRIVS	显示当前用户所具有的角色信息
ROLE_SYS_PRIVS	显示角色所具有的系统权限
DBA_SYS_PRIVS	显示用户或角色所具有的系统权限
DBA_TAB_PRIVS	显示用户或角色所具有的对象权限
ROLE_TAB_PRIVS	显示角色所具有的对象权限
SESSION_ROLES	显示当前会话所包含的角色信息

本章知识点小结

本章介绍了在 Oracle 中实现安全性管理的用户、权限和角色三大要素。在用户管理部分，介绍了用户和模式之间的关系，说明了如何使用 SQL 语句创建、修改、删除和查询用户以及用户配置文件管理。在权限管理部分讨论了权限的分类，介绍了如何使用 SQL 语句为用户或角色分配与撤销权限，如何通过数据字典视图查看权限信息。角色管理部分介绍了 Oracle 角色的组成关系，以及创建、分配、管理和查看角色的方法。

习　　题

1. 简述模式与用户之间的区别与联系。
2. 权限与角色具有什么关系？
3. 试述实现数据库安全性控制的常用方法和技术？
4. Oracle 中权限的分类标准是什么？各分类分别是什么？

5. 用 SQL 语言完成以下各项操作。

（1）创建一个用户 Mary，其口令是 ustb2012，默认的表空间是 users，零时表空间是 temp，并授予其 CREATE SESSION 系统权限。

（2）将 Mary 用户的 users 表空间的配额修改为 100M。

（3）为用户 Mary 创建一个用户配置文件，口令策略及资源限制如下。每 50 天修改一次登录口令，用户账户尝试登录 5 次均失败后锁定该用户账户，使用 VERIFY_FUNCTION_11G 函数对用户口令进行验证，最多只能建立 5 个数据库会话，每个会话持续连接到数据库的最长时间为 5 小时，保持 30 分钟的空闲会话被自动断开，会话中每条 SQL 语句最多只能读取 1000 个数据块，会话中每条 SQL 语句最多占用 100 个单位的 CPU 时间。

（4）把对 Student 表的 INSERT 权限授予用户 Mary，并允许她再将此权限授予其他用户。

（5）把查询 Student 表和修改 StuName 属性的权限授予用户 Mary。

（6）创建一个名为 MyRole 的角色，并且为它授予对象权限（对 Course 表的 INSERT、UPDATE 和 SELECT 权限）和系统权限（CREATE TABLE）。

（7）将 DBA 和 MyRole 角色授予用户 Mary。

（8）撤消授予用户 Mary 的 MyRole 角色。

第 11 章 数据库的安全保护

随着信息化技术的飞速发展，作为信息基础的各种数据库的使用也越来越广泛。几乎各行各业都经历了管理信息系统（MIS）、办公自动化（OA）、企业资源规划（ERP）以及各种业务系统阶段，这些数据目前已经成为企业或国家的无形资产，所以需要保证数据库及整个系统安全和正常地运转，这就需要考虑数据库的安全保护问题。

数据库安全保护的主要目的是防止非法用户对数据库进行非法操作，实现数据库的安全性；防止不合法数据进入数据库，实现数据库的完整性；防止并发操作产生的事务不一致性，进行并发控制；防止计算机系统硬件故障、软件错误、操作错误等所造成的数据丢失，采取必要的数据备份和恢复措施，并能从错误状态恢复到正确状态。

本章从 DBMS 的角度讲述数据库管理的原理和方法，主要介绍数据库的安全性、数据完整性、并发控制和数据库恢复技术 4 个方面的内容，并以 Oracle 11g 为例进行具体说明。

【本章要点】

- 数据库安全性控制的方法和原理
- Oracle 系统的安全措施
- 数据库的完整性控制原理
- Oracle 系统的完整性约束
- 并发控制的原理和方法
- Oracle 系统的并发控制技术
- 数据库的备份与恢复技术
- Oracle 系统的备份与恢复技术

11.1 数据库的安全性

11.1.1 数据库安全性概述

数据库的安全性是指保护数据库，以防止非法使用所造成数据的泄露、更改或破坏。在数据库系统中大量数据集中存放，并为许多用户直接共享，数据库的安全性相对于其他系统尤其重要。实现数据库的安全性是数据库管理系统的重要指标之一。

影响数据库安全性的因素很多，不仅有软硬件因素，还有环境和人的因素；不仅涉及技术问题，还涉及管理问题、政策法律问题等。其内容包括计算机安全理论、策略、技术，计算机安全管理、评价、监督，计算机安全犯罪、侦察、法律等。概括起来，计算机系统的安全性问题可分为 3 大类，即技术安全类、管理安全类和政策法律类。其中，技术安全类是指系统采用具有一定安全性的硬件、软件来实现对计算机系统及其所存数据的安全保护，使计算机系统受到无意或恶意攻击时仍然能保证正常的运行。管理安全类是指硬件意外故障、场地的意外事故、管理不善等导致的计算机设备和数据介质的物理破坏、丢失等安全问题。政策法律类是指政府部门建立的有关计算机犯罪、数据安全保密的法律道德准则和政策法规、法令。本书只在技术层面介绍数据库的安全性。

11.1.2 数据库安全性控制的方法和原理

安全性控制是指尽可能地杜绝所有可能的数据库非法访问。为了防止对数据库的非法访问，数据库的安全措施是一级一级层层设置的。其安全控制模型如图 11-1 所示。

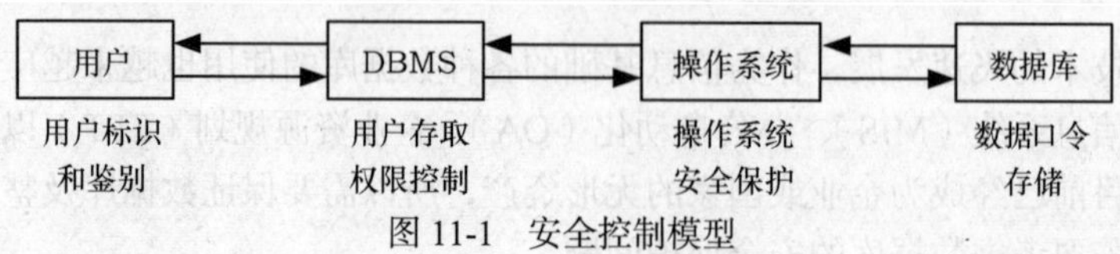

图 11-1 安全控制模型

由图 11-1 的安全控制模型可知，当用户进入计算机系统时，系统首先根据输入的用户标识进行身份的鉴别，只有合法的用户才允许进入系统。对已进入系统的用户，DBMS 还要进行存取控制，只允许进行合法的操作。DBMS 是建立在操作系统之上的，安全的操作系统是数据库安全的前提。操作系统应能保证数据库中的数据必须由 DBMS 访问，而不允许用户越过 DBMS，直接通过操作系统或其他方式访问。数据最后可以通过口令的形式存储到数据库中，能使非法访问者即使得到了加密数据，也无法识别它的安全效果。下面分别进行介绍。

1. 用户标识和鉴别

用户标识（Identification）和鉴别（Authentication）是数据库系统提供的最外层安全保护措施。其方法是由系统提供一定的方式让用户标识自己的身份，每次用户要求进入时，系统通过鉴别后才提供系统使用权。

用户标识的鉴别方法有多种途径，可以委托操作系统进行鉴别，也可以委托专门的全局验证服务器进行鉴别。一般数据库管理系统提供了用户标识和鉴别机制，常用的方法有以下几种。

（1）用户标识。用一个用户名（User Name）来标明用户身份。系统内部记录着所有合法用户的标识，系统鉴别此用户是否合法，若是，则进入口令的核实；若不是，则不能使用系统。

（2）口令。口令（Password）是为了进一步鉴别用户，为保密起见，用户在终端上输入的口令不显示在屏幕上。

（3）通过用户名和口令来鉴定用户的方法简单易行，但用户名与口令容易被人窃取，因此还可以用更复杂的方法。例如每个用户都预先约定好一个计算过程或者函数，鉴别用户身份时，系统提供一个随机数，用户根据自己预先约定的计算过程或者函数进行计算，系统根据用户计算结果是否正确进一步鉴定用户身份。用户可以约定比较简单的计算过程或函数，以便计算起来方便，例如，让用户记住函数 $2x+3y$，当鉴别用户身份时，系统随机告诉用户 x=3，y=5，如果用户回答 21，那就证实了用户身份；也可以约定比较复杂的计算过程或函数，以便安全性更好。

此外，还可以使用磁卡或 IC 卡，但系统必须有阅读磁卡或 IC 卡的装置。还可以使用签名、指纹、声波纹等用户特征来鉴别用户身份。

2. 存取控制

数据库安全性所关心的主要是 DBMS 的存取控制机制。数据库安全最重要的一点就是确保只有授权用户访问数据库，同时令所有未被授权的人员无法接近数据，这主要通过 DBMS 的存取控制机制实现。

DBMS 的存取控制机制主要包括两个部分：用户权限定义和合法权限检查。

（1）用户权限定义。用户权限是指不同的用户对于不同的数据对象允许执行的操作权限。某个用户应该具有何种权限是个管理问题和政策问题而不是技术问题，DBMS 的功能是保证这些权限的执行。DBMS 必须提供适当的语言来定义用户权限，这些定义经过编译后存放在数据字典中，被称为安全规则或授权规则。

用户权限是由 4 个要素组成：权限授出用户（Grantor）、权限接受用户（Grantee）、操作数据对象（Object）、操作权限（Operate）。定义一个用户的存取权限就是权限授出用户定义权限接受用户可以在哪些数据对象上进行哪些类型的操作。在 DBMS 中，定义存取权限称为授权（Authorization）。

数据对象的创建者、拥有者和超级用户（DBA）自动拥有数据对象的所有操作权限，包括权限授出的权限；接受权限用户可以是系统中标识的任何用户；数据对象不仅有表和属性列等数据本身，还有模式、外模式、内模式等数据字典中的内容，常见的数据对象有基本表（TABLE）、视图（VIEW）、存储过程（PROCEDURE）等；操作权限有建立（CREATE）、增加（INSERT）、修改（UPDATE/ALTER）、删除（DELETE/DROP）、查询（SELECT）以及这些权限的总和（ALL PRIVILEGES），详细内容参见第 10 章。

（2）合法权限检查。每当用户发出存取数据库的操作请求后，DBMS 查找数据字典，根据安全规则进行合法权限检查，若用户的操作请求超出了定义的权限，系统将拒绝执行此操作。

用户权限定义和合法权限检查一起组成了 DBMS 的安全子系统，支持自主存取控制（Discretionary Access Control，DAC）和强制存取控制（Mandatory Access Control，MAC）。

（1）自主存取控制。用户对不同的数据对象有不同的存取权限，不同的用户对同一对象也有不同的权限，而且用户还可将自己拥有的存取权限转授于其他用户。

自主存取控制能够通过授权机制有效地控制其他用户对敏感数据的存取。但是由于用户对数据的存取权限是“自主”的，因此用户可以自由地决定将数据的存取权限授予其他用户。在这种授权机制下，仍可能存在数据的“无意泄露”。如用户 user1 将数据对象权限授予用户 user2，user1 的意图是只允许 user2 操纵其这些数据，但是 user2 可以在 user1 不知情的情况下进行数据备份并进行传播。出现这种问题的原因是，这种机制仅仅通过限制存取权限进行安全控制，而没有对数据本身进行安全标识。解决这一问题需要对所有数据进行强制存取控制。

目前 Oracle 也对自主存取控制提供支持，主要是通过第 10 章已经介绍过的 GRANT 语句和 REVOKE 语句来实现，包括角色的创建和删除、用户授权和权限撤销。

（2）强制存取控制。每一个数据对象被标以一定的密级（如绝密、机密、可信、公开等），每一个用户也被授予某一个级别的许可证。对于任意一个对象，只有具有合法许可证的用户才可以存取。所谓强制存取控制是指系统为保证更高程度的安全性所采取的强制存取检查手段，它不是用户能直接感知或进行控制的。强制存取控制适用于那些对数据有严格而固定密级分类的部门，例如军事部门或政府部门。

强制存取控制是对数据本身进行密级标记，无论数据如何复制，标记与数据都是一个不可分的整体，只有符合密级标记要求的用户才可以操纵数据，从而提供了更高级别的安全性。

3. 数据加密

在有些系统中，为了保护数据本身的安全性，采用了数据加密技术，对高度敏感数据进行保护。数据加密是防止数据库中数据在存储和传输中失密的有效手段。加密的基本思想是根据一定的算法将原始数据（明文）变换为不可直接识别的格式（密文），从而使得不知道解密算法的人即使获取了密文也无法获知原文。加密的方法有两种：替换方法（使用密匙）和置换方法（按不同的顺序从新排列）。数据加密与解密是比较费时的，且会占用较多的系统资源，因此 DBMS 往往都将其作为可选特征，允许 DBA 根据应用对安全性的要求来自由选择，只对高度机密的数据如财务数据、军事数据、国家机密等数据进行加密。

4. 审计管理

前面介绍的各种数据库安全控制措施，都可将用户操作限制在规定的安全范围内。但实际上任何系统的安全保护措施都不是完美无缺的，蓄意盗窃、破坏数据的人总是想方设法打破这些控制。因此对于某些高度敏感的保密数据，必须以审计作为预防手段。

审计功能把用户对数据库的所有操作自动记录下来，存放在审计日志中。DBA 可以利用审计跟踪的信息，重现导致数据库现有状况的一系列事件，找出非法存取数据的人、时间和内容等。

审计通常是很费时间和空间的，所以 DBMS 往往都将其作为可选特征，允许 DBA 根据应用对安全性的要求，灵活地打开或关闭审计功能。审计功能一般主要用于安全性要求较高的部门。

11.1.3 Oracle 系统的安全措施

Oracle 11g 作为大型分布式的网络数据库系统，在数据库系统中存放有大量为许多用户共享的数据，其安全性问题更为突出。为此，Oracle 提供了安全特性，能够控制用户对数据库访问和使用，例如，安全机制能够防止未经授权的访问；防止用户未经授权对模式对象进行访问；审计用户操作。同时，Oracle 11g 数据库提供了丰富的安全性新功能，如区分大小写的口令、透明表空间加密以及适用于 UTL_TCP/HTTP/SMTP 的访问控制列表。

1. Oracle 11g 的安全性体系

Oracle 11g 的安全性体系包括以下几个层次。

（1）物理层的安全性。数据库所在节点必须在物理上得到可靠的保护。

（2）用户层的安全性。哪些用户可以使用数据库，使用数据库的哪些对象，用户具有什么样的权限等。

（3）操作系统的安全性。数据库所在主机的操作系统的弱点将可能提供恶意攻击数据库的入口。

（4）网络层的安全性。Oracle 11g 主要是面向网络提供服务，因此，网络软件的安全性和网络数据传输的安全性是至关重要的。

（5）数据库系统层的安全性。通过对用户授予特定的访问数据库对象的权利的办法来确保数据库系统的安全。Oracle 11g 包括角色、系统权限、对象权限和配置文件等内容，通常所说的 Oracle 11g 的安全性就是指数据库系统层的安全性。

2. Oracle 11g 的安全性机制

Oracle 11g 数据库系统层的安全机制可以分为两种：系统安全机制和数据安全机制。

系统安全性机制是指在系统级控制数据库的存取和使用的机制，Oracle 11g 提供的系统安全性机制的作用包括以下几个方面。合法的用户名/口令；用户模式对象可用的磁盘空间；限制用户使用的资源。系统安全机制检查连接到数据库的用户是否经过授权，以及用户能够执行什么样的系统操作。

数据安全机制包括在模式对象层控制对数据库的访问和使用，例如，数据安全包括：什么用户能够对模式对象执行特定的操作；是否对模式对象操作进行审计；是否对数据进行加密，防止未经授权的用户访问 Oracle 数据。

Oracle 通过集中不同的方式管理安全：使用网络、数据库和应用验证实体的身份；验证进程，限制访问和操作；对象的访问控制；安全策略；数据库审计。

Oracle 11g 数据库系统层的安全措施请参考第 10 章。

11.2　数据库的完整性控制

11.2.1　数据库完整性概述

数据库的完整性是指数据的正确性和相容性。与数据库的安全性不同，数据库的完整性是为了防止错误数据的输入,而安全性是为了防止非法用户和非法操作。维护数据库的完整性是 DBMS 的基本要求。

为了维护数据库的完整性，DBMS 必须提供一种机制来检查数据库中的数据是否满足语义约束条件。这些加在数据库数据之上的语义约束条件称为数据库的完整性约束条件。DBMS 检查数据是否满足完整性约束条件的机制称为完整性检查。

11.2.2　完整性约束条件

完整性约束条件作用对象可以是关系、元组、列。其中列约束主要是列的数据类型、取值范围、精度、是否为空等；元组约束是元组之间列的约束关系；关系约束是指关系中元组之间以及关系和关系之间的约束。

完整性约束条件涉及的这 3 类对象，其状态可以是静态的，也可以是动态的。所谓静态约束是指数据库每一确定状态时的数据对象所应满足的约束条件,它是反映数据库状态合理性的约束，这是最重要的一类完整性约束。动态约束是指数据库从一种状态转变为另一种状态时新、旧值之间所应满足的约束条件，它是反映数据库状态变迁的约束。

综合静态和动态约束两个方面，可以将完整性约束条件分为 6 类。

1. 静态列约束

静态列约束是对一个列的取值域的说明，这是最常用也最容易实现的一类完整性约束，主要有以下几个方面。

（1）对数据类型的约束，包括数据的类型、长度、单位、精度等。例如，“姓名”类型为字符型，长度为 16。“体重”单位为公斤（kg），类型为数值型，长度为 24 位，精度为小数点后两位。

（2）对数据格式的约束。例如，“出生日期”的格式为“YYYY-MM-DD”。“学号”的格式共 8 位，41050002 第 1 位表示学生是本国学生还是留学生，接下来两位表示表示入学年份，第 4 位为院系编号，后面 4 位是顺序编号。

（3）对取值范围或取值集合的约束。例如，学生“成绩”的取值范围为 0～100，“性别”的取值集合为[男，女]。

（4）对空值的约束。空值表示未定义或未知的值，与零值和空格不同，可以设置列不能为空值，例如，“学号”不能为空值，而“成绩”可以为空值。

2. 静态元组约束

一个元组是由若干个列值组成的，静态元组约束就是规定元组的各个列之间的约束关系。例如，定货关系中包含发货量、定货量，规定发货量不得大于定货量。

3. 静态关系约束

在一个关系的各个元组之间或者若干关系之间常常存在各种联系或约束。常见的静态关系约束有实体完整性约束、参照完整性约束、域完整性约束和用户定义完整性。

4. 动态列约束

动态列约束是修改列定义或列值时应满足的约束条件，包括以下两个方面。

（1）修改列定义时的约束。例如，将允许空值的列改为不允许空值时，如果该列目前已存在空值，则拒绝这种修改。

（2）修改列值时的约束。修改列值有时需要参照其旧值，并且新旧值之间需要满足某种约束条件。例如，学生年龄只能增加。

5. 动态元组约束

动态元组约束是指修改元组的值时，元组中各个字段间需要满足某种约束条件。例如，职工工资调整时新工资不得低于原工资+工龄工资×1.5。

6. 动态关系约束

动态关系约束是加在关系变化前后状态上的限制条件，例如事务一致性、原子性等约束条件。

11.2.3 完整性控制

DBMS 的完整性控制机制应具有 3 个方面的功能。

（1）定义功能。提供定义完整性约束条件的机制。

（2）检查功能。检查用户发出的操作请求是否违背了完整性约束条件。

（3）保护功能。如果发现用户的操作请求使数据违背了完整性约束条件，则采取一定的动作来保证数据的完整性。

完整性约束条件包括 6 大类，约束条件可能非常简单，也可能极为复杂。一个完善的完整性控制机制应该允许用户定义所有这 6 类完整性约束条件。

目前 DBMS 系统中，提供了定义和检查实体完整性、参照完整性和用户定义完整性的功能。对于违反实体完整性和用户定义完整性的操作，一般拒绝执行，而对于违反参照完整性的操作，不是简单的拒绝，而是根据语义执行一些附加操作，以保证数据库的正确性。

11.2.4 Oracle 系统的完整性约束

在 Oracle 11g 系统中，提供了多种机制来实现数据库的完整性，主要有以下 3 种。

（1）域完整性。域完整性是对数据表中字段属性的约束，包括字段的值域、字段的类型及字段的有效规则等约束，是由确定关系结构时所定义的字段的属性决定的。

（2）实体完整性。实体完整性即指关系中的主属性值不能为 NULL 且不能有相同值。实体完整性是对关系中的记录唯一性，也就是主键的约束。

（3）参照完整性。参照完整性指关系中的外键必须是另一个关系的主键有效值，或是 NULL。参照完整性是对关系数据库中建立关联关系的数据表间数据参照引用的约束，也就是对外键的约束。

1. 域完整性

域完整性指列的值域的完整性，保证表中数据列取值的合理性，如数据类型、格式、值域范围、是否允许空值等。域完整性限制了某些属性中出现的值，把属性限制在一个有限的集合中。如果属性类型是整数，那么它就不能是 0.5 或任何非整数。

在 Oracle 中，域完整性主要通过如下 3 种约束来实现：NOT NULL（非空）约束；UNIQUE（唯一性）约束；CHECK 约束。

（1）NOT NULL（非空）约束。NOT NULL 约束应用在单一的数据列上，保护该列必须要有数据值。缺省状况下，Oracle 允许任何列都可以有 NULL 值。主键必须有 NOT NULL 约束。设置 NOT NULL 约束可以使用 CREATE TABLE 语句在创建表时定义约束。示例如下。

```
CREATE TABLE student(
    id NUMBER(8) NOT NULL,
    name VARCHAR2(64) NOT NULL,
```

```
    age NUMBER(3),
    sex CHAR(4));
```

如果创建表时没有 NOT NULL 约束，可以使用 ALTER TABLE 语句在修改表时添加约束。在修改时，如果原有数据中有 NULL 值，将拒绝执行，需先对数据进行处理。如增加 student 表中 sex 列的 NOT NULL 约束。

```
ALTER TABLE student MODIFY sex NOT NULL;
```

同理，可以使用 ALTER TABLE MODIFY 语句删除 NOT NULL 约束。如删除已经创建的 student 表中 sex 列的 NOT NULL 约束。

```
ALTER TABLE student MODIFY sex NULL;
```

（2）UNIQUE（唯一性）约束。使用 UNIQUE 约束确保在非主键列中不输入重复值。对于 UNIQUE 约束中的列，表中不允许有两行包含相同的非空值。唯一性约束与主键不同的是，唯一性约束可以为 NULL（是指没有 NOT NULL 约束的情况下），一个表可以有多个唯一性约束，而主键只能有一个。可以使用 CREATE TABLE 语句在创建表时定义 UNIQUE 约束。示例如下。

```
CREATE TABLE student(
    id NUMBER(8) NOT NULL,
    name VARCHAR2(64) UNIQUE,
    age NUMBER(3),
    sex CHAR(4));
```

如果创建表时没有定义 UNIQUE 约束，则可以使用 ALTER TABLE 语句为已经创建的表重新定义 UNIQUE 约束。例如，下面的语句为已经创建的 student 表添加 UNIQUE 约束。

```
ALTER TABLE student ADD CONSTRAINT stu_uk UNIQUE(name);
```

同理，可以使用 ALTER TABLE 语句删除 UNIQUE 约束，例如，下面的语句删除已经创建的 student 表上的 UNIQUE 约束。

```
ALTER TABLE student DROP CONSTRAINT stu_uk;
```

（3）CHECK 约束。CHECK 约束设置一个特殊的布尔条件，只有使布尔条件为 TRUE 的数据才接受。CHECK 约束用于增强表中数据的简单业务规则。用户使用 CHECK 约束保证数据规则的一致性。如果用户的业务规则需要复杂的数据检查，那么可以使用触发器。单一数据列可以有多个 CHECK 约束保护，一个 CHECK 约束可以保护多个数据列。当 CHECK 约束保护多个数据列时，必须使用表约束语法。可用 CREATE TABLE 语句在定义表时设置 CHECK 约束，示例如下。

```
CREATE TABLE student(
    id NUMBER(8) NOT NULL,
    name VARCHAR2(64) NOT NULL,
    age NUMBER(3),
    sex CHAR(4)
    CONSTRAINT age_ck CHECK (age >18));
```

如果 CHECK 只对一列进行约束，可以作为列约束直接写在列后面。

```
age NUMBER(3) CHECK (age>18),
```

ALTER TABLE 语句可以增加或修改 CHECK 约束。如在 student 表中增加性别 sex 约束。

```
ALTER TABLE student ADD CONSTRAINT sex_ck CHECK (sex in('男', '女' ));
```

2. 实体完整性

实体完整性约束就是定义主键，并设置主键不为空（NOT NULL）。

定义主键可以使用 CREATE TABLE 语句，在建立表时定义。如果创建表时没有设置主键，可以使用 ALTER TABLE 语句增加主键，在增加主键时，如果原有数据中设置主键的列不符合主键约束条件（NOT NULL 和唯一性），拒绝执行，要先对数据进行处理。创建表时定义主键如下。

```
CREATE TABLE student(
    id NUMBER(8) NOT NULL,
    name VARCHAR2(64) NOT NULL,
```

```
    sex CHAR(4),
    age NUMBER(3),
    address VARCHAR2(256) NULL,
CONSTRAINT [PK_student] PRIMARY KEY (id));
```

首先定义 id 不为空 NOT NULL，使用关键字 PRIMARY KEY 定义 id 为主键，其约束名为 PK_student，Oracle 根据主键自动建立索引，索引名为 PK_student。当主键由一个字段组成时，可以直接在字段后面定义主键，称为列约束。

```
id NUMBER(8) PRIMARY KEY,
```

使用 ALTER TABLE 增加主键定义示例如下。假设在创建 student 关系时已经定义了学号 id int NOT NULL，但没有定义主键，则可以使用下面操作增加主键。

```
ALTER TABLE student ADD CONSTRAINT PK_student PRIMARY KEY(id);
```

3. 参照完整性

参照完整性定义了外键与主键之间的引用规则。引用完整性规则的内容是，如果属性（或属性组）*F* 是关系 *R* 的外键，它与关系 *S* 主键 *K* 相对应，则对于关系 *R* 中每个元组在属性（或属性组）*F* 上的值必须取空值，或者等于 *S* 中某个元组的主键的值。参照完整性就是定义好被参照关系及其主键后，在参照关系中定义外键。使用 FOREIGN KEY 定义参照完整性的语法如下。

```
CONSTRAINT 约束名 FOREIN KEY (column [,...])
    REFERENCES ref_table(ref_column [,...])
    [ ON DELETE {CASCADE | NO ACTION }]
    [ ON UPDATE {CASCADE | NO ACTION }]
```

其中，FOREIN KEY(column [,...]）为外键，如果是单个字段，可作为列约束，省略限制名。REFERENCES ref_table(ref_column [,...]）为被参照关系及字段。ON DELETE {CASCADE | NO ACTION}定义删除行为，CASCADE 为级联删除，NO ACTION 为不允许删除。ON UPDATE {CASCADE | NO ACTION}定义更新行为，CASCADE 为级联更新，NO ACTION 为不允许更新。

4. 使用存储过程检查数据完整性

存储过程是由流控制和 SQL 语句书写的过程，这个过程经编译和优化后存储在数据库服务器中，应用程序使用时只要调用即可。存储过程具有很强的灵活性，可以完成复杂的判断和较复杂的运算，因此可以通过建立存储过程来实现数据的完整性。

5. 使用触发器检查数据完整性

使用存储过程来检查数据的完整性，需要调用存储过程才可以实施完整性检查。如果在应用程序中有多个地方要对表中的数据进行操作，那么在每次对表中的数据进行操作后都要调用存储过程来判断，代码的重复量很大。而触发器则不同，它可以在特定的事件触发下自动执行，如当有新的数据插入时或数据被修改时。

触发器是一种特殊的存储过程，该过程在插入、修改和删除等操作事前或事后由数据库系统自动执行。触发器是使用 PL/SQL、Java 或者 C 语言编写的过程，能够在表或者视图修改的时候触发执行。触发器能够用于维护数据的完整性，例如，通过数据库中相关的表层叠更改；禁止或回滚违反引用完整性的更改，从而取消所尝试的数据修改事务；实现比 CHECK 约束定义的限制更为复杂的限制；找到数据修改前后表状态的差异，并基于此差异采取行动。

11.3 数据库的并发性控制

数据库的并发控制和恢复技术与事务密切相关，事务是并发控制和恢复的基本单位。本节先介绍事务的基本概念，然后介绍并发控制，在下一节介绍恢复技术。

11.3.1 事务

1. 事务的概念

从用户观点看，对数据库的某些操作应是一个整体，也就是一个独立的工作单元，不能分割。如银行转账操作，从 A 账号转入 1000 元资金到 B 账号，对客户而言，电子银行转账是一个独立的操作，而对于数据库系统而言，包括从 A 账号取出 1000 元和将 1000 元存入 B 账号两个操作，如果从 A 账号取出 1000 元成功而 B 账号存入 1000 元失败，或者从 A 账号取出 1000 元失败而 B 账号存入 1000 成功，即只要其中一个操作失败，转账操作即失败。这些操作要么全都发生，要么由于出错而全不发生。保证这一点非常重要，我们决不允许发生下面的事情，在账号 A 透支情况下继续转账；或者从账号 A 转出 1000 元，而不知去向未能转入账号 B 中。

事务（Transaction）是用户定义的一个数据库操作序列，要么执行全部操作，要么一个操作都不执行，是一个不可分割的工作单元。一个事务由应用程序中的一组操作序列组成，在关系型数据库中，它可以是一条 SQL 语句、一组 SQL 语句或一个程序段。事务是这样一种机制，它确保多个 SQL 语句被当作单个工作单元来处理。

在 SQL 语言中，事务控制的语句有 BEGIN TRANSACTION、COMMIT、ROLLBACK。如果用户没有指明事务的开始和结束，DBMS 将按缺省规定自动划分事务。用户以 BEGIN TRANSACTION 开始事务，以 COMMIT 或 ROLLBACK 结束事务。COMMIT 表示提交事务，用于正常结束事务。ROLLBACK 表示回滚，在事务执行过程中发生故障，事务不能继续时，撤消事务中所有已完成的操作，回到事务开始的状态。

2. 事务的性质

事务具有 4 个特性：原子性（Atomicity）、一致性（Consistency）、隔离性（Isolation）和持续性（Durability），简称为 ACID 特性。

（1）原子性。事务是数据库的逻辑工作单位，是不可分割的工作单元。事务中包括的所有操作要么都做，要么都不做。

（2）一致性。事务执行的结果必须是使数据库从一个一致状态变到另一个一致状态。因此当数据库只包含成功事务提交的结果时，就说数据库处于一致状态。如果数据库系统运行中发生故障，有些事务尚未完成就被迫中断，系统将事务中对数据库的所有已完成的操作全部撤消，回滚到事务开始时的一致状态。

（3）隔离性。一个事务的执行不能被其他事务干扰。即一个事务内部的操作及使用的数据对其他并发事务是隔离的，并发执行的各个事务之间不能互相干扰。

（4）持续性。指一个事务一旦提交，它对数据库中数据的更新就应该是永久性的。接下来的其他操作或故障不应该对其执行结果有任何影响。

保证事务 ACID 特性是事务处理的重要任务。事务 ACID 特性可能遭到破坏的因素有，多个事务并行运行时，不同事务的操作交叉执行；事务在运行过程中被强行停止。

在第一种情况下，数据库管理系统必须保证多个事务的交叉运行不影响这些事务的原子性；在第二种情况下，数据库管理系统必须保证被强行终止的事务对数据库和其他事务没有任何影响。这些就是数据库管理系统中并发控制和恢复机制的任务。

11.3.2 并发控制的原理和方法

多用户数据库系统中，运行的事务很多。事务可以一个一个地串行执行，即每个时刻只有一个事务运行，其他事务必须等待这个事务结束后才能运行，则称这种执行方式为串行执行，如图 11-2（a）所示，这样可以有效保证数据的一致性。事务在执行过程中需要不同的资源，有时需要

CPU，有时需要存取数据库，有时需要 I/O，有时需要通信，但是串行执行方式使许多系统资源处于空闲状态，为了充分利用系统资源，发挥数据库共享资源的特点，应该允许多个事务并行执行。

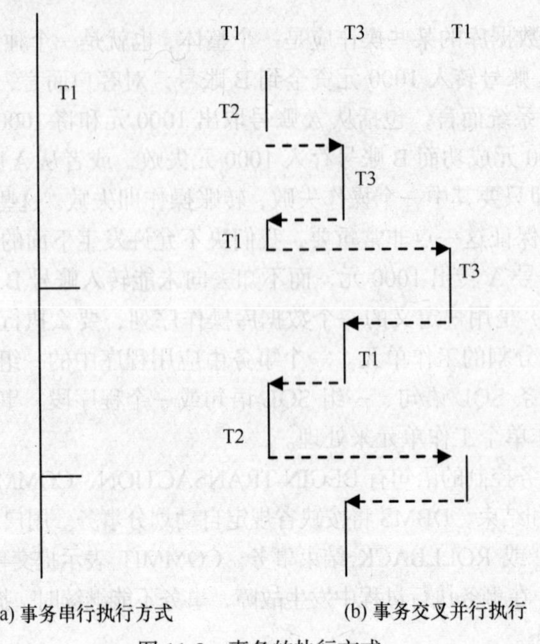

图 11-2　事务的执行方式

在单处理机系统中，事务的并行执行实际上是这些事务交替轮流执行，这种并行执行方式称为交叉并行执行方式（Interleaved Concurrency），如图 11-2（b）所示。虽然单处理机系统中的并行事务并没有真正地并行运行，但是减少了处理机的空闲时间，提高了系统的效率。在多处理机系统中，每个处理机可以运行一个事务，多个处理机可以运行多个事务，真正实现多个事务的并行运行，这种并行执行方式称为同时并行方式（Simultaneous Concurrency）。

当多个事务被并行执行时，称这些事务为并发事务。并发事务在时间上重叠执行，可能产生多个事务存取同一数据的情况，如果不对并发事务进行控制，就可能出现存取不正确的数据，破坏数据的一致性。对并发事务进行调度，使并发事务所操作的数据保持一致性的整个过程称为并发控制。并发控制是 DBMS 的重要功能之一。

当多个用户试图同时访问一个数据库，他们的事务同时使用相同的数据时，可能破坏事务的隔离性和数据的一致性，会产生以下几个问题：丢失更新（Lost Update）、读“脏”数据（Dirty Read）和不可重复读（Non-Repeatable Read）。

1. 丢失更新

当两个事务 T1 和 T2 同时读入同一个数据并修改时，由于每个事务都不知道其他事务的存在，最后的更新将重写其他事务所作的更新，即 T2 把 T1 或 T1 把 T2 提交的修改结果覆盖掉，造成了数据的丢失更新问题，导致数据的不一致。

2. 读“脏”数据

事务 T1 修改数据后，并将其写回磁盘，事务 T2 读同一数据，T1 由于某种原因被撤消，T1 修改的值恢复原值，T2 读到的数据与数据库中的数据不一致，是“脏”数据，称为读“脏”数据，读“脏”数据的原因是读取了未提交事务的数据，所以又称为未提交数据。

3. 不可重复读

事务 T1 读取数据 D 后，事务 T2 读取并更新了数据 D，如果事务 T1 再一次读取数据 D 以进行核对时，得到的两次读的结果不同，这种情况称为不可重复读。

产生上述 3 种数据不一致的主要原因是并行操作破坏了事务的隔离性。并发控制就是采用一定调度策略控制并发事务，使事务的执行不受其他事务的干扰，从而避免数据的不一致性。

多个事务的并行执行是正确的，当且仅当其结果与按某一次序串行地执行他们时的结果相同，这种调度策略称为可串行化（Serializable）的调度。可串行性是并发事务正确性的准则。按这个准则规定，一个给定的并发调度，当且仅当它是可串行化的，才认为是正确调度。

并发控制方法主要有封锁（Locking）方法、时间戳（TimeStamp）方法、乐观（Optimistic）方法等，本章主要介绍在 DBMS 中使用较多的封锁方法。

11.3.3 封锁

封锁就是事务 T 在对某个数据对象操作之前，先向系统发出请求，对其加锁。加锁后事务 T 就对该数据对象有了一定的控制，在事务 T 释放它的锁之前，其他的事务不能更新此数据对象。

1. 封锁类型

按照锁的权限来分，基本的封锁类型有 2 种：排他锁（Exclusive Locks，简记为 X 锁）和共享锁（Share Locks，简记为 S 锁）。

排他锁又称为写锁。如果事务 T 对某个数据 D（可以是数据项、记录、数据集乃至整个数据库）加上 X 锁，那么只允许 T 读取和修改 D，其他任何事务都不能再对 D 加任何类型的锁，直到 T 释放 D 上的锁。这就保证了其他事务在 T 释放 D 上的锁之前不能再读取和修改。

共享锁又称为读锁。若事务 T 对某个数据 D 加上 S 锁，则事务 T 可以读 D，但不能修改 D，其他事务只能再对 D 加 S 锁，而不能加 X 锁，直到 T 释放 D 上的 S 锁。这就保证了其他事务可以读 D，但在 T 释放 D 上的 S 锁之前其他事务不能对 D 做任何修改。

排他锁与共享锁的控制方式可以用表 11-1 所示的相容矩阵来表示，其中 Y 表示相容的请求，N 表示不相容的请求，X、S、–分别表示 X 锁、S 锁和无锁。如果两个封锁是不相容的，则后提出封锁的事务要等待。

表 11-1 封锁类型的相容矩阵

T1 \ T2	X	S	–
X	N	N	Y
S	N	Y	Y
–	Y	Y	Y

2. 封锁协议

在运用 X 锁和 S 锁这两种基本封锁对数据对象加锁时，还需要约定一些规则，例如，何时申请 X 锁或 S 锁、持锁时间、何时释放等，我们称这些规则为封锁协议（Locking Protocol）。对封锁方式规定不同的规则，就形成了各种不同的封锁协议。下面介绍三级封锁协议。对并发事务的不正确调度可能会带来丢失更新、读“脏”数据和不可重复读等不一致性问题，三级封锁协议分别在不同程度上解决了这些问题，为并发事务的正确调度提供一定的保证。

（1）一级封锁协议。事务 T 在修改数据 D 之前必须先对其加 X 锁，直到事务结束（包括正常结束 COMMIT 和非正常结束 ROLLBACK）才释放，这称为一级封锁协议。一级封锁协议可防止丢失更新，并保证事务 T 是可恢复的。

在一级封锁协议中，如果仅仅是读数据不对其进行修改，是不需要加锁的，所以它不能保证不读“脏”数据和可重复读。

（2）二级封锁协议。二级封锁协议是指在一级封锁协议的基础上，当事务 T 在读取数据 D 之前必须先对其加 S 锁，读完后即可释放 S 锁。二级封锁协议除防止了丢失更新，还可进一步防止读“脏”数据。由于读完后即可释放 S 锁，所以不能保证可重复读。

（3）三级封锁协议。三级封锁协议是指一级封锁协议加上事务 T 在读取数据 R 之前必须先对其加 S 锁，直到事务结束才释放。三级封锁协议除防止了丢失更新和不读“脏”数据外，还进一步防止了不可重复读。

3. 活锁和死锁

（1）活锁。系统可能使某个事务永远处于等待状态，得不到封锁的机会，这种现象称为“活锁”（Live Lock）。解决活锁问题的一种简单的方法是采用“先来先服务”的策略，也就是简单的排队方式。

如果运行时事务有优先级，那么很可能使优先级低的事务，即使排队也很难轮上封锁的机会。此时可采用“升级”方法来解决，也就是当一个事务等待若干时间（如 3 分钟）还轮不上封锁时，可以提高其优先级别，这样总能轮上封锁。

（2）死锁。系统中有两个或两个以上的事务都处于等待状态，并且每个事务都在等待其中另一个事务解除封锁，它才能继续执行下去，结果造成任何一个事务都无法继续执行，这种现象称系统进入了“死锁”（Dead Lock）状态。

① 产生死锁的原因。如果事务 T1 封锁了数据 D1，T2 封锁了数据 D2，然后 T1 又请求封锁 D2，因 T2 已封锁了 D2，于是 T1 等待 T2 释放 D2 上的锁。接着 T2 又申请封锁 D1，因 T1 已封锁了 D1，T2 也只能等待 T1 释放 D1 上的锁。这样就出现了 T1 在等待 T2，而 T2 又在等待 T1 的局面，T1 和 T2 两个事务永远不能结束，形成死锁。

② 死锁的预防。在数据库中，产生死锁的原因是两个或多个事务都已封锁了一些数据对象，然后又都请求对已被其他事务封锁的数据对象加锁，从而出现死等待。防止死锁的发生其实就是要破坏产生死锁的条件。预防死锁通常有以下两种方法。

一次封锁法。一次封锁法要求每个事务必须一次将所有要使用的数据全部加锁，否则就不能继续执行。一次封锁法虽然可以有效地防止死锁的发生，但也存在问题，一次就将以后要用到的全部数据加锁，势必扩大了封锁的范围，从而降低了系统的并发度。

顺序封锁法。顺序封锁法是预先对数据对象规定一个封锁顺序，所有事务都按这个顺序实行封锁。顺序封锁法可以有效地防止死锁，但也同样存在问题。事务的封锁请求可以随着事务的执行而动态地决定，很难事先确定每一个事务要封锁哪些对象，因此也就很难按规定的顺序去施加封锁。

可见，可用一次封锁法和顺序封锁法预防死锁，但是不能根本消除死锁，因此 DBMS 在解决死锁的问题上还要有诊断并解除死锁的方法。

③ 死锁的诊断与解除。

超时法。如果一个事务的等待时间超过了规定的时限，就认为发生了死锁。超时法实现简单，但其不足也很明显。一是有可能误判死锁，事务因为其他原因使等待时间超过时限，系统会误认为发生了死锁。二是时限若设置得太长，死锁发生后不能及时发现。

等待图法。事务等待图是一个有向图 $G=(T, U)$。T 为结点的集合，每个结点表示正运行的事务；U 为边的集合，每条边表示事务等待的情况。若 T1 等待 T2，则 T1、T2 之间划一条有向边，从 T1 指向 T2。事务等待图动态地反映了所有事务的等待情况。并发控制子系统周期性地（如每隔 1 分钟）检测事务等待图，如果发现图中存在回路，则表示系统中出现了死锁。

DBMS 的并发控制子系统一旦检测到系统中存在死锁，就要设法解除。通常采用的方法是选择一个处理死锁代价最小的事务，将其撤消，释放此事务持有的所有的锁，使其他事务得以继续运行下去。当然，对撤消的事务所执行的数据修改操作必须加以恢复。

11.3.4　Oracle 系统的并发控制技术

Oracle 是基于 C/S 结构的大型数据库管理系统，Oracle 服务器负责处理来自多个客户端的并发请求，如图 11-3 所示。客户端以 PL/SQL 语句的方式向服务器并发地发送请求，Oracle 服务器返回结果集到客户端。Oracle 服务器以事务的方式响应客户端提交的请求。由于并发操作破坏了事务的隔离性，导致了数据的不一致性。而并发控制就是要用正确的方式调度并发操作，使一个用户事务的执行不受其他事务的干扰，从而避免造成数据的不一致性。Oracle 采用封锁机制对事务进行调度。

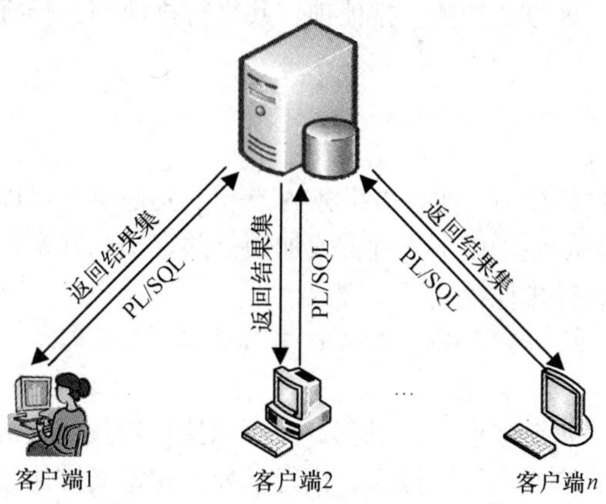

图 11-3　Oracle 客户端与服务器结构

实现 Oracle 的并发控制需要依赖于封锁机制。按照锁所分配的资源来划分，Oracle 中的锁共有 3 种：DML 锁（数据锁）；DDL 锁（数据字典锁）；Internal locks and latches。

（1）DML 锁用于保护修改的数据不被其他事务并发修改，从而实现数据的完整性和一致性。DML 锁又分为 TM（表锁）和 TX（行锁）。TX 锁用于锁住修改的记录，防止其他事务同时修改，TM 锁用于锁住被修改的表，防止其他事务对此表执行 DDL 语句修改表的结构。在用户发出 DML 命令时，Oracle 会自动对其影响的记录和表加上 TX 锁及 TM 锁。

（2）DDL 锁用于保护数据对象的结构不被其他事务修改。

（3）Internal locks and latches 用于保护数据库内部结构不被修改。

这里只讨论 DML 锁 DDL 锁。通过查询动态字典视图 V$lock，可以得到数据库中 TM 锁及 TX 锁的信息。

Oracle 使用锁在允许多个用户同时访问时维护数据的一致性和完整性。但是，当两个或两个以上的用户会话试图竞争同一对象的锁时，锁将成为坏消息。DBA 应该监控并管理数据库中对象的锁的争用。

Oracle 提供了两个有用的锁监控脚本，称为 CATBLOCK.SQL 和 UTLLOCKT.SQL。这些脚本，可在$ORACLE HOME/rdbms/admin 目录中找到。脚本 CATBLOCK.SQL 创建许多从 V$lock 这样的数据字典视图中收集的与锁相关的信息的视图。脚本 UTLLOCKT.SQL 查询由 CATBLOCK.SQL 创建的视图，以报告等待锁的会话及其相应的阻塞会话。CATBLOCK.SQL 必须在使用 UTLLOCKT.SQL 前运行。

下面介绍加锁的方法。

1．行共享锁 RS

对数据表定义行共享锁后，如果被事务 A 获得，那么其他事务可以进行并发查询、插入、删除及加锁，但不能以排他方式存取该数据表。执行下面的程序可以实现向数据表增加行共享锁。

```
LOCK TABLE student IN ROW SHARE MODE;
```

2. 行排他锁 RX

对数据表定义行排他锁后，如果被事务 A 获得，那么 A 事务对数据表中的行数据具有排他权利。其他事务可以对同一数据表中的其他数据行进行并发查询、插入、修改、删除及加锁，但不能使用以下 3 种方式加锁：行共享锁；共享行排他锁；行排他锁。执行下列语句可定义行排他锁。

```
LOCK TABLE student IN ROW EXCLUSIVE MODE;
```

3. 共享锁 S

对数据表定义共享锁后，如果被事务 A 获得，其他事务可以执行并发查询和加共享锁但不能修改表，也不能使用以下 3 种方式加锁：排他锁；共享行排他锁；行排他锁。执行下列语句定义共享锁。

```
LOCK TABLE student IN SHARE MODE;
```

4. 共享行排他锁 SRX

对数据表定义共享行排他锁后，如果被事务 A 获得，其他事务可以执行查询和对其他数据行加锁，但不能修改表，也不能使用以下 4 种方式加锁：共享锁；共享行排他锁；行排他锁；排他锁。执行下列语句定义共享行排他锁。

```
LOCK TABLE student IN SHARE ROW EXCLUSIVE MODE;
```

5. 排他锁 X

排他锁是最严格的锁。如果被事务 A 获得，A 可以执行对数据表的读写操作，其他事务可以执行查询但不能执行插入、修改和删除操作。执行下列语句定义排他锁。

```
LOCK TABLE student IN EXCLUSIVE MODE;
```

11.4 数据库的备份与恢复技术

数据库作为一个 7×24 小时不间断的系统，尽管采取了各种措施来保护数据库的安全性和完整性，保证并发事务的正确执行。但是在系统的运行过程中，硬件故障、软件错误、操作失误、恶意破坏不可避免，这些故障轻则造成运行事务非正常中断，影响数据库的正确性和事务的一致性，重则破坏数据库，使数据库中数据部分或全部丢失。

数据库系统中的数据是非常宝贵的资源，为了保证数据库系统长期而稳定运行，必须采取一定的措施，以防意外。如果故障发生，数据库管理系统必须具有把数据库从错误状态恢复到已知的正确状态的功能，这就是数据库的恢复（Recover）。数据库管理系统的恢复功能是否行之有效，不仅对系统的可靠性起着决定性的作用，而且对系统的运行效率也有很大影响。数据库管理系统的恢复功能是衡量数据库管理系统性能的重要指标。

故障发生后，利用数据库备份（Backup）进行还原（Restore），在还原的基础上利用日志文件进行恢复，重新建立一个完整的数据库，然后继续运行。恢复的基础是数据库的备份和还原以及日志文件，只有有完整的数据库备份和日志文件，才能有完整的恢复。

11.4.1 数据恢复的基本原则

数据恢复涉及两个关键问题，建立备份数据和利用这些备份数据实施数据库恢复。数据恢复最常用的技术是建立数据转储和利用日志文件。

（1）平时做好两件事：数据转储和建立日志。

数据转储是数据库恢复中采用的基本技术。所谓数据转储是指系统管理员周期性地（比如一天一次）对整个数据库进行复制，转储到另一个磁盘或磁带一类存储介质保存起来的过程。

建立日志数据库。记录事务的开始、结束标志，记录事务对数据库的每一次插入、删除和修改前后的值，写到“日志”库中，以便有案可查。

（2）一旦发生数据库故障，分两种情况进行处理。

如果数据库已被破坏，譬如磁头脱落、磁盘损坏等，这时数据库已不能用了，就要装入最近一次拷贝的数据库备份到新的磁盘，然后利用日志库执行“重做”（REDO）处理，将这两个数据库状态之间的所有更新重新做一遍。

如果数据库未被破坏，但某些数据不可靠，受到怀疑，例如程序在批处理修改数据库时异常中断。这时不必去拷贝存档的数据库。只需通过日志库执行“撤消”（UNDO）处理，撤消所有不可靠的修改，把数据库恢复到正确的状态。

11.4.2 故障类型和恢复策略

1. 故障种类

数据库系统中可能发生的各种各样的故障，大致可以分为以下几类。

（1）事务故障。事务故障是指事务在执行过程中发生的故障。此类故障只发生在单个或多个事务上，系统能正常运行，其他事务不受影响。事务故障有些是预期的，通过事务程序本身可以发现并处理，如果发生故障，使用 ROLLBACK 回滚事务，使事务回到前一种正确状态。有些是非预期的，不能由事务程序处理的，如运算溢出、违反了完整性约束、并发事务发生死锁后被系统选中强制撤消等，使事务未能正常完成就终止。这时事务处于一种不一致状态。后面讨论的事务故障仅指这类非预期的故障。

发生事务故障时，事务对数据库的操作没有到达预期的终点（要么全部 COMMIT，要么全部 ROLLBACK），破坏了事务的原子性和一致性，这时可能已经修改了部分数据，因此数据库管理系统必须提供某种恢复机制，强行回滚该事务对数据库的所有修改，使系统回到该事务发生前的状态，这种恢复操作称为撤消（UNDO）。

（2）系统故障。系统故障主要是由于服务器在运行过程中，突然发生硬件错误（如 CPU 故障）、操作系统故障、DBMS 错误、停电等原因造成的非正常中断，至使整个系统停止运行，所有事务全部突然中断，内存缓冲区中的数据全部丢失，但硬盘、磁带等外设上的数据未受损失。

系统故障的恢复要分别对待，其中有些事务尚未提交完成，其恢复方法是撤消（UNDO），与事务故障处理相同；有些事务已经完成，但其数据部分或全部还保留在内存缓冲区中，由于缓冲区数据的全部丢失，至使事务对数据库修改的部分或全部丢失，同样会使数据库处于不一致状态，这时应将这些事务已提交的结果重新写入数据库，需要重做（REDO）提交的事务，所谓“重做”，就是先使数据库恢复到事务前的状态，然后顺序重做每一个事务，使数据库恢复到一致状态。

（3）介质故障。介质故障是指外存故障。介质故障使数据库的数据全部或部分丢失，并影响正在存取出错介质上数据的事务。介质故障可能性小，但破坏性最大。一般将系统故障称为软故障，介质故障称为硬故障。对于介质故障，通常是将数据从建立的备份上先还原，然后使用日志进行恢复。

2. 恢复策略

故障的种类不同，其恢复的方法也不同。

（1）事务故障的恢复。事务故障恢复采取的主要策略是根据日志文件对事务进行操作撤消（UNDO）。事务故障对用户来说是透明的，系统自动完成。步骤如下。

① 根据事务开始标志和结束标志成对的原则，正向扫描日志文件，找出没有事务结束标志的事务（没有提交的事务），查找事务的更新操作。

② 对日志记录的操作进行反向逆操作。所谓反向，如果原来顺序是第一个操作、第二个操作、

直到第 n 个操作，则从第 n 个操作开始，直到第二个操作，最后是第一个操作。所谓逆操作，如果是插入记录就删除相应的记录，如果是删除就插入原来的记录，如果是修改，就将新值改为旧值。

③ 继续扫描，查找没有结束事务标志的事务，直到日志结束。

（2）系统故障的恢复。系统故障恢复，一是对未提交事务进行撤消（UNDO），二是对已经提交的因为内存缓冲区数据丢失没有写入数据库的事务进行重做（REDO）。系统故障恢复是系统重新启动时完成的，也不需要用户干预。步骤如下。

① 正向扫描日志文件，根据事务开始标志和事务结束标志，将只有事务开始标志没有事务结束标志的事务记入 UNDO 队列；将既有事务开始标志又有事务结束标志的事务记入 REDO 队列。

② 对 UNDO 队列进行撤消处理，反方向逆操作。

③ 对 REDO 队列进行重做处理，顺序重做每一个事务的操作。

（3）介质故障的恢复。介质故障可能使磁盘上的数据库和日志文件都遭损坏，是破坏性最大的一种故障。介质故障的恢复需要 DBA 干预。步骤如下。

① 装入最近的数据库备份，使数据库还原到最后备份点的一致状态。

② 从备份点到故障点的日志文件没有损坏的情况下，根据日志文件，采用 REDO 和 UNDO 方法，将数据库恢复到故障点的一致状态。如果日志文件损坏，需要手工提供备份点到故障点的事务。

（4）具有检查点的恢复。在对数据库进行恢复时，使用日志文件，恢复子系统搜索日志文件，以便确定哪些需要 UNDO、哪些需要 REDO，一般需要检查全部的日志。扫面全部的日志将消耗大量的时间，同时将有大量的事务都要 REDO，而实际已经将更新结果写入了数据库中，浪费了大量的时间。为了减少扫描日志的长度，在日志中插入一个检查点（Checkpoint），并确保检查点以前事务的一致性。在进行恢复时，从检查点开始扫描，而不是从全部日志开始扫描，可以节省扫描时间，同时减少 REDO 事务。检查点恢复只对事务故障和系统故障有效，对于介质故障，日志的扫描从备份点开始。

为了确保检查点以前的事务都具有一致性，在检查点时，应该进行如下的工作。

① 将当前日志缓冲区的所有日志写入日志文件中。

② 在日志文件中插入检查点数据，作为检查点的标志。

③ 将当前数据缓冲区的数据写入数据库（物理文件）。

DBMS 可以指定固定的周期产生检查点，另外可以根据一定的事件产生检查点，如日志文件切换时产生检查点，同时可以让某些命令产生检查点，如关闭数据库命令产生检查点。

具有检查点的事务故障和系统故障恢复，只需要从最后一个检查点（其检查点号最大）开始扫描到日志文件结束，然后对其中的没有提交的事务进行 UNDO，对提交的事务进行 REDO。

11.4.3 需要备份的数据

从数据库恢复基本策略中可知，影响数据库恢复的主要是日志文件和数据库备份。

1. 日志文件

日志文件是用来记录事务对数据库更新的文件。如果以记录为单位形成日志文件，其内容包括事务的开始标志（BEGIN TRANSACTION）；事务的结束标志（COMMIT 或 ROLLBACK）；事务的所有操作，包括操作的类型（插入、删除、修改）、操作对象、操作的数据（更新前后的值）。

日志文件在数据库的恢复中起着重要的作用，用来恢复事务故障和系统故障，并协助恢复介质故障。具体作用如下。

（1）事务故障和系统故障的恢复必须使用日志文件进行 UNDO 或 REDO。

（2）在介质故障的恢复时，首先利用数据库备份还原到备份点，从备份点到故障点，根据日志文件，采用 REDO 和 UNDO 方法，将数据库恢复到故障点的一致状态。如果日志文件损坏，则只能恢复到备份点的一致状态，需要手工提供备份点到故障点的事务。

日志文件严格按并发事务执行的时间顺序进行登记，并且先写日志文件再写数据文件。如果先写了数据文件而在写日志文件时发生错误，导致日志文件没有记录这个修改，则在以后就无法恢复该修改了；如果先写了日志文件而在写数据文件时发生错误，导致没有修改数据库，可按日志文件进行 REDO。

2. 数据库备份

数据库备份是将数据库中的数据复制到另外的存储介质中，如磁盘或磁带，产生数据库副本。数据库副本的作用是当数据库介质故障时，重新将副本装入，还原到副本产生时（备份点）的一致状态。如果要恢复到故障点的一致状态，要使用日志文件。

数据库备份分为物理备份和逻辑备份。物理备份是对数据库的物理文件的备份，即采用操作系统的文件形式复制这些物理文件，这些物理文件包括数据文件、归档日志文件、控制文件等。可以把数据备份到磁盘上。逻辑备份是采用 Oracle 特有的形式复制数据库的逻辑对象（如表、存储过程等）。逻辑备份一般使用 Oracle 系统专用的导入/导出工具 imp 和 exp，或者数据泵工具 impdp 和 expdp。

物理备份又可分为冷备份和热备份。

冷备份又叫脱机备份或者离线备份，指在数据库关闭的情况下，对数据库进行的备份。冷备份需要 DBA 备份所有数据文件、控制文件和重做日志文件。冷备份又分为一致性备份和不一致性备份。所谓一致性备份，是指备份中的所有数据文件和控制文件有相同的系统改变号（System Change Number, SCN）。冷备份必须是一致性备份，否则在数据库恢复后，有可能打不开数据库。冷备份要求 DBA 干净地关闭数据库（使用 SHUTDOWN NORMAL 或 SHUTDOWN IMMEDIATE 命令）。如果没有干净地关闭数据库（如使用 SHUTDOWN ABORT 命令）就对数据库进行备份，这样生成的备份是不一致备份，不一致性冷备份的处理措施如下。如果数据库运行在归档模式，且还存在冷备份后生成的归档日志文件，则可以把不一致冷备份恢复到一致性状态；如果数据库运行在非归档模式，这样的备份是无效的备份，无法进行还原操作。

热备份又叫联机备份，指数据库在运行过程中对数据库进行的备份。对数据库进行热备份，要求数据库运行在归档模式。热备份是不一致的备份，恢复数据时，需要应用归档日志文件，才能使数据库处于一致性状态，因此，需要数据库运行在归档模式。热备份需要备份数据文件、控制文件、归档日志文件等。

由于数据库中数据量比较大，备份是比较费时的，并且占用较大的空间。备份可以采用完整备份和差异备份两种方式。完整备份是备份全部的数据；差异备份是在前一次备份的基础上，只备份变化的部分。第一次备份采用完整备份，后续的备份可以采用差异备份。

11.4.4　Oracle 系统的备份与恢复技术

Oracle 提供的备份和恢复机制功能非常强大，它能使数据库在发生灾难的情况下，也能把数据库恢复到灾难前的状态，从而将故障所带来的损失降为最低。

Oracle 提供了多种机制来完成对数据库的恢复操作。

- 针对不同的故障类型（用户操作故障、语句故障、进程故障、实例故障、介质故障），执行不同的数据库恢复操作。
- 针对不同的环境，执行灵活的恢复操作，为此，Oracle 使用了几种结构：重做日志、撤消记录、控制文件和数据库备份文件。

- 在备份和恢复操作过程中，保证数据连续可用，使得系统用户能够继续工作。

Oracle 11g 提供了一个功能强大的工具 RMAN（Recovery Manager）。RMAN 是一个客户端工具，是随 Oracle 服务器软件一同安装的 Oracle 工具软件，用于执行数据库的备份与恢复。RMAN 可以用来备份和恢复数据文件、归档日志文件和控制文件，也可以用来执行数据库的完全恢复或不完全恢复。如果使用 RMAN 作为数据库备份与恢复工具，那么所有的备份和恢复操作都可以在 RMAN 环境下使用 RMAN 命令完成，这样可以减少 DBA 在对数据库进行备份与恢复时产生的错误，提高备份与恢复的效率。RMAN 的命令行提示符是 RMAN>。

1. RMAN 概述

最简单的 RMAN 只包括两个组件：RMAN 命令执行器与目标数据库，如图 11-4 所示。DBA 就是先在 RMAN 命令执行器中执行备份与恢复操作，然后由 RMAN 命令执行器对目标数据库进行相应的操作。

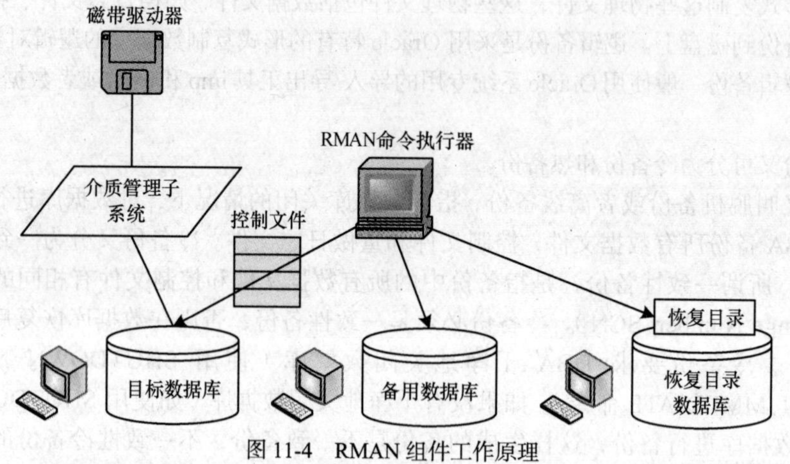

图 11-4　RMAN 组件工作原理

通道（Channel）表示到指定设备的一个数据流，一个通道对应一个服务器会话。如图 11-5 所示，通过在目标服务器上创建一个服务器会话，建立 RMAN 到目标数据库之间的一个通道，其中一个服务器会话把数据备份到磁盘存储，另外一个服务器会话把数据备份到磁带存储。

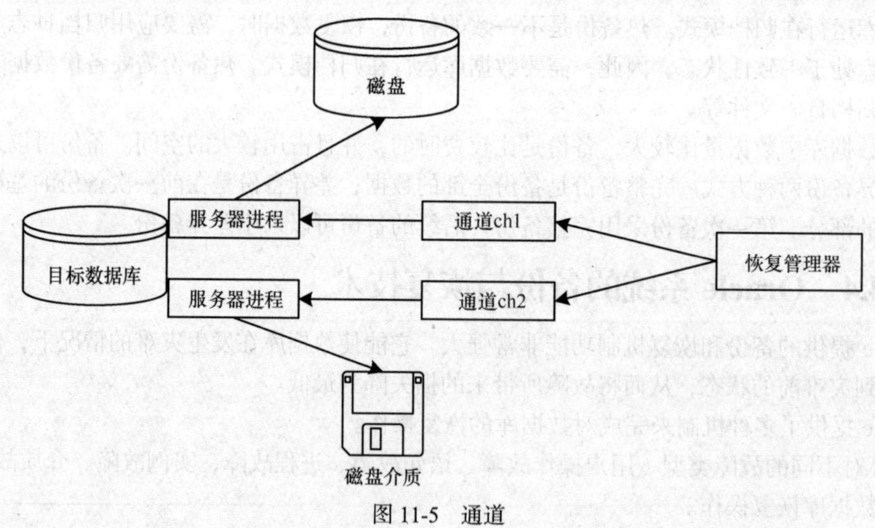

图 11-5　通道

用户可以手动分配通道，用 CONFIGURE CHANNEL c1 DEVICE TYPE sbt，也可以使用

CONFIGURE CHANNEL 命令配置自动分配的通道。

备份数据库时，会生成很多文件，如何记录这些文件的名字及位置等信息成了一个难题。RMAN 中的恢复资料数据库正好帮助我们解决此问题。恢复资料数据库是一个数据库，用于存放恢复资料（Recovery Catalog）。

RMAN 具有一套配置参数，这类似于操作系统中的环境变量。这些默认配置将被自动应用于所有的 RMAN 会话，通过 SHOW ALL 命令可以查看当前所有的默认配置。DBA 可以根据自己的需求，使用 CONFIGURE 命令对 RMAN 进行配置。与此相反，如果要将某项配置设置为默认值，则可以在 CONFIGURE 命令中指定 CLEAR 关键字。

RMAN 的操作命令非常简单，也无特定的技巧，只需要理解各个命令的含义，就可以灵活使用。本节仅介绍 RMAN 中的一些基本命令，以及如何利用这些基本命令来完成各种操作。更多信息请查看 Oracle 的联机帮助文件。

2. 使用 RMAN 备份数据库

RMAN 备份为数据库管理员提供了更灵活的备份选项。在使用 RMAN 进行备份时，DBA 可以根据需要进行完全备份与增量备份、联机备份和脱机备份。

在进行完全备份时，RMAN 会将数据文件中除空白的数据块之外，所有的数据块都复制到备份集中。需要注意，在 RMAN 中可以对数据文件进行完全备份或者增量备份，但是对控制文件和日志文件只能进行完全备份。

（1）使用 RMAN 备份数据库文件和归档日志。当数据库打开时，可以使用 RMAN BACKUP 命令备份数据库、表空间、数据文件、归档重做日志、控制文件、备份集等对象。备份整个数据库的过程如下。

① 使用 RMAN 连接到目标数据库。

```
RMAN>CONNECT TARGET sys;
```

② 连接到恢复资料数据库。

```
RMAN>CONNECT CATALOG rman;
```

③ 备份整个数据库。

```
RMAN>BACKUP DATABASE FORMAT 'D:\BACKUP\bk0_ %s_%p_%t';
```

FORMAT 指定备份生成的文件的路径及文件名的格式：%s 指定备份集；%p 指定碎片编号；%t 指定时间戳。

（2）多重备份。为了避免灾难、介质破坏或者人为操作失误所带来的损失，可以维护备份的多个复件。在 RMAN 中可以通过如下几种命令形式对数据库进行多重备份。

在 RMAN 中执行 BACKUP 命令时使用 COPIES 参数指定多重备份。

在 RUN 命令块中使用 SET BACKUP COPIES 命令设置多重备份。

通过 CONFIGURE … BACKUP COPIES 命令配置自动通道为多重备份。

（3）BACKUP 增量备份。在 RMAN 中可以通过增量备份的方式对整个数据库、单独的表空间或单独的数据文件进行备份。当数据库运行在归档模式下时，既可以在数据库关闭状态下进行增量备份，也可以在数据库打开状态下进行增量备份。而当数据库运行在非归档模式下时，则只能在关闭数据库后进行增量备份，因为增量备份需要使用 SCN 来识别已经更改的数据块。

（4）镜像复制。在 RMAN 中还可以使用 COPY 命令创建数据文件的镜像准确副本，COPY 命令可以处理数据文件、归档重做日志文件和控制文件副本。当在 RMAN 中使用 COPY 命令创建文件的镜像副本时，它将复制所有数据块，包括空闲数据块。这与使用操作系统命令复制文件相同，不过 RMAN 会检查创建的镜像副本是否正确。

3. RMAN 完全恢复

RMAN 作为一个管理备份和恢复的 Oracle 实用程序，在使用它对数据库执行备份后，如果数据库发生故障，则可以通过 RMAN 使用备份对数据库进行恢复。在使用 RMAN 进行恢复时，它可以自动确定最合适的一组备份文件，并使用该备份文件对数据库进行恢复。

（1）RMAN 恢复机制。RMAN 完全恢复是指当数据文件出现介质故障后，通过 RMAN 使用备份信息将数据文件恢复到失败点，恢复机制如图 11-6 所示。

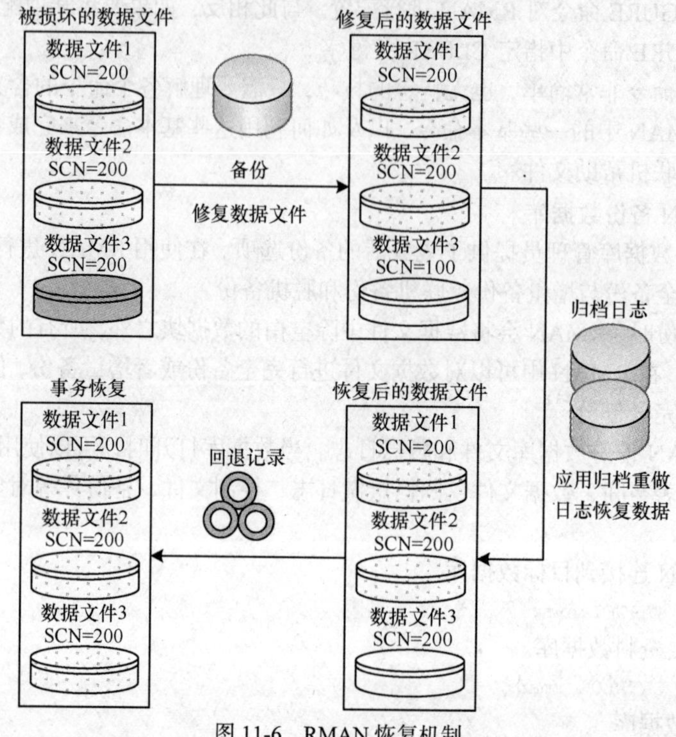

图 11-6　RMAN 恢复机制

（2）恢复处于非归档日志模式的数据库。当数据库处理非归档日志模式时，如果出现介质故障，则在最后一次备份之后对数据库所做的任何操作都将丢失。通过 RMAN 执行恢复时，只需要执行 RESTORE 命令将数据库文件修复到正确的位置，然后就可以打开数据库。也就是说，对于处于非归档日志模式下的数据库，管理员不需要执行 RECOVER 命令。

（3）恢复处于归档日志模式的数据库。完全恢复处于归档日志模式的数据库，与恢复非归档日志模式的数据库相比而言，基本的区别在于恢复处于归档日志模式的数据库时，管理员还需要使用归档重做日志文件的内容应用到数据文件上。在恢复过程中，RMAN 会自动确定恢复数据库所需要的归档重做日志文件。

如果整个数据库已经瘫痪，我们可以恢复整个数据库。使用 RMAN 恢复整个数据库的过程如下。

① 如果数据库在运行，则强制把数据库启动到装载状态。

```
RMAN>STARTUP FORCE MOUNT;
```

② 还原数据库。

```
RMAN>RESTORE DATABASE;
```

③ 恢复数据库。

```
RMAN>RECOVER DATABASE;
```

④ 打开数据库。

```
RMAN>ALTER DATABASE OPEN;
```

4. RMAN 不完全恢复

如果需要将数据库恢复到引入错误之前的某个状态，DBA 就可以执行不完全恢复。完全恢复归档日志模式数据库时，对于还没有更新到数据文件和控制文件的任何事务，RMAN 会将全部的归档日志或联机日志全部应用到数据库。而在不完全恢复过程中，DBA 决定了这个更新过程的终止时刻。

（1）基于时间的不完全恢复。对于基于时间的不完全恢复，由 DBA 指定存在问题的事务时间。这也意味着如果知道存在问题的事务的确切发生时间，执行基于时间的不完全恢复是非常合适的。当然，这些工作是基于用户知道将事务提交到数据库的确切时间。

（2）基于撤销的不完全恢复。基于撤销的不完全恢复，则是由 DBA 指定用来终止恢复过程的日志文件序列号。当恢复过程需要将特定的重做日志文件中包含的事务更新到数据库之前终止时，可以执行基于撤销的不完全恢复。因为所指定的重做日志文件的全部内容以及随后的任何重做日志的内容都将丢失，所以这种方法通常会导致大量的数据丢失。

（3）基于更改的不完全恢复。对于基于更改的不完全恢复，则是以存在问题的事务的 SCN 号来终止恢复过程，在恢复数据库之后，将包含低于指定 SCN 号的所有事务。在 RMAN 中执行基于更改的不完全恢复时，可以使用 SET UNTIL SCN 命令来指定恢复过程的终止 SCN 号。

5. 维护 RMAN

RMAN 在恢复目录或控制文件中存储了关于目标数据库的备份与恢复信息等数据，正是通过这些数据，RMAN 才会在恢复数据库时选择最合适的备份副本。但是，RMAN 记录的大量信息有一个缺点，即当一个备份集不再可用时，与该备份集相关的数据仍然会包含在恢复目录中，这时就需要对恢复目录进行维护。管理维护 RMAN 主要包括交叉验证备份、删除备份、删除备份引用、添加备份信息、查看备份信息和设置 RMAN 备份策略。

（1）交叉验证备份（CROSESSCHECK）。在使用 RMAN 创建数据库备份后，用户可能无意间通过操作系统物理地删除了备份文件，这时 RMAN 的资料档案库中仍然会保留与这些文件相关的信息。为了验证 RMAN 引用的备份集和镜像副本中包含的物理文件是否可用，可以使用 CROSSCHECK 命令进行交叉验证。

（2）添加操作系统备份。如果用户已经通过操作系统创建了数据库文件的备份，则可以通过 RMAN 提供的 CATALOG 命令将备份文件的信息添加到 RMAN 的恢复资料数据库。

（3）查看备份信息。有两种方式查看备份信息，一种方式是使用 LIST 命令以列表的形式显示存储在 RMAN 资料档案库中的备份集、备份文件的状态信息；另一种方式是通过 REPORT 命令以报告的形式显示数据库中备份的对象，包括数据库、表空间、数据文件等。

（4）定义保留备份的策略。为了简化对 RMAN 的管理，可以为 RMAN 设置备份保留策略，这样 RMAN 会自动判断哪些备份集或镜像副本文件不必再保留，这些备份文件将会被标记为“废弃（OBSOLETE）”。通过 REPORT OBSOLETE 命令可以查看当前处于废弃状态的备份文件，或者通过 DELETE OBSOLETE 命令删除这些废弃的备份。充分利用保留备份策略可以消除一些管理难题，这样就不必在每次执行维护操作时，都需要确定应该从资料档案库中删除哪些引用。

本章知识点小结

本章主要讨论了数据库安全保护的基本技术，包括数据库的安全性、完整性、并发控制和恢复技术。

数据库的安全性是为了防止非法用户访问数据库，DBMS 使用用户标识和口令防止非法用户进入数据库系统，存储控制防止非法用户对数据库对象的访问，审计记录了对数据库的各种操作，重点掌握角色的创建和授权。

数据库的完整性防止不合法数据进入数据库。DBMS 通过实体完整性、参照完整性和用户定义完整性实现完整性控制。实体完整性就是定义关系的主键，参照完整性就是定义关系的外键。

数据库的并发控制防止并行执行的事务产生的数据不一致性。数据不一致性有丢失修改、读“脏”数据、不可重复读三种情况。并发控制方法有封锁、时间戳、乐观方法等。本章主要介绍了封锁方法。

数据库的恢复技术防止计算机故障等造成的数据丢失。恢复的基础是备份，根据恢复的需要备份相应的数据；根据不同的故障种类，采取相应的恢复策略。

习 题

1. 什么是数据库的安全性？
2. 什么是自主存取控制和强制存储控制？
3. Oracle 11g 的权限分为几种？
4. 什么是数据库的完整性？
5. 数据库完整性约束条件有哪些？
6. 什么是实体完整性？
7. 什么是参照完整性？违反参照完整性的附加操作有哪些？
8. 关系数据库管理系统实现参照完整性时需要考虑哪些方面？
9. 在 Oracle 11g 中完整性是如何实现的？
10. 什么是事务，事务的 4 个性质是什么？
11. 并发事务可能产生哪几类数据不一致？
12. 正确的并发事务调度原则是什么，并发控制的方法有哪些？
13. 什么是封锁，封锁类型有几种？
14. 什么是死锁，如何预防死锁，死锁的解决方法有哪些？
15. 什么是封锁粒度，根据封锁粒度添加的意向锁有几种，它们的含义是什么？
16. Oracle 的封锁粒度和封锁模式各有哪些？
17. 什么是数据库的恢复？
18. 数据库故障的种类有哪些？简述每种故障的恢复方法。
19. 数据库系统中备份对象有哪些，有哪些备份方法？
20. 简述 RMAN 的恢复技术。

第 12 章 Oracle 模式对象的管理

模式（Schema）是数据库对象的集合。模式为数据库用户所有，其名字与该用户的名称相同。模式对象是由用户创建的逻辑结构，用以包含或引用它们的数据，请参考第 10 章的内容。模式对象包含诸如表（Tables）、索引（Indexes）、视图（Views）、簇（Clusters）、序列（Sequence）和同义词（Synonyms）等。在 Oracle 中，除表、索引和索引组织表外，视图、序列、同义词、簇和簇表等也是重要的模式对象。在本章中，首先将介绍如何创建分区表，以及基于分区表的索引，然后介绍 Oracle 利用外部数据的一种方法——外部表，最后对其他一些模式对象，包括临时表、簇、视图、序列和同义词等常用模式对象进行简单介绍。

【本章要点】

- 索引
- 分区表
- 各类型的分区
- 分区索引
- 使用外部表
- 临时表的使用
- 创建索引簇和 Hash 簇
- 使用视图
- 使用序列
- 使用同义词

12.1 索　　引

当我们在某本书中查找特定的章节内容时，可以先从书的目录着手，找到该章节所在的页码，然后快速定位到该页。这种做法的前提是页面编号是有序的。如果页码无序，就只能从第一页开始，一页页地查找了。

查询是在表上进行的最频繁的访问。在查询数据时，很少有用户愿意查询表中的所有数据，除非要对整个表进行处理。一般情况下用户要查询的是表中的一部分数据。在 SELECT 语句中，通常需要通过 WHERE 子句指定查询条件，以获得满足该条件的所有数据。如果能够在很小的范围内查询需要的数据，而不是在全表范围内查询，那么将减少很多不必要的磁盘 I/O，查询的速度无疑会显著提高。提供这种快速查询的方法就是索引。

数据库中索引（Index）的概念与目录的概念非常类似。如果某列出现在查询的条件中，而该列的数据是无序的，查询时只能从第一行开始逐行地匹配。创建索引就是对某些特定列中的数据排序，生成独立的索引表。在某列上创建索引后，如果该列出现在查询条件中，Oracle 会自动引用该索引，先从索引表中查询出符合条件记录的 ROWID，由于 ROWID 是记录的物理地址，因此可以根据 ROWID 快速定位到具体的记录，表中的数据非常多时，引用索引带来的查询效率非常可观。

12.1.1 索引类型及其创建

索引是对数据库表中一个或多个列的值进行排序的一种结构，每个索引都有一个索引键与表中的记录关联，主要目的是加快数据的读取速度和完整性检查。建立索引是一项技术性要求高的工作。Oracle 数据库会为表的主键和包含唯一性约束的列自动创建索引。合理地使用索引可以降低 I/O 操作次数，从而提高 Oracle 服务器的查询效率。但是在数据增加、修改和删除时需要更新索引，因此索引对增加、修改和删除会有负面影响。在 Oracle 中，可以创建多种类型的索引，以适应各种表的特点。常用的索引类型有 B*树索引、位图索引、反向键索引、基于函数的索引、簇索引、全局和局部索引等。其中，簇索引专门用于簇表的索引。本节主要介绍 B*树索引、位图索引、反向键索引和基于函数的索引的工作原理及这些索引的创建。

索引是关系型数据库系统用来提高性能的有效方法之一，索引的使用可以减少磁盘访问的次数，从而极大地提高了系统的性能。但是在设计索引时必须全面考虑在表上所进行的操作，如果在表上进行的主要操作是查询操作，那么可以考虑在表上建立索引；如果在表上要进行频繁的 DML 操作，那么索引反而会引起更多的系统开销。一般来说，创建索引要遵循以下原则。

- 如果每次查询仅选择表中的少量行，应该建立索引。
- 如果在表上需要进行频繁的 DML 操作，不要建立索引。
- 尽量不要在有很多重复值的列上建立索引。
- 不要在太小的表上建立索引。在一个小表中查询数据时，速度可能已经足够快，如果建立索引，对查询速度不仅没有多大帮助，反而需要一定的系统开销。

索引可以自动创建，也可以手工创建。如果在表的一个字段或几个字段上建立了主键约束或者唯一性约束，那么数据库服务器将自动在这些字段上建立唯一性索引，这时索引的名称与约束的名称相同。手工创建索引是使用 CREATE INDEX 语句完成的。一般情况下，建立索引是由表的所有者完成的，如果要以其他用户身份建立索引，则要求用户必须具有 CREATE ANY INDEX 系统权限或在相应表上的 INDEX 对象权限。

1. B*树索引

B*树索引是以 B*树结构组织并存放索引数据的，它是最常用的索引类型，默认情况下索引数据是以升序方式排列的。如果表包含的数据非常多，并且经常在 WHERE 子句中引用某列或某几列（列的重复值很少），则应该基于该列或该几列建立 B*树索引。B*树索引由根节点、分支节点和叶子节点 3 部分组成，其结构如图 12-1 所示。每个叶子节点就是所说的一个索引项，它又由 3 部分构成：头、键列和 ROWID。键列即是索引列，将键列和相应的 ROWID 一起存储，这样，在找到相应的键时，就能直接根据 ROWID 找到相应的某行数据。

B*树索引适用于具有高基数的字段，即大部分值都不相同的字段。创建 B*树索引的语法如下。

```
CREATE [UNIQUE] INDEX [模式名.]索引名
    ON [模式名.]表名(字段名[ASC|DESC] [,字段名[ASC|DESC]]…)
    [TABLESPACE 表空间名]
    [PCTFREE][INITRANS][MAXTRANS][STORAGE CLAUSE][LOGGING|NOLOGGING]
```

其中，TABLESPACE 参数用于指定表所属的表空间。PCTFREE 参数用于设置在索引初始创建时指定 Oracle 块所预留的最小空闲空间的百分比。INITRANS 和 MAXTRANS 参数用于指定同一个块所允许的初始并发事务数（INITRANS）和最大并发事务数（MAXTRANS）。STORAGE CLAUSE 包括对区的参数设置，LOGGING 和 NOLOGGING 表示是否日志文件。

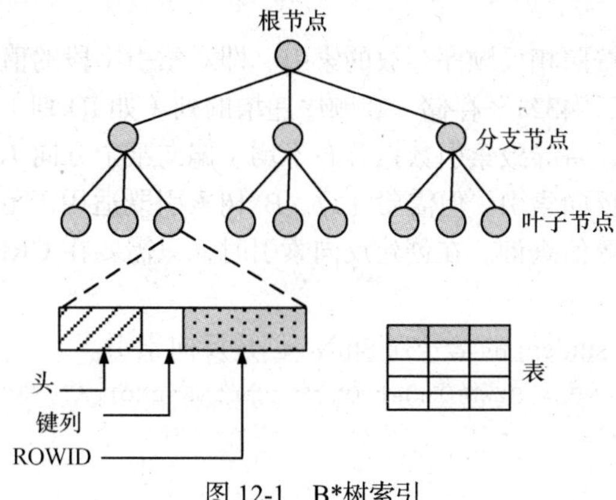

图 12-1　B*树索引

【例 12.1】 如果在 WHERE 子句中要经常引用某列或某几列，应该基于这些列建立 B*树索引。如果经常执行类似于 SELECT * FROM student WHERE StuName='王成'的语句，可以基于 StuName 列建立 B*树索引。示例如下。

```
SQL>CREATE INDEX ind_stuname ON student(StuName) PCTFREE 30 TABLESPACE MyTS;
```

建立 B*树索引后，如果在 WHERE 子句中引用索引列，Oracle 会根据统计信息确定是否使用 B*树索引定位该表的行数据，从而降低 I/O 操作次数，最终加快数据访问速度。

索引虽然能加快查询速度，但会增加 DML 的代价，因此不要在经常执行 DML 的表上创建过多的索引。对大的索引为了提高效率，可以考虑 NOLOGGING。相对于表数据，一个 DATABASE BLOCK 能装下更多的索引项，应设置较大的 INITRANS 值。

在默认情况下，当用户为表定义一个主键时，系统将自动为该列创建一个 B*树索引，因此用户不能再显式地在主键上创建 B*树索引。

注意

创建索引的时候，不能使用 PCTUSED 参数，因为删除索引时，只是逻辑删除，其物理空间没有释放。同时，若查询返回过多的数据行时，则不适合建 B*树索引，在这种情况下应该使用位图索引。

2. 位图索引

考虑到 B*树索引的效率，对索引字段的可能取值有限，且表数据非常庞大，则特别适合建立位图索引。在位图索引中，使用一个比特位来对应一条记录的 ROWID，并通过位图索引映射函数来实现比特位到 ROWID 的映射。每个索引条目都有一个键值和 ROWID 组成。Oracle 数据库中每一行都用 ROWID 来标志，ROWID 告诉数据库这一行的准确位置（指出行所在的文件、该文件的块、该块中的行地址）。创建位图索引的语法如下。

```
CREATE BITMAP INDEX [模式名.]索引名
     ON [模式名.]表名(字段名[ASC|DESC] [,字段名[ASC|DESC]]…)
     [TABLESPACE 表空间名]
     [PCTFREE][INITRANS][MAXTRANS][STORAGE CLAUSE][LOGGING|NOLOGGING]
```

【例 12.2】 给学生表 student 的性别列 sex 创建位图索引，该列的取值只有“男”和“女”。

```
SQL> CREATE BITMAP INDEX SexBIndex ON student(sex);
```

位图索引以位值标识索引行数据。B*树索引建立在重复值很少的列上，而位图索引建立在重复值很多、不同值相对固定的列上。在不同值相对固定的列上，使用位图索引可以节省大量磁盘空间。位图索引的更新代价更大，所以适合很少更新键值的表。

3. 反向索引

反向索引是索引列值按照相反顺序存放的索引。即对索引字段的值进行首位调换，比如原索引字段是“1234”，将会以“4321”存储。在顺序递增的列（如 ID 列）上建立普通 B*树索引时，如果表的数据量非常庞大，将导致索引数据分布不均（偏向某个方向）。为了避免出现这种情况，应在顺序递增的列上建立反向索引。但需要注意，B*树索引既适用于范围查询，也适用于等值查询，而反向索引只适用于等值查询。在创建反向索引时，只需要在 CREATE INDEX 语句中指定关键字 REVERSE。

【例 12.3】 给学生表 student 的学号列 StuNo 创建反向索引。

```
SQL> CREATE UNIQUE INDEX StuNoIndex ON student(StuNo) REVERSE PCTFREE 30 TABLESPACE MyTS;
```

4. 基于函数的索引

函数索引是基于函数或表达式所建立的索引。假定基于 StuName 列建立了 B*树索引，那么当执行包含 WHERE StuName='Tom'子句的 SQL 语句时，Oracle 会引用该 B*树索引，但当执行包含 WHERE LOWER（StuName）='tom'子句的 SQL 语句时，Oracle 不会引用该 B*树索引。如果经常在 WHERE 子句中引用函数或表达式，那么应该基于函数或表达式建立函数索引，这样可以提高在查询条件中使用函数或表达式时查询的执行速度。在创建基于函数的索引时，Oracle 首先会对包含索引列的函数值或表达式值进行求值，然后对求值后的结果进行排序，最后再存储到索引中。需要注意，如果用户在自己的模式中创建函数索引，要求必须具有 QUERY REWRITE 系统权限。如果用户在其他模式中创建索引，必须具有 CREATE ANY INDEX 和 GLOBAL QUERY REWRITE 权限。

【例 12.4】 因为在 SQL 语句中需要经常引用函数 LOWER（StuName），所以为了加快数据访问速度，应基于该函数建立函数索引，示例如下。

```
SQL>CREATE INDEX function_ind_stuname ON student(LOWER(StuName));
```

创建了函数索引后，在索引键列上会存储函数处理过的字段值。

12.1.2 修改索引

修改索引是使用 ALTER INDEX 命令完成的。一般情况下，修改索引是由索引所有者完成的，如果要以其他用户身份修改索引，则要求该用户必须具有 ALTER ANY INDEX 系统权限或在相应表上的 INDEX 对象权限。

1. 修改索引段存储参数

建立索引时，Oracle 会为索引分配相应的索引段。如果索引段存储参数不合适，可以使用 ALTER INDEX 命令修改其存储参数。需要注意，存储参数 INITIAL、MINEXTENTS 是不能修改的，而修改其他存储参数只对新分配的区起作用。示例如下。

```
SQL>ALTER INDEX ind_stuname STORAGE(NEXT 200K MAXEXTENTS 50);
```

2. 分配和释放索引空间

当使用 SQL *Loader 或 INSERT 给表添加数据时，也会为索引填加数据。如果索引段空间不足，将导致动态扩展索引段，从而降低数据装载的速度。为了避免索引段的动态扩展，需在执行装载操作前为索引段分配足够的空间。示例如下。

```
SQL>ALTER INDEX ind_stuname ALLOCATE EXTENT(SIZE 1M);
```

当索引段占用了过多空间，而实际所需空间较小时，可使用 ALTER INDEX 命令释放多余空间。示例如下。

```
SQL>ALTER INDEX ind_stuname DEALLOCATE UNUSED;
```

3. 重建索引

执行 DELETE 操作时，会删除表的数据，但在索引上仅仅进行逻辑删除，其所占用空间不能被其他插入操作使用。只有当索引块上的所有索引入口全部被删除后，该索引块上的空间才能使用。如果在索引列上频繁执行 UPDATE 或 DELETE 操作，应该定期重建索引，以提高其空间利用率。示例如下。

```
SQL>ALTER INDEX ind_stuname REBUILD;
```

4. 联机重建索引

使用 REBUILD 选项重建索引时，如果其他用户正在表上执行 DML 操作，那么重建索引将会失败，并显示错误消息“ORA-00054：资源正忙，但指定以 NOWAIT 方式获取资源”。为了最小化 DML 操作的影响，重建索引时，可以使用 REBUILD ONLINE 选项。示例如下。

```
SQL>ALTER INDEX ind_stuname REBUILD ONLINE;
```

5. 合并索引

当相邻索引叶子块都存在剩余空间，并且它们的索引入口数据可以存放到同一个索引叶子块时，通过合并索引可以提高索引空间的利用率。合并索引只是将索引树叶子节点存储的碎片合并在一起，并不会改变索引的物理组织结构。示例如下。

```
SQL>ALTER INDEX ind_stuname COALESCE;
```

12.1.3 删除索引

删除索引是使用 DROP INDEX 命令完成的。一般情况下，删除索引是由索引所有者完成的，如果以其他用户身份删除索引，则要求该用户必须具有 DROP ANY INDEX 系统权限或在相应表上的 INDEX 对象权限。当索引不再需要时，应删除该索引，以释放其所占用的空间；如果移动了表的数据，将导致索引无效，此时需要删除并重建索引；另外，使用 SQL*Loader 装载数据时，系统也会同时给索引增加数据，为了加快数据装载速度，应在装载之前删除索引，然后在数据装载完毕之后重新建立索引。示例如下。

```
DROP INDEX ind_stuname;
```

12.1.4 显示索引信息

1. 显示表的所有索引

索引是用于加速数据存取的数据库对象。通过查询数据字典视图 DBA_INDEXES，可以了解数据库的所有索引；通过查询数据字典视图 ALL_INDEXES，可以了解当前用户可访问的所有索引；通过查询数据字典视图 USER_INDEXES，可以了解当前用户的索引信息。下面以显示 SCOTT 用户 emp 表的所有索引为例，说明使用数据字典视图 DBA_INDEXE 的方法。示例如下。

```
    SQL>SELECT index_name, index_type, uniqueness FROM DBA_INDEXES WHERE owner= 'SCOTT'
AND table_name='emp';
```

其中，index_name 用于标识索引名，index_type 用于标识索引类型，uniqueness 用于标识索引的唯一性，owner 用于标识对象所有者，table_ name 用于标识表名。

2. 显示索引列

建立索引时，需要提供相应的表列。通过查询数据字典视图 DBA_IND_COLUMNS，可以了解所有索引的表列信息；通过查询数据字典视图 ALL_IND_COLUMNS，可以了解当前用户可访问所有索引的表列信息；通过查询数据字典视图 USER_IND_COLUMNS，可以了解当前用户索引的表列信息。下面以显示 SCOTT 用户 PK_EMP 索引的列信息为例，说明使用数据字典视图 DBA_IND_COLUMNS 的方法。示例如下。

```
SQL>SELECT column_name, column_position, column_length FROM DBA_IND_COLUMNS WHERE index_owner='SCOTT' and index_name='PK_EMP';
```

其中，column_name 用于标识索引列的名称，column_position 用于标识列在索引中的位置，column_length 用于标识索引列的长度，index_owner 用于标识索引所有者，index_name 用于标识索引名。

3. 显示索引段位置及尺寸

建立索引时，Oracle 会为索引分配相应的索引段，索引数据会被存放到索引段中，并且段名与索引名完全相同。通过查询数据字典视图 DBA_SEGMENTS，可以了解数据库所有段的详细信息；通过查询数据字典视图 USER_SEGMENTS，可以了解当前用户段的详细信息。下面以显示 SCOTT 用户的 PK_EMP 段信息为例，说明使用数据字典视图 DBA_SEGMENTS 的方法，示例如下。

```
SQL>SELECT tablespace_name, segment_type, bytes FROM DBA_SEGMENTS WHERE owner='SCOTT' AND segment_name='PK_EMP'
```

其中，tablespace_name 用于标识段所在的表空间，segment_type 用于标识段的类型，bytes 用于标识段的尺寸，owner 用于标识段的所有者，segment_name 用于标识段的名称。

4. 显示函数索引

建立函数索引时，Oracle 会将函数索引的信息存放到数据字典中。通过查询数据字典视图 DBA_IND_EXPRESSIONS，可以了解数据库所有函数索引所对应的函数或表达式；通过查询数据字典视图 ALL_IND_EXPRESSIONS，可以了解当前用户可访问函数索引所对应的函数或表达式；通过查询数据字典视图 USER_IND_EXPRESSIONS，可以了解当前用户函数索引所对应的函数或表达式。下面以显示 SCOTT 用户的函数索引为例，说明使用数据字典视图 DBA_IND_EXPRESSIONS 的方法。示例如下。

```
SQL>SELECT column_expression FROM DBA_IND_EXPRESSIONS WHERE index_owner= 'SCOTT' AND index_name='function_ind_stuname';
```

其中，column_expression 用于标识函数或表达式，index_owner 用于标识索引所有者，index_name 用于标识索引名。

12.2 索引组织表

通常情况下，表数据存储在表段中，索引数据存储在索引段中。但索引组织表是 Oracle 提供的一种特殊的表，它将表的数据和索引数据存储在一起，即以 B*树索引的方式来组织表中的数据。索引组织表可以极大地提高查询效率，其典型的应用类似于字典的情形，主要用于搜索一些有意义的信息。

索引组织表在数据存储时并不像普通的表那样采用堆组织的方式，即将记录无序地存放在数据段中，而是采用类似 B*树索引的索引组织方式，将记录按照某个主键列进行排序后，再以 B*树的方式存在数据段中。索引组织表的工作原理非常类似于在词典中查找一些单词的原理，那么当用户在词典中搜索某个词语时，用户就需要按照词语的字母次序将书翻开到该词语的附近位置，然后再根据打开词典的位置进行前后搜索。这就是查找 B*树索引的过程，也是查找索引组织表的过程。

要创建索引组织表，必须在 CREATE TABLE 语句中显式地指定 ORGANIZATION INDEX 子句。其次，在索引组织表中必须建立一个主键约束。

【例 12.5】下面的语句创建了一个索引组织表 department。

```
SQL> CREATE TABLE department(
     deptno  NUMBER(4) PRIMARY KEY,
     deptname  VARCHAR2(32),
     location   VARCHAR2(64))
     ORGANIZATION INDEX
     TABLESPACE users;
```

索引组织表一般适应于静态表，对这些表的查询多以主键列作为 WHERE 条件。对经常更新的表不适合创建索引组织表，因为对这种表的 INSERT 和 UPDATE 操作的代价很大。当表的大部分列当作主键列，且表相对静态时，比较适合创建索引组织表。

12.3 分区表与分区索引

表是数据库中最核心的一个对象，在 Oracle 中，创建表的完整的语法如下。

```
CREATE TABLE [模式名.]<表名>(<字段名> <字段数据类型>[,字段名 字段数据类型]…)
     [TABLESPACE 表空间名]
     [PCTFREE]
     [PCTUSED]
     [INITRANS]
     [MAXTRANS]
     [STORAGE CLAUSE]
     [LOGGING| NOLOGGING]
     [CACHE | NOCACHE]
```

其中，TABLESPACE 是表所属的表空间。如果创建表时没有指定表所处的表空间，则表将使用当前用户的默认表空间。PCTFREE 参数用于指定 Oracle 块所预留的最小空闲空间的百分比。PCTUSED 参数用于指定当 Oracle 块中的空闲空间小于 PCTFREE 参数后，Oracle 块能够被再次允许接收新插入的数据前，已占用的存储空间必须低于的比例值。INITRANS 和 MAXTRANS 参数用于指定同一个块所允许的初始并发事务数（INITRANS）和最大并发事务数（MAXTRANS）。STORAGE CLAUSE 包括对区的参数设置，LOGGING 和 NOLOGGING 表示是否日志文件。CACHE 和 NOCACHE 用于确定表数据是否缓冲。

在当前的企业应用中，需要处理的数据量可以达到几十 GB 到几百 GB，甚至 TB 级。管理 VLDB（Very Large Database）数据库时，企业必须面对大数据量对存储和性能的影响，这些巨型数据库和巨型表的读写速度亟待提高。分区表（Partitioned Table）和分区索引（Partitioned Index）正是为了满足 VLDB 系统的需求而设计的。通过使用分区表，可以将一张大表的数据分布到多个表分区段；通过使用分区索引，可以将一个大索引的数据分布到多个索引分区段。使用分区特征时，不同分区彼此独立，从而提高了表的可用性和性能。

12.3.1 分区的概念

随着表的增大，对它的维护也更加困难。在非常大的数据库中，可以把一个大表的数据分成多个小表，以简化数据库的管理活动。例如，可以根据表中的部门或产品值把一个表分成独立的小表。在 Oracle 中，当把一个大表分成若干小表时，可以规定一些范围供数据库使用。这些称作分区（Partition）的小表比大表的管理更加简单。例如，可以截断（Truncate）一个分区的数据而不截断其他分区的数据。Oracle 将把分区表作为一些独立的对象来管理。

分区还可以改善应用性能。由于优化程序将知道作为分区基础使用的范围值，所以它在数据表访问时就可以只使用特定的分区直接查询。因为在查询进程中只浏览少量数据，自然就改善了查询性能。

除了表外，也可以对索引进行分区，一个分区索引的分区中的值范围可以与索引表使用的范围相匹配，这种情况的索引称作局部索引。如果索引分区不能与表分区的值范围相匹配，则该索引就称作全局索引。

分区是指将巨型的表或索引分割成相对较小的、可独立管理的部分，这些独立的部分称为原来表或索引的分区，图 12-2 所示为分区表与未分区表之间的区别。分区后的表与未分区的表在执行查询语句或其他 DML 语句时没有任何区别，一旦进行分区之后，还可以使用 DDL 语句对每个单独的分区进行操作。因此，对巨型表或者索引进行分区后，能够简化对它们的管理和维护操作，而且分区对于最终用户和应用程序是完全透明的。

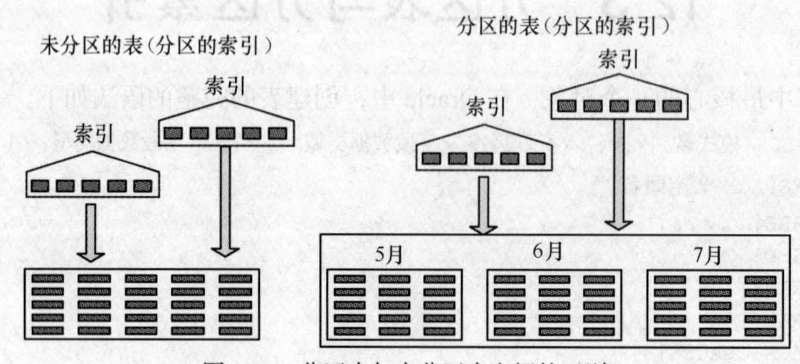

图 12-2　分区表与未分区表之间的区别

1. 分区键

在分区表中的每行都明确分给单个分区。分区键是为每行确定分区的列的集合。Oracle 通过使用分区键自动将 Insert、Update 和 Delete 操作应用于分区。一个分区键包含 1-16 列的顺序列表；不能包含 LEVEL、ROWID、MLSLABEL 假列或者列的类型为 ROWID；能够包含 NULL 值的列。

2. 分区表

分区表是指按照特定方式逻辑划分大表，最终将其数据部署到几个相对较小的分区段中。执行 SQL 语句访问分区表时，服务器进程可以直接访问某个分区段，而不需要访问整张表的所有数据，从而降低磁盘 I/O，提高系统性能。表能够分区成任何数量的不同分区，除包含 LONG 和 LONGRAW 数据类型的表以外，都能够进行分区，对于包含 CLOB 和 BLOB 的表也能够分区。

3. 分区索引组织表

管理员可以分配分区索引表。这种特性非常有用，因为它可以改善管理性、可用性和性能。而且，使用索引组织的表能够充分利用分区存储数据，例如图像和多媒体。

12.3.2　建立分区表

在 Oracle 11g 数据库中，根据对表或索引的分区方法可以创建 4 种类型的分区表：范围（Range）分区、列表（List）分区、散列（Hash）分区、组合分区。每种分区表都有自己的特点，在创建分区表时，应当根据表应用情况选择合理的分区类型。

1. 范围分区

范围分区基于分区字段值的范围将数据映射到所建立的分区上。这是最通用的分区类型，经常使用日期字段来分区。当使用范围分区的时候，需要记住以下几条规则。

（1）每个分区都包含 VALUES LESS THAN 字句，定义了分区的上层边界。任何等于和大于分区键值的二进制值都被添加到下一个高层分区中。

（2）所有的分区，除了第一个，如果低于 VALUES LESS THAN 所定义的下层边界，都放在前面的分区中。

（3）MAXVALUE 可以用来定义最高层的分区。MAXVALUE 表示了虚拟的无限值。

【例 12.6】 假设某网上商店 2012 年的订单表（OrderInfo）大小为 40GB，平均每个季度 10GB，将订单数据基于提交订单时间 orderTime 按季度分区。

```
SQL> CREATE TABLE OrderInfo_Range(
    orderNo NUMBER(10),
    orderBalance NUMBER(10, 2) DEFAULT 0,--订单总价
    orderTime DATE)
    PARTITION BY RANGE (orderTime)(
    PARTITION jd1 VALUES LESS THAN (TO_DATE('01-04-2012','DD/MM/YYYY')),
    PARTITION jd2 VALUES LESS THAN (TO_DATE('01-07-2012','DD/MM/YYYY')),
    PARTITION jd3 VALUES LESS THAN (TO_DATE('01-10-2012','DD/MM/YYYY')),
    PARTITION jd4 VALUES LESS THAN (TO_DATE('01-01-2013','DD/MM/YYYY'))
    );
```

分区效果如图 12-3 所示。

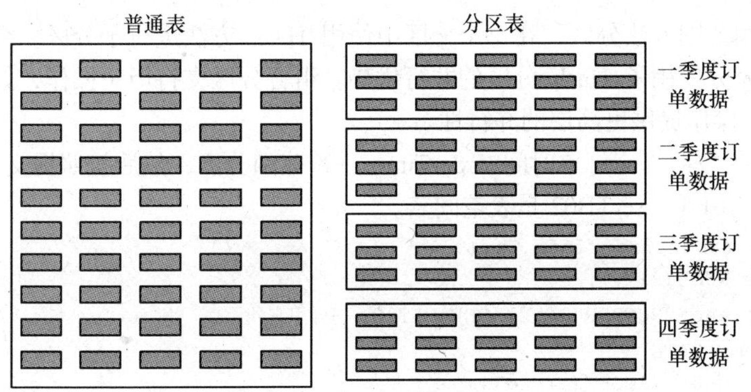

图 12-3　范围分区示例

当在分区表上执行 INSERT 操作时，系统会根据 orderTime 值的范围自动将数据插入到相应的分区上。

2. 列表分区

列表分区可以控制如何将行映射到分区中去。可以在每个分区的字段上定义离散的值，这与范围分区和 Hash 分区是不同的。范围分区与分区相关联，Hash 函数控制了行-分区的映射。列表分区的优点在于按照自然的方式将无序和没有关系的数据集合分组。

【例 12.7】 列表分区的细节可以通过下面的例子来说明。在这个例子中，可以使用籍贯对学生数据分区。这意味着将数据按照地理位置分区。

```
SQL> CREATE TABLE Student_List(
    StuNo NUMBER(10),
    StuName VARCHAR2(64),
    Province VARCHAR2(16))
    PARTITION BY LIST(Province)(
    PARTITION p1 VALUES('北京', '天津' ,'山西', '内蒙古', '河北') ,
    PARTITION p2 VALUES('湖南', '湖北', '广东', '福建', '上海') ,
```

```
    PARTITION  p3  VALUES('河南', '黑龙江', '吉林', '辽宁', '陕西')
    );
```

3. 散列分区

如果分区字段的值不是数字、日期等类型，并且分区字段的取值范围也不固定，则可以考虑用 Hash 分区。Hash 分区利用 Oracle 自带的 Hash 函数计算分区字段，并依据计算结果来对数据进行分区。因为语法很简单，因此 Hash 分区能够很容易对数据进行分区。在下面这种情况下，使用 Hash 分区比范围分区更好。

（1）当事先不知道需要将多少数据映射到给定的范围的时候。

（2）分区范围的大小很难确定，或者很难平衡的时候。

（3）范围分区使数据得到不希望的聚集时。

【例 12.8】 使用 Hash 分区创建产品信息。

```
SQL> CREATE TABLE Product_Hash(
    productid  NUMBER(6),
    description  VARCHAR2(64))
    PARTITION BY HASH(productid)
    (PARTITION p1 TABLESPACE productTB01,
    PARTITION p2 TABLESPACE productTB02);
```

其中，productTB01 和 productTB02 是表空间名。

4. 组合分区

组合分区使用范围方法分区，在每个分区中使用 Hash 方法进行子分区。组合分区比范围分区更容易管理，充分使用了 Hash 分区的并行优势。组合分区支持历史操作，如添加新的范围分区，同时为 DML 操作提供更高层的并行性。

【例 12.9】 先按照提交订单时间 orderTime 进行范围分区，然后按照提交订单号进行 Hash 分区，其中 userTB01 和 userTB02 是表空间名。

```
SQL> create table OrderInfo_Com(
    orderNo NUMBER(10),
    orderBalance NUMBER(10,2) DEFAULT 0,--订单总价
    orderTime DATE)
    PARTITION BY RANGE (orderTime)
    SUBPARTITION BY HASH(orderNo) SUBPARTITIONS 2
    STORE IN(userTB01,userTB02)(
    PARTITION jd1 VALUES LESS THAN (TO_DATE('01-04-2012','DD/MM/YYYY')),
    PARTITION jd2 VALUES LESS THAN (TO_DATE('01-07-2012','DD/MM/YYYY')),
    PARTITION jd3 VALUES LESS THAN (TO_DATE('01-10-2012','DD/MM/YYYY')),
    PARTITION jd4 VALUES LESS THAN (TO_DATE('01-01-2013','DD/MM/YYYY'))
    );
```

12.3.3 修改分区表

对分区表而言，可以像普通表一样使用 ALTER TABLE 语句进行修改。因此，本节主要介绍分区表所特有修改，SQL 语句如下。

```
ADD(HASH) PARTITION|SUBPARTITION
COALESCE(HASH) PARTITION|SUBPARTITION
DROP PARTITION
EXCHANGE PARTITION
MERGE PARTITION
MOVE PARTITION
SPLIT PARTITION
TRUNCATE PARTITION
```

1. 为范围分区表添加分区

如果要在范围分区表的尾部增加新分区，可以使用 ADD PARTITION 选项。

【例 12.10】 在范围分区表 OrderInfo_Range 的尾部增加一个新分区 jd5。

```
SQL>ALTER TABLE OrderInfo_Range ADD PARTITION jd5 VALUES LESS THAN
(TO_DATE('01-04-2013','DD/MM/YYYY'));
```

如果在范围分区表的顶部或中间增加分区，可以使用 SPLIT PARTITIQN 选项。

【例 12.11】 在范围分区表 OrderInfo_Range 的中间增加分区。

```
SQL>ALTER TABLE OrderInfo_Range SPLIT PARTITION jd3 AT ('01-04-2013') INTO (PARTITION
jd3_1, PARTITION jd3_2);
```

2. 为 Hash 分区表增加分区

如果要为 Hash 分区表增加分区，既可以指定分区名，也可以不指定分区名。如果不指定分区名，Oracle 会自动生成一个分区名。

【例 12.12】 为 Hash 分区表 Product_Hash 增加一个新分区 p3。

```
SQL>ALTER TABLE Product_Hash ADD PARTITION p3;
```

3. 为列表分区表增加分区

如果要为列表分区表增加新分区，必须提供相应的离散值。

【例 12.13】 为 Hash 分区表 Student_List 增加一个新分区 p4。

```
SQL>ALTER TABLE Student_List ADD PARTITION p4 VALUES('新疆', '广西');
```

4. 为组合分区表增加主分区和子分区

为组合分区表增加分区时，不仅需要指定主分区，还应该指定子分区的个数。如果不指定子分区个数，Oracle 会使用表级的默认子分区。为组合分区表增加子分区时，需要使用 ALTER TABLE…MDDIFY PARTITION 命令的 ADD SUBPARTITION 选项。

5. 删除分区

删除范围分区表或列表分区表的某个分区时，可以使用 ALTER TABLE 语句的 DROP PARTITION 选项。删除 Hash 分区表或组合分区表的分区时，可以使用 AFTER TABLE 语句的 COALESCE PARTITION 选项。删除组合分区表的子分区时，可以使用 ALTER TABLE…MDDIFY PARTITION 语句的 COALESCE SUBPARTITION 选项。

6. 交换分区数据

使用 ALTER TABLE 语句的 EXCHANGE PARTITION 选项可以将分区表的数据交换到普通表中，也可以将普通表的数据交换到表分区中。

7. 截断分区

使用 TRUNCATE PARTITION 选项可以截断某个分区，并删除其所有数据。示例如下。

```
SQL> ALTER TABLE Product_Hash TRUNCATE PARTITION p3;
```

8. 修改分区表名称

使用 RENAME PARTITION 选项可以修改分区名。示例如下。

```
SQL> ALTER TABLE Product_Hash RENAME PARTITION p3 TO part3;
```

9. 合并分区

使用 MERGE PARTITION 选项可以将多个分区的内容合并为一个分区。下面以将分区 jd1 和 jd2 的数据合并到新分区 jd_half 中为例，说明合并分区的方法。示例如下。

```
SQL> ALTER TABLE OrderInfo_Range MERGE PARTITION jd1,jd2 INTO PARTITION jd_half;
```

10. 重组分区

使用 MOVE PARTITION 选项可以重组特定分区的所有数据。使用该选项，可以将特定分区数据移动到其他表空间，或删除特定分区的行迁移。下面以将分区 jd_half 数据移动到 USER01

表空间为例，说明重组分区的方法。示例如下。

```
SQL>ALTER TABLE OrderInfo_Range MOVE PARTITION jd_half TABLESPACE USER01;
```

12.3.4 分区索引

对于分区表而言，每个表分区对应一个分区段。对索引进行分区的目的与对表进行分区是一样的，都是为了更加易于管理和维护巨型对象。分区索引可以改善管理性、可用性、性能和调度能力，它是独立于分区，或者自动链接到表的分区的方法。

在 Oracle 中，可以为分区表建立 3 种类型的索引：局部分区索引、全局分区索引和非全局分区索引。对于全局分区索引，其索引数据会存放在一个索引段中；而对于局部分区索引，则索引数据会被存放到几个索引分区段中。

1. 局部分区索引

局部分区索引是为分区表中的各个分区单独地建立分区，各个索引分区之间是相互独立的。局部分区索引比其他类型的分区索引更容易管理，提供了很高的可用性，在决策支持系统环境中非常通用。这是因为局部索引的每个分区与表的一个分区相关联，这使得 Oracle 能够自动保持索引分区与表分区同步。任何一个分区数据不合法或者不可用的活动都会影响单个分区。

局部分区索引可以是唯一的。然而，为了让局部分区索引保持唯一，表的分区字段必须是索引键列。局部分区索引与分区表的对应关系如图 12-4 所示。

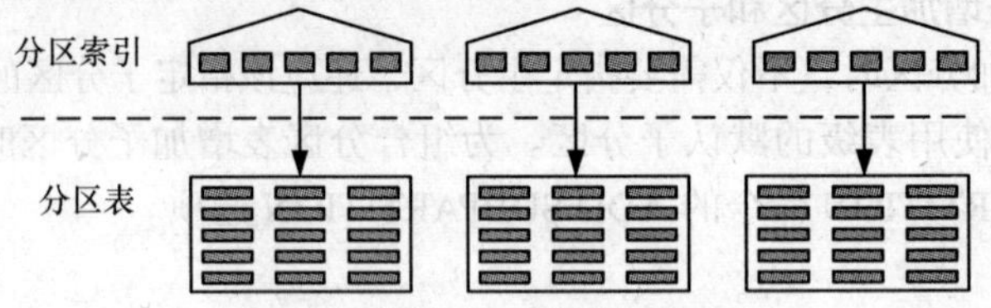

图 12-4　局部分区索引与分区表

【例 12.14】 为前面创建的 Hash 分区 Product_Hash 创建局部分区索引。

```
CREATE INDEX Product_Hash_Local_idx ON Product_Hash ((productid)) LOCAL
    (PARTITION idx1 TABLESPACE productTB01,
    PARTITION idx2 TABLESPACE productTB02);
```

2. 全局分区索引

全局分区索引是对整个分区表建立的索引，然后再由 Oracle 对索引进行分区。全局分区索引的各个分区之间不是相互独立的，索引分区与分区表之间也不是简单的一对一关系。图 12-5 所示为全局分区索引与分区表的对应关系。

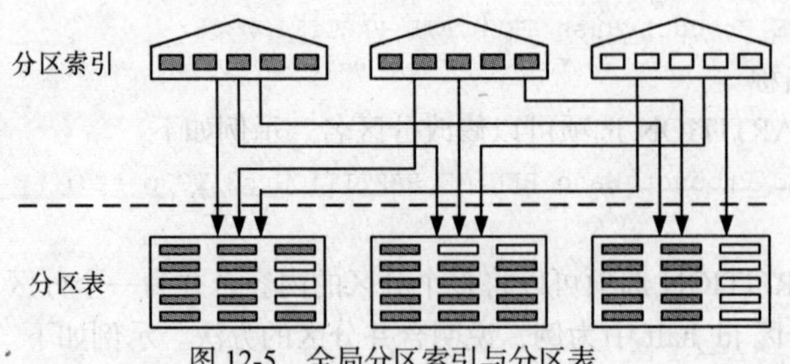

图 12-5　全局分区索引与分区表

【例 12.15】 在 OrderInfo 表上创建全局分区索引。

```
SQL>CREATE INDEX orderinfo_global_part_idx ON OrderInfo (orderTime)
GLOBAL PARTITION BY RANGE(orderTime)
```

```
(PARTTTION p1 VALUES LESS THAN(TO_DATE('01-04-2012','DD/MM/YYYY')),
PARTITION p2 VALUES LESS THAN(MAXVALUE));
```

全局分区索引分区程度上是灵活的，其分区键与表的分区方法相独立。在 OLTP 环境中，全局分区索引非常通用，为访问单个记录提供了高效的方式。全局分区索引的最高层分区必须包含一个分区边界，索引的值是 MAXVALUE。这保证表的所有行能够在索引中描述。

不能向全局分区索引添加分区，因为最高层的分区包含一个 MAXVALUE 分区边界。如果希望添加新的最高层分区，可以使用 ALTER INDEX…SPLIT PARTITION 语句。如果全局索引分区为空，可以使用 ALTER INDEX DROP 删除它。如果全局索引分区包含数据，删除分区将导致下一个最高层分区不可用。因此，在全局索引中不能删除最高层分区。

在 Oracle 中，可以在 SQL 语句中附加 UPDATE GLOBAL INDEXES 子句维护全局分区索引。这有两个优势，一是在操作过程中，索引保持可用，其他应用不会被这个操作影响；二是在操作以后，不用重建索引。示例如下。

```
SQL>ALTER TABLE DROP PARTITION P1 UPDATE GLOBAL INDEXES;
```

3. 全局非分区索引

全局非分区索引类似于非分区索引，就是对整个分区表建立索引，但是未对索引进行分区。在 OLTP 环境中很常见，在访问单个记录的时候非常有效。图 12-6 所示为全局非分区索引和分区表之间的关系。

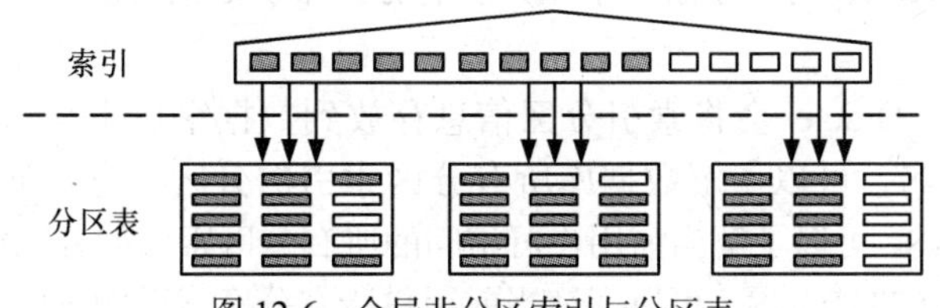

图 12-6　全局非分区索引与分区表

【例 12.16】 在 OrderInfo 表上创建全局非分区索引。

```
SQL>CREATE INDEX orderinfo_global_idx ON OrderInfo (orderTime);
```

12.3.5　显示分区表和分区索引信息

1. 显示分区表信息

建立分区表时，Oracle 会将分区表的信息存放到数据字典中。通过查询数据字典视图 DBA_PART_TABLES，可以了解数据库所有分区表的信息；通过查询数据字典视图 ALL_PART_TABLES，可以了解当前用户可访问的所有分区表信息；通过查询数据字典视图 USER_PART_TABLES，可以了解当前用户所有分区表的信息。

2. 显示表分区

建立分区表时，Oracle 会将分区表的信息存放到数据字典中。通过查询数据字典视图 DBA_TAB_PARTITIONS，可以了解数据库所有分区表的详细分区信息；通过查询数据字典视图 ALL_TAB_PARTITIONS，可以了解当前用户可访问的所有分区表的详细分区信息；通过查询数据字典视图 USER_TAB_PARTITIONS，可以了解当前用户所有分区表的详细分区信息。

3. 显示子分区

建立组合分区表时，Oracle 会将子分区的信息存放到数据字典中。通过查询数据字典视图 DBA_TAB_SUBPARTITIONS，可以了解数据库所有组合分区表的子分区信息；通过查询数据字典视图 ALL_TAB_SUBPARTITIONS，可以了解当前用户可访问的所有组合分区表的子分区信息；通过查询数据字典视图 USER_TAB_SUBPARTITIONS，可以了解当前用户所有组合分区表的子分区信息。

4. 显示分区列

建立分区表时，必须指定分区列，并且 Oracle 会将分区列的信息存放到数据字典中。通过查询数据字典视图 DBA_PART KEY_COLUMNS，可以了解数据库所有分区表的分区列信息；通过查询数据字典视图 ALL_PART KEY_COLUMNS，可以了解当前用户可访问的所有分区表的分区列信息；通过查询数据字典视图 USER_PART KEY_COLUMNS，可以了解当前用户所有分区表的分区列信息。

5. 显示子分区列

建立组合分区表时，必须指定子分区列，并且 Oracle 会将子分区列的信息存放到数据字典中。通过查询数据字典视图 DBA_SUBPART_KEY_COLUMNS，可以了解数据库所有组合分区表的子分区列信息；通过查询数据字典视图 ALL_SUBPART KEY COLUMNS，可以了解当前用户可访问的所有组合分区表的子分区列信息；通过查询数据字典视图 USER_SUBPART_KEY_ COLUMNS，可以了解当前用户所有组合分区表的子分区列信息。

6. 显示分区索引

建立分区索引时，Oracle 会将分区索引的信息存放在数据字典中。通过查询数据字典视图 DBA_PART_INDEXES，可以了解数据库所有分区索引的信息；通过查询数据字典视图 ALL_PART_INDEXES，可以了解当前用户可访问的所有分区索引的信息；通过查询数据字典视图 USER_PART_INDEXES，可以了解当前用户所有分区索引的信息。

7. 显示索引分区

建立分区索引时，Oracle 会将索引分区信息存放到数据字典中。通过查询数据字典视图 DBA_IND_PARTITIONS，可以了解数据库所有分区索引的分区信息；通过查询数据字典视图 ALL_IND_PARTITIONS，可以了解当前用户可访问的所有分区索引的分区信息；通过查询数据字典视图 USER_IND_PARTITIONS，可以了解当前用户所有分区索引的分区信息。

8. 显示索引子分区

当在组合分区表上建立分区索引时，Oracle 会将索引子分区的信息存放到数据字典中。通过查询数据字典视图 DBA_IND_SUBPARTITIONS，可以了解数据库所有分区索引的子分区信息；通过查询数据字典视图 ALL_IND_PARTITIONS，可以了解当前用户可访问的所有分区索引的子分区信息；通过查询数据字典视图 USER_IND_PARTITIONS，可以了解当前用户所有分区索引的子分区信息。

12.4 外 部 表

外部表是 Oracle 提供的可读取操作系统文件数据的一种只读表，即外部表是表结构被存储在数据字典中，而表数据被存放在操作系统文件中的表。通过外部表，不仅可以在数据库中查询操作系统文件的数据，还可以使用 INSERT 方式将操作系统文件数据装载到数据库中，从而实现 SQL*Loader 所提供的功能。建立外部表后，可以查询外部表的数据，在外部表上执行连接查询，或对外部表的数据进行排序。需要注意，在外部表上不能执行 DML 修改，也不能在外部表上建立索引。

12.4.1 建立外部表

建立外部表是使用 CREATE TABLE 语句来完成的，建立外部表必须指定 ORGANIZATION EXTERNAL 子句。与建立普通表不同，建立外部表包括两部分，一部分描述列的数据类型，另一部分描述操作系统文件数据与表列的对应关系。

下面以访问操作系统文件 emp.dat 的数据为例，说明建立和使用外部表的方法，假定 emp.dat 是包含逗号分隔符的文件，包含以下数据。

1001,张三, 12-MAY-2011,5000, 50

1002,李四, 5-MAY-2012,6000, 50

1003,王五, 8-MAY-2012,8000, 60

1004,赵六, 21-MAY-2012,10000, 60

1. 建立目录对象，并授予用户权限

当在数据库中访问操作系统文件时，必须建立目录对象，然后通过目录对象访问相应的操作系统文件。一般情况下，建立目录对象是由特权用户或 DBA 用户完成的，如果要以其他用户身份建立目录对象，则要求该用户必须具有 CREATE ANY DIRECTORY 系统权限。另外，为了使数据库用户可以访问特定目录下的操作系统文件，必须将读写目录对象的权限授予用户。示例如下。

```
SQL> conn sys/ustb2012;
SQL> CREATE DIRECTORY ext AS 'd:\ext';
SQL> GRANT READ,WRITE ON DIRECTORY ext TO scott;
```

在上面的语句中，建立了一个名为 ext 的目录，该目录指向服务器上的“d:\ext”目录，该目录是存放 emp.dat 数据文件的位置。同时，授予 scott 用户对该目录的读写操作。

2. 建立外部表

使用 CREATE TABLE…ORGANIZATION EXTERNAL 语句建立外部表时，需要包含两部分内容，一部分用于定义表列，另一部分用于指定表列和操作系统文件数据的对应关系。示例如下。

```
SQL>CREATE TABLE ext_emp(
  id NUMBER(4),
  name VARCHAR2(64),
  hiredate DATE,
  sal NUMBER(8,2),
  dept_id NUMBER(4))
ORGANIZATION EXTERNAL(
  TYPE ORACLE_LOADER DEFAULT DIRECTORY ext
  ACCESS PARAMETERS (
    records delimited by newline fields terminated by ','
    missing field values are NULL(
    id, name, hiredate char date_format date mask "dd-mon-yyyy", sal, dept_id)
  )LOCATION ('emp.dat')
);
```

3. 使用外部表

建立外部表后，使用 DESC 可以查看其结构，SELECT 语句可以查询其数据。查询外部表与查询普通表没有任何区别。示例如下。

```
SQL>SELECT id, name, sal FROM ext_emp ORDER BY sal;
```

通过外部表，可以将操作系统文件数据装载到数据库，从而实现 SQL*Loader 的功能。装载数据时，可以使用 INSERT 语句将操作系统文件数据装载到已存在的表中，也可以使用 CREATE TABLE 建立新表并装载数据。示例如下。

```
SQL>CRATE TABLE employee AS SELECT * FROM ext_emp;
```

12.4.2　处理外部表错误

在将数据文件中的数据转换为表中列数据时，不可避免会现一些错误。当出现错误时，用户就需要收集错误信息，从中找到导致出现错误的原因并加以纠正。在创建外部表时，关于错误处理的子句包括 REJECT LIMIT、BADFILE 和 NOBADFILE、LOGFILE 和 NOLOGFILE。请参阅联机帮助文档。

12.4.3 修改外部表

1. 修改默认 DIRECTORY 对象

当在操作系统环境中修改了操作系统文件所对应的操作系统路径后，为了使 Oracle 能够正确标识操作系统文件所在目录，必须改变 DIRECTORY 对象。下面以将外部表 ext_emp 的默认目录对象修改为 ext_new 为例，说明修改默认 DIRECTORY 对象的方法。示例如下。

```
SQL>ALTER TABLE ext_emp DEFAULT DIRECTORY ext_new;
```

2. 修改文件位置

当在操作系统环境中修改了操作系统文件名后，为了使 Oracle 能够正确标识该操作系统文件，必须逻辑修改外部表对应的操作系统文件。下面以将外部表 ext_emp 对应的操作系统文件修改为 emp_1.dat 为例，说明修改文件位置的方法。示例如下。

```
SQL>ALTER TABLE ext_emp LOCATION ('emp_1.dat');
```

3. 修改访问参数

当操作系统文件的数据格式（如分隔符由“,”变为“;”）发生改变时，需要改变访问参数设置。示例如下。

```
SQL>ALTER TABLE ext_emp ACCESS PARAMETERS (FIELDS TERMINATED BY ';');
```

12.5 临　时　表

临时表用于存放会话或事务的私有数据。建立临时表后，其结构会一直存在，但其数据只在当前事务内或当前会话内有效。需要注意，当在临时表上执行 DML 操作时，既不会加锁，也不会将数据变化写到重做日志中。

Oracle 的临时表与其他关系数据库中的不同，Oracle 中的临时表是“静态”的，也就是说，用户不需要在每次使用临时表时重新建立，它与普通的数据表一样被数据库保存，其结构从创建开始直到被删除期间一直是有效的，并且被作为模式对象存在数据字典中。通过这种方法，可以避免每当用户应用中需要使用临时表存储数据时必须重新创建临时表。

由于临时表中存储的数据只在当前事务处理或者会话进行期间有效，因此，创建的临时表分为事务级别临时表和会话级别临时表。这就需要在使用 CREATE GLOBAL TEMPORARY TABLE 语句创建临时表时，还需要使用如下的子句说明创建临时表的级别。

1. 事务临时表

事务临时表是指数据只在当前事务内有效的临时表。如果建立临时表时没有指定 ON COMMIT 选项，则默认为事务临时表。通过指定 ON COMMIT DELETE ROWS 子句也可以指定事务临时表。下面以建立和使用事务临时表 trans_temp 为例，说明事务临时表的建立和使用方法。示例如下。

```
SQL>CREATE GLOBAL TEMPORARY TABLE trans_temp(id NUMBER(8), op VARCHAR2(32), op_date DATE) ON COMMIT DELETE ROWS;  --创建事务临时表
SQL>INSERT INTO trans_temp VALUES(1, 'INSERT', SYSDATE);  --增加测试数据
SQL>SELECT * FROM trans_temp;    --返回上面增加的测试数据
SQL>COMMIT;    --提交当前事务，临时表被清空
SQL>SELECT * FROM trans_temp;    --返回为空
```

如上所示，事务临时表 trans_temp 的数据只在当前事务内可以查看。当使用 COMMIT 或 ROLLBACK 结束事务后，其临时数据会被自动清除。

2. 建立会话临时表

会话临时表是数据只在当前会话内有效的临时表。建立临时表时，通过使用 ON COMMIT PRESERVE ROWS 子句，可以指定会话临时表。下面以建立和使用临时表 session_temp 为例，说明会话临时表的建立和使用方法。示例如下。

```
SQL>CREATE GLOBAL TEMPORARY TABLE session_temp(id NUMBER(8), op VARCHAR2(32), op_date
DATE) ON COMMIT PRESERVE ROWS;  --创建会话临时表
SQL>INSERT INTO session_temp VALUES(1, 'INSERT', SYSDATE);  --增加测试数据
SQL>COMMIT;    --提交当前事务
SQL>SELECT * FROM session_temp;    --返回上面增加的测试数据
```

如上所示，使用会话临时表时，如果使用 COMMIT 提交事务，那么其数据仍然可以查询，但关闭会话后，Oracle 会自动清除其临时数据。

12.6　簇与簇表

簇是一种用于存储数据表中数据的方法。簇实际上是一组表，由一组共享相同数据块的多个表组成。因为这些表有公共的列并且经常一起被使用，所以将这些表组合在一起，不仅降低了簇键列所占用的磁盘空间，而且可以极大地降低特定 SQL 操作的 I/O 次数，从而提高数据访问性能。

12.6.1　索引簇

索引簇是指使用索引定义簇键列数据的方法。如果用户需要执行连接查询显示主、从表的数据，则应该将主、从表组织到索引簇。使用索引簇时，簇键列数据是通过索引来定位的。如果用户经常使用主从查询显示相关表的数据，可以将这些表组织到索引簇中，并应将主外键列作为簇键列。如果建立簇时不指定 HASHKEYS、HASH IS 或 SINGLE TABLE HASHKEYS 子句，Oracle 会建立索引簇。

例如，如果用户经常执行类似于 SELECT a.dname, b.ename, b.sal FROM dept a, emp b WHERE a.deptno=b.deptno and a.deptno=10 的语句显示部门及其雇员信息，为了加快数据访问速度，可以将表 dept 和 emp 组织到索引簇中，并且应将部门号（deptno）作为簇键列。下面以建立索引簇 dept_emp_cluster 为例，说明建立索引簇和簇表的方法。步骤如下。

1. 建立索引簇

建立索引簇时，使用 CREATE CLUSTER 语句，并应将主从表的主外键列作为簇键列。为了避免浪费存储空间，建立索引簇之前，应规划好簇键列相关数据所占用的平均空间。示例如下。

```
SQL>CREATE CLUSTER dept_emp_cluster(deptno NUMBER(3))
PCTFREE 20 PCTUSED 60
SIZE 1024 TABLESPACE users;
```

如上所示，簇键列为 deptno，PCTFREE 用于指定在数据块内为 UPDATE 操作所预留空间的百分比，PCTUSED 用于指定将数据块标记为可重新插入数据的已用空间最低百分比，SIZE 用于指定每个簇键值相关行数据所占用的总计空间，其默认值为一个数据块的尺寸，TABLESPACE 用于指定簇段所在表空间。

2. 建立簇表

为了将表组织到簇中，建表时必须指定 CLUSTER 子句。需要注意，当建立簇表时，不能指

定 STORAGE 子句和块空间使用参数。下面以将 dept 表增加到簇 dept_emp_cluster 为例，说明增加主表到簇中的方法。示例如下。

```
SQL>CREATE TABLE dept(
deptno NUMBER(3) PRIMARY KEY, dname VARCHAR2(16), loc VARCHAR2(16))
CLUSTER dept_emp_cluster(deptno);
```

如上所示，执行了以上语句之后，会将表 dept 数据组织到簇中，并且主键列 deptno 会作为簇键列。下面以将 emp 表增加到簇 dept_emp_cluster 为例，说明增加从表到簇中的方法。示例如下。

```
SQL>CREATE TABLE emp(
eno NUMBER(4) PRIMARY KEY, ename VARCHAR2(10),
job VARCHAR2(8), mgr NUMBER(4), hiredate DATE,
sal NUMBER(7,2), comm NUMBER(7,2),
deptno NUMBER(3) REFERENCES dept)
CLUSTER dept_emp_cluster(deptno);
```

如上所示，执行了以上语句之后，会将表 emp 数据组织到簇中，并且外键列 deptno 会作为簇键列。

3. 建立簇索引

建立了索引簇和簇表后，插入数据之前必须先建立簇索引。因为 Oracle 会自动基于簇键列建立簇索引，所以在建立簇索引时不需要指定列名。示例如下。

```
SQL>CREATE INDEX dept_emp_idx ON CLUSTER dept_emp_cluster TABLESPACE users;
```

4. 使用索引簇

将主从表组织到索引簇后，如果在二者之间进行连接查询，Oracle 会自动使用索引簇定位数据，进行数据查询。

修改簇是使用 ALTER CLUSTER 语句完成的。一般情况下，修改簇是由簇所有者完成的，但如果要以其他用户身份修改簇，要求该用户必须具有 ALTER ANY CLUSTER 系统权限。删除索引簇是使用 DROP CLUSTER 语句完成的。如果索引簇不包含任何表，可以直接使用 DROP CLUSTER 语句删除索引簇。

12.6.2 Hash 簇

Hash 簇是指使用 Hash 函数定位行的位置。通过 Hash 簇，可以将静态表的数据均匀地分布到数据块中。将表组织到 Hash 簇后，如果使用 WHERE 子句引用簇键列，Oracle 会根据 Hash 函数结果定位表行数据。合理地使用 Hash 簇，可以大大降低磁盘 I/O，从而提高数据访问性能。使用 Hash 簇时，表行数据是通过簇键列定位的。如果表数据是静态的，并且经常在等值查询中引用簇键列，则应将表组织到 Hash 簇。

建立 Hash 簇时，使用 HASH IS 可以定义 Hash 函数。如果不指定 HASH IS 子句，Oracle 会使用默认 Hash 函数。为了避免浪费存储空间，在建立 Hash 簇之前，应该规划好簇键列相关行数据占用的平均空间。

建立 Hash 簇的方法与建立索引簇的方法相同，仅需要在使用 CREATE CLUSTER 语句建立簇时指定 HASHKEYS、HASH IS 或 SINGLE TABLE HASHKEYS 子句，这里不再赘述。

12.6.3 显示簇信息

建立索引簇或 Hash 簇时，Oracle 会将簇的相关信息存放到数据字典中，通过查询数据字典视图 USER_CLUSTERS，可以显示当前用户所有簇的信息。例如，下面的语句将显示 SCOTT 用户所包含的所有簇。

```
SQL> SELECT cluster_name,tablespace_name,key_size FROM user_clusters;
```

```
CLUSTER_NAME          TABLESPACE_NAME                    KEY_SIZE
--------------------------------------------------------------------
EMPLOYEE_CLU          SPACE01                            500
DEPT_EMP_CLU          SPACE01                            1024
```

12.7　管理视图

视图是一个虚拟表，是表中数据的逻辑表示，它由存储的 SELECT 查询语句构成，可以将它的输出看作是一个表。视图同真实的数据表一样具有列和行，但它仅包含查询数据的脚本，本身并不包含任何数据，其数据值是来自定义视图的查询语句所引用的表。视图可以建立在一个或多个表（或其他视图）上，它不占用实际的存储空间，只是在数据字典中存储了它的定义信息。视图具有如下优点。加强了表的安全管理，用户只能访问视图，不能直接访问表；隐藏了数据的复杂性；简化了 SQL 语句的书写。

在 Oracle 中，视图根据使用的时机与作用可以分为 4 类。

（1）标准视图。也就是常见的存储 SQL 查询语句到数据字典的普通视图，本书仅讨论标准视图，其他 3 种视图请参考 Oracle 的联机帮助文档。

（2）内联视图。不是一个模式对象，而是在使用 SQL 语句编写查询时临时构建的一个嵌入式的视图，因此又称为内嵌视图。

（3）对象视图。基于 Oracle 中的类型创建的对象视图，可以通过对这些视图的查询来修改对象数据。

（4）物化视图。与标准视图存储 SQL 语句不同的是，物化视图存储的是查询的结果，有时也称为快照。

由于视图是外模式的基本单位，从用户观点来看，视图和基表是一样的。实际上视图是从若干个基表或视图导出来的表，因此当基表的数据发生变化时，相应的视图数据也会随之改变。视图定义后，可以和基表一样被用户查询、删除和更新，但通过视图来更新基表中的数据要有一定的限制。视图的维护由数据库管理系统自动完成。

12.7.1　创建视图

创建视图是使用 CREATE VIEW 语句完成的。为了在当前用户模式中创建视图，要求数据库用户必须具有 CREATE VIEW 系统权限；如果要在其他用户模式中创建视图，则用户必须具有 CREATE ANY VIEW 系统权限。其语法如下。

```
CREATE [OR REPLACE] [FORCE|NOFORCE] VIEW <视图名>[(<列名>[,<列名>]…)]
AS (子查询)
[WITH CHECK OPTION [CONSTRAINT 约束名]]
[WITH READ ONLY [CONSTRAINT 约束名]];
```

（1）OR REPLACE。如果视图已经存在则重新创建它。

（2）FORCE|NOFORCE。FORCE 表示强制创建视图，而不管基表是否存在；NOFORCE 表示只在基表存在的情况下创建视图，为默认选项。

（3）列名序列为所建视图包含的列的名称序列，可省略。但列名的个数必须与子查询 SELECT 子句里的列名个数一样。当列名序列省略时，直接使用子查询 SELECT 子句里的各列名作视图列名。下列情况不能省略列名序列。

① 视图列名中有常数、聚合函数或表达式。

② 视图列名中有从多个表中选出的同名列。

③ 需要在视图中为某个列启用更合适的新列名。

（4）子查询可以是任意复杂的 SELECT 语句，但通常不能使用 DISTINCT 短语和 ORDER BY 子句。

（5）WITH CHECK OPTION 是可选项，该选项表示对所建视图进行 INSERT、UPDATE 和 DELETE 操作时，让系统检查该操作的数据是否满足子查询中 WHERE 子句里限定的条件，若不满足，则系统拒绝执行。

（6）WITH READ ONLY 可选项表示只读视图，确保在该视图中没有 DML（UPDATE、INSERT、DELETE）操作能被执行。如果希望视图仅仅只能读取基表中的数据，而不希望通过它可以更改基表中的数据，可以在创建视图时使用 WITH READ ONLY 子句。

【例 12.17】 建立男学生的视图。

```
CREATE VIEW StudentMale
AS SELECT StuNo, StuName, Sex, Age FROM Student WHERE Sex = '男'
```

本例中省略了视图 StudentMale 的列名，意味着该视图列名及顺序与 SELECT 子句中一样。数据库管理系统执行 CREATE VIEW 语句的结果只是把对视图的定义存储数据字典，并不执行其中的 SELECT 语句。只在对视图查询时，才按视图的定义从基表中将数据查询出来。像这种从单个基表导出，且只是去掉了基表的某些行和某些列，但保留了主键的视图被称为行列子视图。

12.7.2 修改视图

修改视图可以使用 CREATE OR REPLACE VIEW 语句，实际上是删除原来的视图，然后创建一个全新的视图，只不过前后两个视图的名称一样而已。

12.7.3 删除视图

删除视图即删除视图的定义，视图删除后，不会影响该视图的基表中的数据。删除视图使用 DROP VIEW 语句，其基本语法如下。

```
DROP VIEW <视图名>
```

【例 12.18】 删除视图 StudentMale。

```
DROP VIEW StudentMale
```

本例将从数据字典中删除视图 StudentMale 的定义。一个视图被删除后，由此视图导出的其他视图也将失效，用户应该使用 DROP VIEW 语句将它们逐一删除。

12.7.4 查询视图

当视图被定义后，用户就可对视图进行查询操作。从用户角度来说，查询视图与查询基表是一样的，可是视图是不实际存在于数据库当中的虚表，所以 Oracle 执行对视图的查询实际是根据视图的定义转换成等价的对基表的查询。

【例 12.19】 在视图 StudentMale 中查找年龄大于 21 岁的学生的基本信息。

```
SELECT StuNo, StuName, Sex, Age FROM StudentMale WHERE Age > 21
```

本例在执行时，Oracle 会转化为下列执行语句。

```
SELECT StuNo, StuName, Sex, Age FROM Student WHERE Sex= '男' AND Age>21
```

因此 Oracle 对某 SELECT 语句进行处理时，若发现被查询对象是视图，则 Oracle 将进行下述操作。

（1）从数据字典中取出视图的定义。

（2）把视图定义的子查询和本 SELECT 语句定义的查询相结合，生成等价的对基表的查询（此过程称为视图的消解）。

（3）执行对基表的查询，把查询结果（作为本次对视图的查询结果）向用户显示。

由上例可以看出，当对一个基表进行复杂的查询时，可以先对基表建立一个视图，然后只需对此视图进行查询，这样就不必再书写复杂的查询语句，而将一个复杂的查询转换成一个简单的查询，从而简化了查询操作。

12.7.5 更新视图

更新视图是指对视图进行插入（INSERT）、删除（DELETE）和修改（UPDATE）操作。同查询视图一样，由于视图是虚表，所以对视图的更新实际上转换成对基表的更新。此外，用户通过视图更新数据不能保证被更新的元组必定符合原来 AS<子查询>的条件。因此，在定义视图时，若加上子句 WITH CHECK OPTION，则在对视图更新时，系统将自动检查原定义时的条件是否满足。若不满足，则拒绝执行该操作。

一般来说，简单视图的所有列都支持 DML 操作，而对于复杂视图来讲，如果该列进行了函数或数学计算，或者在表的连接查询中该列不属于主表中的列，则该列不支持 DML 操作。

12.8 管理序列

在 SQL SERVER 或 Access 中，每个表都有一个可自动增长的字段，但是在 Oracle 中将自动增长的字段单独提取成一个数据库模式对象，称为序列（Sequence）。序列是 Oracle 提供的用于生成一系列唯一数字的数据库对象。序列会自动成生顺序递增的序列号，以实现自动提供唯一的主键值。序列可以在多用户并发环境中使用，并且可以为所有用户生成不重复的顺序数字，而不需要任何额外的 I/O 开销。

每次访问序列，序列按照一定的规律增加或者减少。序列与视图一样，并不占用实际的存储空间，只是在数据字典中存储了它的定义信息。序列独立于事务，每次事务的提交和回滚都不会影响序列。

12.8.1 创建序列

用户在自己的模式中创建序列时，必须具有 CREATE SEQUENCE 系统权限。如果要在其他模式中创建序列，必须具有 CREATE ANY SEQUENCE 系统权限。创建序列需要使用 CREATE SEQUENCE 语句，其语法如下。

```
CREATE SEQUENCE 序列名
[START WITH 初始值]
[INCREMENT BY 步长值]
[MINVALUE 最小值 | NOMINVALUE]
[MAXVALUE 最大值 | NOMAXVALUE]
[CACHE 内存块的大小 | NOCACHE]
[CYCLE | NOCYCLE]
[ORDER | NOORDER];
```

其中，INCREMENT BY 用于定义序列的步长值，缺省的步长值为 1，如果出现负值，则代表序列的值是按照步长递减的。CACHE 用于确定存放序列的内存块的大小，缺省值为 20。NOCACHE 表示不对序列进行内存缓冲。CYCLE 和 NOCYCLE 表示当序列的值达到最大的值后是否循环生成，CYCLE 表示循环，NOCYCLE 表示不循环。当序列用于产生主键值时，不建议使用 CYCLE，因为重复产生的序列值会导致主键出现重复值，导致操作出现异常。ORDER 表示按照请求的顺序产生序列，NOORDER 表示不按照顺序产生序列。

【例 12.20】 创建一个名为 student_seq 的序列，要求初始值为 1，步长为 1 自动增加。

```
SQL> CREATE SEQUENCE student_seq
     START WITH 1
     INCREMENT BY 1
     NOCACHE
     NOCYCLE
     ORDER;
```

在序列创建好之后，用户需要使用 Oracle 提供的两个伪列（NEXTVAL 和 CURRVAL）从序列中获取值。NEXTVAL 用于获取序列的下一个值，CURRVAL 用于获取序列的当前值。在使用这两个伪列时，必须要用序列名进行限定，使用的语法如下。

```
序列名.NEXTVAL;
序列名.CURRVAL;
```

使用序列时，必须注意这两个伪列的使用顺序，通常的规则如下。首先使用 NEXTVAL 对序列进行初始化，获取序列的下一个值；然后通过 CURRVAL 访问当前序列的值，也就是前一步通过 NEXTVAL 提取的序列值。使用如下语句可以获得序列 student_seq 的序列值。

```
SQL>SELECT student_seq.NEXTVAL FROM DUAL;
SQL>SELECT student_seq.CURRVAL FROM DUAL;
```

12.8.2 使用序列

【例 12.21】下面以 student 表为例，student 表在创建时指定 StuNo 为主键，类型为 NUMBER，并使用前面创建的 student_seq 序列产生的值作为主键。

首先创建一个表 student，如下。

```
SQL> CREATE TABLE student (
     StuNo NUMBER(4) PRIMARY KEY ,
     StuName VARCHAR2(64) NOT NULL);
```

然后向 student 表中添加记录，添加记录时使用前面创建的 student_seq 序列，为 student 表中的 StuNo 列自动赋值，如下。

```
SQL> INSERT INTO student (StuNo, StuName) VALUES(student_seq.NEXTVAL, '张三');
SQL> INSERT INTO student (StuNo, StuName) VALUES(student_seq.NEXTVAL, '李四');
```

上面向 student 表中插入了两条记录，下面查询该表中的内容。

```
SQL>SELECT StuNo, StuName FROM student;
```

从查询结果可以发现，序列已经为 StuNo 列自动赋值了。

12.8.3 修改序列

使用 ALTER SEQUENCE 语句可以对序列进行修改。需要注意，除了序列的起始值 START WITH 不能被修改，其他参数与 CREATE SEQUENCE 语句一样，都可以进行修改。但是要注意以下事项。不能修改序列的起始值；序列的最小值不能大于当前值；序列的最大值不能小于当前值；用户必须具有 ALTER SEQUENCE 的权限。如果要修改序列的起始值，则必须先删除序列，然后再重建该序列。

【例 12.22】修改 student_seq 序列的步长为 2，最大值为 10000，存放序列的内存块的大小为 20，当序列的值达到最大值后可循环生成。

```
SQL>ALTER SEQUENCE student_seq
     INCREMENT BY 2
     MAXVALUE 10000
```

```
    CACHE 20
    CYCLE;
```

12.8.4　删除序列

如果序列不再被任何的模式对象所引用，可以直接将序列删除。删除序列需要使用 DROP SEQUENCE 语句，其语法如下。

```
DROP SEQUENCE 序列名;
```

【例 12.23】 删除 student_seq 序列。

```
DROP SEQUENCE student_seq;
```

12.9　管理同义词

Oracle 支持为表、索引或视图等模式对象定义别名，也就是为这些对象创建同义词。通过为模式对象创建同义词，可以隐藏对象的实际名称和所有者信息；或者隐藏分布式数据库中远程对象的位置信息，由此为对象提供一定的安全性保证；简化 SQL 语句。与视图、序列一样，同义词只在 Oracle 数据库的数据字典中保存其定义描述，因此同义词并不占用任何实际的存储空间。

Oracle 中的同义词主要分为如下两类。

（1）公有同义词。被 PUBLIC 用户所拥有，数据库中的所有用户都可以使用公有同义词。

（2）私有同义词。由创建它的用户私人拥有。不过，用户可以控制其他用户是否有权使用自己的同义词。

12.9.1　创建同义词

创建同义词的语法如下。

```
CREATE [ PUBLIC ] SYNONYM 同义词的名称 FOR 模式对象;
```

其中，PUBLIC 表示同义词具有公共访问权限，可以被所有的用户访问，也就是公有同义词，如果不添加该选项则为私有同义词。

例如，要访问 scott 模式下的 emp 表，为了方便起见，可以创建一个名为 scottemp 的公有同义词。同义词被创建后，就可以直接使用该同义词对表 emp 进行操作。

```
SQL> CREATE PUBLIC SYNONYM scottemp FOR scott.emp;
SQL> SELECT * FROM scottemp;
```

12.9.2　删除同义词

删除同义词需要使用 DROP SYNONYM 语句。如果是删除公有同义词，则还需要指定 PUBLIC 关键字。其语法如下。

```
DROP [PUBLIC] SYNONYM 同义词的名称;
```

例如，要删除刚刚建立的 scottemp 同义词，可以使用如下的语句。

```
DROP PUBLIC SYNONYM scottemp;
```

本章知识点小结

本章详细介绍了索引的作用和管理方法。其中，B*树索引主要用于建立在重复值相对较少、WHERE 子句经常引用的列上。位图索引主用用于建立在重复值很多、不同值固定的索引列上。

反向索引用于均衡索引列数据的分布。在数值顺序递增或顺序递减的列上建立索引时，应该建立反向索引。如果在 WHERE 子句中经常需要使用函数或表达式，为了加快速度，应该基于函数或表达式建立函数索引。

索引组织表在数据存储时并不像普通的表那样采用堆组织的方式，即将记录无序地存放在数据段中，而是采用类似 B*树索引的索引组织方式，将记录按照某个主键列进行排序后，再以 B*树的方式存储在数据段中。

分区表是指按照特定方式逻辑划分大表，最终将其数据部署到几个相对较小的分区段中。执行 SQL 语句访问分区表时，服务器进程可以直接访问某个分区段，而不需要访问整张表的所有数据，从而降低磁盘 I/O，提高系统性能。在 Oracle 11g 数据库中，根据对表或索引的分区方法可以创建 4 种类型的分区表：范围（Range）分区、列表（List）分区、散列（Hash）分区、组合分区。

对索引进行分区的目的与对表进行分区是一样的，都是为了更加易于管理和维护巨型对象。在 Oracle 中，可以为分区表建立 3 种类型的索引：局部分区索引、全局分区索引和非全局分区索引。对于全局分区索引，其索引数据会存放在一个索引段中；而对于局部分区索引，则索引数据会被存放到几个索引分区段中。

外部表是 Oracle 提供的可读取操作系统文件数据的一种只读表。即外部表是表结构被存储在数据字典中，而表数据被存放在操作系统文件中的表。而临时表用于存放会话或事务的私有数据。

簇是一种用于存储数据表中数据的方法。簇实际上是一组表，由一组共享相同数据块的多个表组成。因为这些表有公共的列并且经常一起被使用，所以将这些表组合在一起，不仅降低了簇键列所占用的磁盘空间，而且可以极大地降低特定 SQL 操作的 I/O 次数，从而提高数据访问性能。

视图是一个虚拟表，是表中数据的逻辑表示，它由存储的 SELECT 查询语句构成，可以将它的输出看作是一个表。

序列是 Oracle 提供的用于生成一系列唯一数字的数据库对象。序列会自动成生顺序递增的序列号，以实现自动提供唯一的主键值。

通过为模式对象创建同义词，可以隐藏对象的实际名称和所有者信息；或者隐藏分布式数据库中远程对象的位置信息，由此为对象提供一定的安全性保证；简化 SQL 语句。

习 题

1. 名词解释。

索引、索引组织表、分区表、分区索引、外部表、临时表、簇、视图、序列、同义词。

2. 简述索引的分类及其使用场合。
3. 简述分区表的分类及其特点。
4. 分区表的主要作用是什么？
5. 简述分区索引的分类及其特点。
6. 索引簇的主要作用是什么？
7. 简述索引簇的创建步骤。
8. 以教务系统为例，自己建立 3 张表 student，course 和 sc。然后分别试着使用本章介绍的模式对象，如索引、索引组织表、分区表、分区索引、外部表、临时表、簇、视图、序列、同义词等，并完成这些模式对象的创建、修改、删除和显示。

参考文献

[1] 萨师煊，王珊. 数据库系统概论（第4版）. 北京：高等教育出版社，2006.

[2] 王珊. 数据库系统概论（第4版）学习指导与习题解析. 北京：高等教育出版社，2008.

[3] 马忠贵，曾广平. 数据库技术及应用：Microsoft SQL Server 2008+Java. 北京：国防工业出版社，2012.

[4] 许勇，郭磊，景丽. Oracle 11g 中文版数据库管理、应用与开发标准教程. 北京：清华大学出版社，2009.

[5] 赵振平. 成功之路：Oracle 11g 学习笔记. 北京：电子工业出版社，2010.

[6] 王鹏杰，王存睿，郑海旭. Oracle 11g 管理与编程基础. 北京：人民邮电出版社，2012.

[7] 张凤荔，王瑛，李晓黎. Oracle 11g 数据库基础教程（第2版）. 北京：人民邮电出版社，2012.

[8] [美]Iggy Fernandez. 傅志红，毛倩倩译. Oracle Database 11g 基础教程. 北京：人民邮电出版社，2010.

[9] 谷长勇，吴逸云，单永红. Oracle 11g 权威指南（第2版）. 北京：电子工业出版社，2011.

[10] 丁勇. 从零开始学编程从零开始学 Oracle. 北京：电子工业出版社，2012.

[11] 张朝明. Oracle 入门很简单. 北京：清华大学出版社，2011.

[12] 张朝明，陈丹. 21 天学通 Oracle（第2版）. 北京：电子工业出版社，2011.

[13] 刘宪军. Oracle 11g 数据库管理员指南. 北京：机械工业出版社，2010.

[14] 杨少敏，王红敏. Oracle 11g 数据库应用简明教程. 北京：清华大学出版社，2011.

[15] 钱慎一. Oracle 11g 数据库基础与应用教程. 北京：清华大学出版社，2011.

[16] 王彬，刘宏志. Oracle 10g 编程基础. 北京：清华大学出版社，2008.

[17] 杨海霞. 数据库原理与设计. 北京：人民邮电出版社，2007.

[18] 廖瑞华. 数据库原理与应用. 北京：机械工业出版社，2010.

[19] 钱雪忠，李京. 数据库原理及应用（第3版）. 北京：北京邮电大学出版社，2010.

[20] 黄德才. 数据库原理及其应用教程（第3版）. 北京：科学出版社，2010.

[21] 陆桂明. 数据库技术及应用. 北京：机械工业出版社，2008.

[22] 李红. 数据库原理与应用（第2版）. 北京：高等教育出版社，2007.

[23] 何玉洁，李玉安. 数据库系统教程. 北京：人民邮电出版社，2010.

[24] 何玉洁，刘福刚. 数据库原理及应用（第2版）. 北京：人民邮电出版社，2012.

[25] 张红娟，傅婷婷. 数据库原理（第三版）. 西安：西安电子科技大学出版社，2011.

[26] 王月海，何丽，孟丹，张艳苏. 数据库基础教程. 北京：机械工业出版社，2011.

[27] 董志鹏，刘新龙，张水波. Oracle 11g 从入门到精通. 北京：电子工业出版社，2008.

[28] Jeffrey D. Ullman，and Jennifer Widom. A First Course in Database Systems（Third Edition）. Prentice Hall，2008.

[29] 段克奇. ASP.NET 基础教程. 北京：清华大学出版社，2009.

[30] 温怀玉，陈长忆. C#技术开发综合应用. 北京：清华大学出版社，2010.